高职高专"十三五"规划教材

精细化学品生产技术

JINGXI HUAXUEPIN SHENGCHAN JISHU

曹子英　胡 敏　史大鹏　等编著

化学工业出版社
·北京·

本书是一本能够体现服务区域经济发展、产业转型升级和产教融合发展创新的要求，系统介绍精细化学品生产原理与工艺的教材。全书共六章，内容包括：绪论、反应类精细化学品、复配类精细化学品、纯化类精细化学品、发酵类精细化学品和提取类精细化学品生产技术。筛选了 45 个实际生产案例项目，每个项目介绍了精细化学品的概况、工艺原理、工艺条件及主要设备、工艺流程和"三废"治理及安全卫生防护等内容。

　　全书内容紧贴生产实际，设计编排新颖，理论与实用性强。可作为高职院校化工类专业教材和企业员工培训教材使用，还可供精细化工、应用化学、日用化工、生物化工、医药与食品行业专业技术人员参考。

图书在版编目（CIP）数据

　　精细化学品生产技术/曹子英等编著. —北京：化学
工业出版社，2019.5（2024.5重印）
　　ISBN 978-7-122-33784-9

　　Ⅰ.①精…　Ⅱ.①曹…　Ⅲ.①精细化工-化工产品-
生产工艺-高等职业教育-教材　Ⅳ.①TQ072

　　中国版本图书馆 CIP 数据核字（2019）第 050832 号

责任编辑：张双进　　　　　　　　　　　文字编辑：向　东
责任校对：宋　夏　　　　　　　　　　　装帧设计：王晓宇

出版发行：化学工业出版社（北京市东城区青年湖南街 13 号　邮政编码 100011）
印　　装：高教社（天津）印务有限公司
787mm×1092mm　1/16　印张 17¾　字数 436 千字　2024 年 5 月北京第 1 版第 7 次印刷

购书咨询：010-64518888　　　　　　　　售后服务：010-64518899
网　　址：http://www.cip.com.cn
凡购买本书，如有缺损质量问题，本社销售中心负责调换。

定　　价：49.00 元

前言

中国特色社会主义进入了新时代，以高质量发展创造高品质生活是新时代的主要特征。化学工业的精细化率在相当大的程度上反映着一个国家的化工发展水平、综合技术水平以及化学工业集约化的程度。化学工业需要不断提高产品质量及应用性能，增加规格品种，以适应各方面用户的不同需求。发展精细化工是创新驱动战略的具体体现。

《高等职业教育创新发展三年行动计划》中指出：高职教育一是要主动服务区域经济发展，根据区域发展规划，聚焦区域产业建设、行业提升、企业发展，优化院校结构和专业布局，着力培养当地亟须的技术技能人才，提升对本地区经济社会发展的贡献度。二是要更好服务产业转型升级。提高高等职业教育在促进经济提质增效升级中的人力资源保障水平，支撑战略性新兴产业、先进制造业健康发展，支持现代服务业发展壮大，增强小微企业特别是科技型小微企业发展活力。三是要产教融合发展创新。推动专业设置与产业需求对接，课程内容与职业标准对接，教学过程与生产过程对接。

为了适应新时期精细化工的发展，关键在于培养高技能应用人才。精细化学品涵盖范围特别广，又涉及多个行业，在教学过程中，教学内容选取、典型生产案例的设计应用和教学方式等方面，一直以来存在一些难题。也正是这些难题，成了专业建设和教学改革的出发点和突破口。根据教育部高职院校对教学改革的要求，经过对国内精细化工企业特别是重庆地区的精细化工企业调研，在充分研究高职学生认知规律的基础上，本教材按生产加工方式，把精细化学品分为反应类、复配类、纯化类、发酵类和提取类五类，设计、筛选了45个生产案例项目，通过对这些项目的学习及实践，对提高高职学生的专业能力、自我发展能力和社会适应能力将会起到积极作用。

本书由重庆工贸职业技术学院曹子英教授、胡敏副教授、重庆常捷医药有限公司史大鹏高工、重庆正源香料有限公司成云龙编写。编者分工如下：第1、2、5、6章由曹子英编写，第3、4章由胡敏编写，第2章中咖啡因生产项目、茶碱生产项目、贝诺酯生产项目和氨茶碱生产项目由史大鹏编写，第2章中桃醛生产项目由成云龙编写。全书由曹子英教授统稿、定稿。

本书编写过程中参阅了一些国内外学者的研究成果及著作，在此对有关作者表示感谢。本书出版得到"重庆市高职院校应用化工骨干专业建设资金"的资助。

由于编者水平和资源条件所限，书中不妥之处在所难免，敬请读者批评指正。

编著者

2018 年 7 月

目录

第1章

绪　论

精细化工是生产精细化学品的工业，是现代化学工业的重要组成部分，是发展高新技术的重要基础，也是衡量一个国家的科学技术发展水平和综合实力的重要标志之一。精细化工产品是化学工业中用来与基本化工产品相区分的一个专用术语。随着市场经济的发展和科学技术的不断进步，化工企业得到了长足的进步和发展，化工技术在不断改进和创新的过程中，日益趋向于精细化、低碳化和绿色环保。因此，发达国家都把精细化工作为化学工业优先发展的重点行业之一。近几十年来，"化学工业精细化"已成为发达国家科技和生产发展的一个重要特征。

1.1　精细化学品的定义与分类

1.1.1　精细化学品的定义

化工产品可以分为通用化工产品或大宗化学品（heavy chemicals）和精细化工产品或精细化学品（fine chemicals）两类。通用化工产品又可分为无差别产品（如硫酸、烧碱、乙烯、苯等）和有差别产品（如合成树脂、合成橡胶、合成纤维等）。通用化工产品用途广泛、生产批量大，产品常以化学名称及分子式表示，规格以其中主要物质的含量为基础。精细化工产品则分为精细化学品（如中间体、医药和农药及香精的原料等）和专用化学品（如医药成药、农药配剂、各种香精、水处理剂等），具有品种多、附加价值高等特点，产品常以商品名称或牌号表示，规格以其功能为基础。精细化学品是通用化工产品的次级产品，它虽然有时也以化学名称及分子式表示，而且规格有时也是以其主要物质的含量为基础，但其往往有较明确的功能指向，与通用化工产品相比，商品性强，生产工艺精细。专用化学品是化工产品精细化后的最终产品，其功能性更强，一种精细化学品可以制成多种专用化学品。例如铜酞菁有机颜料，同一种分子结构，加工成晶形不同、粒径不同、表面处理方式不同或添加剂不同的产品，可以用于纺织品着色、汽车上漆以及作为建筑涂料或催化剂等。专用化学品的附加值一般比精细化学品高得多。制造专用化学品的专用化技术多种多样，如分离纯化、复配增效或剂型改造等技术。

"精细化工"是精细化学工业（fine chemical industry）的简称，是生产精细化工产品工业的通称。"精细化学品"一词国外沿用已久，但迄今尚无统一确切的科学定义。20 世纪 70 年代，美国化工战略研究专家 C. H. Kline 根据化工产品"质"和"量"引出差别化的概念，把化工产品分为通用化学品、有差别的通用化学品、精细化学品、专用化学品四大类。根据 Kline 的观点，精细化学品是指按分子组成（作为化合物）来生产和销售的小吨位产品，有统一的商品标准，强调产品的规格和纯度；专用化学品是指小量而有差别的化学品，强调的是其功能。现代精细化工应该是生产精细化学品和专用化学品的工业，我国将精细化学品和专用化学品纳入精细化工的统一范畴。因此，从产品的制造和技术经济性的角度进行归纳，通常认为精细化学品是生产规模较小、合成工艺精细、技术密集度高、品种更新换代快、附加值高、功能性强和具有最终使用性能的化学品。我国化工界目前得到多数人认可的定义是：凡能增进或赋予一种（类）产品以特定功能，或本身拥有特定功能的多品种、高技术含量的化学品，称为精细化工产品，有时称为专用化学品（speciality chemicals）或精细化学品。按照国家自然科学技术学科分类标准，精细化工的全称应为"精细化学工程"（fine chemical engineering），属化学工程（chemical engineering）学科范畴。

随着科学技术的发展及人们生活水平的提高，化学工业需要不断提高产品质量及应用性能、增加规格品种，以适应各方面用户的不同需求。因此，精细化工已成为当今世界各国发展化学工业的战略重点，而精细化率也在相当大的程度上反映着一个国家的化工发展水平、综合技术水平以及化学工业集约化的程度。

1.1.2　精细化学品的分类

精细化工产品的种类繁多，所包括的范围很广，其分类方法根据每个国家各自的工业生产体制而有所不同，但差别不大，只是划分的范围宽窄不同。随着科学技术的进步，精细化工行业分类会越来越细。国内外目前的精细化工行业或种类，主要包括合成药物、农药、合成染料、有机颜料、涂料、胶黏剂、香料、化妆品与盥洗卫生用品、表面活性剂、日用与工业洗涤剂、肥皂、印刷用油墨、塑料增塑剂和塑料添加剂、橡胶添加剂、成像材料、电子用化学品与电子材料、饲料添加剂与兽药、催化剂、合成沸石、试剂、燃料油添加剂、润滑剂、润滑油添加剂、金属表面处理剂、食品添加剂、混凝土外加剂、水处理剂、高分子絮凝剂、工业杀菌防霉剂、芳香除臭剂、造纸用化学品、溶剂与中间体、皮革用化学品、油田化学品、石油添加剂及炼制助剂、汽车用化学品、炭黑、脂肪酸及其衍生物、稀有气体、稀有金属、精细陶瓷、无机纤维、储氢合金、非晶态合金、火药与推进剂、酶与生物技术产品、功能高分子材料与智能材料等。

根据我国相关文件的界定及近十年来精细化工工业发展的实践，当代中国精细化工产品的含义是国际上通用的精细化学品和专用化学品的总和，包括农药、染料、涂料（包括油漆和油墨）及颜料、试剂和高纯物、信息用化学品（包括感光材料、磁性材料等）、食品和饲料添加剂、胶黏剂、催化剂和各种助剂、化学药品、日用化学品、功能高分子材料共 11 个门类；在催化剂和各种助剂中可分为催化剂、印染助剂、塑料助剂、橡胶助剂、水处理剂、纤维抽丝用油剂、有机抽提剂、高分子聚合物添加剂、表面活性剂、皮革助剂、农药用助剂、油田化学品、混凝土添加剂、机械和冶金用助剂、油品添加剂、炭黑、吸附剂、电子工业专用化学品、纸张用添加剂、其他助剂共 20 个小类。

值得注意的是，精细化工涵盖范围很广，上述分类是我国原化学工业部在 1986 年为了统一精细化工产品的口径，加快调整产品结构、发展精细化工，作为计划、规划和统计的依据而提出的。由于当时以计划经济体制为主，条块分割，除了原化学工业部主管精细化工一大块外，其他如原轻工业部、原卫生部、农业部等部委也分管了一部分，因此以上 11 大类并未包括精细化工的全部内容，而且由于我国精细化工起步较晚，精细化工产品的门类也比国外少，但这种差距正在逐步缩小。除 11 大类之外，生物技术产品、医药制剂、酶、精细陶瓷、精细纳米材料等也属于精细化工产品。此外，因新品种不断出现，而且生产技术往往是多门学科的交叉产物，所以很难确定其准确范畴。

1.2　精细化学品的特点

多品种、系列化和特定功能、专用性质构成了精细化工产品的"质"与"量"的两大基本特征。精细化工产品生产的全过程不同于一般化学品，它是由化学合成或复配、剂型（制剂）加工和商品化（标准化）三个生产部分组成的。在每一个生产过程中又派生出各种化学的、物理的、生理的、技术的、经济的要求和考虑，这就导致精细化工必然是高技术密集的产业。与传统大化工（无机、有机、高分子化工等）相比，精细化工生产具有自身的一些显著特点。

1.2.1　精细化学品的生产特点

（1）品种多

从精细化工的分类可以看出，精细化工产品必然具有品种多的特点。随着科学技术的进步，精细化工产品的分类越来越多，专用性越来越强，应用范围越来越窄。由于产品应用面窄、针对性强，特别是专用化学品，往往是一种类型的产品可以有多种牌号，因而新品种和新剂型不断出现。例如，表面活性剂的基本作用是改变不同两相界面的界面张力，根据其所具有的润湿、洗涤、浸渗、乳化、分散、增溶、起泡、消泡、凝聚、平滑、柔软、减摩、杀菌、抗静电、匀染等表面性能，制造出多种多样的洗涤剂、渗透剂、扩散剂、起泡剂、消泡剂、乳化剂、破乳剂、分散剂、杀菌剂、润湿剂、柔软剂、抗静电剂、抑制剂、防锈剂、防结块剂、防雾剂、脱皮剂、增溶剂、精炼剂等。品种多也是为了满足应用对象对性能的多种需要，如染料应有各种不同的颜色，每种染料又有不同的性能以适应不同的工艺。食品添加剂可分为食用色素、食用香精、甜味剂、营养强化剂、防腐抗氧保鲜剂、乳化增稠品质改良剂及发酵制品 7 大类，1000 余个品种。

随着精细化工产品的应用领域不断扩大和商品的创新，除通用型精细化工产品外，专用品种和定制品种越来越多，这是商品应用功能效应和商品经济效益共同对精细化工产品功能和性质反馈的自然结果。不断地开发新品种、新剂型或配方及提高开发新品种的创新能力是当前国际上精细化工发展的总趋势。因此，品种多不仅是精细化工生产的一个特征，也是评价精细化工综合水平的一个重要标志。

（2）采用综合生产流程和多功能生产装置

精细化工品种多的特点，在生产上反映为需要经常更换和更新品种，采用综合生产流程和多功能生产装置。生产精细化工产品的化学反应多为液相并联反应，生产流程长、工序多，主要采用的是间歇式的生产装置。为了适应以上生产特点，必须增强企业随市场调整生产能力和品种的灵活性。国外在20世纪50年代末期就摒弃了单一产品、单一流程、专用装置的落后生产方式，广泛地采用了多品种综合生产流程和多用途多功能生产装置，取得了很好的经济效益。20世纪80年代，单一产品、单一流程、单元操作的装置向柔性生产系统（FMS）发展。例如，英国的帝国化学工业公司（ICD）的一个子公司，1973年用一套装备、三台计算机可以生产当时的74种偶氮染料中的50个品种，年产量3500t，它可能是最早的FMS的例子。FMS指的是一套装备生产同类多个品种的产品。它设有自动清洗（CIP）的装置，清洗后用摄像机确认清洗效果。1986年，日本化药株式会社提出了"无管路（pipeless）化工厂"的方案，开始"多用途（multipurpose）装备系统"的研制，这样的一套装备有可能生产近百个品种。例如，日本旭化学工业株式会社1993年初已制造"AIBOS8000型移动釜式多用途间歇生产系统"达十套，它的反应釜是可移动的，自动清洗，无管路，计算机控制，遥控，可以无菌操作。同时，很多厂家发展了一机多能的设备，如在一台设备中可以进行过滤、洗涤滤饼和干燥等操作。

（3）技术密集度高

技术密集度高是由几个基本因素形成的。首先，在实际应用中，精细化工产品是以商品的综合功能出现的，这就需要在化学合成中筛选不同的化学结构，在剂型生产中充分发挥精细化学品自身功能与其他配合物质的协同作用。这就形成了精细化工产品技术密集度高的一个重要因素。其次，精细化工技术开发的成功概率低，时间长，费用高。据报道，美国和德国的医药和农药新品种的开发成功率为万分之一，日本为三万分之一至万分之一；在染料的专利开发中，成功率一般为0.1%～0.2%。据统计，开发一种新药需5～10年，耗资可达2000万美元。若按化学工业的各个门类来统计，医药的研究开发投资最高，可达年销售额的14%。对一般精细化工产品来说，研究开发投资占年销售额的6%～7%是正常现象。造成以上情况的原因除了精细化工行业是高技术密集度行业外，产品更新换代快、市场寿命短、技术专利性强、市场竞争激烈等也是重要原因。另外，从20世纪70年代开始，环境保护以及对产品毒性控制方面的要求日益严格，也直接影响到各国精细化工研究开发的投资和速度。不言而喻，其结果必然导致技术垄断性强、销售利润率高。

技术密集度高还表现在情报密集、信息量大且更新快。由于精细化学品常根据市场需求和用户不断提出应用上的新要求改进工艺过程，或是对原化学结构进行修饰，或是修改更新配方和设计，其结果必然产生新产品或新牌号。另外，大量的基础研究工作产生的新化学品也需要不断地寻找新的用途。为此，必须建立各种数据库和专家系统，进行计算机仿真模拟和设计。因此，精细化工生产技术保密性强、专利垄断性强，世界各精细化工公司通过自己的技术开发部拥有的技术进行生产，在国际市场上竞争激烈。

精细化学品的研究开发关键在于创新。根据市场需要，提出新思维，进行分子设计，采用新颖化工技术优化合成工艺。早在20世纪80年代初，ICI公司的C. Suckling博士就提出研究与开发（R&D）和生产、贸易构成三维体系。衡量化学工业水平的标志，除了生产和贸易外，主要是它的R&D水平。就技术密集度而言，化学工业是高技术密集指数工业，精细化工又是化学工业中的高技术密集指数工业。如果机械制造工业的技术密集度指数设为100，则化学工业为248，精细化工中的医药和涂料分别为340和279。

（4）大量采用复配和剂型加工技术

复配和剂型加工技术是精细化工生产技术的重要组成部分。精细化工产品由于应用对象的专一性和特定功能，很难用一种原料来满足需要，通常必须加入其他原料进行复配，于是配方的研究便成为一个很重要的问题。例如，香精常由几十种甚至上百种香料复配而成，除了主香剂之外，还有辅助剂、头香剂和定香剂等组分，这样制得的香精才香气和谐、圆润、柔和。在合成纤维纺织用的油剂中，除润滑油以外，还必须加入表面活性剂、抗静电剂等多种其他助剂，而且还要根据高速纺或低速纺等不同的应用要求，采用不同的配方，有时配方中会涉及 10 多种组分。又如金属清洗剂，组分中要求有溶剂、防锈剂等。医药、农药、表面活性剂等门类的产品情况也类似，可以说绝大部分的专用化学品都是复配产品。为了满足专用化学品特殊的功能及便于使用和储存的稳定性，常将专用化学品制成适当的剂型。在精细化工中，剂型是指将专用化学品加工制成适合使用的物理形态或分散形式，如液剂、混悬液、乳状液、可湿剂、半固体、粉剂、颗粒等。为了使用方便，香精常制成溶液；为了使印染工业避免粉尘污染和便于自动化计量，液体染料也制备成溶液；根据使用对象不同，洗涤剂可以制成溶液、颗粒和半固体；牙膏和肤用化妆品则制成半固体；为了缓释和保护敏感成分，有些专用化学品制成微胶囊。因此，加工成适当剂型也是精细化工的重要特点之一。

有必要指出，经过剂型加工和复配技术所制成的商品数目往往远超过由合成得到的单一产品数目。采用复配技术和剂型加工技术所推出的商品具有增效、改性和扩大应用范围等功能，其性能往往超过结构单一的产品。因此，掌握复配技术和剂型加工技术是使精细化工产品具有市场竞争能力的一个极为重要的方面，这些也是我国精细化工发展的一个薄弱环节。

1.2.2　精细化学品的商业特点

（1）技术保密，专利垄断

精细化工公司通过技术开发拥有的技术进行生产，并以此为手段在国内及国际市场上进行激烈竞争，在激烈竞争的形势下，专利权的保护是十分重要的。尤其是专用化学品多数是复配型的，配方和剂型加工技术带有很高的保密性。例如，许多特种精细化工产品，其分装销售网可能遍布世界各地，但工艺或配方仅为总部极少数人掌握，控制严格，以保证独家经营、独占市场、不断扩大生产销售额，获得更多的利润。

（2）重视市场调研，适应市场需求

精细化工产品的市场寿命不仅取决于它的质量和性能，而且取决于它对市场需求变化的适应性。因此，做好市场调研和预测，不断研究消费者的心理需求，不断了解科学技术发展所提出的新课题，不断调查国内外同行的新动向，不断改进自己的工作，做到知己知彼，才能在同行强手面前赢得市场竞争的胜利。

（3）重视应用技术和技术服务

精细化工属于开发经营性工业，用户对商品的选择性高，因而应用技术和技术服务是组织精细化工生产的两个重要环节。为此，精细化工的生产单位应在技术开发的同时，积极开发应用技术和开展技术服务工作，不断开拓市场、提高市场信誉；还要特别注意及时把市场信息反馈到生产计划中，从而增强企业的经济效益。国外精细化工产品的生产企业极其重视技术开发和应用、技术服务这些环节间的协调，反映在技术人员配备比例上，技术开发、生产经营管理（不包括工人）和产品销售（包括技术服务）大体为 2∶1∶3，值得我们借鉴。

新产品在推广应用阶段要加强技术服务，其目的是掌握产品性能，研究应用技术和操作条件，指导用户正确使用，并开拓和扩大应用领域。只有这样，一个精细化工新品种才能为用户所认识，才能打开销路，进入市场并占领市场。

1.2.3　精细化工发展中要优先发展的关键技术

精细化工的技术含量比较高，涉及的技术范围也比较广，精细化工的发展呈现出多学科交叉综合的发展趋势。在精细化工的发展中涉及的关键技术有新型分离技术、耦合技术、纳米技术、新型催化技术和生物工程技术等。

（1）新型分离技术

分离是化工生产过程中重要关键技术，是获得高质量、高纯度化工产品的重要手段。开发工业规模的组分分离，特别是不稳定化合物及功能性物质的高效精密分离技术的研究，对精细化工产品的开发与生产至关重要。积极开展精细蒸馏技术在香精行业的应用；开展无机膜分离技术在超强气体、饮用水、制药、石油化工等领域的应用开发；重点开发超临界萃取分离技术，研究用超临界萃取分离技术制取出口创汇率极高的天然植物提取物，如天然色素、天然香油、中草药有效成分等；着重发展高效结晶技术和变压吸附技术等。

（2）耦合技术

在美国"总统绿色化学挑战奖"中有 4 项是有关耦合技术的研究成果。例如舍曲林是抗抑郁症药物 Zoloft® 中的一种活性组分。Pfizer 公司开发的舍曲林生产新工艺在反应和分离过程中均选用环境友好的乙醇作溶剂，省去了原来需要应用的甲苯、四氢呋喃等溶剂。由于亚胺化合物在乙醇中的溶解度很小，很容易沉淀出来，不再需要应用 $TiCl_4$ 脱水，也无需中间体分离，而且顺式异构体的选择性显著提高。这样使操作步骤大为简化，每生产 1t 产品，溶剂的需求量从 $227m^3/h$ 减少到了 $22.7m^3/h$ 时，减少了能量和水的消耗，节省原料 20%～60%，使总产率翻了一番，并提高了工人的安全性，大大减少了有害废物的排放（2002 年绿色合成路线奖）。耦合技术有利于节省资源、能源，减少污染，甚至提高生产效率。在不影响反应和分离效率的前提下，不同的反应或反应和分离过程最好选用同种溶剂和助剂，也可将反应和分离过程进行有效的耦合。从这就可以看出耦合技术具有广阔的发展前景。

（3）纳米技术

纳米技术是近些年来发展非常迅速的高科技技术，其应用范围十分广泛，在精细化工行业也有着广泛的应用，成为影响精细化工发展的关键技术之一。将纳米技术与精细化工相结合可以生产纳米聚合物，如用于制造高强度质量比的透明绝缘材料、高强纤维、离子交换树脂等；日用化工及其他行业利用纳米技术可以生产出更高档的化妆品、纳米色素、纳米感光胶片、纳米精细化工材料等。

（4）新型催化技术

60%以上的化学品，90%的化学合成工艺均与催化有着密切的联系，具有优势的催化技术可成为当代化学工业发展的强劲推动力。催化技术是化工产业发展必不可少的技术，对精细化工行业的发展来说也是如此。但相对于传统的化工催化技术来说，精细化工行业的催化技术又有着新的特点。新型催化技术的重点是开发能促进石油化工发展的膜催化剂、稀土配合催化剂、沸石择形催化剂、固体超强酸催化剂等，发展与精细化工新产品开发密切相关的相转移催化技术，立体定向合成技术、固定化酶发酵技术等特种技术。开发出若干具有活性高、选择性高、立体定向、稳定性好、寿命长的高效催化剂和相应的催化技术。

（5）生物工程技术

生物工程技术是 21 世纪最有发展前景的技术，生物催化反应大多条件温和，设备简单，选择性好，副反应少，产品性质优良，安全性好，不产生新的污染，因此受到生物学家和化学家的高度重视。将生物工程技术与精细化工相结合，使许多原来用化学方法很难实现的合成过程得以顺利完成，可以有更多种类的精细化工产品和技术被开发出来，会将精细化工行业的发展推向一个更高的阶段，使精细化工产品的研发出现质的飞跃。在未来需要重点发展重组 DNA 技术和生物反应器技术，这是生产干扰素和多肽等产品的基础。

1.3　精细化学品的研制与开发

要提高精细化工产品的竞争能力，必须坚持不懈地开展科学研究，注意采用新技术、新工艺和新设备。同时还必须不断研究消费者的心理和需求，以指导新产品的研制开发。企业只有处于不断研制开发新产品的领先地位，才能确保其自身在激烈的竞争面前永远立于不败之地。

1.3.1　基础与前期工作

1.3.1.1　新产品的分类

（1）按新产品的地域特征分类

① 国际新产品　指在世界范围内首次生产和销售的产品。

② 国内新产品　指国外已生产而国内首次生产和销售的产品。

③ 地方或企业新产品　指市场已有但在本地区或本企业第一次生产和销售的产品。

（2）按新产品的创新和改进程度分类

① 全新产品　指具有新原理、新结构、新技术、新的物理和化学特征的产品。

② 换代新产品　指生产基本原理不变，部分地采用新技术、新的分子结构，从而使产品的功能、性能或经济指标有显著提高的产品。

③ 改进新产品　指对老产品采用各种改进技术，使产品的功能性能、用途等有一定改进和提高的产品，也可以是在原有产品的基础上派生出来而形成的一种新产品。改进新产品是企业产品开发的一项经常性工作。

1.3.1.2　信息收集与文献检索

信息收集是进行精细化工开发的基础工作之一。企业在开发新产品时，必须充分利用这种廉价的"第二资源"。据统计，现代一项新发明或新技术，90％左右的内容可以通过各种途径从已有的知识中取得信息。信息工作做得好，可以减少科研的风险，提高新产品的开发速度，避免在低水平上的重复劳动。

（1）信息的内容

① 化工科技文献中有关的新进展、新发现、最新研究方法或工艺等。

② 国家科技发展方向和有关部门科技发展计划的信息。

③ 有关研究所或工厂新产品、新材料、新工艺、新设备的开发和发展情况的信息。

④ 有关市场动态、价格、资源及进出口变化的信息。

⑤ 有关产品产量、质量、工艺技术、原材料供应、消耗、成本及利润的信息。

⑥ 有关厂家基建投资、技术项目、经济效益、技术经济指标的信息。

⑦ 国际、国内的新标准及"三废"治理方面的新法规。

⑧ 使用者对产品的新要求、产品样品及说明书、价目表等。

⑨ 有关专业期刊或报刊的广告、网络数据库与信息等。

（2）信息的查阅和收集

精细化工信息的来源途径较多，可从中外文科技文献、调查研究、参加各种会议得到，也可以从日常科研和生活中注意随时留心观察和分析获得。目前各图书馆的电子资源较为常用，如中国知网、万方数据库、维普资讯网、CALIS 外文期刊数据库、ASP＋BSP 全文数据库、Elsevier 期刊、Proquest 学位论文全文数据库、E 工程索引等。

1.3.1.3　市场预测和技术调查

（1）注意掌握国家产业发展政策

国家产业发展重点的变化，往往导致某些产品的需求量增大而另一些产品的需求量减少，如建材化工产品受政策影响较大。现在，国家对环境保护日益重视，一些对环境有污染的精细化工产品势必好景不长，如残余甲醛超标的精细化学品、涂料用的有毒颜料、农业用的剧毒农药将逐渐被淘汰。

（2）了解同种类产品在发达国家的命运

随着现代化水平的提高，人们的生活不断改善，某些正在使用的产品将逐渐被淘汰，新产品也将不断出现。这一过程发达国家比我国发生得早，在这些国家所发生的情况也可能在我国出现，因此他们的经验可以作为我们分析产品前景时的借鉴。在许多专业性刊物，如《化工科技动态》《化工进展》《化工新型材料》《精细与专用化学品》《精细化工》《现代化工》《精细石油化工》等期刊上便经常载有这一类信息或综述文章，可供了解产品在国外市场上消亡和兴起的情况。

（3）了解产品在国内外市场上的供求总量及其变化动向

企业应该针对产品在国内外市场上的总需求量有一个估计。国外市场的需求数量可通过查阅有关数据库或询问外贸部门获得，并应了解需求上升或下降的原因；国内市场的总需求量则可根据用户的总数及典型用户的使用量来估计，并通过了解同类生产厂家的数量、生产规模的情况来估计总供货量，根据需求量与供货量的对比来确定是否生产或生产规模的大小。

（4）注意国家在原料基地建设方面的信息

有些市场较好的化工产品，由于原料来源短缺，无法在国内广泛生产和应用。但若解决了原料来源问题，产品可能很快更新换代。企业对此应有所准备，提前研制这些新产品。

（5）了解产品用户信息

产品用户的生产规模变化及生产经营态势，必然导致产品需求量的变化，如及时地获取信息，将有利于企业做好应变准备。

（6）设法保护本企业的产品

在我国，一旦一种产品销路广、利润高，便容易出现一哄而起的状况。企业对于自己独创的"拳头"产品，应申请专利或采用其他措施进行保护。

（7）技术调查和预测

通过技术调查和预测，了解产品的技术状况与技术发展趋势，本企业能够达到的水平、国内的先进水平以及国际的先进水平。注意收集我国进口精细化工产品的品种和数量、国内销售渠道样品、说明书、商品标签、生产厂家，以观测国外产品的特色和优点，预测本厂新产品的成本、价格、利润和市场竞争能力等，还要预测可能出现的新产品、新工艺、新技术及其应用范围，预测技术结构和产业结构的发展趋势。

（8）注意"边空少特新"产品发展动向

凡是几个部门的边缘产品、几个行业间的空隙产品、市场需要量少的产品、用户急需的特殊产品和全国最新的产品，一般都易被大企业忽视或因"调头慢"而一时难以生产，却对精细化工企业特别适宜。对于这类产品，往往市场较好，如果一时无法自我开发，也可向研究机构或大专院校直接购买技术投产。

（9）注意本地资源的开发利用

精细化工企业尤其是乡镇企业应注意本地资源的开发利用。例如，在盛产玉米、薯类的地区可发展糠醛、淀粉、柠檬酸、丙酮、丁醇等综合利用产品，并可将这些产品配制成其他利润更高的产品；在动植物油丰富的地区则可发展油脂化工产品，并对产品进行深加工，生产化妆品或洗涤剂等产品；在有土特产的山区、养蚕区则可发展香料、色素等产品。这类利用本地资源开发的产品的竞争力是很强的，而且生命力一般都比较旺盛。

1.3.1.4 产品的标准化及标准级别

产品标准是对产品结构、规格、质量和检验方法所作的技术规定。它是一定时期和一定范围内具有约束力的产品技术准则，是产品生产、质量检验、选购验收、使用、保管和洽谈贸易的依据。产品标准的内容主要包括：产品的品种、规格和主要成分；产品的主要性能；产品的适用范围；产品的试验、检验方法和验收规则；产品的包装、储存和运输等方面的要求。

（1）国际标准

国际标准是国际上有权威的组织制定、为各国承认和通用的标准，如国际标准化组织（ISO）和国际电工委员会（IEC）所制定的标准、ISO 在电子技术以外几乎所有领域里制定国际标准。1983 年，ISO 出版了《国际标准题录关键词索引》，简称《KWIC 索引》。我国国家技术监督局于 1994 年 8 月正式加入国际标准化组织。

（2）国家标准

国家标准（GB）是对全国经济、技术发展有重大意义而必须在全国范围内统一的标准。国家标准是国家最高一级和规范性技术文件，是一项重要的技术法规，一经批准发布，各级生产、建设、科研、设计管理部门和企事业单位，都必须严格贯彻执行，不得更改或降低标准。

（3）行业标准

行业标准是在全国某个行业范围内统一的标准。根据《中华人民共和国标准化法》的规定由我国各主管部、委（局）批准发布，在该部门范围内统一使用的标准，称为行业标准。例如，机械、电子、建筑、化工、冶金、轻工、纺织、交通、能源、农业、林业、水利等，都制定有行业标准。

行业标准由国务院有关行政主管部门制定，并报国务院标准化行政主管部门备案。当同一内容的国家标准公布后，则该内容的行业标准即行废止。

行业标准由行业标准归口部门统一管理。行业标准的归口部门及其所管理的行业标准范围，由国务院有关行政主管部门提出申请报告，国务院标准化行政主管部门审查确定，并公布该行业的行业标准代号。行业标准分为强制性标准和推荐性标准。下列标准属于强制性行业标准：

① 药品行业标准、兽药行业标准、农药行业标准、食品卫生行业标准；
② 工农业产品及产品生产、储运和使用中的安全、卫生行业标准；

③ 工程建设的质量、安全、卫生行业标准；

④ 重要的涉及技术衔接的技术术语、符号、代号（含代码）、文件格式和制图方法行业标准；

⑤ 互换配合行业标准；

⑥ 行业范围内需要控制的产品通用试验方法、检验方法和重要的工农业产品行业标准。

（4）地方标准

为了加强地方标准的管理，根据《中华人民共和国标准化法》和《中华人民共和国标准化实施条例》的有关规定，对没有国家标准和行业标准而又需要在省、自治区、直辖市范围内统一的情况，可以制定地方标准（含标准样品的制定）。在公布国家标准或行业标准之后，该地方标准即行废止。

（5）企业标准

企业标准（QB）是由生产企业制定发布并报当地技术监督部门审查备案的标准。随着我国经济的发展，不断研制生产出许多新型产品，这些产品尚未制定统一的国家标准，往往由企业根据用户的要求自行制定。有些产品虽有相应的国家标准或行业标准，但某些企业为提高产品质量或扩大使用范围，允许企业制定高于国家标准的内控企业标准。

1.3.2　精细化工产品的研究与开发

1.3.2.1　科研课题的来源

精细化工新产品开发课题的来源多种多样，但从研究设想产生的方式来考虑，主要有下述两种情况。

（1）起源于新知识的科研课题

研究者通过某种途径，如文献资料、演讲会、意外机遇、科学研究、市场及日常生活中了解到某一种科学现象或一个新产品，在寻找该科学现象或新产品的实际应用的过程提出了新课题。一般而言，课题的产生往往伴随着灵感的闪现，虽然新课题可能仍在研究者的研究领域之内，但大多并非他预期要进行的研究内容。这类课题通常是研究者智慧的结晶，往往具有较高的独创性和新颖性。如果通过仔细分析和尝试性试验后认为课题符合科学性、实用性等原则，并且尚没有其他人进行同样研究的话，那么研究成果往往是具有创造性的新发明。图 1-1 表示这一类课题的产生过程。

图 1-1　起源于新知识科研课题的产生过程

（2）解决具体问题的科研课题

在更多情况下，精细化工产品的发明和改进是通过对具体课题进行深入研究后产生的，其思维过程如图 1-2 所示。这一类课题可以是针对某一具体的精细化工产品，通过缺点举例、希望举例所提出的，也可以是在工业生产实际中提出来的，还可以是一些久攻不克的研究课题和攻关课题，以及仿制进口产品等。这些课题研究的目标和任务与第一种方式不同，它预先就有明确的任务和指标要求。我国现阶段精细化工产品的开发大部分是采用这一方式。

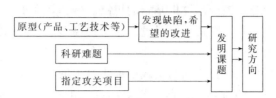

图 1-2　解决具体问题科研课题的产生

科研人员要采用这一方式选题，就要经常深入生产现场和产品用户，了解现有产品的缺点和人们对它的期望。除此之外，还应经常了解其他人员的研究选题方向（通过技术刊物、会议、网络或调研活动），并及时向有关领导机构或厂家了解产品开发要求或国产化要求等信息，在积累大量信息的基础上，便可找到合适的科研课题。

1.3.2.2　科研课题的研究方法

在研究课题选择的同时或课题选定之后，便要开始考虑怎样着手进行研究，即制定研究方案。一个课题的研究方法往往不止一种，有时甚至有几种或十几种方法都可以用来研究同一个课题。研究者的知识结构不同、思维方法不同，就可能选择不同的研究方法，常用的研究方法有以下几种。

（1）模型和类比研究法

模仿别人在研究同类产品时的研究方法开展研究；或以已有的产品为蓝本，根据其在某一种特征上与待开发产品的类似之处，通过模仿进行研究的方法。

（2）仿天然物研究法

这是类比研究法的一种特殊形式，即以自然界中天然存在的物质为蓝本，通过结构分析和机理研究，模拟天然物质的结构，研究出性能相近或更为优越的产品。

（3）应用科学技术原理或现象

通过查阅文献，深入了解有关的科学原理、作用机理、特殊科学现象，并应用这些科学技术原理进行研究的方法。

（4）筛选研究法

通过对大量物质和配方的尝试，找到所期望的物质或配方的研究方法。

（5）样品解剖分析法

如果掌握了某一精细化工产品的样品，而由于技术保密的原因无法知道其组成和配方，在研制同类产品时，可以采用分析化学的方法对其组成进行定性、定量分析，以便了解产品的大致成分及配方，在不侵犯其专利权的情况下作为研究工作的参考。

上述五种常用的研究方法并不是孤立存在的，在解决一个具体的研究课题时，科研人员往往把上述几种方法交织在一起使用。

1.3.2.3　精细化工新产品的发展规律

一个精细化工产品从无到有，从低级到高级的不断发展，往往要经历很长时间。随着现代科学技术的进步，这个时间被大大缩短。只有掌握了新产品的发展规律，才能对产品的发展方向有正确的预测，才能确定研制开发新产品的目标。新产品的发展一般要经历以下几个阶段。

（1）原型发现阶段

精细化工产品的原型，即其发展的起点，原型的发现是一种科学的发现。在原型发现之前，人们对所需要的产品是否存在、是否可能实现是完全茫然无知的。原型的发现是该类产品研究和发展的根源，为开发该产品提供基本的思路。例如，在 1869 年 Ross 发现磷化膜对金属有保护作用之前，人们并不知道可以通过磷化来提高金属的防锈能力；在 100 多年前人们发现除虫菊花可以防治害虫并对人畜无害之前，人们并不知道存在对人类无害的杀虫剂。许多精细化工产品的原型是人们在长期的实践中逐步发现的。再如，数千年前人类便已发现了天然染料，如由植物提取的靛蓝、由茜草提取的红色染料、由贝壳动物提取的紫色染料等，这些天然染料便是人工合成染料的原型。

现代科学技术的发展使许多闻所未闻的新产品原型不断被发现。原型的发现往往预示着一类新产品即将诞生，一系列根据原型发现原理的新发明即将出现。

（2）雏形发明阶段

原型发现往往直接导致一个全新的化工产品的雏形发明。但在多数情况下，雏形发明的使用价值很低。例如，Ross 发现铁制品磷化防锈及由此发明了最简单的磷化液配方，但这个发明由于实用价值低而长期未受重视。有些情况下，原型的发现并未直接导致雏形发明的产生，如在弗莱明发明青霉素之前，便已有细菌学者发现某些细菌会阻碍其他细菌生长这一现象，但并未导致青霉素的发明。而弗莱明却利用类似发现，于 1929 年制成了青霉素粗制剂（雏形发明），但还未达实用目的。

雏形发明的出现可视为精细化工产品研究的开始，为开发该类产品提供了客观可行性。一般而言，在雏形发明诞生之后，针对该雏形发明的改进工作便会兴起，许多有类似性质和功能的物质会逐渐发现，有关的科技论文也会逐渐增多，产品日益朝实际应用的方向发展。通常，雏形的发现和发明容易引起人们的怀疑和抵制，因为它的出现往往冲击了人们的传统观念。科研人员如果能认识到某一雏形发明的潜在前景，在此基础上开展深入研究，往往可以发明有重大意义的产品。

（3）性能改进阶段

雏形发明出现之后，对雏形发明的性能、生产方式进行改进并克服雏形发明的各种缺陷的应用研究工作便会广泛开展，科技论文数量大幅度增加，对作用机理及化合物结构和性能特点的研究也开始进行。一般通过两种方式对雏形发明进行改进：

① 通过机理研究，初步弄清雏形发明的作用机理，从而从理论上提出改进措施，并通过量的尝试和筛选工作，找到在性能上优于雏形发明的新产品。

② 使雏形发明在工艺上、生产方法以及价格上实用化。经过改进后的雏形发明虽然在性能上有所改善并能够应用于工业及生活实际中，但往往工艺条件复杂、使用不方便及原料缺乏等限制。未解决这些问题，必须做更深入的研究，使产品逐渐走向实用。

（4）功能扩展阶段

在一种新型精细化工产品已在工业或人们生活中实际应用之后，便面临研究工作更为活跃的功能扩展阶段。功能扩展主要表现在以下几个方面。

① 产品日益增多。为满足不同使用者和应用场合的具体要求，在原理上大同小异的新产品和新配方大量涌现，出现一系列产品。在这一阶段研究论文或专利数量非常多，重复研究现象也大量出现。

② 产品的功能和性能日益脱离原型。虽然新产品仍留有原型的影子，但在化学结构、

生产工艺和配方组成上离原型会越来越远，性能也更为优异。

③ 产品的使用方式日益多样化。经常出现不同使用方法的产品或系列产品。小型精细化工企业开发的新产品一般都是功能扩展阶段的产品，但对于一个具有创新精神的企业，则应时刻注意有关原型发现和雏形发明的信息，不失时机地开展性能改进工作，一旦性能改进研究工作完成后，便要尽快转入产品的功能扩展阶段，力争早日占领市场。

1.3.3　精细化工过程开发试验及步骤

精细化工过程开发是从一个新的技术思想的提出，再通过实验室试验、中间试验，到实现工业化生产、取得经济实效并形成一整套技术资料这一个全过程，或者说是把"设想"变成"现实"的全过程。由于化工生产的多样性与复杂性，化工过程开发的目标和内容有所不同，如新产品开发、新技术开发、新设备开发以及老技术、老设备的革新等，但开发的程序或步骤则大同小异，一般精细化工过程开发步骤如图 1-3 所示。

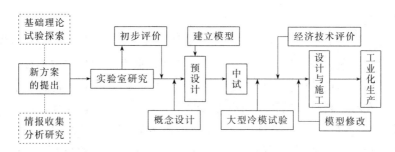

图 1-3　精细化工过程开发步骤示意图

综合起来看，一个新的精细化工过程开发可分为三大阶段，分述如下。

1.3.3.1　实验室研究（小试）

实验室研究阶段包括根据物理和化学的基本理论和从试验现象的启发与推演、信息资料的分析等出发，提出一个新的技术或工艺思路，然后在实验室进行试验探索，明确过程的可能性和合理性，测定基础数据，探索工艺条件等，具体事项说明如下。

（1）选择原料

小试的原料通常用纯试剂（化学纯、分析纯），纯试剂杂质少，能从本质上显示出反应条件和原料配比对产品收率的影响，减少研制新产品的阻力。在用纯试剂研制取得成功的基础上，逐一改用工业原料。有些工业原料含有的杂质对新产品质量等影响很小，则可直接采用。有些工业原料杂质较多，影响合成新产品的反应或质量，那就要经过提纯或其他方法处理后再用。

（2）确定催化体系

催化剂可使反应速率大大加快，能使一些不宜用工业生产的缓慢反应得到加速，建立新的产业。近年来，关于制取医药、农药、食品和饲料添加剂等的催化剂专利数量增长很快，选择催化体系尽量要从省资源、省能源、少污染的角度考虑，尤其要注意采用生物酶做催化剂。

（3）提出和验证实时反应的方法、工艺条件范围、最优条件和指标

其中包括进料配比和流速、反应温度、压力、接触时间、催化剂负荷、反应的转化率和选择性、催化剂的寿命或失活情况等，这些大部分可通过安排单独因素试验、多因素正交试

验等来得出结论。

（4）收集或测定必要的理化数据和热力学数据

其中包括密度、黏度、热导率、扩散系数、比热容、反应的热效应、化学平衡常数、压缩因子、蒸气压、露点、泡点、爆炸极限等。

（5）动力学研究

对于化学反应体系研究其主反应速率、重要的副反应速率，必要时测定失活速率、处理动力学方程式并得出反应的活化能。

（6）传递过程研究

流体流动的压降、速率分布、混合与返混、停留时间分布、气含率、固含率、固体粒子的磨损、相间交换、传热系数、传质系数以及有内部构建的影响等。

（7）材料抗腐蚀性能研究

所用原料应考虑对生产设备的腐蚀等影响。

（8）毒性试验

许多精细化工新产品都要做毒性试验。急性毒性用 LD_{50} 来表示，又称半数致死量，指被试验的动物（大白鼠、小白鼠）一次口服、注射或皮肤敷药剂后，有半数（50%）动物死亡所用的剂量。LD_{50} 的单位是所用药剂质量/体重（mg/kg）、LD_{50} 数值越小，表示毒性越大。对于医药、农药、食品和饲料添加剂等精细化工产品，除了做急性毒性试验外，还要做亚急性和慢性毒性（包括致癌、致畸）等试验。在开发精细化工产品时，要预先查阅毒性方面的资料，毒性较大的精细化工产品不能用于人类生存密切相关的领域，如食品周转箱、食品包装材料和日用精细化工产品等。

（9）质量分析

小试产品的质量是否符合标准和要求，需用分析手段来鉴别。原材料的质量、工艺流程的中间控制、"三废"处理和利用都要进行分析。从事精细化工产品生产和开发的企业，应根据分析任务、分析对象、操作方法及测定原理等，建立必要的分析机构和添置相应的分析仪器设备。

1.3.3.2　中试放大

从实验室研究到工业生产的开发过程，一般理解为量的扩大而忽视其质的方面。为使小试成果应用于生产，一般都要进行中试放大实验，它是过渡到工业化生产的关键阶段。往往每一级的放大都伴随有技术质量上的差别，小装置上的措施未必与大装置上的相同，甚至一些操作参数也要另做调整。在此阶段中化学工程和反应工程的知识和手段是十分重要的。中试的时间对一个过程的开发周期往往具有决定性的影响。中试要求研究人员具有丰富的工程知识，掌握先进的测试手段并能取得工业生产装置设计的工程数据，进行数据处理，从而修正为放大设计所需的数学模型。此外，对于新过程的经济评价也是中试阶段的重要组成部分。

（1）预设计及评价

结合已有的小试结果、资料或经验，较粗略地预计出全过程的流程和设备，估算出投资、成本和各项技术经济指标，然后加以评价或进行可行性研究。考察是否有工业化的价值，哪些方面还有待改进，是要全流程的中间厂，还是只要局部中试，是否有可能利用现有的某些生产装置来进行中试并据此进行中间厂设计。

（2）中试的任务

中试是过渡到工业化生产的关键阶段，中试的建设和运转要力求经济和高效。中试的任务如下：

① 检验和确定系统的连续运转条件和可靠性；

② 全面提供工程设计数据，包括动力学、传递过程的诸方面数据，以供数学模型和直接设计之需；

③ 考察设备结构的材质和材料的性能；

④ 考察杂质的影响；

⑤ 提供部分产品或副产品的应用研究和市场开发之需；

⑥ 研究解决"三废"问题的处理；

⑦ 研究生产控制方法；

⑧ 确定实际的经济指标消耗；

⑨ 修正和验证数学模型。

（3）中试放大方法

根据目前国内外研究进展情况，放大方法一般分为经验放大法、部分解析法、数学模型放大法和相似模拟法等，分述如下。

① 经验放大法。这是依靠对类似装置和产品生产的操作经验而建立起来的以经验认知为主实行放大的方法。因此，为了不冒失败的危险，放大的比例通常是比较小的，甚至再有意加大一些安全系数。对难以进行的理论解析课题，往往依靠经验来解决。

② 部分解析法。这是一种半经验、半理论的方法，即根据化学反应工程的知识（动量传递、热量传递、质量传递和反应动力学模型），对反应系统中的某些部分进行分析，确定各影响因素之间的主次关系，并以数学模式作出部分描述，然后在小装置中进行试验验证，探明这些公式的偏离程度，找出修正因子，或者结合经验的判断，制定出设计方法或得到所需结果。

③ 数学模型放大法。该法是针对一个实际放大过程用数学方程的形式加以描述，即用数学语言来表达过程中各种变量之间的关系，再运用计算机来进行研究、设计和放大。这种数学方程称为数学模型，它通常是一组微分或代数方程式。数学模型的建立是整个放大过程的核心，也是最困难的部分。只要能够建立正确的模型，利用电子计算机，一般都可以算出结果。要建立一个正确的数学模型，首先要对过程的实质有深刻的认识和确切的掌握，这就需要从生产实践和科学研究两方面积累起来的、直接的和间接的知识，通过去伪存真、去芜存精，把它抽象成为概念、理论和方法，然后才能运用数学手段把有关因素之间的相互关系定量地表示出来。数学模型法成功的关键在于数学模型的可靠性，一般从初级模型到预测模型再到设计模型需要经过小试、中试到工业试验的多次检验修正，才能达到真正完美的程度。

④ 相似模拟法。通过无量纲数进行放大的相似模拟法被成功运用于许多物理过程，但对化学反应过程，由于一般不能做到既物理相似又化学相似，因此除特殊情况外，多不采用。

1.3.3.3　工业化生产试验

一般正式化工业生产厂的规模为中间试验厂的 $10\sim50$ 倍，当腐蚀情况及物性常数都明确时，规模可扩大到 $100\sim500$ 倍。

　　组成一个过程的许多化工单元和设备，能够放大的倍数并不一致，对于通用的流体输送机械，如泵及压缩机等，因是定型产品，不存在这个问题。对于一般的换热设备，只要物性数据准确，可以放大数百倍而误差不超过 10%。对于蒸馏、吸收等塔设备，如有正确的平衡数据也可以放大到 100～200 倍。总之，对于精细化工生产的单元和设备，经过中试后，即可比较容易地进行工业化设计并投入工业化生产试验。但对于化学反应装置，由于其中进行着多种物理与化学过程，而且相互影响，情况错综复杂，理论解析往往感到困难，甚至试验数据也不易归纳为有把握的规律性的形式，工业化生产的关键或难点即在此。

　　精细化工产品大致分为配方型产品和合成型产品。对于配方型产品，其反应装置内进行的只是一定工艺条件下的复配或只有简单的化学反应，这种产品在经过中试后，可直接进入工业化生产，一般不存在技术问题。对于合成型产品，尤其是需要经过多步合成反应的医药类产品，由于反应过程复杂、影响因素较多，在进行设计时需建立工业反应器的数学模型，然后再进行工业化生产试验。这方面的问题属于化学反应工程学的研究范畴，在此简述如下。

　　数学模型可分为两大类，一类是从过程机理出发推导得到的，称为机理模型；另一类是由于对过程的实质了解得不甚确切，而从实验数据归纳得到的模型，称为经验模型。机理模型由于反映了过程的本质，可以外推使用，即可超出实验条件范围，而经验模型则不宜进行外推，或者不宜进行大幅度的外推。既然是经验性的东西，自然就有一定的局限性，超出所归纳的实验数据范围，结论不一定可靠。显而易见，能够建立机理模型当然最好，但由于科技发展水平的限制，目前还有许多过程的实质尚不清楚，也只能建立经验模型。工业反应器中的过程都是十分复杂的，需要抓住主要矛盾，将复杂现象简化，构成一个清晰的物理图像。一般工业化学反应器数学模型的构建，首先要结合反应器的形式，充分运用各个有关学科的知识进行过程的动力学分析。图 1-4 为反应器模型建立程序示意图，同时也给出了所涉及的学科及其相互关系。通过实验数据以及热力学和化学知识，首先获得微观反应速率方程。前已指出，要确定反应过程的温度条件，就牵涉相间的传热、反应器与外界的换热；要确定反应器内物料的浓度分布情况，则与器内流体的流动状况、混合情况、相间传质等有关。反应组分的浓度与温度都是决定反应速率的重要因素。因此，微观反应速率方程是不可能描述工业反应器的全过程的。这就需要将微观反应速率方程与传递过程结合起来考虑，运用相应的数学方法，建立宏观反应速率方程。最后，还需从经济的角度进行分析，以获得最适宜的反应速率方程。

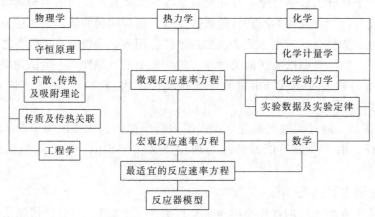

图 1-4　反应器模型的建立程序示意图

数学模型的模型参数不宜过多，因为模型的参数过多会掩盖模型和装置性能相拟合的真实程度。还应考虑所得的模型方程计算机是否能运算，费时多少，特别是控制用的数学模型。另外，同一过程往往可以建立多个数学模型，因此就存在一个模型识别的问题，即对可能的模型加以鉴别，找出最合适的模型，模型确定之后，还需根据实验数据进行参数估值。

工业反应器的规模改变时，不仅产生量的变化，而且产生质的变化。这样一来根据实验室的数据和有关的科学知识建立起来的反应器模型，用于实际生产时需要做不同的反应器试验，反复将数学模型在实践中检验、修改、锤炼与提高，才可作为工业化生产设计时的依据。当然，目前还不能说所有化工过程都可以用数学模型来描述，也不是说每个化工过程的开发都必须建立数学模型，应视具体情况而定。

上述讨论的几个放大阶段仅是工艺过程方面，当然这是重要的一面。但是，作为一个新产品工厂或车间的设计与建设，这是不够的，还有许多方面的问题需要解决，如经济分析、机械设计、自动控制、环境保护，都需综合考虑。

1.4　职业面向

精细化学品生产技术专业就业范围非常广泛，面向医药行业、日用化学品、食品行业及与化工行业相关的大、中型企、事业单位，毕业生具有对精细化工企业的生产过程进行管理、革新改造，对新过程进行开发、设计和对新产品进行研制的基本能力，可以从事技术操作、生产管理、设备管理、市场营销等工作；毕业后可按自己的具体情况从事制药业、化工业、水处理业、环保业、塑料业、农药业或油漆、涂料、胶黏剂等行业的工作，在这些单位可从事技术操作、生产管理、设备管理、产品检验和市场营销等工作；由于精细化工产品生产投资少、成本小，毕业生也可自主创业。

第2章

反应类精细化学品生产技术

2.1 概述

精细化工产品，从制备过程中是否发生化学反应的角度看，可分为反应类（合成）精细化学品和复配（配方）类精细化学品，反应类精细化学品在其制备过程中，一定有化学反应发生。

2.1.1 反应类精细化学品的种类

这一类精细化学品种类繁多，几乎涉及各个行业，按原化工部 1986 年对精细化学品的分类，即农药、染料、涂料（包括油漆和油墨）及颜料、试剂和高纯物质、信息用化学品（包括感光材料、磁性材料等能接受电磁波的化学品）、食品和饲料添加剂、黏合剂、催化剂和各种助剂、（化工系统生产的）化学药品（原料药）和日用化学品、高分子聚合物中的功能高分子材料（包括功能膜，偏光材料等）11 类，其中除涂料、日用化学品、油田助剂和胶黏剂等产品外，绝大部分在其制备过程中，都有化学反应发生，可以归属于反应类精细化学品。

2.1.2 反应类精细化学品生产的通用方法

反应类精细化学品的生产是利用一系列化学反应将基本化工原料转变成我们所需要的各种各样的精细化学品的加工过程。在这一加工过程中，除了经过一系列的化学加工程序外，还要经过物理的加工程序，同时，原料转化成产品需通过各种设备，最终才能转化成合格的产品。因此，精细化工生产过程是若干个加工程序（简称工序）的有机组合，而每一个加工工序又由若干个（组）设备组合而成。

2.1.2.1 精细化工生产工序

精细化工生产是将若干个单元反应过程、若干个化工单元操作，按照一定的规律组成生产系统，这个系统包括化学的、物理的加工工序。

（1）化学工序

化学工序就是以化学的方法改变物料化学性质的过程，也称为单元反应过程。化学反应千差万别，按其共同特点和规律可分为若干个单元反应过程。例如磺化、硝化、氯化、酰化、烷基化、氧化、还原、裂解、缩合、水解等。

（2）物理工序

只改变物料的物理性质而不改变其化学性质的操作过程，也称为化工单元操作。例如流体的输送、传热、蒸馏、蒸发、干燥、结晶、萃取、吸收、吸附、过滤、破碎等加工过程。

2.1.2.2　精细化工生产过程的组成

精细化工产品种类繁多、性质各异。不同的化学产品，其生产过程不尽相同。同一产品，原料路线和加工方法不同，其生产过程也不尽相同。但是，一个精细化工生产过程一般都包括生产原料的准备（净化和预处理）、化学反应过程、产品的分离与提纯、综合利用及"三废"处理等。

（1）生产原料的准备（原料工序）

包括反应所需的各种原料、辅料的贮存、净化、干燥、加压和配制等操作。

（2）化学反应过程（反应工序）

以化学反应为主，同时还包括反应条件的准备，如原料的混合、预热、汽化，产物的冷凝或冷却以及输送等操作。

（3）产品的分离与提纯（分离工序）

反应后的物料是由主、副产物和未反应的原料形成的混合物，该工序是将未反应的原料、溶剂、主及副产物分离，对目的产物进行提纯精制。

（4）综合利用（回收工序）

对反应生成的副产物、未反应的原料、溶剂、催化剂等进行分离提纯、精制处理以利回收使用。

（5）"三废"处理（辅助工序）

化工生产过程中产生的废气、废水和废渣的处理，废热的回收利用等。

精细化工生产过程的组成如图 2-1 所示。

图 2-1　精细化工生产过程的组成

为保证化工生产的正常运行，还需要动力供给、机械维修、仪器仪表、分析检验、安全和环境保护、管理等保障和辅助系统。

2.1.2.3　反应类精细化学品生产的特点

① 起始原材料通常是基本化工产品，特别是以有机化工原料为主，并非是空气、水、矿物和生物等资源。

② 反应过程间歇进行。发展方向为，生产线采用模块化设计，通过不同组合生产不同品种。

③ 为了满足用户要求，要对反应得到的粗产品进行精制加工，产品纯度一般较高。

2.2　吡唑醚菌酯生产项目

2.2.1　产品概况

2.2.1.1　吡唑醚菌酯的性质、产品规格及用途

吡唑醚菌酯（pyraclostrobin），又名唑菌胺酯，属于甲氧基丙烯酸酯类杀菌剂。商品名为 Headline、Cabrio、Insigia 等。中文化学名为：N-甲氧基-N-2-[1-(4-氯代苯基)-3-吡唑氧基甲基]苯基氨基甲酸甲酯。CAS:175013-18-0。结构式如图 2-2 所示。

纯品为白色或浅米色的无味结晶。熔点为 63.7～65.2℃，分子式为 $C_{19}H_{18}ClN_3O_4$，分子量为 387.82。溶解度（20℃，g/100mL）：水 0.00019，正庚烷 0.37，甲醇 10，乙腈、甲苯、二氯甲烷、丙酮、乙酸乙酯≥50。吡唑醚菌酯不仅毒性较低，而且对非靶标生物无危害，对使用者和环境十分友好，因此已被美国 EPA 列为"减小风险的候选药剂"。

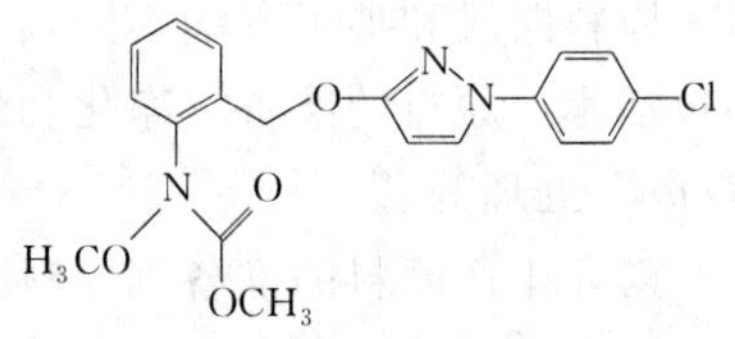

图 2-2　吡唑醚菌酯结构式

原药含量为 95%。制剂有效含量为 250g/L（23.6% WAV），外观为暗黄色有萘味液体。有 20% 颗粒剂、20% 湿性粉剂、200g/L 浓乳剂、25% 乳油及水分散颗粒剂等。可与氟环唑复配，与啶菌胺混配。

几乎对所有病菌都有防治效果，可用于小麦、花生、水稻、蔬菜、果树等各种植物，适用作物相当广泛。此外，还用作种子处理剂，具有一定植物生长调节作用。

2.2.1.2　主要原料

吡唑醚菌酯的主要生产原料为邻硝基甲苯和对氯苯胺。

（1）邻硝基甲苯

邻硝基甲苯是一种黄色易燃液体。熔点 －9.5℃，沸点 221.7℃，相对密度 1.163（20℃/4℃），折射率 1.5474，闪点 106℃，燃点 420℃。不溶于水，溶于氯仿和苯，可与乙醇、乙醚混溶。能随水蒸气挥发。

目前，国内外主要工业生产方法为混酸液相直接硝化工艺，甲苯经硝酸、硫酸混酸硝化，经分离而得对硝基甲苯，同时联产邻硝基甲苯，产物中邻对比约为 1.67，几乎没有选择性。且该方法对设备腐蚀性大，环境污染严重，但由于硝化剂活性高、成本低等特点，迄今为止仍为工业上广泛采用的方法。

甲苯硝化的主要原料有甲苯、溶剂、硝化剂、催化剂等。

由于传统混酸硝化工艺存在的选择性低和副反应多的问题，催化剂方面的研究一直是该领域研究的热点问题。目前颇受关注的催化剂主要有以下几类：离子交换树脂、黏土及其改性物、金属氧化物及其复合物、杂多酸类、沸石分子筛及其改性物、全氟烷基磺酸盐等。显然，以上大多数是固体酸类催化剂，其具有产物选择性高、易分离回收、易活化再生、高温稳定性好、便于连续操作、腐蚀性小、污染小等特点，是一种新型的具有广阔应用前景的催化剂材料。

（2）对氯苯胺

对氯苯胺又名 4-氯苯胺（4-chloroaniline、4-chlorophenyamine），1-氨基-4-氯苯（1-amino-

4-chlorobenzene），1-氨基-对氯苯（1-amino-p-chlorobenzene）。常温下为无色至淡黄色结晶，能溶于热水，易溶于醇、醚、丙酮和二硫化碳。沸点 232℃，熔点 72.5℃，闪点（封闭式）120℃，引燃温度 685℃，密度 1.17g/cm^3，相对蒸气密度 4.45，折射率 1.5546，蒸气压 0.0036kPa（26℃）。

以对氯硝基苯为原料，经还原得到对氯苯胺。有铁粉还原、加氢还原和锌粉还原等几种方法。

① 铁粉还原法。将对氯硝基苯、水和铁屑混合并加热至 95℃，对氯硝基苯完全溶化后滴加浓盐酸，保持温度在 25℃，滴加完毕后继续反应 25h，冷却，加入过量氢氧化钠，使溶液呈碱性，蒸馏油层即得到对氯苯胺产品。

② 加氢还原法。以雷尼镍为催化剂，在对氯硝基苯和乙醇按质量比 1∶1.5 混合也进行加氢，反应温度为 50～70℃、氢压 2.94～3.43MPa，通氢气反应 2h，所得粗品在常压下蒸出乙醇和部分水，再减压蒸馏即得成品。

③ 对氯硝基苯与锌粉在乙酸介质中进行还原，可以较高收率得到对氯苯胺。

2.2.1.3　生产方法

吡唑醚菌酯的生产方法一般根据中间体吡唑醇使用的先后顺序，分为先缩合工艺和后缩合工艺。两种工艺都是以邻硝基甲苯为原料，采用多种催化剂，经过溴化、缩合、还原、酰化和甲基化反应等步骤来完成。先缩合工艺设备耐压性要求高、成本高、收率较低，工业生产中，主要采用后缩合工艺。

2.2.2　工艺原理

2.2.2.1　反应原理

（1）主反应

吡唑醚菌酯的合成反应共分五步。其中，第一步硝基还原为羟胺、第四步溴化反应是两个关键的反应单元，其产率的高低都对最终合成路线总收率产生很大影响，合成路线见图 2-3。

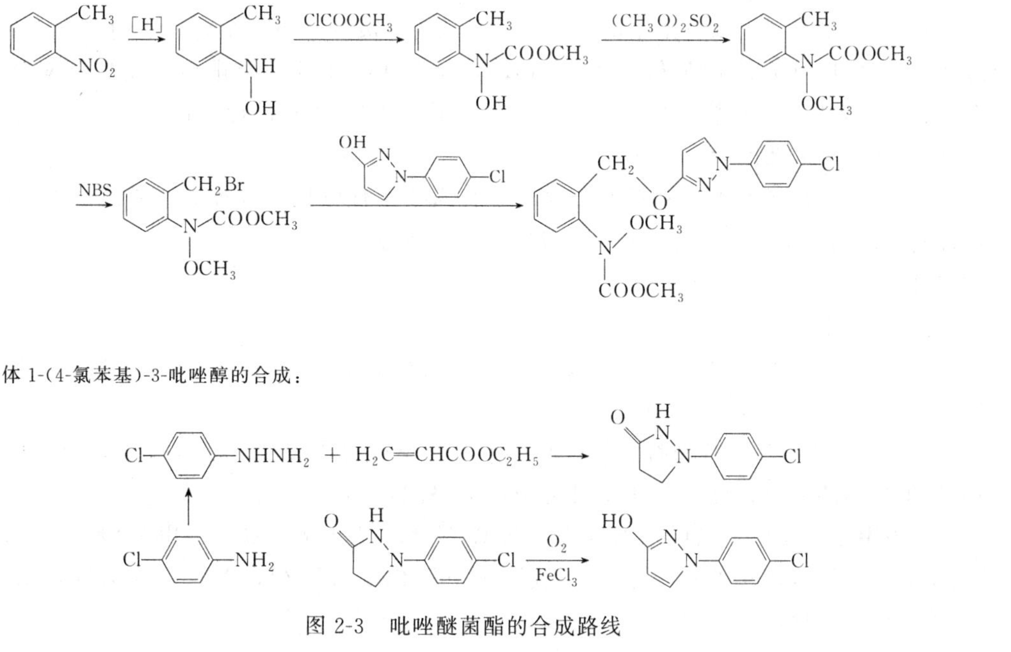

中间体 1-(4-氯苯基)-3-吡唑醇的合成：

图 2-3　吡唑醚菌酯的合成路线

（2）副反应

① 邻硝基甲苯还原生成副产物邻甲苯胺、氧化偶氮邻甲苯和偶氮邻甲苯等化合物。

② N-(2-甲基苯基)羟胺在 N 原子上进行酰化反应，分子间脱去 HCl。

③ N-羟基-N-(2-甲基)苯基氨基甲酸甲酯进行 O-甲基化反应，脱去 H_2SO_4。

④ N-甲氧基-N-(2-甲基)苯基氨基甲酸甲酯溴化反应，生成多溴代物。

⑤ N-甲氧基-N-(2-溴甲基)苯基氨基甲酸甲酯与 1-(4-卤代苯基)-3-吡唑醇缩合，脱去 HBr。

上述副反应，第②、③、⑤三步生成的无机物副产物很容易从系统中除去，由于使用的是选择性很高的催化剂，第①、④副产物产生少，可以不加分离投入下一步使用。

2.2.2.2　反应特点

（1）还原

不同溶剂对反应有一定的影响，选择乙醇作溶剂，它与邻硝基甲苯互溶，属于均相反应，形成的邻硝基甲苯负离子自由基容易及时获得质子，乙醇回收后处理比较容易；锌粉用量要适中，与邻硝基甲苯比例控制在（摩尔比）2.6∶1，产品含量较高；氯化铵溶液浓度为 $10\%\sim15\%$，滴加时间控制在 $50\sim60min$；还原时间为 $30\sim40min$。

（2）酰化

由于生成的氯化氢会与原料羟胺成盐，阻止反应进一步进行，且产品的颜色比较深，不符合要求；使用无机缚酸剂碳酸钠操作方便，产率较好，邻甲基苯基羟胺与碳酸氢钠摩尔比为 1∶1.2；氯甲酸甲酯投入量少时反应不充分，从原料利用率考虑确定其加入量为邻甲基苯基羟胺的 1.2 倍（摩尔比）；综合考虑溶解度、溶剂回收对收率、结晶效果的影响，选择甲苯作为结晶剂。

（3）O-甲基化反应

加入较强的缚酸剂可使平衡向生成产物方向移动，选择碳酸钠为缚酸剂；硫酸二甲酯为中性酯类化合物，毒性大，但易于水解成硫酸及甲醇。故反应结束时直接加入水破坏未反应的原料硫酸二甲酯。

（4）溴化反应

因为氧分子能产生双自由基的物质，其可以与活泼的自由基结合，从而使自由基反应链传递终止，反应开始阶段最好通氮气将反应体系内空气尽可能排尽；此步反应选择加入 NBS（N-溴代丁二酰亚胺）和引发剂偶氮二异丁腈（AIBN）进行溴化反应。

（5）吡唑醚菌酯的合成

该步反应是在非质子性溶液中进行，属于 SN_2 亲核取代，选择非质子溶剂为 DMF（二甲基酰胺）、丙酮均可，最佳反应体系为 K_2CO_3/丙酮。

2.2.2.3　热力学和动力学分析

（1）热力学分析

① 还原。此步骤反应温度与反应选择性密切相关，温度偏高使转化率提高，但选择性降低，最佳反应温度为 $30\sim40℃$。

② 酰化。邻甲基苯基羟胺与氯甲酸甲酯酰化反应可以发生在氮原子上，也可以发生在与氮原子相连的氧上，反应温度控制在 $0\sim10℃$ 较为合适。

③ O-甲基化反应。当反应温度为 40℃ 以下时，N-甲氧基-N-(2-甲基)苯基氨基甲酸甲酯收率低，当反应温度高时，有利于氧原子甲基化反应进行，缩短反应时间，采用 $40\sim50℃$ 下进行甲基化。

④ 溴化反应。随着反应温度的升高，产品转化率有所增加，但反应的副产物增多，当温度超过 60℃，二溴化物明显增加。

⑤ 吡唑醚菌酯的合成。转化率随着温度的升高而有所增加，但杂质增多。

（2）动力学分析

以上五步反应，提高反应温度和使用催化剂，均有利于反应的进行。

① 还原。锌、铁、铝、锡及其合金在酸性或碱性条件下产生的初生态氢很容易把芳香族硝基化合物还原。在不同 pH 值条件下，金属的活泼性发生改变，芳香族化合物被还原生成物不同，在酸性介质中被还原成胺；在碱性介质中，亚硝基甲苯与芳香羟胺生成氧化偶氮苯，接着还原生成偶氮苯与氢化偶氮苯；在中性介质中反应，第一阶段邻硝基甲苯被还原成亚硝基化合物继续还原生成邻甲基苯基羟胺。当邻甲基苯基羟胺达到一定浓度后，邻甲基苯基羟胺生成邻甲基苯胺的速度大于邻硝基甲苯生成邻甲基苯基羟胺的速度，邻甲基苯基羟胺浓度降低，且邻甲基苯基羟胺与邻亚硝基甲苯缩合生成氧化偶氮苯，导致邻甲基苯基羟胺浓度降低。

② 酰化。在碱性条件下，邻甲基苯基羟胺与氯甲酸甲酯的反应，是一个亲核取代反应。其反应机理如图 2-4 所示。

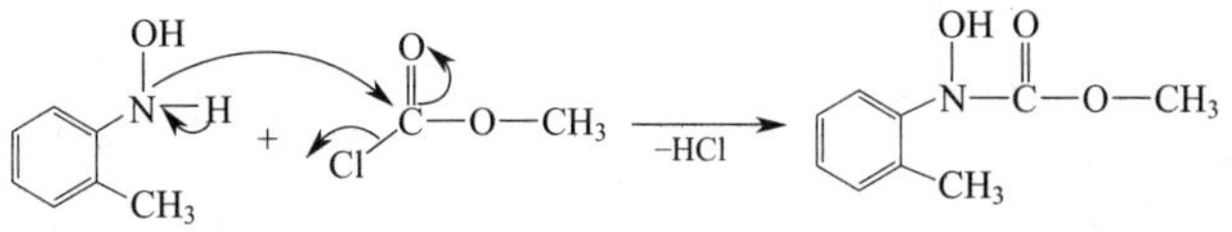

图 2-4　邻甲基苯基羟胺与氯甲酸甲酯的反应机理

③ O-甲基化反应。在 O-甲基化反应中，反应机理为 N-羟基-N-(2-甲基)苯基氨基甲酸甲酯先与碱成盐，再与硫酸二甲酯发生反应生成 N-甲氧基-N-(2-甲基)苯基氨基甲酸甲酯。加入较强的缚酸剂可使平衡向生成产物的方向移动。

④ 溴化反应。反应属于典型的自由基反应，反应可能的副产物是过度溴化物产物即二溴代化合物及苯环上的溴化产物，在所用试剂中应尽可能避免含有金属杂质如铁等，如果体系中有催化剂存在，根据反应动力学，芳环上的取代反应速率远远高于自由基反应，将导致副产物增多。

⑤ 吡唑醚菌酯的合成。此步醚化反应属于亲核取代反应，在碱的作用下，1-(4-氯苯基)-3-吡唑醇生成盐 R—O— 和 M$^+$，在极性溶液（如丙酮）中 M$^+$ 易溶剂化，形成活泼的"裸负离子"；R—O— 以游离态的形式存在，反应时不需要对抗正离子吸引，所以它的活性增高，SN$_2$ 反应能顺利进行。

（3）催化剂

① 还原。从 1937 年至今，以锌粉为还原剂，将硝基苯还原为苯基羟胺的报道很多。Lutz 等提出在 Zn、CaCl$_2$ 条件下，以甲醇和水为溶剂，可得收率为 20% 的苯基羟胺（图 2-5）。随后 Blechit 等又对采用 NH$_4$Cl 代替 CaCl$_2$ 进行了一系列研究，最终提高了收率，使得苯基羟胺达到 60% 以上，而且工艺路线十分成熟（图 2-6）。2011 年，刘世娟等又提出了以 Zn 为还原剂，H$_2$O 和 EtOH 为溶剂，CO$_2$ 加压还原邻硝基甲苯为 N-(2-甲基苯基)羟胺，亦可得到不错的收率（图 2-7）。

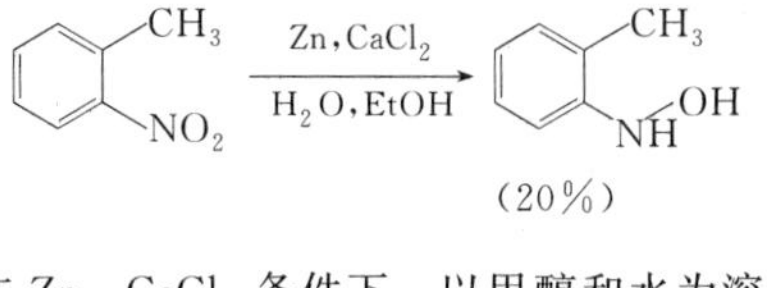

图 2-5　在 Zn、CaCl$_2$ 条件下，以甲醇和水为溶剂的反应

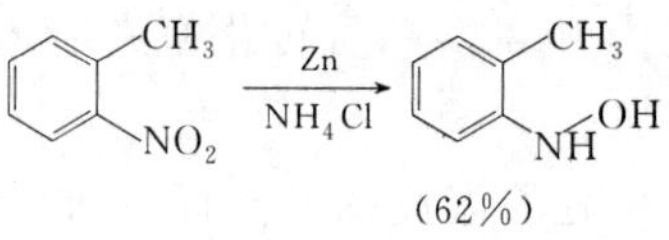

图 2-6　在 NH_4Cl 条件下进行还原反应

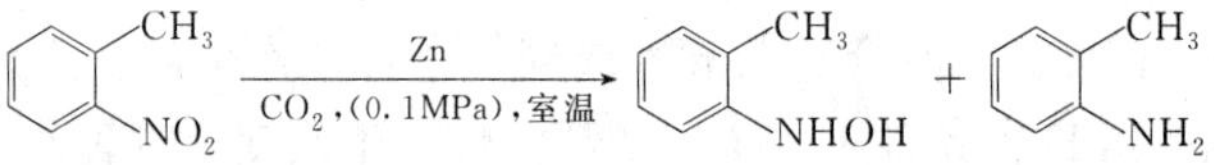

图 2-7　以 Zn 为还原剂，H_2O 和 EtOH 为溶剂，CO_2 加压还原邻硝基甲苯

2009 年，Gotz 亦在专利中提出以 Pt 为催化剂，28～30℃加氢催化还原邻硝基甲苯，反应时间为 2h，N-(2-甲基苯基)羟胺收率为 96%。同时以 Pd 为催化剂，加氢还原邻硝基甲苯为 N-(2-甲基苯基)羟胺的反应在专利 DE19502700 中也有相关报道。

2012 年 Richmond 等在 *Organic Letters* 上报道了以 $N_2H_4 \cdot H_2O$ 为反应物，Rh 为催化剂，THF（四氢呋喃）为溶剂，低温下催化还原硝基为羟胺的反应（图 2-8）。该方案操作简便、无需高压，羟胺收率为 70%。

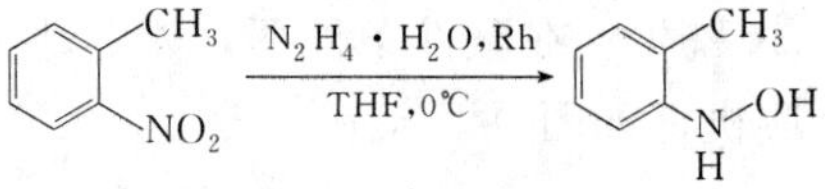

图 2-8　以 $N_2H_4 \cdot H_2O$ 为反应物，
Rh 为催化剂的反应

由上可知，邻硝基甲苯的硝基还原为羟胺，多采用锌粉还原。由于工艺十分成熟，收率虽然没有铂碳加氢反应那么高，但原料价格便宜，成本低，安全可行。且采用锌粉还原硝基为羟胺，反应温和，操作简单，对设备要求低，利于工业化生产。虽然硝基转化为羟胺的转化率没有催化加氢反应高，但该反应副产物少，可直接投入下步反应，对下步酯化反应结果无任何影响。留在结晶试剂中的邻硝基甲苯可重复利用，提高了原料利用率。

② 溴化反应。通过考察可以发现，溴化反应是影响反应总收率的另一个关键的单元反应。其常见溴化反应报道如下。

2011 年，Mercader 等以 NBS 为溴化试剂，在苯溶剂中回流反应得到溴化苄（图 2-9）。该反应在专利 WO835865 中亦有报道，苄基上的一溴代物产率大于 70%。

2006 年，Mathew 等则以 Br_2 为溴化试剂，MnO_2 为非均相催化剂制备溴化苄（图 2-10），并对催化剂、反应时间、反应温度进行了一系列研究。

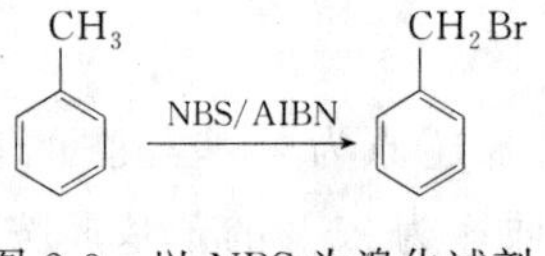

图 2-9　以 NBS 为溴化试剂，
AIBN 为链引发剂制备溴化苄

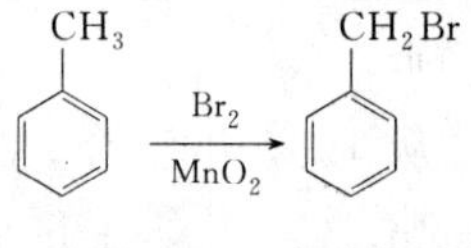

图 2-10　以 Br_2 为溴化试剂，
MnO_2 为非均相催化剂制备溴化苄

2010 年，沈立涛以 BBr_3 为溴化试剂成功合成化合物溴化苄。

2.2.3　工艺条件和主要设备

2.2.3.1　工艺条件

（1）还原

以无水乙醇作为溶剂，将锌粉与邻硝基甲苯按比例（摩尔比）2.6：1 投入到还原反应釜中，逐渐加入浓度为 10%～15% 的氯化铵溶液，滴加时间控制在 50～60min，反应温度控制在 30～40℃，还原时间为 30～40min，制得含有目的产物邻甲基苯基羟胺的粗品。

（2）酰化

该步反应与上步还原反应同时在一个反应釜中进行，以甲苯为溶剂，将邻甲基苯基羟胺与碳酸氢钠和氯甲酸甲酯按 1∶1.2∶1.2 比例投料，在 0～10℃ 温度条件下反应 1h，制得含有目的产物 N-羟基-N-(2-甲基)苯基氨基甲酸甲酯的粗品。

（3）O-甲基化

把上一步制得的 N-羟基-N-(2-甲基)苯基氨基甲酸甲酯与硫酸二甲酯按 1∶1.3 的比例投料，在 40～50℃ 温度条件下反应 4h，制得含有目的产物 N-甲氧基-N-(2-甲基)苯基氨基甲酸甲酯的粗品，该粗品无需分离提纯可直接进行下一步反应。

（4）溴化

以乙酸乙酯为溶剂，将 N-甲氧基-N-(2-甲基)苯基氨基甲酸甲酯、NBS、亚硫酸氢钠按相同比例投入到溴化反应釜中，加入适量引发剂 AIBN，在 40～50℃ 温度条件下反应 3h，反应完毕减压浓缩回收溶剂，制得含有目的产物 N-甲氧基-N-(2-溴甲基)苯基氨基甲酸甲酯的粗品。

（5）缩合反应

以丙酮为溶剂，将 N-甲氧基-N-(2-溴甲基)苯基氨基甲酸甲酯、吡唑醇、碳酸钾按 1∶1∶1.2 比例投入到缩合反应釜中，在 40℃ 温度条件下反应 5h，反应完毕后经重结晶，制得白色吡唑醚菌酯晶体。

2.2.3.2　主要设备

在整个生产过程中，主要设备有（还原、溴化、缩合等）反应器以及萃取塔和吸收塔。由于反应步骤较多，常采用间歇操作的方式，间歇操作流程与控制比较简单，反应器各部分的组成和温度稳定一致，物料停留时间也一样，常采用带有搅拌和换热的釜式设备（见图 2-11 非标不锈钢反应釜结构）。为了防腐和保证产物的纯度，上述设备均可采用不锈钢材料。

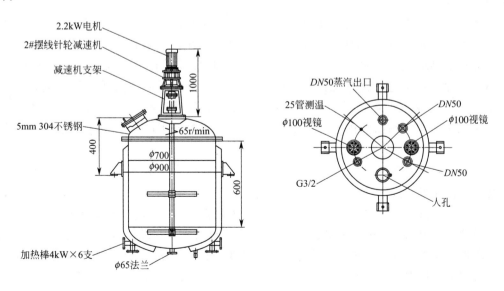

图 2-11　非标不锈钢反应釜结构

2.2.4　工艺流程

间歇法生产吡唑醚菌酯的工艺过程，在很大程度上反映出产量小、产值高的精细化学品的生产工艺特点。该工艺由还原、酰化、甲基化、溴化、缩合等单元操作构成，其工艺流程如图 2-12 所示。

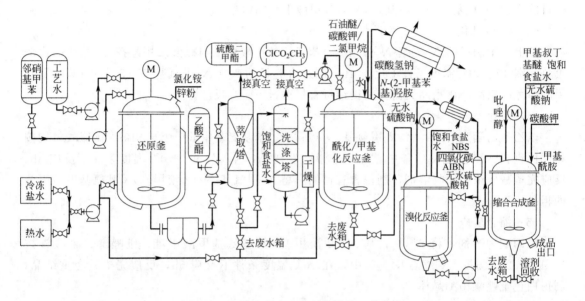

图 2-12　间歇法生产吡唑醚菌酯的工艺流程

2.2.5　"三废"治理和安全卫生防护

2.2.5.1　"三废"治理

在生产过程中，各步反应生成的水、副产物以及反应体系中使用的溶剂是工业废水的主要来源。

治理办法：首先，从工艺上减少废水排放量。为此，通过优化各步反应条件，选择适宜催化剂，调控反应选择性和转化率，在还原、酯化、甲基化、溴化等步骤，对粗产品不做分离提纯处理。其次，在缩合反应工序不可避免要进行废水处理。一般采取回收、净化两个程序。本工艺回收有效成分的意义不大，生产废水可以用活性污泥进行生化处理后排放。以上各步系统排出的废气经填料式洗涤器处理以除去臭味后再排入大气。废渣主要是以上各步溶剂回收排出的低沸物、高沸物和脱色用的活性炭等，常用焚烧的方法处理。

2.2.5.2　安全卫生防护

吡唑醚菌酯毒性低，对兔眼睛与皮肤用药实验显示，无刺激性，且不致癌、无致畸性、无致突变性。大鼠急性经皮：$LD_{50} > 2.0g/kg$，急性经口：$LD_{50} > 5.0mg/kg$。

原料邻硝基甲苯、氯甲酸甲酯、硫酸二甲酯、溴酸钾等对人体皮肤、眼睛及呼吸系统有一定刺激性，操作时应穿工作服或戴防护帽和眼镜。若不小心接触到皮肤，则用大量清水冲洗，然后用稀苏打水涂在其上。

2.3　桃醛生产项目

2.3.1　产品概况

2.3.1.1　桃醛的性质、产品规格及用途

桃醛，又名 γ-十一内酯，分子式 $C_{11}H_{20}O_2$，分子量 184.28，无色至浅黄色透明液体，具有宜人的似鸢尾的甜脂香气，冲淡时有桃香味。桃醛沸点 297℃，闪点 137℃。作为常用的内酯香料之一，被 FEMA（美国食用香料与提取物制造协会）认定为 CRS（一般认为安全），FEMA 编号 3091，并经 FDA（美国食品药品管理局）批准可食用，欧洲理事会将桃醛也列入可用于食品而不危害人体健康的人造食用香料表中，并给出其 ADI 为 1.25mg/kg。

2.3.1.2　主要原料

桃醛在传统工业上由十一烯酸在硫酸的存在下内酯化而得，但由于十一烯酸来源于蓖麻油，原料较贵且受地域限制，所以现在合成桃醛一般采用丙烯酸（酯）和正辛醇为原料制备。

（1）丙烯酸

丙烯酸是重要的有机合成原料及合成树脂单体，无色澄清液体，沸点 141℃，具有较强的毒性和中等毒性，也是最简单的不饱和羧酸，带有特征的刺激性气味，它可与水、醇、醚和氯仿互溶。

1843 年，首先发现丙烯醛氧化生成丙烯酸。1931 年，美国罗姆-哈斯公司开发成功氰乙醇水解制丙烯酸工艺，长期是唯一的工业生产方法。1939 年，德国人 W.J. 雷佩发明了乙炔羰化法制丙烯酸，1954 年在美国建立了工业装置。与此同时还成功地开发了丙烯腈水解制丙烯酸工艺。自 1969 年美国联合碳化物公司建成以丙烯氧化法制丙烯酸工业装置后，各国相继采用此法进行生产。近几年来，丙烯氧化法在催化剂和工艺方面进行了许多改进，已成为生产丙烯酸的主要方法。

丙烯氧化制丙烯醛：

$$CH_2{=}CH{-}CH_3 + O_2 \longrightarrow CH_2{=}CH{-}CHO + H_2O + 0.34MJ$$

丙烯醛氧化制丙烯酸：

$$CH_2{=}CH{-}CHO + O_2 \longrightarrow CH_2{=}CH{-}COOH + 0.25MJ$$

伴随着以上两段主反应，还有若干的副反应发生，并生成 CO、CO_2、乙酸、丙酸、乙醛、糠醛、丙酮、甲酸、马来酸等副产物。

（2）正辛醇

正辛醇为无色透明液体，具有强烈的芳香味，熔点 -16℃，沸点为 196℃，不与水混溶，但与乙醇、乙醚、氯仿混溶。用于制香精、化妆品，并用作溶剂、防沫剂、增塑剂、防冻剂、润滑油添加剂等。来源于椰子油制月桂酸的副产物。工业正辛醇的生产工艺有齐格勒法、正辛酸加氢、羰基合成、调聚水合四种工艺。目前国内吉林化工和日本的花王等主流厂商采用的为齐格勒法，以乙烯为原料、烷基铝为催化剂，经氧化和水解生成高碳醇。

主要反应如下：

$$CH_2{=}CH_2 + O_2 + H_2O \longrightarrow H_3C{-}\!\!\!\sim\!\!\!\sim\!\!\!\sim\!\!\!\sim{-}OH$$

2.3.1.3 生产方法

桃醛的生产工艺一般由粗品制备、正辛醇回收、简蒸（简单蒸馏）、精馏、活性炭吸附等步骤组成，桃醛合成过程见图2-13。

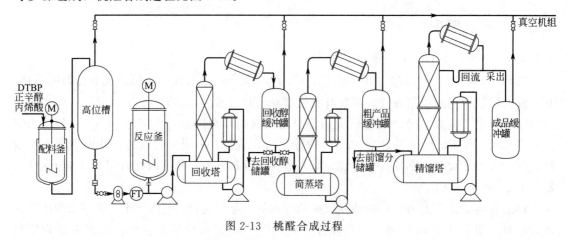

图 2-13 桃醛合成过程

2.3.2 工艺原理

2.3.2.1 反应原理

（1）主反应

正辛醇和丙烯酸（酯）在引发剂的引发下，正辛醇自由基与丙烯酸（酯）进行自由基加成反应，得到的中间体再进行闭合反应，具体的反应过程如下：

自由基加成反应：

$$CH_3(CH_2)_6CH_2OH + CH_2=CHCOOH \xrightarrow{\text{引发剂}} CH_3(CH_2)_6\underset{\underset{OH}{|}}{C}HCH_2CH_2COOH$$

闭环反应：

$$CH_3(CH_2)_6\underset{\underset{OH}{|}}{C}HCH_2CH_2COOH \xrightarrow{H^+} CH_3(CH_2)_6HC\begin{array}{c} \end{array}$$

（2）副反应

① 正辛醇与引发剂反应生成叔丁醇。

② 丙烯酸与体系内其他自由基发生自聚反应，生成丙烯酸聚合物。

③ 正辛醇在引发剂存在条件下的受热裂解，发生氧化生成正辛酸。

④ 正辛酸与正辛醇发生酯化生成辛酸辛酯。

主要副反应方程式：

以上正辛醇相关的副反应发生均不严重，主要副反应还是要从减少丙烯酸自聚的角度考虑。

2.3.2.2　反应特点

（1）合成反应

① 按照配比配料，以醇为底料，使用滴加的方式，控制反应速率和反应方向向右移动。

② 将反应生成的酯或水两者中任何一种以及副产物叔丁醇及时从反应系统中除去，促使酯化完成，生产中常以过量醇作为溶剂与水起共沸作用，且这种共沸溶剂在生产中循环使用。

③ 酯化反应一般分两步进行，第一步生成单酯，这步反应速率很快。但由单酯反应生成双酯的过程却很缓慢，工业上一般采用催化剂和提高反应温度来提高反应速率。

（2）醇回收

醇回收是利用醇和酯的沸点不同，采用减压蒸馏的方法回收，回收醇中要求酯含量越低越好，否则循环使用中会使产品色泽加深，因此要严控温度、压力、流量等。

（3）简蒸

简蒸的目的是去除尾峰，进一步地对产品的醇酯进行分离，工业上常利用多次蒸馏来提纯产品，可以提高生产效率。

（4）精馏

简蒸后的粗品需要经过精馏，进一步分离桃醛成品和重组分丙烯酸聚合物。通过气液两相逐级流动进行界面的质量和热量传递，经过此步可将得到桃醛半成品。

（5）活性炭吸附

此步主要去除桃醛半成品的杂味，保证桃醛的香气达到指标。

2.3.2.3　动力学分析

桃醛合成反应是自由基反应和酯化反应的耦合过程，兼具自由基反应和酯化反应的一般特征。然而，相比只发生桃醛形成的最后一步分子内环化酯化步骤，自由基反应步骤才是整个反应的主体。

由于在桃醛合成过程中，DTBP（过氧化二叔丁基）常作为引发剂，其引发机理及自身能够发生的副反应非常重要。DTBP 在高温时会均裂成两份叔丁醇自由基，产生的叔丁醇自由基进而攻击正辛醇一号位上的碳原子，得到正辛醇自由基和叔丁醇。随后正辛醇自由基和丙烯酸发生自由基加成反应，形成羟基酸自由基，该自由基又会与体系中的正辛醇发生链传递形成羟基酸和正辛醇自由基。最后，羟基酸发生分子内酯化得到产物 γ-十一内酯及水，链传递产生的正辛醇自由基则再次与体系中的丙烯酸发生加成反应。

明确了 DTBP 引发及终止的反应机理外，在 γ-十一内酯合成反应体系中，丙烯酸在高温、引发剂存在条件下的聚合反应较为剧烈，是需要特别关注的副反应。丙烯酸是含有乙烯基的有机酸，由于体系中存在的自由基种类较多，丙烯酸容易与自由基发生加成聚合反应。

2.3.3　工艺条件和主要设备

2.3.3.1　工艺条件

（1）反应温度

桃醛合成体系需要高温使引发剂的均裂带动反应，但主要反应物之一的丙烯酸非常容易在高温、引发剂存在的条件下发生聚合，所以工艺上通常采用正辛醇、丙烯酸、引发剂混合物向预热的正辛醇中滴加。正辛醇和 DTBP 的汽化温度远低于丙烯酸，所以工业生产中采用分段加热，滴加过程常用 165～170℃，反应温度为 180℃。

（2）原料配比

桃醛合成过程通常采用配料向底料里滴加，底料为正辛醇，反应的配料比影响着整个反应的收率，滴加底料若只选择丙烯酸和引发剂，滴定到底料可能造成丙烯酸和引发剂局部过浓，不利于反应，综合考虑正辛醇：丙烯酸：引发剂＝8.5：7：1.2。

2.3.3.2　主要设备

在整个生产过程中，分成桃醛合成过程和精制两个过程，反应过程主要设备为合成反应器，精制过程则为精馏塔。反应器的选用关键在于反应是采用间歇操作还是连续操作。这个问题首先取决于生产规模和工艺要求，连续操作的反应器有不同的类型，其中一种是管式反应器，反应物的流动形式可以看成是平推流，较少返混。也就是说流体的每一部分在管道中的停留时间都是一样的。这种特征从化学动力学来考虑是可取的，但对传热和传质要求高的反应则不宜采用。另一种是搅拌釜（看成是全混釜），流动形式接近返混。釜内各部分组成和温度完全一样，但分子的停留时间却参差不齐、分布不均。这种情况在多釜串联反应后，可使分子停留时间分布的特性向平推流转化。但如果产量不大时，多釜串联的投资经济效益是不合算的。另一种类型的反应器是分级的塔式反应器，实质上也是变相的多釜串联。塔式反应器结构比较复杂，但紧凑，总投资较阶梯式釜式反应器低。

当为液相反应而产量不大时，采用间歇操作比较有利，间歇操作流程与控制比较简单，反应器各部分的组成和温度稳定一致，物料停留时间也一样，通常采用的间歇式反应器为带有搅拌和换热的釜式设备。桃醛属于精细化学品需求量不大，且工艺采用滴加模式，工业生产常采用间歇釜式反应器。

精馏塔的选择有板式塔和填料塔两种结构，填料塔是连续式的气液传质设备，气液两相间呈连续逆流接触并进行传质和传热，气液两相组分的浓度沿塔高呈连续变化。板式塔中气液两相间逐层逆流接触并进行传质和传热，气液两相组分的浓度沿塔高呈阶梯式变化。填料塔具有结构简单，压力降小，便于处理腐蚀性物料（填料一般由耐蚀材料制成）、易起泡沫的物料（气体不是以发泡的形式通过液层，而且填料对气泡有破碎作用）及真空操作（气液阻力降小）。板式塔工作时，液体在重力作用下自上而下横向通过各层塔板后由塔底排出；气体在压差推动下，经均布在塔板上的开孔由下而上穿过各层塔板后由塔顶排出。在每块塔板上皆贮有一定的液体，气体穿过板上液层时，两相进行接触传质。在板式塔内形成气液界面所需的能量是由气体提供的。板式塔具有在每块塔板上气液两相必须保持密切而充分的接触，为传质过程提供足够大且不断更新的相际接触表面、减小传质阻力，在塔内应尽量使气液两相呈逆流流动，以提供最大的传质动力等特点。为了使桃醛精馏出的产品纯度更高和设备投资最小，工业生产通常选用填料塔。

2.3.4　工艺流程

以正辛醇和丙烯酸为原料合成十一内酯的工艺具有原料易得，设备简单，操作条件温和，产品质量好等优势。合成桃醛由合成反应、醇回收、简蒸、精馏、活性炭吸附等工序组成，其工艺流程如图2-14所示。

反应物料按照正辛醇：丙烯酸：引发剂为8.5：7：1.2的比例加入混合器混合，向合成反应釜加入配料7倍量的正辛醇，等到底料温度达到170℃后，开始向反应釜滴加配料，待物料加热到一定的温度时发生化学反应。待反应完成后，收集副产物叔丁醇，并对粗产物进行闪蒸，回收其中未反应完全的正辛醇，最后对丙位内酯粗品即桃醛粗品进行精馏分离，得到商品

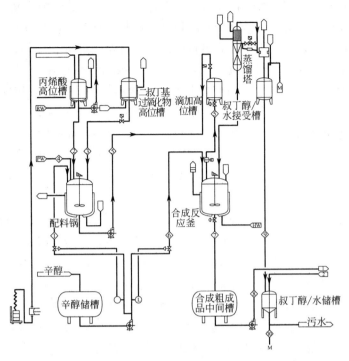

图 2-14 桃醛的合成工艺流程

级的 γ-十一内酯产品。生产流程主要包括桃醛的合成工段、桃醛的分离工段、辛醇的回收工段以及公用工程系统。其中桃醛合成工段包括参加反应的各种原料的贮存、各种反应物料的混合以及桃醛的合成反应；分离工段是指合成的桃醛粗产品离开反应器后进入到分离塔中进行分离得到精产品的整个过程；辛醇的回收工段指从分离工段分离出的辛醇在回收塔中进行处理达到规定浓度后，再进入反应系统中进行反应的过程；公用工程系统指在整个工艺中加热冷却所用的循环冷却水、导热油等。在这几个模块中，桃醛的合成工段和分离工段是整个工艺流程中决定了产品的质量、产率、生产成本和整个工艺的投资等问题的最为重要的部分。

2.3.4.1 合成工段

首先是将一定量的辛醇从储槽打入到合成反应釜中，整个反应过程中要确保辛醇是大量过量的，目的是为了使丙烯酸充分地发生反应，使反应最大限度地向着生成桃醛的方向进行；与此同时，按照正辛醇：丙烯酸：引发剂为 8.5：7：1.2 的比例配料，将辛醇、丙烯酸、水和二叔丁基过氧化物从高位槽打入到配料锅中。将反应釜温度升高到 170℃，向反应釜内滴加配料锅中的混合物，滴加过程保持反应体系回流状态，滴加时间 17～18h；边滴加混合物，边分出反应的副产物叔丁醇和水，将反应釜内合成粗品直接压到分馏塔进行分馏操作。

2.3.4.2 醇回收

利用醇和酯的沸点不同，在减压的条件下进行醇和酯的分离，回收产品中的过量醇，物料在 1.32～2.50kPa 和 60～70℃ 的情况下进行脱醇。

2.3.4.3 简蒸

桃醛简蒸阶段工艺主要设备包括：一台不锈钢闪蒸釜（带塔），三台真空接受罐、合成粗品贮罐。闪蒸工艺主要靠调节阀门开度、控制反应温度、改变反应时间以及调节回流比完成，桃醛合成阶段得到的粗品中桃醛的质量含量为 20.8%，辛醇的质量含量为 75%。

　　桃醛粗品中含有大量的辛醇，需要得到纯度好的桃醛必须将辛醇去除，闪蒸的主要作用就是去除桃醛粗品中大量的辛醇。首先通过粗真空回收闪蒸前段，然后通过改变回流比及温度回收辛醇。在这一阶段中回收辛醇的出料比例与进料合成粗品中醇含量以及出料中辛醇的含量相关。接下来进入高真空回收过渡段，这时要求控制出料量在 10% 以下，桃醛含量控制在 10% 以内。调节塔顶温度，高真空回收头段，顶温 85℃ 以上，采用间歇式全回流回收头段，当顶温稳定在 110~115℃ 时，切换回收闪蒸粗品。当塔釜温度达到 215℃，出料减少且塔顶温度开始波动时或颜色变黄时，切换收后段。此时闪蒸成品段中桃醛的含量只能达到约 92%，辛醇含量约为 3%，不能满足市场对于桃醛产品的要求。闪蒸得到的桃醛产品进入精馏阶段进行进一步的纯化，以达到所需纯度的桃醛成品。

2.3.4.4　精馏

　　精馏阶段主要设备包含：一台精馏釜（带塔），四台真空接受罐以及储罐。经过闪蒸工段的桃醛粗品进入精馏阶段，经过高真空、全回流结束后，当釜温及塔顶温度逐步上升时，采用间歇全回流方式回收辛醇。在高真空条件下，调整回流比回收分馏头子，前期快速分离，塔顶温度出现阶梯式上升，中期采用间歇全回流方式，保持塔顶温度稳定，逐渐加大回流比，当分馏头子占出料比例的 10% 时及时对塔顶取样分析，根据塔顶含量切换回收成品。当塔顶抽样含量达到 96.5% 时，切换至回收过渡段，回收过渡段期间要对塔顶桃醛及时取样分析，根据塔顶桃醛含量及时调节回流比和收过渡段时间及出料量。保持在高真空条件下回收桃醛成品，按照回流比先大后小的原则和塔顶、塔底温度及冷却水等的情况及时调节回流比。最后回收分馏后段，当塔底温度上升、塔顶温度下降、塔顶无出料时停止回收后段。

2.3.4.5　活性炭吸附

　　本部分为桃醛半成品香气处理，活性炭吸附共有两次，第一次糖用炭Ⅰ型（$w=5\%$），第二次糖用炭Ⅰ型（$w=1\%$），两次均使用 60℃、搅拌 6h 常压过滤，经过两步后可达到商品级桃醛的要求。

2.3.5　"三废"治理和安全卫生防护

2.3.5.1　"三废"治理

　　废水包括：在生产过程中，合成反应生成的工艺废水、设备冲洗废水。在桃醛的生产工艺中可以发现正辛醇是过量的，在其生产过程中还需要加引发剂，所以在减压蒸馏后桃醛废液中含有反应物、丙烯酸以及引发剂过氧化二叔丁基醚、副产物（丙烯酸聚合物）及叔丁醇。这就导致了桃醛废水中主要含有低沸点的有机物。

　　治理的办法：首先，从工艺上减少废水的排放量；其次，当然也不可避免地要进行废水处理。一般来讲，全部处理分为回收和净化两个程序。回收时必须考虑经济效益，桃醛废水可回收的主要是叔丁醇，但两种叔丁醇和水沸点比较接近，回收比较麻烦，目前工业上通常采用分子精馏的方式回收叔丁醇。回收叔丁醇的水 COD 一般在 $15 \times 10^4\,mg/L$，再次采用铁碳微电解等高级氧化方式处理后，可通过生物降解达到排放标准。反应、回收、简蒸、精馏系统排出的废气经填料式洗涤器用水洗涤以除臭味后再排入大气。本反应基本不产生废渣，只是在微生物降解处理废水时有少量污泥，一般交给专业机构高温填埋处理。

2.3.5.2　安全卫生防护

丙烯酸有较强的腐蚀性，中等毒性，也属于易燃物。其水溶液或高浓度蒸气会刺激皮肤和黏膜。大鼠口服 LD_{50} 为 590mg/kg。操作者不能与丙烯酸溶液或蒸气接触，操作时要穿工作服和戴工作帽、防护眼镜和胶皮手套，生产设备应密闭。工作和贮存场所要具有良好的通风条件。正辛醇对眼睛、皮肤、黏膜和上呼吸道有刺激作用，所以操作人员佩戴自吸过滤式防毒面具（半面罩），戴化学安全防护眼镜，穿防毒物渗透工作服，戴橡胶手套，远离火源。生产过程中注意高温会使原料、中间品、成品等发生火灾，安装好消防设施和工人操作的安全设施。

2.4　双组分聚氨酯胶黏剂生产项目

2.4.1　产品概况

2.4.1.1　类别、结构、性质和用途

聚氨酯胶黏剂是指在分子链中含有氨基甲酸酯基团（—NHCOO—）或异氰酸酯基（—NCO）的胶黏剂，故聚氨酯胶黏剂表现出高度的活性与极性。与含有活泼氢的基材，如泡沫、塑料、木材、皮革、织物、纸张、陶瓷等多孔材料，以及金属、玻璃、橡胶、塑料等表面光洁的材料都有优良的化学粘接力。

聚氨酯胶黏剂是目前正在迅猛发展的聚氨酯树脂中的一个重要组成部分，具有优异的性能，在许多方面都得到了广泛的应用，是八大合成胶黏剂中的重要品种之一。

聚氨酯胶黏剂具备优异的抗剪切强度和抗冲击特性，适用于各种结构性黏合领域，并具备优异的柔韧特性。

聚氨酯胶黏剂具备优异的橡胶特性，能适应不同热膨胀系数基材的黏合，它在基材之间形成具有软-硬过渡层，不仅粘接力强，同时还具有优异的缓冲、减震功能。聚氨酯胶黏剂的低温和超低温性能超过所有其他类型的胶黏剂。

水性聚氨酯胶黏剂具有低 VOC（挥发性有机化合物）含量、低或无环境污染、不燃等特点，是聚氨酯胶黏剂的重点发展方向。

2.4.1.2　主要性能（技术指标）

聚氨酯胶黏剂为甲、乙双组分溶剂型室温固化胶。

外观：甲组分为浅黄色透明胶液，乙组分为浅黄色透明胶液。固含量：甲组分为 30%，乙组分为 60%。

原料规格及生产定额如下。

原料	规格	质量份
己二酸	99.7%工业级	204
乙二醇	＞97%工业级	92
三羟甲基丙烷	98.0%工业级	26
甲苯二异氰酸酯（TDI）	99.3%工业级	141
乙酸乙酯	工业级	200
乙酸丁酯	工业级	36
丙酮	工业级	520

2.4.2　工艺原理

（1）甲组分生产为两步

① 聚酯制备

$$n\,HOOC—CH_2—H_2C—CH_2—CH_2—COOH\ +(m+1)HO—CH_2—CH_2—OH\ \longrightarrow$$
己二酸　　　　　　　　　　　　　　乙二醇

$$HO\!\!\left[\!CH_2—CH_2—O—CO—(CH_2)_4—COO\!\right]_m\!CH_2CH_2OH\ +H_2O$$
聚酯　　　　　　　　　　　　　水

② 将聚酯改性

$$m\,HO\!\!\left[\!CH_2CH_2OCOCH_2CH_2CH_2CH_2COO\!\right]\!CH_2CH_2OH\ +(m+1)\ \text{TDI} \longrightarrow$$

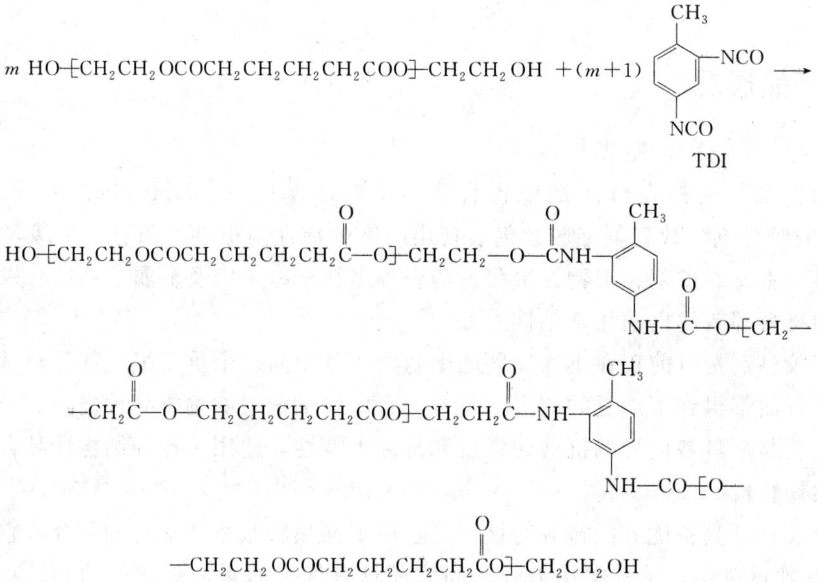

（2）乙组分为 TDI 改性反应式

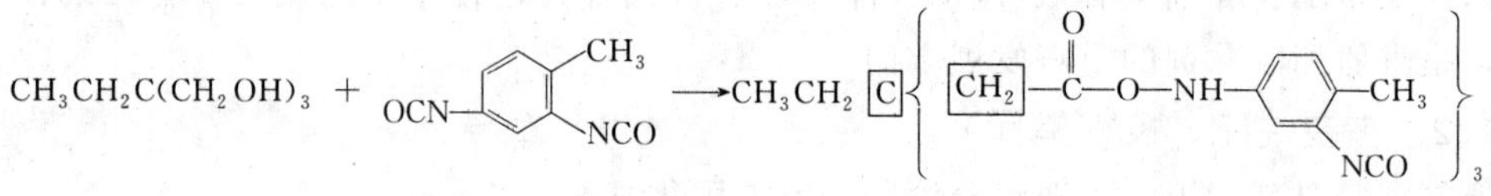

2.4.3　工艺条件及流程

① 将乙二醇、己二酸由计量罐投入反应釜，升温到 $180\sim220℃$ 反应，第一阶段经冷凝器回流，第二阶段经冷凝器除水，并收集于贮罐中，待酸值达 2mg KOH/g 以下为终点。反应全程约 10h，聚酯羟值为 (60 ± 5)mg KOH/g。

② 将所得聚酯与乙酸丁酯投入反应釜，在聚酯全溶后加入 TDI，于 $90\sim120℃$ 下反应 4h，降温加入丙酮，调至要求的固含量为甲组分。

③ 将 TDI、乙酸乙酯分别加入反应釜中，并滴入三羟甲基丙烷，在 $60\sim80℃$ 下反应 $2\sim3h$，即可达到终点，得乙组分。

双组分聚氨酯胶黏剂制备工艺流程见图 2-15。

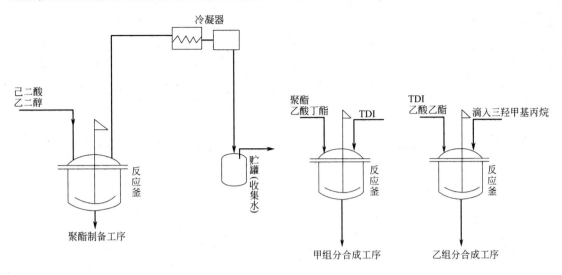

图 2-15　双组分聚氨酯胶黏剂制备工艺流程

2.5　乙酸乙烯乳胶生产项目

2.5.1　产品概况

2.5.1.1　白乳胶的性质及用途

白乳胶是一种水溶性胶黏剂，是由乙酸乙烯酯单体在引发剂作用下经聚合反应而制得的一种热塑性黏合剂。通常称为白乳胶或简称 PVAC 乳液，化学名称聚乙酸乙烯胶黏剂，白乳胶是用途最广、用量最大、历史最悠久的水溶性胶黏剂之一，是由乙酸乙烯酯单体在引发剂作用下经聚合反应而制得的一种热塑性黏合剂。可常温固化、固化较快、粘接强度较高，粘接层具有较好的韧性和耐久性且不易老化。白乳胶成分主要为聚乙酸乙烯酯、水，以及其他多种助剂。

白乳胶是目前用途最广、用量最大的黏合剂品种之一。它以水为分散介质进行乳液聚合而得，是一种水性环保胶。由于具有成膜性好、黏结强度高、固化速度快、耐稀酸稀碱性好、使用方便、价格便宜、不含有机溶剂等特点，被广泛应用于木材、家具、装修、印刷、纺织、皮革、造纸等行业，已成为人们熟悉的一种黏合剂。

2.5.1.2　原料规格及生产定额

原料	规格	质量份
聚乙烯醇	（1788 型）工业级	37
乙酸乙烯酯	＞99.5％工业级	435
乳化剂（OP-10）	工业级	5
引发剂（过硫酸钾）	化学品	0.65
邻苯二甲酸二丁酯	工业级	50
碳酸氢钠	工业级	15
辛醇	工业级	2
水		483

2.5.1.3 技术指标

外观	乳白色均一的黏稠胶液	pH 值	5～6
固含量	50%以上	粘接强度	粘接木材剪切强度≥8MPa
黏度（20℃）	7000～10000mPa·s		

2.5.2 工艺原理

由乙酸与乙烯合成乙酸乙烯酯，添加钛白粉（低档的加轻钙、滑石粉等粉料），再经乳液聚合而成的乳白色稠厚液体。

2.5.3 工艺条件及流程

① 先将聚乙烯醇于 88～920℃在反应釜的水中进行溶解，过滤，除去不溶物。

② 先加入部分的乙酸乙烯酯（如 70kg）及部分的引发剂（如 100g），在 65～68℃下进行反应。

③ 将余下的单体与引发剂混合后，进行滴加（或分六次以上加入），控制反应温度在 70～75℃。

④ 滴加完后，在 82～90℃再继续反应 1h。

⑤ 降温到 50～60℃，加入其他组分，搅拌均匀。

⑥ 再降温到 40℃以下，出料。

乙酸乙烯乳胶制备工艺流程见图 2-16。

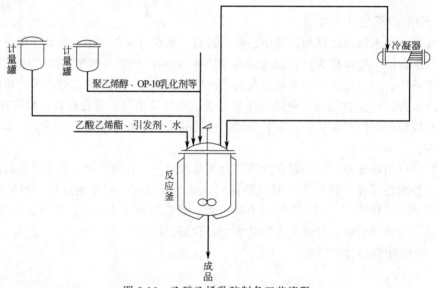

图 2-16 乙酸乙烯乳胶制备工艺流程

2.6 邻苯二甲酸二辛酯生产项目

2.6.1 产品概况

2.6.1.1 邻苯二甲酸二辛酯的性质、产品规格及用途

邻苯二甲酸二辛酯，又名邻苯二甲酸二（2-乙基己）酯，简称 DOP，是一种重要的增塑剂。

DOP 为具有特殊气味的无色液体。沸点 386.9℃（170mmHg，1mmHg＝133.322Pa），熔点−55℃，闪点 219℃，水中溶解度＜0.01%（25℃），微溶于甘油、乙二醇和一些胺类，溶于大多数有机溶剂。

色泽（APHA）＜15；相对密度（20℃/20℃）0.986±0.002；皂化值（287±3）mg/g；酸值＜0.01mg KOH/g；折射率 1.485±0.003；挥发物质量分数＜0.03%；体积电阻 5～15×10^{11}Ω·cm；水分（质量分数）＜0.01%。

DOP 是使用最广泛的增塑剂，除了醋酸纤维素、聚醋酸乙烯外，与绝大多数工业上使用的合成树脂和橡胶均有良好的相溶性。DOP 具有很好的综合性能，混合性能好，增塑效率高，挥发性较低，低温柔软性较好，耐水抽出，电性能高，耐热性和耐候性良好。它还可用于多种合成橡胶中，它亦有良好的软化作用。

2.6.1.2　主要原料

邻苯二甲酸二辛酯的主要生产原料是邻苯二甲酸酐和 2-乙基己醇。

（1）邻苯二甲酸酐

邻苯二甲酸酐（简称苯酐）为白色鳞片状结晶，熔点为 130℃，沸点为 284.5℃，在沸点以下可升华，具有特殊气味。几乎不溶于水，溶于乙醇，微溶于乙醚和热水，毒性中等，对皮肤有刺激作用，空气中最大允许浓度为 2mg/L。

苯酐是由萘或邻二甲苯催化氧化制得。萘催化氧化制苯酐：催化剂的主要成分为 V_2O_5 和 K_2SO_4；邻二甲苯催化氧化制苯酐：催化剂的主要成分为 V_2O_5 和 TiO_2。

工业上有固定床气相催化氧化法和流化床气相催化氧化法两种。目前多为邻二甲苯固定床催化氧化法。

（2）2-乙基己醇

2-乙基己醇（简称辛醇）为无色透明液体，具有特殊气味，沸点为 181～183℃，溶于水和乙醇、乙醚等有机溶剂中。工业上可用乙炔、乙烯或丙烯以及粮食为原料生产 2-乙基己醇。丙烯的氢甲酰化法原料价格便宜，合成路线短，是主要的生产方法。

丙烯的氢甲酰化法，以丙烯为原料加入水煤气经催化氧化得到正丁醛，正丁醛在碱性条件下缩合得到辛烯醛，辛烯醛催化加氢得到 2-乙基己醇。此工艺关键是丙烯氢甲酰化化合丁醛，羰基合成有高压法、中压法和低压法。目前主要采用铑-膦配位催化剂低压法合成羰基。

（3）主要原料及其规格

① 苯酐

纯度	＞99.3%	色泽(铂-钴,硫酸试验)	≤150(100℃,3h)
色泽(铂-钴)	＜10	熔点	≥131℃

② 辛醇

密度(20℃)	0.833～0.835g/cm³	醛(以 2-乙基己醛计)	≤0.02%
酸值(以醋酸计)	≤0.02%	色泽(铂-钴)	≤10
水分	≤0.05%	色泽(铂-钴,硫酸试验)	≤20
沸程	183～185℃		

③ 消耗定额（按生产吨 DOP 计）

苯酐(以苯酐计 DOP 收率 98.8%)	380kg	硫酸(92%)	16kg
辛醇(以辛醇计 DOP 收率 99.3%)	672kg	碳酸钠	9kg

2.6.1.3　生产方法

邻苯二甲酸二辛酯的生产方法一般根据酯化过程中采用的催化剂不同，分为酸性工艺和非酸性工艺。根据工艺流程的连续化程度，也常称为连续和间歇式工艺。不论采用哪种工艺流程，其生产通常都要经过酯化、脱醇、中和水洗、汽提、吸附过滤、醇回收等步骤来完成。

2.6.2　工艺原理

2.6.2.1　反应原理

（1）主反应

邻苯二甲酸酐与2-乙基己醇酯化一般分为两步。

第一步，苯酐与辛醇合成单酯，反应速率很快，当苯酐完全溶于辛醇时，单酯化即基本完成。

第二步，邻苯二甲酸单酯与辛醇进一步酯化生成双酯，这一步反应速率较慢，一般需要使用催化剂、提高温度以加快反应速率。

反应式：

$$\text{邻苯二甲酸酐} + 2CH_3CH_2CH_2CH_2CHCH_2OH \underset{k_2}{\overset{k_1}{\rightleftharpoons}} \text{邻苯二甲酸二辛酯} + H_2O$$

邻苯二甲酸酐　　　　辛醇　　　　　　　　邻苯二甲酸二辛酯　　　水

（2）副反应

① 醇分子内脱水生成烯烃。$C_8H_{17}OH$ 醇分子内脱水生成烯烃 C_8H_{16}。

② 醇分子间脱水生成醚。$C_8H_{17}OH$ 醇分子间脱水生成醚 $C_8H_{17}OC_8H_{17}$。

③ 生成缩醛。

④ 生成异丙醇（来自催化剂本身）从而生成相应的酯。

⑤ 生成正丁醇（来自催化剂本身）从而生成相应的酯。

上述副反应，由于使用的是选择性很高的催化剂，副反应很少，约占总质量的1%。杂质数量很少、沸点较低，在酯化过程中，作为低沸物排出系统。

2.6.2.2　反应特点

（1）酯化

酯化反应是一个比较典型的可逆反应。一般应注意做到以下几点。

① 将原料中的任一种过量（一般为醇），使平衡反应尽量向右移动。

② 将反应生成的酯或水两者中任何一个及时从反应系统中除去，促使酯化完全，生产中常以过量醇作为溶剂与水起共沸作用，且这种共沸溶剂可以在生产过程中循环使用。

③ 酯化反应一般分两步进行，第一步生成单酯，这步反应速率很快。但由单酯反应生成双酯的过程却很缓慢，工业上一般采用催化剂和提高反应温度来提高反应速率。

（2）中和水洗

中和粗酯中酸性杂质并除去，使粗酯的酸值降低。同时使催化剂水解失活并除去。中和反应属于放热反应，为了避免副反应，一般控制中和温度不超过130℃。

（3）醇的分离和回收

醇和酯的分离通常采用水蒸气蒸馏法，有时采用醇和水一起被蒸出，然后用蒸馏法分开。回收醇是利用醇和酯的沸点不同，采用减压蒸馏的方法回收，回收醇中要求含酯量越低越好，否则循环使用中会使产品色泽加深，因此必须严格控制温度、压力和流量等。

（4）脱色精制

经醇酯分离后的粗酯采用汽提和干燥的方法，除去水分、低分子杂质和少量醇。通过吸附剂和助滤剂的吸附脱色作用，保证产品的色泽和体积电阻率两项指标达标，同时除去产品中残存的微量催化剂和其他机械杂质，最后得到高质量的邻苯二甲酸二辛酯。

2.6.2.3　热力学和动力学分析

（1）热力学分析

邻苯二甲酸单酯与辛醇进一步酯化生成双酯的反应是可逆的吸热反应，从热力学分析，升高温度、增加反应物浓度、降低生成物浓度，都能使平衡向着生成物的方向移动。在实际生产中，一般采用醇过量来提高苯酐的转化率，同时反应生成的水与醇形成共沸物，从系统中脱出，以降低生成物的浓度，使整个反应向着有利于生成双酯的方向移动。

（2）平衡常数

邻苯二甲酸单酯与辛醇进一步酯化生成双酯的反应是可逆的吸热反应，其平衡常数为：

$$k = \frac{k_1}{k_2} = 6.95$$

式中，k_1 为生成物浓度幂的乘积；k_2 为反应物浓度幂的乘积。

提高反应温度和使用催化剂，可以缩短达到平衡的时间。

（3）催化剂

① 酸性催化剂。以硫酸为首的酸类催化剂是传统的酯催化剂，常用的还有对甲苯磺酸、十二烷基苯磺酸、磷酸、锡磷酸、亚锡磷酸、苯磺酸和氨基磺酸等。此外，硫酸氢钠等酸式盐，硫酸铝、硫酸铁等强酸弱碱盐，以及对苯磺酰氯等，也属于酸催化剂范畴。在硫酸和磺酸类催化剂中催化活性按下列顺序排列：

硫酸＞对甲苯磺酸＞苯磺酸＞2-萘磺酸＞氨基磺酸

硫酸活性高、价格便宜，是应用最普遍的酯化催化剂，用它制备 DOP，在 $100 \sim 130$℃ 就有很高的催化作用。但硫酸也有致命的弱点，不仅严重腐蚀设备，还会因其氧化、脱水作用而与醇发生一系列的副反应，生成醛、醚、硫酸单酯、硫酸双酯、不饱和物及羧基化合物，使醇的回收和产品精制复杂化。为了避免这些问题，有时人们宁可使用催化活性低于硫酸但较温和的其他酸作为催化剂。用对甲苯磺酸来替代硫酸的较多，还有苯磺酸、萘磺酸和氨基磺酸等，所生成酯的色泽均较用硫酸时浅。

为了克服酸性催化剂容易引起副反应的缺点，并力求工艺过程简化，国外自 20 世纪 60 年代研究和开发了一系列非酸性催化剂，并已陆续应用到工业生产中。

② 非酸性催化剂。非酸性催化剂主要有以下几种。

铝的化合物，如氧化铝、铝酸钠、含水 $Al_2O_3 + NaOH$ 等。

ⅣB 族元素的化合物，如氧化钛、钛酸四丁酯、氧化锆、氧化亚锡和硅的化合物等。

碱土金属氧化物，如氧化锌、氧化镁等。

ⅤA 族元素的化合物，如氧化锑、羧酸铋等。其中最重要的是钛、铝和钼的化合物，常见的使用形式分别为钛酸四烃酯、氢氧化铝复合物、氧化亚锡和草酸亚锡。非酸性催化剂的应用对酸性工艺来说是一项重大的技术进步，使用非酸性催化剂可缩短酯化时间，产品色泽优良，回收醇只需简单处理，即可循环使用。主要不足是酯化温度较高，一般为 190～230℃，否则活性较低。现非酸性催化剂不仅已在我国大型增塑剂装置中成功应用，而且正越来越多地在中小型装置中推广，在酯化催化剂的应用方面，我国已与国外水平相当。

2.6.3　工艺条件和主要设备

2.6.3.1　工艺条件

（1）反应温度

酯化反应温度即为辛醇与水的共沸温度，通过共沸物的汽化带走反应热及水分，反应易控制。反应温度高对化学平衡和反应速率多有好处，但反应温度增加，产品色泽加深而影响产品质量。一般以硫酸作为催化剂，反应温度为 130～150℃。采用非酸性催化剂反应温度为 190～230℃，高于 240℃ DOP 产生裂解反应。

（2）原料配比

酯化是可逆反应，为了提高转化率，任意反应物过量，均可促使反应平衡向右移动。由于辛醇价格较低并能与水形成共沸混合物，过量辛醇可将水带出反应系统，降低生成物浓度，因此，一般辛醇过量，辛醇与苯酐的配比为（2.2～2.5）:1（摩尔比）。若辛醇过量太多，其分离回收的负荷以及能量消耗增大。

2.6.3.2　主要设备

在整个生产过程中，酯化是关键，其主要设备是酯化反应器。反应器的选用关键在于反应是采取间歇操作还是连续操作。这个问题首先取决于生产规模。当液相反应而生产量不大时，采用间歇操作比较有利。间歇操作流程与控制比较简单，反应器各部分的组成和温度稳定一致，物料停留时间也一样。通常采用的间歇式反应器为带有搅拌和换热（夹套和蛇管热交换）的釜式设备，为了防腐和保证产物纯度，可以采用衬搪玻璃的反应釜。

采用酸性催化剂时，由于反应混合物停留时间较短，选用塔式酯化器比较合理。阶梯式串联反应器结构较简单，操作也较方便，但总投资较塔式反应器高，占地面积较大，能量消耗也较大。采用非酸性催化剂或不用催化剂时，由于反应混合物停留时间较长，所以选用阶梯式串联反应器较合适。

2.6.4　工艺流程

苯酐、辛醇分别以一定的流量进入单酯化器，单酯化温度为 130℃，所生成的单酯和过量的醇混入硫酸催化剂后，进入酯化塔。环己烷（帮助酯化脱水用）预热后以一定流量进入酯化塔。酯化塔顶温度为 115℃，塔底为 132℃。环己烷和水、辛醇以及夹带的少量硫酸从酯化塔顶部气相进入回流塔。环己烷和水从回流塔顶馏出后，环己烷去蒸馏塔，水去废水萃取器。辛醇及夹带的少量硫酸从回流塔返回酯化塔。酯化完成后的反应混合物加压后经喷嘴喷入中和器，用 10%碳酸钠水溶液在 130℃下进行中和。经中和的硫酸盐、硫酸单辛酯钠盐和邻苯二甲酸单辛酯钠盐随中和废水排至废水萃取器。中和后的 DOP、辛醇、环己烷、硫酸二辛酯、二辛基醚等经泵加压并加热至 180℃后进入硫酸二辛酯热分解塔。在此塔中硫酸二辛酯皂化为硫酸单辛酯钠盐，随热分解废水排至废水萃取器。DOP、环己烷、辛醇和二辛基醚等进入蒸馏塔，塔顶温度为 100℃，环己烷从塔上部馏出后进入环己烷回收塔，从该塔顶部得到几乎不含水的环己烷循环至酯化塔再用，塔底排的重组分烧掉。分离环己烷后的 DOP 和辛醇从蒸馏塔底排出后进入水洗塔，用去离子水 90℃进行水洗，水洗后的 DOP、辛醇进入脱醇塔，在减压下用 1.2MPa 的直接蒸汽连续进行两次脱醇、干燥，即得成品 DOP。从脱醇塔顶部回收的辛醇，一部分直接循环至酯化部分使用，另一部分去回收醇净化处理装置。

酸性催化剂生产 DOP 流程见图 2-17。

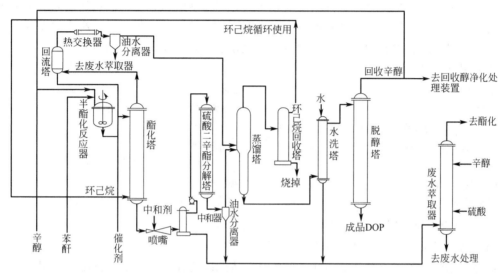

图 2-17 酸性催化剂生产 DOP 流程图

2.6.5 "三废"治理和安全卫生防护

2.6.5.1 "三废"治理

在生产过程中，酯化反应生成的水是工业废水的主要来源。主要包括经多次中和后含有单酯钠盐等杂质的废碱液，洗涤粗酯用的水，脱醇时汽提的冷凝水。

废水治理的办法，首先从工艺上减少废水排放量。例如，采用非酸性催化剂，则可简化中和、水洗两个工序。其次，当然也不可避免地要进行废水处理。一般来讲，全部处理过程分为回收和净化两个程序。回收时必须考虑经济效益，如果回收有效成分的费用很大，就不如用少量碱将其破坏除去。生产废水一般可以用活性污泥进行生化处理后再排放。酯化、脱醇、干燥系统排出的废气经填料式洗涤器用水洗涤以除去臭味后再排入大气。废渣主要是酯化醇回收排出的低沸物、高沸物和吸附用的废活性炭等，常采用焚烧的方法处理。

2.6.5.2 安全卫生防护

邻苯二甲酸二辛酯毒性低，动物口服 $LD_{50} > 30000mg/kg$，法国、英国、日本、德国等国允许用于接触食物（脂肪性食物除外）的塑料制品，美国允许用于食品包装用玻璃纸、涂料、黏合剂、橡胶制品。20 世纪 80 年代曾发生关于 DOP 能否致癌的争论，目前虽无明确证据可证明，但各国都在寻找 DOP 的代用品。

原料苯酐和硫酸对人体皮肤、眼及呼吸系统有一定的刺激性，操作时应穿戴工作服或防护帽和眼镜。若不小心接触到皮肤，则用大量清水冲洗，然后用稀苏打水涂在皮肤上。

2.7 颜料黄 G 生产项目

2.7.1 产品概况

2.7.1.1 颜料黄 G 的性质、产品规格及用途

该产品为淡黄色疏松的粉末，色泽鲜艳，着色力较高，熔点为 256℃。微溶于乙醇、丙酮和苯。遇浓硫酸为金黄色，稀释后呈黄色沉淀；遇浓盐酸为红色溶液；遇浓硝酸和稀氢氧化钠溶液不变。耐晒性和耐热性较好，耐酸、碱性较差。主要用于涂料、高级耐光油墨、印铁油墨、塑料制品、橡胶和文教用品的着色，也用于涂料印花和黏胶的原浆着色。

产品规格（HG/T 2659—1995）

指标名称	指标	指标名称	指标
颜色(与标准样对比)	近似～微	耐水性/级	5
相对着色力(与标准样对比)/%	$\geqslant 100$	耐酸性/级	5
105℃挥发物(m/m)/%	$\leqslant 2.0$	耐碱性/级	$\geqslant 4$
水溶物(m/m)/%	$\leqslant 1.5$	耐油性/级	$\geqslant 4$
吸油量/(g/100g)	$25\sim 35$	耐光性/级	$\geqslant 7$
筛余物(400μm 筛孔)(m/m)/%	$\leqslant 5.0$		

2.7.1.2 主要原料及其规格

（1）邻硝基对甲苯胺（红色基 GL）

纯品为暗红色片状结晶，熔点 117℃。因产品极易被氧化，高温能自燃发生爆炸，一般以湿品出售。湿品含量$\geqslant 55\%$。

（2）乙酰乙酰苯胺

白色结晶固体，熔点 85℃，含量$\geqslant 98\%$。

2.7.1.3 消耗定额（以每吨产品计）

邻硝基对甲苯胺(100%)	459kg	烧碱(100%)	259kg
乙酰乙酰苯胺(100%)	521kg	盐酸(31%)	852kg
活性炭(工业品)	16kg	亚硝酸钠(100%)	217kg
太古油(40%)	50kg	氨三乙酸(工业品)	5.5kg
冰醋酸(98%)	432kg		

2.7.2 工艺原理

邻硝基对甲苯胺重氮化与乙酰乙酰苯胺进行偶合反应。

重氮化反应

$$CH_3-\underset{NO_2}{\bigcirc}-NH_2 + NaCl + NaNO_2 \longrightarrow CH_3-\underset{NO_2}{\bigcirc}-N_2Cl + H_2O + NaCl$$

偶合反应

$$CH_3-\underset{NO_2}{\bigcirc}-N_2Cl + \bigcirc-NHCOCH_2COCH_3 \longrightarrow CH_3-\underset{NO_2}{\bigcirc}-N=N-\underset{H\ O}{\overset{COCH_3}{\underset{||}{C}}}-C-NH-\bigcirc$$

2.7.3　工艺流程

在重氮化釜中加水，加入 100％红色基 GL，搅拌下加入 30％盐酸，搅拌 0.5h，降温至 4℃将亚硝酸钠配成 30％溶液，于 45min 内均匀地加入进行重氮化反应，搅拌 1h，保持终点对碘化钾淀粉试纸呈微蓝色、刚果红试纸呈蓝色，温度 2～3℃，加活性炭、太古油脱色，过滤，备偶合用。

偶合釜内加水，加入 100％乙酰乙酰苯胺在搅拌下加入 30％液碱，使之溶解。温度 10℃再加太古油，然后于 1～1.5h 将冲淡的 97％冰醋酸进行酸析，pH 值为 6.5～7，加冰，温度为 20℃。

将过滤好的重氮液于 1h 左右加入偶合釜内进行偶合反应，终点 pH4，温度不超过 20℃，乙酰乙酰苯胺微过量，搅拌 2h，过滤。用自来水漂洗，终点由漂洗液用 1％硝酸银试液测定与自来水相近似即可。滤饼在 60～70℃进行烘干、粉碎。

颜料黄 G 生产流程见图 2-18。

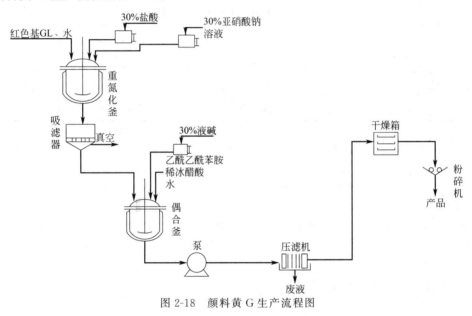

图 2-18　颜料黄 G 生产流程图

2.8　净洗剂 LS 生产项目

2.8.1　产品概况

2.8.1.1　净洗剂 LS 的性质、产品规格及用途

本品属阴离子表面活性剂，外观为米棕色粉状物，随贮藏时间其颜色逐渐变深。钙皂扩散、洗涤、渗透和起泡性均属优良。易溶于水，pH 值为 7～8，能耐硬水、耐酸、耐碱、耐一般电解质化合物、耐煮沸，但不能用于次氯酸盐漂白液中。此外，还具有乳化、匀染以及柔软等性能。

本品是优良的净洗剂和钙皂扩散剂，适用于高级毛织品的净洗和渗透助剂，可使织物获良好的手感和丰满感。也可用作活性、冰染等染料印染织物后的后处理中去除浮色。又可作还原染料、酸性染料的匀染剂。

① 用作钙皂扩散剂。在硬水中，可与肥皂拼用，不产生钙皂沉淀。肥皂在硬水中已生成的钙皂也可用净洗剂 LS 扩散成细微状态，不致沉淀到织物或纤维上，热溶液中效果更

好。已沉淀到纤维上的钙皂，可用 1g/L 的净洗剂 LS 热溶液洗涤去除。

② 毛织品净洗。原毛、毛纱、绒线、呢绒均可用净洗剂 LS 洗涤，洗后手感柔软，不会毡缩，也不影响染色，一般用量为 1~2g/L。

③ 印染后织物的皂煮。用净洗剂 LS 对印染织物进行皂煮，可除去纤维上吸附的浮色或产生的污垢。冰染染料染色或印花的织物用净洗剂 LS 1~1.5g/L 和碳酸钠 1~2g/L 的皂煮浴洗涤。还原染料染色织物可以用 1g/L 的净洗剂 LS 皂煮浴洗涤。活性染料印染织物皂煮浴中净洗剂 1~2g/L、碳酸钠 0.5g/L，一般印花织物皂煮用净洗剂 LS 为 0.3~1g/L。

④ 助染。净洗剂 LS 可作为各种阴离子染料的渗透匀染剂，一般酸性和酸性媒介染料染色时使用量为织物重的 0.2%~0.4%；还原、硫化、直接染料染色，当染色用水的硬度较高时特别适用，一般用量也为织物重的 0.2%~0.4%。

产品规格如表 2-1 所示。

表 2-1　净洗剂 LS 的产品规格

指标名称	指标	
	一级品	二级品
外观	米棕色粉状物(久藏色泽变深)	米棕色粉状物(久藏色泽变深)
活性物含量/%	≥65	≥60
扩散力	为标准品的 105	为标准品的 90±15
洗涤力	与标准品近似	与标准品近似

2.8.1.2　主要原料及其规格

① 对氨基苯甲醚。

外观	浅棕色到暗棕色结晶	含量/%	≥98

② 油酸。

外观	淡黄色或棕黄色	皂化值/(mg KOH/g)	190~205
碘值/(g/100g)	80~100	凝固点/℃	8
酸值/(mg KOH/g)	190~202	水分/%	≤5

③ 发烟硫酸。游离 SO_3 含量 20%。

④ 三氧化磷。含量≥99%。

2.8.1.3　消耗定额（以生产 1t 净洗剂 LS 计）

对氨基苯甲醚	210kg	三氯化磷	97 kg
油酸	428kg	氢氧化钠（折 100%）	170kg
发烟硫酸	830kg	保险粉	适量

2.8.2　工艺原理

2.8.2.1　对氨基苯甲醚用 20% SO_3 的硫酸磺化

对氨基苯甲醚　　三氧化硫　　2-甲氧基-5-氨基苯磺酸

2.8.2.2　油酸与三氯化磷反应生成油酰氯

$$3C_{17}H_{33}COOH + PCl_3 \xrightarrow{NaOH} 3C_{17}H_{33}COCl + H_3PO_3$$

　　油酸　　　三氯化磷　　　　油酰氯　　　　亚磷酸

2.8.2.3　2-甲氧基-5-氨基苯磺酸与油酰氯反应生成净洗剂 LS

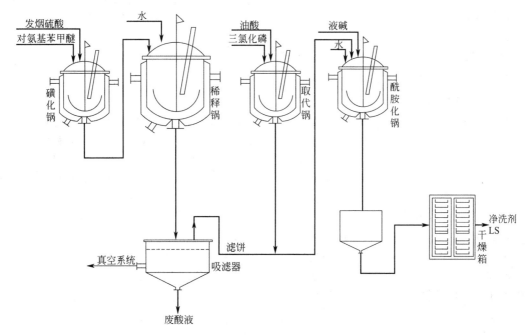

2.8.3　工艺流程

2.8.3.1　磺化

在磺化锅中加入 20% 发烟硫酸，进行搅拌、冷却，在 25～30℃ 温度下于 7h 内缓缓加入对氨基苯甲醚，加毕，保温 4h，测终点（取样 2 小滴，滴入 10mL 1mol/L 氢氧化钠水溶液，如能全部溶解，是反应达到终点）。在稀释锅内加入水，在 20～30min 内压入 2-甲氧基-5-氨基苯磺酸，温度控制在 7℃ 以下，压毕，继续搅拌至溶液呈褐色，冷却到 20℃ 吸滤。

2.8.3.2　酰氯化

在取代锅内吸入油酸搅拌，在 2h 内加入三氯化磷，加料温度控制在 25～33℃，加毕，升温到 55℃，保温 4h。停止搅拌，静置 4h，分去下层亚磷酸。

2.8.3.3　酰胺化

在酰胺化锅内加入水和 30% 的液碱并搅拌，再加入 2-甲氧基-5-氨基苯磺酸的湿滤饼，然后冷却至 25℃ 以下搅拌 0.5h，抽样化验溶液中 2-甲氧基-5-氨基苯磺酸的含量，冷却至 20℃，于 2～2.5h 内加入油酰氯。

加料温度控制在 25～30℃，同时用液碱调节 pH＝8～9，加料完毕，在 25～30℃ 保温 3h，然后升温到 50℃，调节 pH 为 8～9，加入适量的保险粉脱色，在 55～60℃ 下搅拌 0.5h，烘干而得净洗剂 LS。

净洗剂 LS 生产流程见图 2-19。

图 2-19　净洗剂 LS 生产流程图

2.9　乙烯-乙酸乙烯共聚物生产项目

2.9.1　产品概况

2.9.1.1　乙烯-乙酸乙烯共聚物（EVA）的性质、产品规格及用途

乙酸乙烯共聚物为白色粉末。英文简称：EVA。熔点：75℃，密度：0.948g/mL（25℃），闪点：260℃，分子式：$(C_2H_4)_x\cdot(C_4H_6O_2)_y$。EVA 有良好的柔软性、稳定性和透明性，耐老化，与填料掺混性好，易加工，易着色。EVA 的性能主要取决于乙酸乙烯（VA）的含量及熔融指数（MI），当 MI 一定，VA 含量升高，它的柔性、黏合性、相容性、透明性、溶解性均有所提高；VA 含量降低，则接近聚乙烯的性能，刚性变大，耐磨性及电绝缘性上升；若 VA 含量一定，MI 增加，则软化点降低，加工性及表面光泽得到改善，但强度下降。反之，若 MI 下降则能提高它的抗冲击性和应力开裂性。可代替部分 PVC 和橡胶，还可用于电缆护套、包装和农用薄膜、泡沫制品、医用材料、钙塑材料、层合材料、垫圈及热熔黏合剂。

产品规格如下：

牌号	EVA 14/5	EVA 28/250
乙酸乙烯含量（质量分数）/%	14±1.0	28±2.0
熔融指数/(g/10min)	5.0±2.0	250±50
密度/(g/cm³)	0.935	0.942~0.947
拉伸强度/MPa	13.72~15.68	2.94~5.88
伸长率/%	650~700	300~600
维卡软化点/℃	63~64	34~36
熔点/℃	85~93	62~75
硬度（邵氏）	93.5	84
脆化温度/℃	<−70	<−66
耐应力裂纹性/h	$F_{50}\geqslant85$	$F_{50}\geqslant0.5$

2.9.1.2　主要原料及规格

① 乙烯的规格。

纯度/%	>99.9	二氧化碳	$<5\times10^{-6}$（体积分数）
乙炔+甲烷	$<5\times10^{-6}$（体积分数）	水	$<1\times10^{-6}$（体积分数）
乙炔	$<10\times10^{-6}$（体积分数）	硫（以硫化物计）	$<1\times10^{-6}$（体积分数）
氧	$<1\times10^{-6}$（体积分数）	氢	$<5\times10^{-6}$（体积分数）
一氧化碳	$<5\times10^{-6}$（体积分数）	露点/℃	−50

② 乙酸乙烯的规格。

纯度/%	>99.0（质量分数）	乙醛	$<200\times10^{-6}$（质量分数）
水	$<400\times10^{-6}$（质量分数）	相对密度	0.9342
游离酸	$<60\times10^{-6}$（质量分数）		

2.9.1.3　消耗定额（以生产每吨产品计）

牌号	EVA 14/5	EVA 28/250
乙烯/t	1.03	0.166
乙酸乙烯/t	0.77	0.31

2.9.2　工艺原理

用高压本体法制备

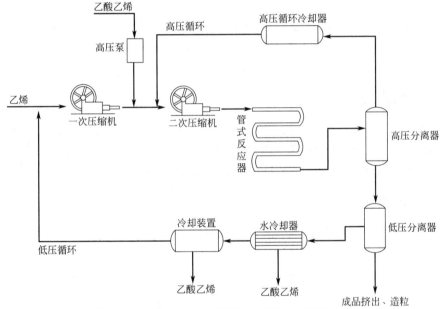

2.9.3　工艺流程

将乙烯、乙酸乙烯、引发剂及分子量调节剂，按一定配比经压缩机加入高压管式反应器中，于 200～220℃和 150～160MPa 下进行聚合反应，即得含 15%～30%乙酸乙烯的共聚物，它与未反应的气体首先在 20～30MPa 的高压分离器分离，未反应的气体经高压循环系统重新参加反应。聚合物从低压分离器分离出来，经挤出、切粒、干燥得 EVA 产物。从低压分离器出来的 EVA 经冷却系统分离出乙酸乙烯后，乙烯经低压循环系统重新参加反应。

乙烯-乙酸乙烯共聚物（EVA）生产流程见图 2-20。

图 2-20　乙烯-乙酸乙烯共聚物（EVA）生产流程图

2.10　聚丙烯酰胺(PAM)生产项目

2.10.1　产品概况

2.10.1.1　聚丙烯酰胺的性质、产品规格及用途

聚丙烯酰胺，英文名称为 Poly(acrylamide)，英文简称 PAM，CAS 号为 9003-05-8，分子式为 $(C_3H_5NO)_n$，聚丙烯酰胺是一种线状的有机高分子聚合物，同时也是一种高分子水处理絮凝剂产品，专门可以吸附水中的悬浮颗粒，在颗粒之间起链接架桥作用，使细颗粒形

成比较大的絮团，并且加快了沉淀的速度。这一过程称为絮凝，因其中良好的絮凝效果PAM作为水处理的絮凝剂并且被广泛用于污水处理。聚丙烯酰胺目数：目数是指物料的粒度或粗细度，目数是单位面积上的方格数。一般定义是指在 $1in \times 1in$（$1in = 2.54cm$）的面积内有多少个网孔数，即筛网的网孔数。

聚丙烯酰胺无毒、分子量高、水溶性强，可以引进各种离子基团并调节分子量以得到特定的性能，对许多固体表面和溶解物质有良好的黏附力，能和分散于溶液中的悬浮粒子吸着和架桥，使悬浮粒子絮凝，便于过滤和分离。可作为高效絮凝剂，广泛应用于冶金、采矿、煤粉的浮选，化学工业水处理、城市污水处理，采油工业等方面。

产品规格如下：

外观　无色或微黄色透明胶体，表面无稀液

分子量	300～400	游离单体/%	0.5
固含量/%	5	水溶性/%	0.05(水溶液常温振动 4～5h 全溶)

2.10.1.2　主要原料及规格

丙烯酰胺（AM）水溶液

含量(质量分数)/%	48～52	聚合物含量(质量分数)/%	<0.05
pH 值	5.0～6.5		

2.10.1.3　消耗定额（以生产每吨产品计）

丙烯酰胺	967.6kg	过硫酸钾	27.6kg
去离子水	94.2kg		

2.10.2　工艺原理

水溶液聚合是 PAM 生产历史最久的方法。AM 水溶液在适当温度下，几乎可使用所有的自由基聚合的引发方式进行聚合。AM 聚合反应放热量约 82.8kJ/mol，而 PAM 水溶液的黏度又很大，所以散热较困难。工业生产中采用的浓度为 8%～12%。

2.10.3　工艺流程

聚合反应在聚合槽或聚合釜中进行，生产流程如图 2-21 所示。

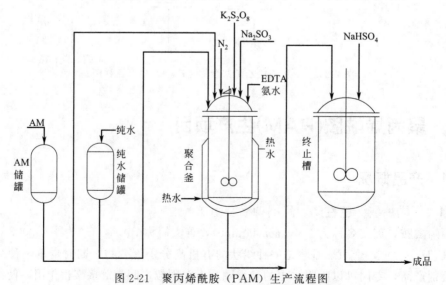

图 2-21　聚丙烯酰胺（PAM）生产流程图

经离子交换精制的 8%～10% AM 水溶液中，在 N_2 或 O_2 气流保护下，加入过硫酸钾溶液和亚硫酸钠，于 20～50℃聚合 4～8h，得水溶胶产品。聚合率可达 95%～99%。聚合反应完成后，向反应物中加入添加剂，目的是清除未聚合的残留单体或提高干燥过程中的热稳定性和产品的储存稳定性。

2.11 山梨酸（2,4-己二烯酸）生产项目

2.11.1 产品概况

2.11.1.1 山梨酸的性质、产品规格及用途

山梨酸为白色针状结晶，略带特殊气味，熔点 134.5℃，沸点 228℃（分解），空气中长期放置易被氧化而着色。难溶于水（0.16g/100mL，20℃），可溶于乙醇（1g/10mL）、乙醚（1g/20mL）、丙二醇（5.5g/100mL）以及花生油、甘油和冰醋酸等。对霉菌、细菌及许多好气菌均有抑制作用，在 pH8 以下抗菌作用稳定，pH 越低，抗菌作用越强。毒性，大白鼠口服 $LD_{50}=7.36g/kg$，在体内极易被氧化分解而排出。ADI 0～25mg/kg（FAO/WHO 1985）。

山梨酸及其钾盐是目前国际上应用最广的食品防腐剂，按我国 GB 2760—2014 规定用途及限量：酱油、醋、果酱、人造奶油、琼脂软糖 1g/kg；果汁、果子露、葡萄酒 0.6g/kg；低盐酱菜、面酱、蜜饯类、山楂糕、罐头 0.5g/kg；汽水、汽酒 0.2g/kg；浓缩果汁 2g/kg。另按 GB 1886.186—2016 规定，用于鱼干制品、豆、乳饮料、豆制品及糕点馅，最大用量 1g/kg。按 FAO/WHO（1984）规定用途及限量为：餐用油橄榄、杏干、橘皮果冻 500mg/kg（单用或与其钾盐合用，以山梨酸计）；人造奶油、果酱和果冻 1000mg/kg（单用或与苯甲酸及其盐、山梨酸钾合用量）；加工干酪 3000mg/kg（单用或与丙酸及其盐合用量）；菠萝汁 1000mg/kg（单用或与苯甲酸及其盐、亚硫酸盐合用量，但亚硫酸盐不得超过 500mg/kg，仅用于制造）。此外，还可作粮食保存剂、药品稳定剂、昆虫引诱剂、饲料、化妆品的防霉腐剂、容器消毒剂以及有机合成的原料及橡胶助剂。

山梨酸的性质、产品规格（质量指标）如表 2-2 所示。

表 2-2 山梨酸的性质、产品规格

指标名称		GB 1886.186—2016	FAO/WHO(1977)	FCC
含量（以干基计）/%	≥	99.0	99.0	99.0～101.0
熔点/℃		132.0～135.0	—	132～135
灼烧残渣/%	<	0.1	硫酸盐灰分 0.2	0.2
铅（以 Pb 计）/(mg/kg)	≤	2.0	0.0003%	0.0003%
砷（以 As 计）/%	≤		0.0003	0.0003
水分/%	≤	0.5	0.5	0.5
醛（以甲醛计）/%	≤	0.1	0.1	—

2.11.1.2 主要原料及规格

巴豆醛（丁烯醛）含量/% ≥70(其余为水)　　三氟化硼乙醚配合物含量
乙酸乙烯含量/% ≤1　　（以 BF_3 计）/% 46.8～47.8
乙烯酮（双乙烯酮）含量/% ≥95　　水分/% ≤0.5

2.11.1.3 消耗定额（以生产每吨山梨酸计）

巴豆醛	1100kg	三氟化硼乙醚配合物	约20kg
乙烯酮	510kg		

2.11.2 工艺原理

巴豆醛与乙烯酮在三氟化硼乙醚配合物存在下缩合生成内酯，再水解生成山梨酸，反应式如下：

$$2CH_3CH{=}CHCHO + CH_2{=}\underset{\underset{O-C=O}{|}}{C}{-}CH_2 \longrightarrow 2{\left[\underset{\underset{CH{=}CH{-}CH_3}{|}}{CH}{-}CH_2{-}CO{-}O\right]}_n \xrightarrow[H^+]{H_2O} CH_3CH{=}CH{-}CH{=}CHCOOH$$

巴豆醛　　　　　　乙烯酮　　　　　　　　　　　　　　　　　　山梨酸

2.11.3 工艺流程

山梨酸生产流程如图 2-22 所示。将巴豆醛加入反应釜，加入三氟化硼乙醚配合物，开动搅拌器，往反应釜通冷冻盐水，将物料冷却至 0℃，加入乙烯酮，使物料保持在 0℃ 左右进行缩合反应。反应完毕，将物料送入水解釜，边搅拌边加入 10% 硫酸，通蒸汽入水解釜夹套，升温至 80℃，在此温度下水解 3～4h，稍冷，将反应物料放入结晶釜，往结晶釜夹套通冷冻盐水，缓慢搅拌下使析出结晶。离心过滤，水洗得粗山梨酸，滤液加碱中和后排放。

将粗山梨酸加入重结晶釜，加入 6～7 倍水煮沸使溶解，冷却，析出结晶，离心过滤，得白色针状结晶，送干燥器干燥后包装。收率约 70%。母液浓缩后集中处理，回收山梨酸。

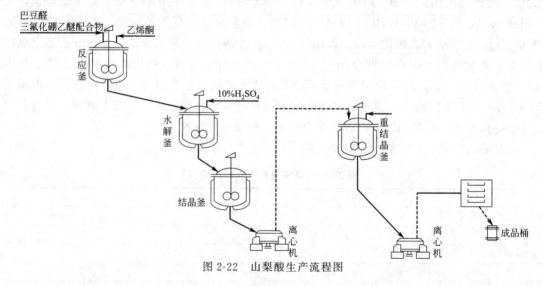

图 2-22　山梨酸生产流程图

2.12　对羟基苯甲酸乙酯（尼泊金乙酯）生产项目

2.12.1　产品概况

2.12.1.1　对羟基苯甲酸乙酯的性质、产品规格及用途

对羟基苯甲酸乙酯为无色细小晶体或白色结晶性粉末，有特殊香气，味微苦、灼麻。熔

点 116～118℃，沸点 297～298℃（分解）。易溶于乙醇和乙醚，微溶于水、氯仿、二硫化碳和石油醚。杀菌谱广，对霉菌、酵母菌、革兰氏阳性菌的作用力强，其抗菌力比苯甲酸和山梨酸强，在 pH4～8 范围内都有良好的抗菌效果，其抗菌作用在于抑制微生物细胞的呼吸酶系与电子传递酶系的活性以及破坏微生物的细胞膜机构。

毒性：小鼠经口 $LD_{50}=5000mg/kg$，亚急性毒性试验未发现血象异常及内脏器官病理变化。浓度 5% 以下对人体皮肤无刺激作用，ADI 为 0～10mg/kg（FAO/WHO 1985）。

用于食品防霉防腐剂，食品安全国家标准（GB 2760—2014）规定，在酱油中最大用量为 0.25g/kg，醋中为 0.25g/kg。常与丙酯、丁酯等其他尼泊金酯配合使用；此外还用于化妆品，可单独使用或与异噻唑啉酮或咪唑烷基脲配合使用，其中与 Cemel15 合用特别有效。

产品规格如表 2-3 所示。

表 2-3　对羟基苯甲酸乙酯产品规格（GB 1886.31—2016）

技术要求	项目		要求
感官要求	色泽		白色
	状态		结晶粉末
	气味		无臭或轻微的特殊香气
	滋味		微苦、灼麻
理化指标	含量（以干基计）%	≥	99.0～100.5
	熔点/℃		115～118
	游离酸（以对羟基苯甲酸计）w/%	≤	0.55
	硫酸盐（以 SO_4^{2-} 计）w/%	≤	0.024
	砷（As）/(mg/kg)	≤	1.0
	重金属（以 Pb 计）/(mg/kg)	≤	10.0
	干燥减量 w/%	≤	0.5
	灼烧残渣/%	≤	0.05

2.12.1.2　主要原料及规格

对羟基苯甲酸含量/%	≥99	醛含量（以乙醛计）/%	≤0.002
乙醇含量（体积分数）/%	95	酸含量（以乙酸计）/%	≤0.0025
甲醇含量/%	<0.003	硫酸含量/%	≥98

2.12.1.3　消耗定额（以生产每吨对羟基苯甲酸乙酯计）

对羟基苯甲酸	1050kg	水	1000m³
乙醇	1200kg	电	800kW·h
硫酸	11kg	蒸汽	14t

2.12.2　工艺原理

对羟基苯甲酸与乙醇在硫酸存在下酯化而制得。反应式如下：

$$HO-C_6H_4COOH + C_2H_5OH \xrightarrow{H^+} HO-C_6H_4COOC_2H_5 + H_2O$$

　　　对羟基苯甲酸　　　　　　乙醇　　　　　　对羟基苯甲酸乙酯　　　　　水

2.12.3　工艺流程

将乙醇加入搪瓷反应釜，在搅拌下慢慢加入浓硫酸，再加入活性炭和对羟基苯甲酸，于约 80℃回流反应 6h。趁热过滤，炭渣用少量乙醇洗涤，合并滤液，加适量水剧烈搅拌后静置 8h，过滤，滤饼用 5％碳酸钠溶液及水洗至中性，送精制釜，加 25％乙醇溶解，活性炭煮沸脱色，趁热过滤，滤液送入结晶釜，冷却结晶，过滤，含乙醇的滤液合并送乙醇蒸馏塔回收乙醇，滤饼送干燥塔烘干，入包装机包装。如图 2-23 所示。

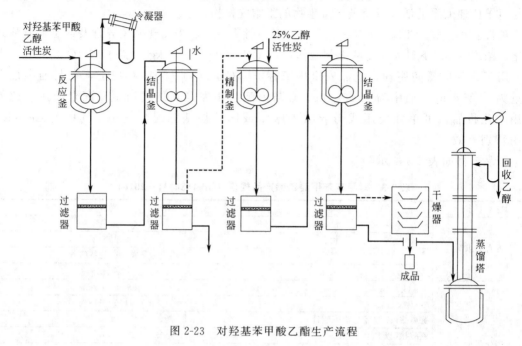

图 2-23　对羟基苯甲酸乙酯生产流程

2.13　羧甲基纤维素生产项目

2.13.1　产品概况

2.13.1.1　羧甲基纤维素（CMC）的性质、产品规格及用途

羧甲基纤维素钠为无味、无嗅、无毒的白色粉末或淡黄色粉末，易溶于水，形成透明胶状。溶液为中性或微碱性，可长期保存。根据用途的不同有两大类产品：

① 碱性，工业用低黏度 2％水溶液，20～50mPa·s。

② 中性，工业用中黏度 2％水溶液，300～600mPa·s；工业用高黏度 2％水溶液，800～1000mPa·s。

可用于石油工业掘井泥浆处理剂，合成洗涤剂，有机助洗剂、纺织印染上浆剂。日用化学工业中，用作水溶性胶状增黏剂。医药工业用作增黏及乳化剂、软膏基料。食品工业用作增黏保形剂。陶瓷业做成胶黏剂，工业糊料等。

2.13.1.2　主要原料及其规格

精制棉绒或浆柏

α-纤维素含量	≥98％	乙醇	≥95％
DP（聚合度）	500～2000	氢氧化钠	≥96％
一氯乙酸	工业级	甲苯	工业级
多氧化物	0.5％以下		

2.13.1.3　消耗定额（溶剂法以每吨产品计）

棉绒	62.5kg	一氯乙酸	35.4kg
乙醇	317.2kg	甲苯	310.2kg
碱（44.8%）	81.1kg		

2.13.2　工艺原理

将纤维素与氢氧化钠水溶液或氢氧化钠-乙醇水溶液制成碱纤维素，再与一氯乙酸或一氯乙酸钠作用而得粗制品。碱性产品经干燥、粉碎而成市售羧甲基纤维素（钠盐型）。粗制品则再经过中和、洗涤，除去氧化钠后经干燥、粉碎而成精制羧甲基纤维素钠。

化学反应式：

$$(C_6H_9O_4-OH)_n + nNaOH \longrightarrow (C_6H_9O_4-ONa)_n + nH_2O$$

$$\text{纤维素} \qquad \text{氢氧化钠} \qquad \qquad \text{纤维素钠} \qquad \text{水}$$

$$(C_6H_9O_4-ONa)_n + n(\overset{\overset{\text{Cl}}{|}}{CH_2COONa}) \longrightarrow (C_6H_9O_4 \cdot OCH_2COONa)_n + nNaCl$$

$$\text{纤维素钠} \qquad \qquad \text{一氯乙酸钠} \qquad \qquad \text{羧甲基纤维素钠} \qquad \text{氯化钠}$$

2.13.3　工艺流程

本工艺为溶剂法，纤维素经粉碎悬浮于乙醇中，在不断搅拌下用 30min 加入碱液，保持 28～32℃，降温至 17℃后加入一氯乙酸，用 1.5h 升温至 55℃反应 4h；加入乙酸中和反应混合物，经分离溶剂得粗品，粗品在搅拌机和离心机组成的洗涤设备内分两次用甲醇液洗涤，经干燥得产品。如图 2-24 所示。

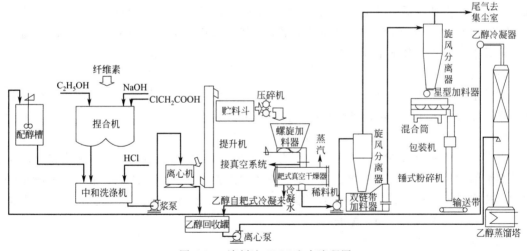

图 2-24　溶剂法 CMC 生产流程图

2.14　聚异丁烯生产项目

2.14.1　产品概况

2.14.1.1　聚异丁烯（polyisobutylene，PIB）的性质、产品规格及用途

聚异丁烯（polyisobutylene，PIB）是由异丁烯经正离子聚合制得的聚合物，其分子量

可从数百至数百万。它是一种典型的饱和线型聚合物。分子链主体不含双键，无长支链存在，其结构单元为—$[CH_2—C(CH_3)_2]$—，其中无不对称碳原子，并且结构单元以首-尾有规序列连接。

在未变形状态下，聚异丁烯是无定型聚合物。室温下，高分子量聚异丁烯链在拉伸时出现结晶，在结晶区域，每8个结构单一重复形成螺旋链结构。由于大分子链的相间碳原子上两个甲基的空间交错，使得聚合物链不呈平面锯齿形模型，而且—CH_2—中碳的键角明显增大，由四面体时的109.5°变形为123°，即呈上述螺旋链结构。根据聚合所用原料，由纯异丁烯（≥99%）为原料制得的聚合物，称为聚异丁烯；而由含有异丁烯、其他烯烃（1-丁烯、顺-2-丁烯和反-2-丁烯）和烷烃（正丁烷、异丁烷）的混合烃 C_4 馏分为原料制得的聚合物，因其聚异丁烯大分子链上嵌有少量正丁烯（≤5%）结构单元，故俗称为聚丁烯。分子量相同的商业化聚丁烯与聚异丁烯的结构与性质基本相同。

由于链转移反应和链终止反应，聚异丁烯链端通常含有不饱和双键。根据末端双键的化学结构，聚异丁烯可划分为普通聚异丁烯和反应性聚异丁烯。普通聚异丁烯的末端 α-烯烃含量少于15%，其他结构主要是 β-烯烃和内烯烃；反应性聚异丁烯是指末端 α-烯烃结构含量占70%以上的聚异丁烯，商品化的反应性聚异丁烯的 α-烯烃结构含量通常在80%以上。

聚异丁烯具有饱和烃类化合物的化学特性，侧链甲基紧密对称分布，是一种性能独特的聚合物。聚异丁烯的聚集态和性质取决于其分子量和分子量分布，黏均分子量在70000～90000范围时，聚异丁烯发生由黏性液体到弹性固体的转变。通常，根据聚异丁烯分子量的大小分为以下系列：低分子量聚异丁烯（数均分子量=200～10000）；中分子量聚异丁烯（数均分子量=20000～45000）；高分子量聚异丁烯（数均分子量=75000～600000）；超高分子量聚异丁烯（数均分子量大于760000）。

（1）气密性

聚异丁烯的突出特点之一是具有优异的气密性。由于两个取代甲基的存在，导致分子链运动缓慢和自由体积小，因而产生低的扩散系数和气体渗透性。

（2）溶解性

聚异丁烯可溶于脂肪烃、芳香烃、汽油、环烷烃、矿物油、氯代烃、一硫化碳中；部分溶于高级的醇类和酯类，或在醇、醚、酯、酮类等溶剂以及动植物油中溶胀，溶胀程度随溶剂碳链长度增加而增大；不溶于低级的醇类（如甲醇、乙醇、异丙醇、乙二醇和二甘醇）、酮类（如丙酮、甲乙酮）和冰醋酸。

（3）耐化学品性

聚异丁烯可以耐酸碱。如氨水、盐酸、60%氢氟酸、乙酸铅水溶液、85%磷酸、40%氢氧化钠、饱和食盐水、80%硫酸、38%硫酸+14%硝酸的侵蚀，但不能抵抗强氧化剂、热的弱氧化剂（如60%的高锰酸钾）、某些热的浓有机酸（如373K的乙酸）和卤素（氟、氯、溴）的侵蚀。

聚异丁烯的应用领域与其分子量密切相关。通常，低分子量聚异丁烯和中分子量聚异丁烯可以用作油品添加剂、胶黏剂、密封剂、涂料、润滑剂、增塑剂和电缆浸渍剂。高分子量聚异丁烯可用作塑料、生胶及热塑弹性体的抗冲击改性添加剂等。

20世纪80年代后，异丁烯聚合物在非润滑油方面的应用不断扩大，如美国在这一领域的用量占其总用量的 1/3 左右，日本为 2/3 左右。中国生产聚丁烯产品绝大部分应用于润滑油方面，目前每年还进口 3000t 左右的聚异丁烯，用作油品添加剂、生产无灰分散剂、口香糖基料、胶黏剂、密封剂等。

高分子量聚异丁烯加入天然橡胶或丁苯橡胶中，可改进高温下橡胶的耐老化性、耐候性、耐弯曲断裂性、抗臭氧性、橡胶的介电性能，降低其对水的吸收和对气体的渗透。可用于燃料罐、管线及其他容器或各种车用轮胎的衬里。在塑料熔点以上 6～10℃ 时，通过加入少量高分量聚异丁烯，可以大幅度提高和改善聚烯烃的冲击强度、撕裂强度、拉伸-断裂性能、阻隔性能、柔韧性及抗酸、碱、盐侵蚀等性能。

产品规格指标

黏均分子量(M_v)	4×10^4～6×10^4	水分	痕量
运动黏度(100℃)/(mm²/s)	>30	机械杂质/%	<0.05
酸值/(mg KOH/g)	≤0.3	闪点(开口)/℃	≥170
水溶性酸碱	无	增黏能力/(mm²/s)	≥30

2.14.1.2　主要原材料及其规格

异丁烯(或裂解气 C_4 馏分，含异		溶剂汽油	沸程 80～120℃
丁烯>20%)	纯度>99%	稀释油	稀释油
$AlCl_3$	纯度>98.5%	二氯乙烷	纯度≥99.5%

2.14.1.3　消耗指标（以每吨聚异丁烯增黏剂计）

异丁烯	457kg	稀释油	600kg
$AlCl_3$	12kg	$C_2H_4Cl_2$	10kg
汽油	37kg		

2.14.2　工艺原理

以 $AlCl_3/C_2H_4Cl_2$ 作催化剂，汽油作溶剂，在较低温度下通过阳离子聚合，得到一定分子量（$\bar{M}_v=4\times10^4$～6×10^4）及分子量分布（$\dfrac{\bar{M}_w}{\bar{M}_n}=2.5$～$3$）的聚异丁烯增黏剂。聚合反应式如下：

$$m\,CH_2{=}\underset{\underset{CH_3}{|}}{\overset{\overset{CH_3}{|}}{C}} \xrightarrow{AlCl_3} -\!\!\left(CH_2\!-\!\underset{\underset{CH_3}{|}}{\overset{\overset{CH_3}{|}}{C}}\right)\!\!_m$$

异丁烯　　　　　　　　聚异丁烯

2.14.3　工艺流程

异丁烯经分子筛干燥后送至加有催化剂 $AlCl_3/C_2H_4Cl_2$ 和溶剂汽油的聚合釜中，在 $-30℃$ 左右（氨冷）聚合。将聚合产物转送至碱洗、水洗塔，加入稀释油，先后用碱液和水洗涤，脱除催化剂，再借助蒸馏除去溶剂和低聚物，最后过滤得到含 30% 左右浓度的聚异丁烯浓缩物，作为增黏剂。

增黏剂聚异丁烯生产流程见图 2-25。

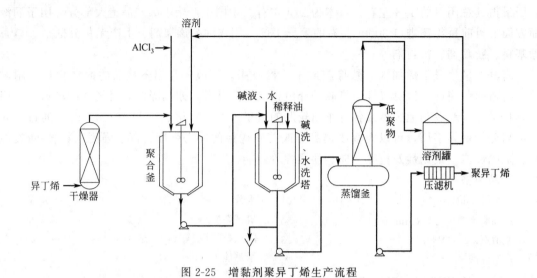

图 2-25　增黏剂聚异丁烯生产流程

2.15　丁二酰亚胺无灰分散剂（T151～T155)生产项目

2.15.1　产品概况

2.15.1.1　丁二酰亚胺无灰分散剂（T151～T155）的性质、产品规格及用途

丁二酰亚胺，无色针状结晶或具有淡褐色光泽的薄片，味甜。熔点 125℃，沸点 287℃（微分解），易溶于水、醇或氢氧化钠溶液，不溶于醚，不能溶于氯仿。用于内燃机油，可防止汽油发动机形成低温油泥，抑制活塞表面生成漆膜。

产品规格	T154	T155
氮含量/%	1.1～1.3	0.8～1.0
运动黏度(100℃)/(mm²/s)	185～225	300～340
碱值/(mg KOH/g)	21	10
水分/%	<0.3	<0.3

2.15.1.2　主要原材料及其规格

低分子聚异丁烯 $\bar{M}_n=1000\sim1500$，$\dfrac{\bar{M}_w}{\bar{M}_n}=2\sim3$	液氯	纯度≥99.5%
	马来酸酐	纯度>98%，熔点 52～53℃
四乙烯五胺　氮含量 34%～35%，沸程 160～210℃(1.33kPa),收率> 65%	稀释油	150SN

2.15.1.3　消耗定额（以每吨无灰分散剂计）

低分子聚异丁烯(PIB)	600kg	四乙烯五胺	35kg
马来酸酐(MA)	60kg	稀释油	350kg
液氯	60kg		

2.15.2　工艺原理

聚异丁烯在氮气存在下与马来酸酐进行烃化反应，生成聚异丁烯丁二酸酐（烯酐），后者再和四乙烯五胺进行胺化。根据烯酐与多烯多胺的投料比，生成单和双两种聚异丁烯基丁二酰亚胺无灰分散剂。

烃化反应式如下：

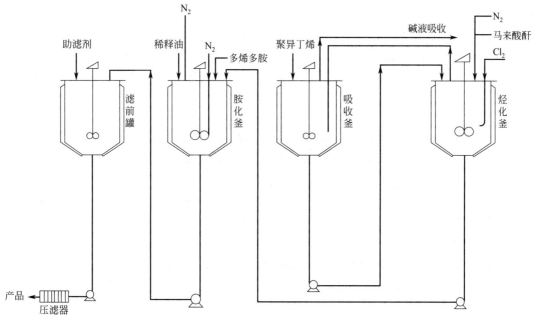

2.15.3　工艺流程

将聚异丁烯与马来酸酐混合，升温并通入液氯，在约 200℃下进行烃化反应 4～8h，再用氮气吹扫未反应的马来酸酐，得到聚异丁烯基丁二酸酐（烯酐）。烃化吹扫排出的气体，经吸收釜中的聚异丁烯吸收未反应的马来酸酐，再用水吸收 HCl 得到盐酸。将烯酐转入胺化釜与四乙烯五胺进行胺化反应，在 150～180℃下脱水。最后加入助滤剂热过滤，得到无灰分散剂。

丁二酰亚胺无灰分散剂生产流程见图 2-26。

图 2-26　丁二酰亚胺无灰分散剂生产流程图

2.16　咖啡因生产项目

2.16.1　产品概况

2.16.1.1　咖啡因的性质、产品规格及用途

（1）产品名称

咖啡因，亦称咖啡碱；化学名称：1,3,7-三甲基-3,7-二氢-1H-嘌呤-2,6-二酮；英文名称：Caffeine。

（2）化学结构式

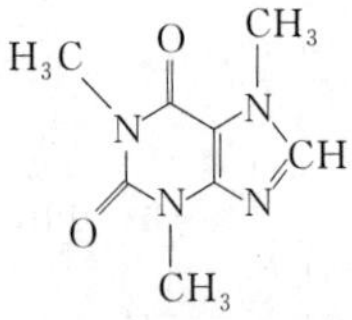

无水咖啡因 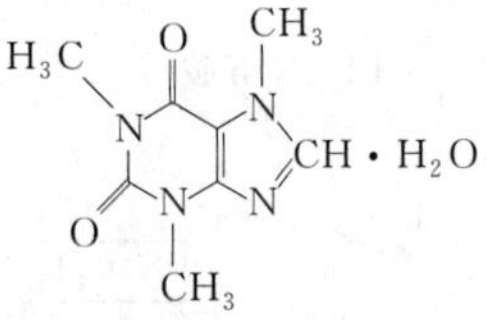　　　　　　有水咖啡因

（3）分子式与分子量

无水咖啡因　　$C_8H_{10}N_4O_2$　　　　　　194.19

有水咖啡因　　$C_8H_{10}N_4O_2 \cdot H_2O$　　　212.21

（4）理化性质

① 外观。含水咖啡因为白色或带极微黄绿色有丝光的针状结晶或结晶性粉末，无水咖啡因为白色或带极微黄色的结晶或结晶性粉末。

② 味道。无臭，味苦。

③ 溶解度。在热水或氯仿中易溶，在水、乙醇或丙酮中略溶，在乙醚中微溶。水 20℃（1∶60），80℃（1∶6）；乙醇（1∶26），60℃（1∶25）；丙酮（1∶80）；乙醚（1∶60）；氯仿（1∶6）。

④ 风化性与升华性现象。本品在热水中重结晶为含 1 分子水的晶体。露置于干燥空气中能失去部分结晶水，受热后（常压下，100℃）可完全失去结晶水而成无水咖啡因，具风化性；本品在 100℃ 时即有升华现象，一般在 130～200℃ 范围内升华，180℃升华最快，384℃部分分解。

⑤ 熔点。234～239℃。

⑥ 酸碱性。本品 1% 水溶液 pH＝5.5～6.9。咖啡因的碱性依次大于可可豆碱（3,7-二甲基黄嘌呤）和茶碱，但其碱性仍极弱，不易和酸结合成盐，即使成盐（例如它的盐酸盐）也极不稳定，溶于水或醇中立即分解又转变为游离咖啡因和酸。但它和有机酸及其盐类生成复盐很稳定，易溶于水，从而用于医药，如苯甲酸钠咖啡因、水杨酸钠咖啡因等。咖啡因与稀氢氧化钠溶液温热，与石灰或浓氢氧化钡共煮时都可分解成为咖啡亭。

（5）鉴别反应

① 取本品约 10mg，加盐酸 1mL 与氯酸钾 0.1g，置于水浴上蒸干，残渣遇氨气即显紫色；再加氢氧化钠试液数滴，紫色即消失。

② 取本品的饱和水溶液 5mL，加碘试液 5 滴，不生成沉淀；再加稀盐酸 3 滴，即生成红棕色沉淀，并能在稍过量的氢氧化钠试液中溶解。

③ 本品的红外吸收光谱应与对照的图谱（《中华人民共和国药典》2015 年版第二部 335 页）一致。

（6）药理作用、临床用途及其他用途

本品为中枢兴奋药，兴奋呼吸中枢及血管运动中枢，用于中枢性呼吸循环功能不全。

本品在医疗上除单独作中枢兴奋药外，还与多种解热药合用，作成复方制剂供临床使用。

国外还大量用作饮料添加剂，如可口可乐等。近年来，咖啡因也应用于其他新领域里，如用作食品添加剂、黏合剂、添加剂、腐蚀抑制剂、饲料添加剂、复印感光剂及用于电镀印刷电路等。

（7）质量标准

内销咖啡因：按《中华人民共和国药典》2015 年版（ChP2015）。

外销咖啡因：按英国药典 2013 年版（BP2013）、欧洲药典第 8 版（EP8）、美国药典第 36 版（USP36）和日本药局方第 16 版（JP16）。

2.16.1.2　原料、包装材料规格及质量标准

原料、包装材料规格及质量标准见表 2-4。

表 2-4　原料、包装材料规格及质量标准

序号	名称	规格及质量标准
1	尿素	白色颗粒,总氮量 46.0%以上,缩二脲 1.50%以下,水分 1.0%以下
2	一甲胺	无色澄明液体,一甲胺含量在 40.0%以上
3	氯乙酸	白色或微黄色结晶,含量 96.5%以上,二氯乙酸 2.0%以下
4	碳酸钠	白色结晶性粉末,含量 98.1%以上
5	液体氰化钠	无色或浅黄色澄明液体,氰化钠含量 30.0%以上
6	盐酸	浅黄色发烟的澄明液体,含量 31.0%以上
7	乙酸酐	无色透明液体,含量 98.0%以上
8	液体氢氧化钠	类白色半透明稠状液体,含量 30.0%以上
9	亚硝酸钠	白色或微带淡黄色结晶性粉末,含量 98.0%以上
10	硫酸	无色油状液体,含量 92.5%以上;或 98.0%以上
11	氢气	无色透明、无臭、无味的气体,含量 99.9%以上
12	甲酸	无色透明液体,含量 85.0%以上
13	硫酸二甲酯	无色透明液体,含量 98.0%以上,酸度 1.0%以下
14	高锰酸钾	黑紫色细长有金属光泽的菱形结晶,含量 99.0%以上
15	活性炭	黑色细微粉末。湿品:氯化物 0.1%以下,水分 60.0%以下。对 1‰亚甲蓝溶液吸附力 19.0mL/0.1g 以上(湿品)、18.5mL/0.1g 以上(干品)
16	氯仿	无色澄明液体,密度 1.473～1.490g/mL(20℃),含量 97.0%以上
17	饮用水	符合 GB 5749—2006,ChP2015 规定
18	纯化水	符合 ChP2015,EP8 规定
19	胶纸桶	25kg,φ343×500(颗粒);φ383×480(无水);φ383×530(有水);50kg,φ433×730;φ460×670;φ373×715(颗粒)
20	瓦楞纸箱	25kg(客户订制)
21	塑料编织袋	25kg 复合塑料编织袋;500kg 复合塑料编织袋
22	低密度聚乙烯塑料袋	25kg 胶纸桶;50kg 胶纸桶;25kg 瓦楞纸箱;25kg 复合塑料编织袋;500kg 集装袋

2.16.1.3　生产方法

采用二甲脲加氢还原工艺路线。以氯乙酸为起始原料，以二甲脲为自制原料，经中和、氰化、酸化、缩合、环合、亚硝化、加氢还原、甲酰化、闭环、甲化等化学反应得到咖啡因粗品，粗品经精制、结晶、离心、干燥、筛粉和包装得到咖啡因成品。

2.16.2　工艺原理

2.16.2.1　反应原理

（1）二甲脲合成

$$H_2NCONH_2 + 2CH_3-NH_2 \rightleftharpoons (CH_3NH)_2CO + 2NH_3 \uparrow$$

尿素　　　　　　一甲胺　　　　　二甲脲　　　　氨

（60.06）　　　　（31.06）　　　（88.11）　　　（17.03）

（2）中和

$$2ClCH_2COOH + Na_2CO_3 \rightleftharpoons 2ClCH_2COONa + H_2O + CO_2 \uparrow$$

氯乙酸　　　碳酸钠　　　　氯乙酸钠　　　水　　二氧化碳

（94.50）　　（105.99）　　　（116.48）　　（18.01）　　（44.01）

（3）氰化

$$ClCH_2COONa + NaCN \rightleftharpoons CNCH_2COONa + NaCl$$

氯乙酸钠　　　　氰化钠　　　　氰乙酸钠　　　　氯化钠

（116.48）　　　（49.01）　　　（107.04）　　　（58.44）

（4）酸化

$$CNCH_2COONa + HCl \rightleftharpoons CNCH_2COOH + NaCl$$

氰乙酸钠　　　　盐酸　　　　氰乙酸　　　　氯化钠

（107.04）　　　（36.46）　　　（85.06）　　　（58.44）

（5）缩合

$$CNCH_2COOH + (CH_3NH)_2CO + (CH_3CO)_2O \rightleftharpoons CNCH_2CON(CH_3)CONHCH_3 + 2CH_3COOH$$

氰乙酸　　　　二甲脲　　　　乙酸酐　　　　二甲基氰乙酰脲（DM.CAU）　　　乙酸

（85.06）　　　（88.11）　　　（102.09）　　　　　（155.15）　　　　　　（60.05）

（6）环合

$$CNCH_2CON(CH_3)CONHCH_3 \xrightarrow{NaOH}$$

二甲基氰乙酰脲　　　　　　1,3-二甲基-4-氨基尿嘧啶（DM.4AU）

（155.15）　　　　　　　　　　　（155.15）

（7）亚硝化

1,3-二甲基-4-氨基尿嘧啶　　亚硝酸钠　硫酸　1,3-二甲基-4-氨基-5-亚硝基尿嘧啶　　硫酸钠　　　水

（DM.4AU）　　　　　　　　　　　　　　　　（DM.NAU，二甲NAU）

（155.15）　　　　　　（69.00）（98.09）　　　　　（184.16）　　　　　（142.04）　（18.02）

（8）加氢还原

1,3-二甲基-4-氨

基-5-亚硝基尿嘧　　氢气　　　二氨基尿嘧啶　　水

啶（DM.NAU）　　　　　　（DM.DAU，二甲DAU）

（184.16）　　　（2.02）　　　（170.17）　　（18.02）

（9）甲酰化

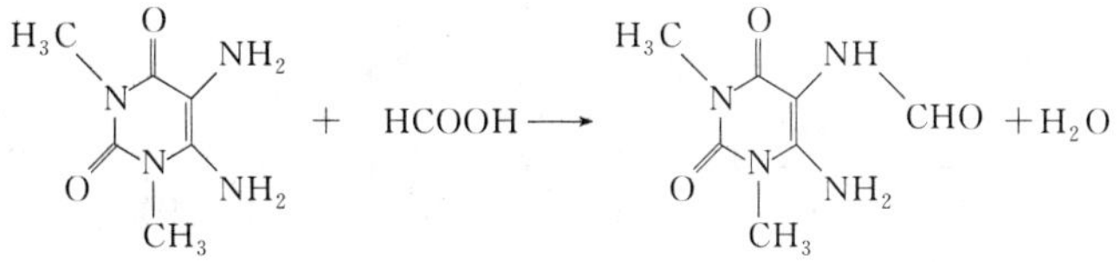

1,3-二甲基-4,　　　　　　　　　　1,3-二甲基-4
5-二氨基尿嘧啶　　甲酸　　　氨基-5-甲酰氨基尿嘧啶　　水
（DM. DAU）　　　　　　　（DM. FAU，二甲 FAU）
（170.17）　　（46.03）　　　　（198.18）　　（18.02）

（10）闭环

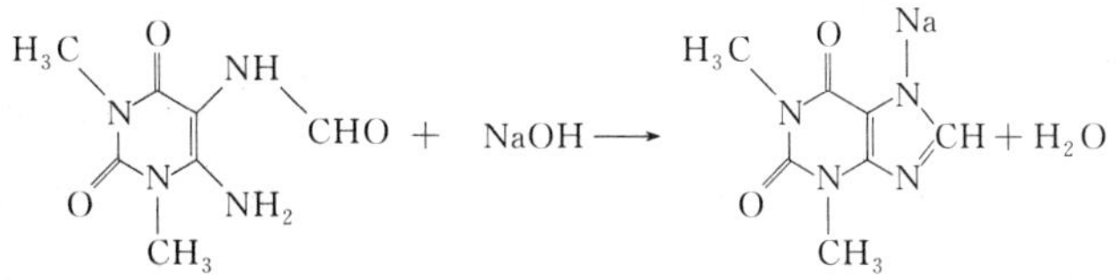

1,3-二甲基-4
氨基-5-甲酰氨基尿嘧啶　　氢氧化钠　　茶碱钠盐　　水
（DM. AU）
（198.18）　　　　（40.00）　　　（202.15）　　（18.0）

（11）甲化

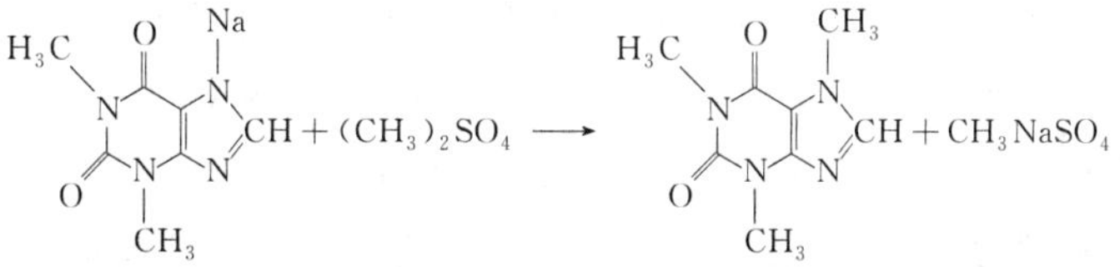

茶碱钠盐　　　硫酸二甲酯　　咖啡因　　甲基硫酸钠
（202.15）　　（126.56）　　（194.19）　　（134.09）

2.16.2.2　反应特点及热力学、动力学分析

（1）二甲脲合成

熔融尿素与一甲胺气体高温反应，见式（2-1）。

$$H_2NCONH_2 + 2CH_3NH_2 \rightleftharpoons (CH_3NH)_2CO + 2NH_3 \uparrow \qquad (2\text{-}1)$$

整体看，是 $CH_3—NH_2$ 作为碱性大于 NH_2CONH_2 的亲核试剂对后者的两次亲核取代反应，中间经过一甲基脲状态，且每步亲核取代反应历程均包括加成和消除两步〔见式（2-2）、式（2-3）〕。控制一定的反应温度范围，可将反应产物控制在一甲脲阶段。

$$H_2NCONH_2 + CH_3NH_2 \rightleftharpoons CH_3NHCONH_2 + NH_3 \uparrow \qquad (2\text{-}2)$$

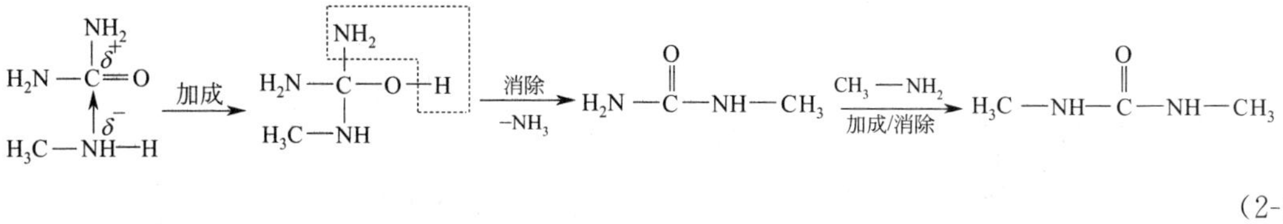

$$(2\text{-}3)$$

其反应类型在有机化学上属于酰胺类化合物的氨解反应，为可逆性竞争反应，需要置换上去的组分（$CH_3—NH_2$）应该是过量的。同时，为促进反应平衡，必须不断除去被置换下来的气体小分子组分（NH_3），以促进反应平衡向正方向移动，使反应完全、收率提高。另外，反应物料还存在诸多副反应，见式（2-4）。

$$(2-4)$$

因此，保证一甲胺通入量、提高反应温度、缩短非反应时间（升温熔融、搅拌溶解、放置等）、提高气液两相（一甲胺气、液体物料）混合分散程度、保证反应尾气被充分吸收等措施均能促进主反应，减少副反应，提高二甲脲的收率、质量和产量。

（2）中和、氰化、酸化

碳酸钠水溶液中和氯乙酸水溶液成氯乙酸钠，再用氰化钠将其氰化得氰乙酸钠，然后用盐酸将氰乙酸钠酸化为氰乙酸，见式(2-5)。

$$2ClCH_2COOH + Na_2CO_3 \rightleftharpoons 2ClCH_2COONa + H_2O + CO_2 \uparrow$$
$$ClCH_2COONa + NaCN \rightleftharpoons CNCH_2COONa + NaCl \qquad (2-5)$$
$$CNCH_2COONa + HCl \rightleftharpoons CNCH_2COOH + NaCl$$

第一步反应为典型的酸碱中和反应，第二步是单分子亲核取代反应（因为碱液为极性溶剂），见式(2-6)。

$$ClCH_2COONa—Cl^- \rightleftharpoons {}^{\oplus}CH_2COONa \quad 慢$$
$${}^{\oplus}CH_2COONa + CN^- \rightleftharpoons CNCH_2COONa \quad 快 \qquad (2-6)$$

$[ClCH_2COONa] \propto v$，即反应速率与氯乙酸钠浓度有关。

（3）缩合

氰乙酸与二甲脲进行缩合反应生成二甲基氰乙酰脲和水，水被脱水剂乙酸酐吸收生成醋酸，见式(2-7)、式(2-9)。

$$CNCH_2COOH + CH_3NHCONHCH_3 \rightleftharpoons CNCH_2CON(CH_3)CONHCH_3 + H_2O \qquad (2-7)$$

须将氰乙酸钠酸化为羧酸，才能与二甲脲缩合为二甲基氰乙酰脲，否则不能进行，见式(2-8)、式(2-9)。

$$\rightleftharpoons NCH_2C-C-N(CH_3)-C-NHCH_3 + H_2O \qquad (2-8)$$

$$(CH_3CO)_2O + H_2O \rightleftharpoons 2CH_3COOH \qquad (2-9)$$

式(2-8)名为缩合反应，实为属于以羧酸（氰乙酸）为酰化剂的仲胺（二甲脲）N-原子上的酰化反应（亲核取代），是一个可逆反应。水是反应的生成物，如其存在或存在过多，反应平衡不能向生成物方向移动或充分移动，则会造成二甲基氰乙酰脲收率低、杂质多。为推进反应进行并使之完全，必须保证反应前无水，并在反应生成水的同时，以乙酸酐为脱水剂（兼溶剂和催化剂）迅速将其吸收，以破坏反应平衡，推动其向正反应方向进行，同时避免二甲脲和二甲基氰乙酰脲高温水解。因此，在缩合反应前必须先蒸水。蒸水后仍有部分水存在（占氰乙酸总量的 8% 左右）；需套用上批回收醋酸（含乙酸酐 3%～5%），使水与醋酸共沸带出，以此方式将水除净。带水终点保证氰乙酸含水量在 0.2%～0.5% 以下。反应生成的醋酸被减压蒸出，回收副产醋酸。如果蒸酸不净，至环合反应会多消耗液碱，至亚硝化反应多消耗硫酸，同时生成过多的盐类，会严重影响后步反应。

（4）环合、亚硝化

液碱脱氢使二甲基氰乙酰脲亲电环合为 DM.4AU，后者的亚甲基（—CH$_2$—）被亚硝酸钠和硫酸生成的亚硝酸（HNO$_2$）亚硝化。见式(2-10)～式(2-12)。

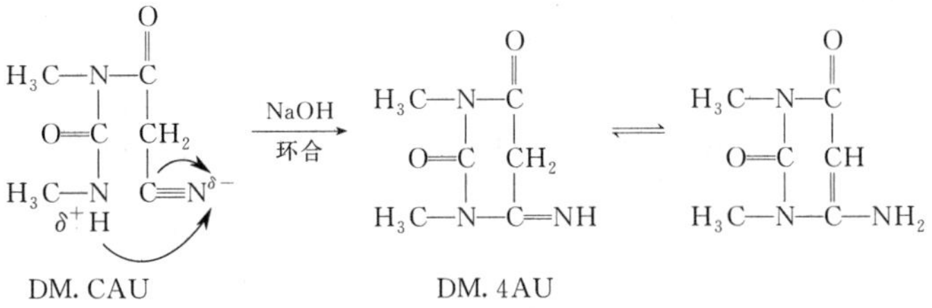

$$2NaNO_2 + H_2SO_4 \rightleftharpoons 2HNO_2 + Na_2SO_4 \tag{2-11}$$

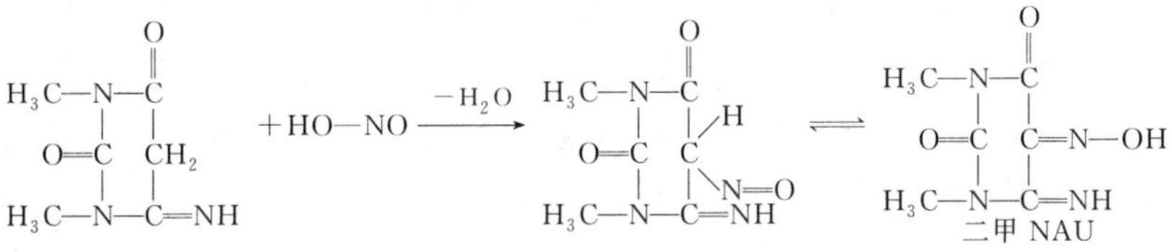

（5）加氢还原

在骨架活性镍催化剂催化下，用氢气作还原剂，于中性水溶液中将二甲 NAU 中的异亚硝基（羟氨基，═NOH）和亚氨基（═NH）还原成氨基，并形成 C4、C5 双键，即得二甲 DAU。

（6）甲酰化

以甲酸作为酰化剂，使二甲 DAU 发生甲酰化反应。弱酰化剂甲酸主要选择性酰化 5-氨基而得二甲 FAU。

（7）闭环

在强碱性条件下，二甲 FAU 的 4-氨基向 5-甲酰氨基中的碳原子进行亲核进攻，分子内加成环合、脱水而生成茶碱钠盐，见式（2-13）。

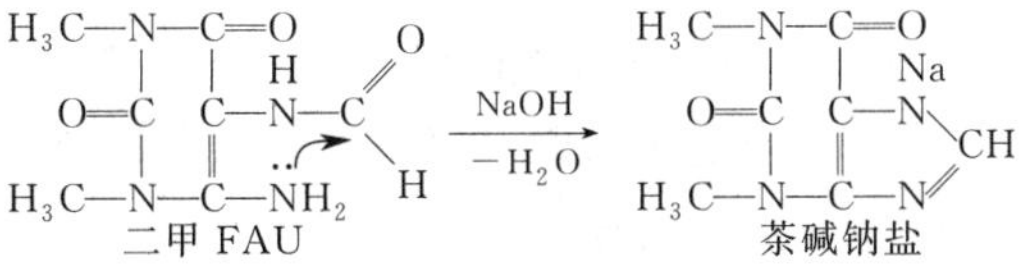

两个主要因素对闭环反应产生影响：

① 搅拌。闭环反应是一个在料液表面连续加碱、二甲 FAU 絮状结晶先行溶解而后茶碱钠颗粒又在短时间内从液体中析出的过程，析出前后（特别是析出后）需要有力且有效的混

合，克服析出物阻碍，以保证反应物分散迅速、均一，反应充分完全，高收率，低物耗，即对传质的要求高。因此需克服搅拌桨产生的单纯径向混合，在罐内设置折流装置，加强轴向混合。

② 反应温度。二甲 FAU 和茶碱钠在高温碱性条件下不稳定，受热分解。同时，闭环反应属于放热反应，不及时移走反应热将阻止反应的正向进行，延长反应时间，降低反应收率和中间体质量，即对传热的要求高。因此，应以有效的搅拌保证迅速传热，避免高温和局部过碱反应。

（8）甲化

茶碱钠盐在碱性条件下与（CH₃）₂SO₄反应是一个亲核取代反应。茶碱在碱性条件下形成茶碱钠，后者解离出 7 位氮原子上的钠离子，成为氮负离子亲核试剂（Ⅰ），进攻硫酸二甲酯（Ⅱ）上带部分正电荷的正碳离子，进行亲核反应，与其键合。同时，Ⅱ 上的甲基硫酸根负离子（Ⅳ）随之解离并与钠离子结合成为硫酸甲酯钠（甲基硫酸钠），从而发生亲核取代反应，实现茶碱钠甲基化为咖啡因（Ⅲ）的过程。见式(2-14)。

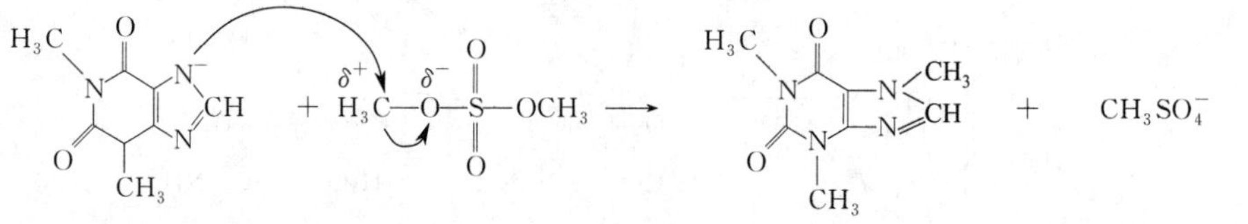

$$\qquad\qquad\qquad\qquad\qquad\qquad\qquad\qquad\qquad\qquad\qquad\qquad (2\text{-}14)$$

Ⅰ　　　　　　　　　　Ⅱ　　　　　　　　　Ⅲ　　　　　　Ⅳ

甲化反应的影响因素：

① 反应温度。甲化反应属于放热反应，应及时"拿走"生成热，反应平衡才能向正反应方向移动，从而提高反应收率。温度过高存在三点不利影响：一是主反应受到抑制，反应收率低；二是副反应增加，产生咖啡因异构体或使咖啡因过度甲基化；三是茶碱钠、硫酸二甲酯和咖啡因在偏碱条件下水解（分解）反应加重。

② 反应过程中的 pH 值。甲化反应须在偏碱性条件下进行，以保持茶碱的负离子反应形式（Ⅰ）和反应活性，同时中和硫酸二甲酯在甲化反应后的生成物甲基硫酸氢酯（CH₃OSO₂OH），否则甲化反应不易进行。但碱性过强，咖啡因、硫酸二甲酯和茶碱钠的分解（水解）加重，咖啡因在第 2、3 位被水解、开环、脱羧成为咖啡亭。见式(2-15)。

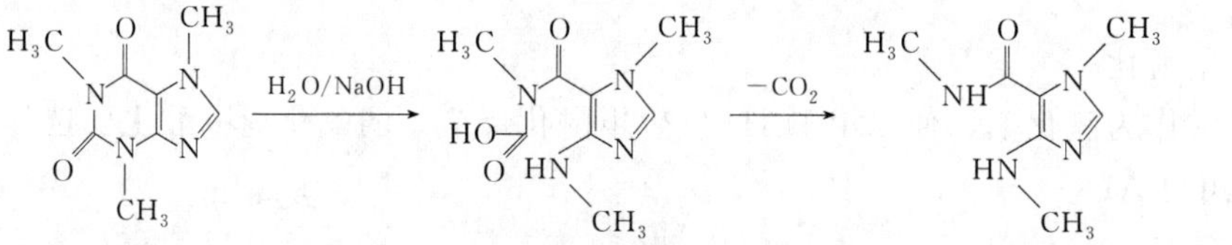

$$\qquad\qquad\qquad\qquad\qquad\qquad\qquad\qquad\qquad\qquad\qquad\qquad (2\text{-}15)$$

咖啡因　　　　　　　　咖啡亭羧酸　　　　　　　　咖啡亭

③ 反应过程中物料状态的变化。前期为茶碱钠的混悬态料液，在料液表面连续加入硫酸二甲酯和液碱，与茶碱钠结晶进行三物两相的混合反应。中期因茶碱钠逐渐减少，料液由混悬态变为溶解态。后期存在一个咖啡因晶体在短时间内从液体中析出的过程，料液由溶解态变为混悬态。也就是说，整个反应过程经历固-液-固三个状态的变化过程。析出后继续加入少量硫酸二甲酯，可以保证甲化反应完全。

④ 搅拌。一方面，物料对反应温度和 pH 值具有敏感性；另一方面，反应经历两次相态变化，化学反应过程对搅拌装置的传质、传热效率要求都很高。因此，应以有力且有效的搅拌保证迅速传质传热，避免高温和局部过碱。前中期应快速分散硫酸二甲酯和液碱，后期

（特别是咖啡因析出后）应克服析出物阻碍，保证反应物分散迅速，反应完全。

2.16.3　工艺条件和主要设备

2.16.3.1　工艺条件

（1）二甲脲岗位

一甲胺溶液通入量不足，通胺速率低，反应罐温度控制过低，1 号反应罐用水溶解尿素等问题，都不同程度地导致二甲脲成品质量差、生产周期长和原料消耗高。其中，用水溶解尿素这一做法是上述问题产生的重要原因，其影响作用最大。

上述影响因素、相互关系及其影响结果见图 2-27。

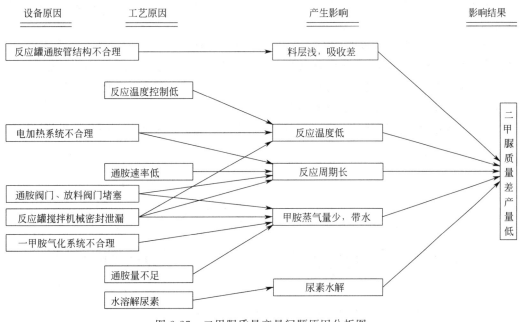

图 2-27　二甲脲质量产量问题原因分析图

（2）中和岗位至缩合岗位

① 氰化岗位。氰化反应是一个突沸反应过程，即反应温度从常温迅速升高至 $120 \sim 130℃$，水分沸腾，罐内气压随之升高至 0.30MPa 左右。应通过控制反应基温，保证突沸反应达到规定的反应温度。

② 缩合岗位。缩合反应工序是整条生产线的龙头，是关键工艺控制点，其中间体二甲基氰乙酰脲（DM.CAU）的收率和质量对后步反应影响巨大，对咖啡因总收率和成品质量起决定性作用。

在高温有水及无水条件下，氰乙酸、二甲脲和二甲基氰乙酰脲存在明显水解或自身分解反应。水和醋酸的蒸发受温度和压力（气压）两种因素制约，两者成正比（$T \propto P$），即减压可降低蒸馏温度，故蒸水（乙酸）过程采用减压蒸馏方式，在蒸馏的初期和末期，较常压下可降低 $42 \sim 15℃$，从而减少物料水解（分解）造成的损失。在蒸水（乙酸）过程中，如果真空度低，必须提高蒸馏温度保证除净水分，由此超过工艺规定温度或长时间温度偏高，DM.CAU 水溶液将呈深黄或棕红色（正常为黄绿色结晶溶液），DM.AU（1,3-二甲基-6-氨基尿嘧啶）呈深黄或黄褐色（正常为黄白色颗粒混悬液），得 DM.NAU（1,3-二甲基-5-亚硝基-6-氨基尿嘧啶）为灰蓝色黏料（正常为鲜艳玫瑰红色松散颗粒混悬液）。这种物料如果进行铁粉还原反应，则反应速率慢，易发泡冲料，反应终点时料液的滤纸浸圈为蓝色（正常为浅黄色至黄色），且浸圈显色不稳定，压滤困难，本步收率降低 5%～6%，且中间体质量差，损失甚大。这种物料如果进行加氢还原反应，物料中的黏性物质包裹活性镍或占据其活性位置，造成活性镍中毒，失去催化活性，从而产生如下影响。

a. 致使加氢还原反应速率极慢，或者根本不反应，最终导致整批物料全部报废，耗费物料、水电汽和人工，经济损失严重。

b. 当批物料在加氢还原反应罐中长时间不反应，造成前步物料积压并致全线减产，其后果更为严重。

c. 黏料造成反应罐、活性镍催化剂回收系统全部被污染，耗费大量水电汽、人工和时间进行清洗、置换。

因此，缩合工序的工艺核心就是无水低温，合格的真空度是保证达到工艺要求的根本。提高缩合反应真空度是保证缩合反应高收率、高质量、低消耗的关键。同时，提高收酸量（稀乙酸含量和批得量）和提高缩合反应收率是互为因果的一个问题的两个方面，提高真空度可以同时取得高收酸量和高收率的双重效果。

缩合工序各工艺因素与技术指标之间的相互关系及真空度对缩合工序和下步工序的影响见图 2-28。

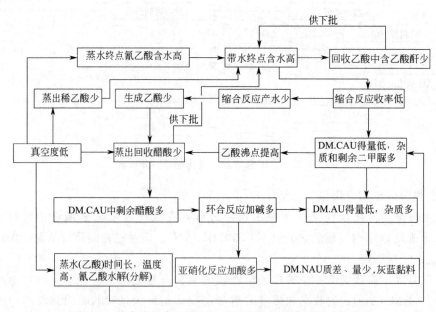

图 2-28　缩合岗位真空度对工艺过程及技术指标影响关联图

（3）环合岗位至甲化岗位

① 环合、亚硝化岗位。这两个岗位物料性质相对比较稳定，反应的操作过程简单，反应条件温和。所以，不存在较大的技术问题。

② 加氢还原岗位。

a. 对前步中间体 DM. NAU 质量要求高。如果质量低，容易造成本步催化剂中毒、反应速率减缓，还原反应收率和 DM. DAU 质量受到影响。

b. 制备、储存、输送和使用氢气，采用压力容器，具有一定的危险性。

③ 酰化、闭环、甲化岗位。酰化反应、闭环反应本身都比较简单，甲化反应相对复杂。主要问题在于：需要在某一步将固体和液体分离，分离出固体物料，提高中间体质量，再制出合格的咖啡因粗品。

在得到酰化液后，有 3 种分离方法：一锅烩工艺、二甲 FAU 分离工艺和茶碱钠盐分离工艺。通过理论分析、小样试验和大生产试验实际技术经济指标比较可见，一锅烩工艺最差，二甲 FAU 分离工艺居中，茶碱钠盐分离工艺最优。但是，茶碱钠盐分离工艺对来料质量和日常工艺管理要求高，且在气温较低的北方、冬季离心易因降温迅速、结晶颗粒过细和析出铁盐胶体而造成料黏，分离困难。因此，提高前步来料的整体质量、摸索最佳的闭环反应工艺和采用恰当的方法回收处理茶碱钠盐母液是实施这一工艺路线的关键。

2.16.3.2　主要设备

（1）二甲脲反应罐

反应罐内均配置机械搅拌装置，搅拌轴与罐盖轴孔采用机械密封件进行密封。由于反应温度高，并产生一定的胺（氨）气压力，机械密封经常泄漏一甲胺气和氨气，需停车加以维修。

改进措施：取消各台反应罐上的机械搅拌（包括 1 号反应罐），改为气流搅拌，即取消电机传动的机械搅拌装置（包括机械密封），将一甲胺蒸气通过安装在反应罐内的气体分布器直接通入料液中。同时取消反应罐罐法兰，将反应罐制作为一体罐，见图 2-29。

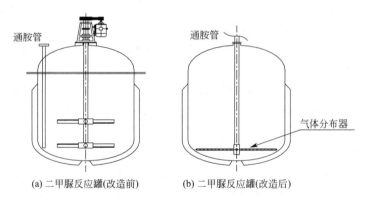

(a) 二甲脲反应罐(改造前)　　　　(b) 二甲脲反应罐(改造后)

图 2-29　二甲脲反应罐改造前后结构对比

（2）缩合真空系统

针对现场实际状况，根据几种真空泵的性能特点（见表 2-5、表 2-6），对缩合岗位真空系统、真空泵及其使用方法进行了 3 次较大规模的改进（见表 2-7），并随之调整工艺控制参数。目前选用增强聚丙烯型水喷射真空泵机组。

表 2-5　真空泵性能对比

真空泵	单台罐对应抽气速率/(m³/h)	泵体转速/(r/min)	单台罐对应电机功率/kW	蒸水(乙酸)末期真空度/MPa
W 型往复式真空泵	760/2＝380	200	22/2＝11	−0.090～−0.092
水环式真空泵	252	1460	15	−0.093～−0.095
水喷射真空泵	520	—	15	−0.096～−0.098

表 2-6　真空泵使用优缺点对比

真空泵	优点	缺点
W 型往复式真空泵	(1)抽气量大，单位功耗低 (2)适于低真空、大抽气量工况	(1)密封泄漏点多，零部件易损，蒸馏末期真空度低 (2)不耐酸、碱、盐腐蚀，泵前洗气增加压损 (3)排气产生油烟
水环式真空泵	(1)结构紧凑，无基础安装，无附属设施，接低流量水源即可工作 (2)适于占地小、低负荷、无腐蚀工况	(1)缸体和叶轮的配合要求高。高速、高盐条件下蚀磨损坏严重，维修费用高 (2)对轴填料密封要求高。高真空状态下，易松动漏气 (3)不耐腐蚀，对水质、水温和供水压力要求高
水喷射真空泵	(1)结构简单，长期运行稳定 (2)耐酸碱盐腐蚀，对水质要求不高 (3)蒸馏末期真空度高	(1)配套循环水箱及箱内冷却水管 (2)配套制冷机组供应水箱冷却用水 (3)对循环水温度要求 25℃以下

表 2-7　真空泵改型及其使用方法改进情况对比

改进阶段	真空泵改型及使用方法改进	冷凝器(材质，样式，冷却面积，数量)	缩合收率/%	稀乙酸批回收量(折纯)/kg
0	1 台往复泵带 3 台缩合反应罐	聚丙烯，卧式，$40m^2 \times 1$ 台	92.13	216.39
1	1 台往复泵带 2 台缩合反应罐	聚丙烯，卧式，$40m^2 \times 2$ 台	93.28	226.08
2	蒸水前期用往复泵，蒸水后期和蒸酸用水环泵	聚丙烯，卧式，$40m^2 \times 2$ 台	94.82	237.06
3	蒸水前期用往复泵，蒸水后期和蒸酸用水力喷射泵	石墨，立式，$40m^2 \times 1$ 台	97.77	254.00

（3）闭环反应罐

① 存在问题。

a. 工艺流程和设备设置。原工艺设备设置是将酰化反应、闭环反应设置在同一台 3000L 搪玻璃罐中进行，这种做法存在三个问题：

ⅰ. 罐体及搪玻璃搅拌桨受腐蚀严重，罐体半年更换 1 次（搅拌桨更换更加频繁），大修、维修费用高，且耽误生产。

ⅱ. 酰化、闭环反应同用一罐，闭环反应结束，转料后罐内残留茶碱钠在下批酰化反应过程中被破坏为分解产物而对下批物料造成污染。其中残留的液碱还需要下批用甲酸调成酸性，造成甲酸不足、盐分增加。

ⅲ. 被腐蚀的搪玻璃成分和铁盐进入反应液亦对中间体产生污染。

b. 搅拌装置。因酰化/闭环反应罐是标准搪玻璃设备，罐内无搅拌折流装置，搅拌物料缺少轴向混合效果，使反应不能充分快速进行。同时，搅拌轴下端（下轴头）无法固定，故搅拌转速不高（62.5r/min），从而影响闭环反应的充分进行和反应收率的提高。

c. 对还原洗水量的影响。还原反应结束，加洗水冲洗过滤器中的镍催化剂粉以回收被镍催化剂粉吸附的中间体（DM.DAU）。由于酰化/闭环反应罐内没有折流装置，在桨叶的切向速度作用下，料液产生圆周方向的旋转流，又由于离心作用，使物料液面中心下凹成旋涡。漏斗形旋涡（$\phi 1600 \times h 1100$）占据了罐内有效容积约 400L，造成液面升高 200mm，加之搪玻璃罐的额定容积所限，从而制约了洗水量，实际操作中需控制在 500L 以下，否则闭环反应末期将冒料。但根据化验分析，冲洗后的镍催化剂粉中仍含有可回收的 DM.DAU。因此，有必要加大洗水量。

d. 腐蚀原因分析。

ⅰ. 化学腐蚀。搪玻璃的主要成分为二氧化硅，闭环反应时加碱，二氧化硅遇碱变为硅酸钠并溶于水（酸），从而造成搪玻璃层的破坏。见式(2-18)。

$$SiO_2 + 2NaOH \Longrightarrow Na_2SiO_3 + H_2O$$

$$Na_2SiO_3 + 2H_2O \Longrightarrow NaH_3SiO_4 + NaOH$$
$$2NaH_3SiO_4 \Longrightarrow Na_2H_4Si_2O_7 + H_2O$$
$$Na_2SiO_3 + 2H^+ \Longrightarrow H_2SiO_3 + 2Na^+ \tag{2-18}$$

闭环反应时的高温（90～95℃）和强碱（pH13.5～14）条件加速二氧化硅的碱溶解反应进行，而酰化反应时加甲酸，又加速硅酸钠的溶解，使搪玻璃层很快被破坏。露出碳钢胎体后，因甲酸有强腐蚀性，在酰化反应的高温（95～100℃）、酸性（pH3.1～3.5）和长时间加热条件下罐体被甲酸迅速腐蚀，最终导致反应罐报废。

ⅱ. 物理破坏。酰化反应在高温（95～100℃）条件下进行，反应结束后需用15～20℃的冷却水迅速降温至70℃进行闭环反应。而后利用反应放热和蒸汽给热，再将料液升温至90～95℃。这一冷却加热过程对搪玻璃设备是一种温差较大的冷（热）冲击，因碳钢胎体和搪玻璃层的热膨胀（冷收缩）系数不同，势必造成搪玻璃涂层的离层剥落（崩瓷）。

ⅲ. 机械磨损和电化学腐蚀。闭环反应结束后加入的工业盐及其夹带的泥沙杂质对搪玻璃有一定的磨蚀。另外，酸碱性料液和盐溶液对已暴露的碳钢材料也产生一定的电化学腐蚀。

综上，酰化闭环罐在酸碱、冷热的反复作用和盐蚀下损坏十分严重。上述问题是制约酰化/闭环反应有效进行的关键，需要对反应设备进行整体改造。

② 改进方案。将酰化反应、闭环反应分罐进行，酰化反应用搪玻璃罐（耐酸，且只加热不冷却，避免冷冲击），闭环反应用不锈钢罐（耐碱，耐冷热冲击），罐内安装具有轴向混合效果的搅拌装置。

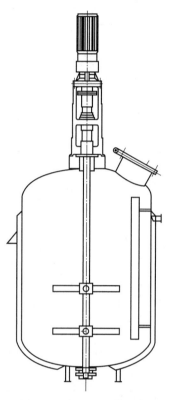

图 2-30　闭环反应罐总图

闭环反应罐总图见图 2-30。

（4）设备一览表

咖啡因生产设备一览表见表 2-8。

表 2-8　咖啡因生产设备一览表

设备编号	设备名称	用途	规格型号	材质容积	数量（台/套）
V10101	一甲胺计量罐	一甲胺计量	$\phi 1200 \times 2500$	碳钢，2500L	2
E10101	汽化器	汽化液体一甲胺	$20m^2$	管程 SS/壳程 AS	2
R10101	二甲脲反应罐	二甲脲反应	非标	SS，1500L	8
V10146	尿素投料罐	粉碎尿素	$\phi 800 \times 600$	不锈钢，300L	2
V10114	二甲脲计量罐	二甲脲计量	非标	不锈钢，240L	1
V10108	氨气吸收罐	循环吸收氨气	非标	碳钢，2000L	4
P10104	氨水循环吸收泵	配循环吸收氨气		碳钢	2
R10126	纯碱溶解罐	溶解纯碱	FK1000	搪玻璃，1000L	1
R10104	中和反应罐	中和反应	FK1000	SS，1000L	2
V10106	中和液计量罐	计量中和液	非标	碳钢，1000L	2
V10117	液氰计量罐	计量液体氰化钠	非标	碳钢，500L	2

设备编号	设备名称	用途	规格型号	材质容积	数量（台/套）
R10103	氰化反应罐	氰化反应	非标	碳钢,3000L	2
V10118	盐酸计量罐	计量盐酸	非标	聚丙烯,500L	1
R10105	酸化反应罐	酸化反应	FK1500	搪玻璃,1500L	2
R10106	蒸水罐	酸化液前期蒸水	FK1500	搪玻璃,1500L	5
E10102	冷凝器	蒸水过程冷凝	$40m^2$;$50m^2$	聚丙烯	10
V10113	废水接收罐	接收废水	$\phi800\times850$	聚丙烯,500L	5
V10125	乙酸酐计量罐	计量乙酸酐		聚丙烯,300L	6
R10107	缩合反应罐	缩合反应	FK1500	搪玻璃,1500L	8
E10103	冷凝器	蒸水(酸)冷凝	立式	石墨,$40m^2$	8
V10123	稀乙酸接收罐	接收缩合罐稀乙酸	$\phi800\times850$	聚丙烯,500L	7
V10124	缩合酸接收罐	接收缩合罐缩合酸	$\phi800\times850\times20$	聚丙烯,500L	8
P10109	水喷射泵机组	缩合岗蒸水(酸)	RPPB-520	PP,最大气量$8.67m^3/min$	8
V10131	液碱计量罐	计量液碱	非标	As,1000L	1
R10108	环合反应罐	环合反应	FK2000	搪玻璃,2000L	6
R10111	亚钠溶解罐	溶解亚钠	FK500	搪玻璃,500L	1
V10130	水计量罐	计量亚化反应用水	非标	As,1000L	1
V10132	稀硫酸计量罐	计量亚化稀硫酸	非标	PP,500L	2
R10109	亚硝化反应罐	亚化反应	FK3000	搪玻璃,3000L	2
T10102	尾气吸收塔	吸收亚化反应尾气	$\phi400\times1000\times6$节	搪玻璃,1500L	1
M10102	风机	配尾气吸收塔		钛钢	1
V10133	吸收液循环水槽	配尾气吸收塔	$1600\times1200\times1500$	碳钢,2500L	1
R10125	紫脲酸洗涤罐	二甲基紫脲酸洗涤	非标,$\phi1600$	搪玻璃,3000L	12
V10151	催化剂洗水沉降池	催化剂洗水沉降回收		砖混$10m^3$	1
V10152	催化剂回收池	催化剂回收套用		砖混,$10m^3$	1
R10112	还原反应罐	还原反应	F式非标	不锈钢,3000L	4
F10101	板框	过滤还原催化剂		不锈钢,$40m^2$	4
V10139	甲酸计量罐	计量甲酸	非标	聚丙烯,500L	1
R10113	酰化反应罐	酰化反应	FK3000	搪玻璃,3000L	3
R10122	闭环反应罐	闭环反应	F式非标	SS,3500L	2
R10114	茶碱钠盐结晶罐	茶碱钠盐结晶	FK3000	搪玻璃,3000L	18
C10101	茶碱钠盐离心机	茶碱钠盐离心	SD1200,料限350kg	SS,转鼓250L	6
R10115	茶碱钠盐打浆罐	茶钠湿品打浆甲化	非标	SS,3000L	1
V10143	硫酸二甲酯计量罐	甲化岗计量硫酸二甲酯	非标,细长	碳钢,550L	2
V10144	液碱计量罐	计量液碱	非标	碳钢,400L	1
V10145	硫酸计量罐	计量硫酸	非标	聚丙烯,500L	1
R10116	甲化反应罐	甲化反应	F式非标	不锈钢,3000L	5
F10102	过滤器	脱色后甲化液过滤	$\phi600\times1300$	SS	3
R10118	粗咖结晶罐	粗咖结晶	FK3000	搪玻璃,3000L	26
C10102	粗咖离心机	粗咖离心	SS1000	不锈钢	6
T10103	氯提塔	氯仿提取咖母液	Dg600	不锈钢	1
T10104	煤提塔	煤油提取氯提残液	Dg600	不锈钢	1
T10105	油水分离器	分离煤提残液煤油	Dg500	不锈钢	1
T10106	精馏塔	分离煤油中氯仿	Dg400	不锈钢	1
S10104	氯仿蒸发罐	蒸发负载氯仿	QFK5000	搪玻璃,5000L	4
E10105	冷凝(冷却)器	氯仿、精馏氯仿和煤油冷凝(冷却)	$60m^2$	不锈钢	4
			$10m^2$	不锈钢	5
R10121	氯提结晶罐	氯提咖结晶	FK3000	搪玻璃,3000L	10

续表

设备编号	设备名称	用途	规格型号	材质容积	数量（台/套）
C10104	氯提离心机	氯提咖离心	SS-1000	不锈钢	4
R10120	粗制罐	二次氯提咖粗制	FK3000	搪玻璃，3000L	1
F10104	粗制过滤器	粗制过滤	PPG-J，5m²	不锈钢	2
R10119	炭提罐	甲化粗制炭提取	F式	SS，3000L	1
F10103	炭提过滤器	炭提过滤	PPG-J，5m²	不锈钢	2
R10123	精制反应罐	咖粗品精制	非标	SS，6000L	2
F10105	精制过滤器	精制后过滤除炭	非标，φ800×1000	不锈钢	2
R10124	成品结晶罐	咖啡因成品结晶	F式非标	SS，6000L	8
C10105	吊袋式离心机	成品离心	SD-1200，950r/min	SS，装限300kg	4
G10101	湿品粉碎机	湿品粉碎	非标	不锈钢	1
G10102	湿法混合颗粒机	湿品制粒	SHK-220B	不锈钢	3
D10101	双锥真空干燥机	干燥成品	GSZ-1500	SS，最大量750L	10
P10117	水环式真空泵	配真空干燥机		碳钢	10
G10104	干品粉碎机	干品出料粉碎	非标	不锈钢	10
M10103	方锥混合机	粉碎品混合	FZH-2200	SS，限量1540L	2
G10105	筛粉机	混合品整粒	GKZ-200	SS，300kg/h	5
G10106	双轴微粉碎机	混合品微粉碎	JCL320	不锈钢	1
G10103	高效筛粉机	颗粒筛分	ZS-800	SS	3

2.16.4　工艺流程

2.16.4.1　二甲脲合成

开1号反应罐搅拌，将尿素抽入罐中，升温熔融。同时开搅拌加热2~3号反应罐。启动尾气吸收泵，向一甲胺蒸发罐中连续通入一甲胺水溶液，产生一甲胺蒸气依次通入串联的3~1号反应罐，1号罐尾气进入尾气吸收罐吸收成为氨水。反应终点时，从3号罐放出二甲脲成品，其余2个反应罐中的物料依次前倒，开始下一批反应。

简要流程见图2-31。

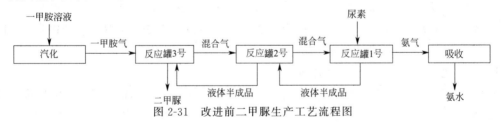

图 2-31　改进前二甲脲生产工艺流程图

2.16.4.2　中和、氰化、酸化、缩合（二甲基氰乙酰脲，DM.CAU）

加水溶解碳酸钠，将碳酸钠水溶液加入氯乙酸水溶液中，得中和液（氯乙酸钠）。将其加入氰化罐中的氰化钠水溶液中，经突沸反应得氰化液（氰乙酸钠水溶液）。向氰化液中加入盐酸，进行酸化反应，得酸化液（氰乙酸水溶液）。将酸化液减压蒸水后，向其中加入上批蒸出的回收乙酸，减压蒸出稀乙酸（以酸带水）。向蒸酸后的氰乙酸中加入二甲脲和乙酸酐，进行缩合反应，再减压蒸出料液中的乙酸，加水溶解，得二甲基氰乙酰脲水溶液。见图2-32和图2-33。

2.16.4.3　环合、亚硝化、洗涤（二甲基紫脲酸，DM.NAU）

向二甲基氰乙酰脲水溶液中加入液碱，经环合反应得DM.4AU悬浊液。向后者加入亚硝酸钠水溶液，再转入装有稀硫酸的亚硝化反应罐中进行亚硝化反应，得二甲基紫脲酸悬浊液。将其用水洗涤至 pH 值中性。

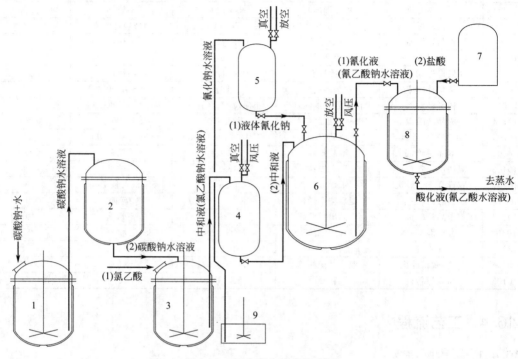

图 2-32　氰化岗位设备流程图

1—碳酸钠溶液溶解罐；2—碳酸钠溶液计量罐；3—中和反应罐；

4—中和液计量罐；5—液体氰化钠计量罐；6—氰化反应罐；

7—盐酸计量罐；8—酸化反应罐；9—氰化钠溶解槽

2.16.4.4　还原、酰化（DM.FAU）

向还原罐内压入洗好的 DM.NAU 混悬液，抽入镍催化剂，经氮气和氢气置换后，通入氢气，控制一定温度和压力，至反应终点。将还原液经板框压滤，滤液进入酰化罐。向酰化罐加入甲酸，控制一定温度和保温时间，得酰化液（DM.FAU）。

2.16.4.5　闭环、甲化（咖啡因粗品）

向酰化液中加入液碱，升温保温，得闭环液（茶碱钠盐）。将闭环液泵入甲化罐，加入硫酸二甲酯，控制一定的反应温度并用液碱控制一定的 pH 值，得甲化液（咖啡因）。经冷却结晶、离心，得粗咖（咖啡因粗品）湿品和咖啡因母液（甲化母液）。

2.16.4.6　氯提、炭提

向咖啡因母液中加入氯仿，萃取、分层后得萃取液，再蒸除萃取液中的氯仿，得咖啡因回收品。

将精制岗位咖啡因粗品脱色后产出的含咖啡因的活性炭投入水中，加热溶解，过滤除炭，得咖啡因水溶液，供粗制岗位套用，或用氯仿提取，得咖啡因回收品。

2.16.4.7　精制晶烘包

投入咖啡因粗品/咖啡因回收品，加入纯化水溶解，调酸，加入高锰酸钾氧化，加入活性炭脱色，压滤，滤饼为含咖废炭（按干炭计含咖啡因 29%～32%）。滤液经冷却结晶、离心，得咖啡因湿精品和咖啡因母液。将湿品粉碎、烘干，干品经粉碎、称量、包装，得咖啡因成品。

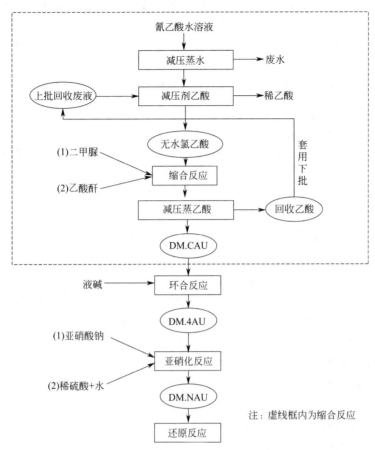

图 2-33 缩合岗位至还原岗位工艺流程图

2.16.5 "三废"治理和安全卫生防护

2.16.5.1 "三废"治理

（1）综合利用

① 氨气。二甲脲岗位副产的氨气（尾气）排入吸收罐被饮用水吸收制成氨水，含量 21%～23%（质量分数），供甲硝唑车间使用或外销，尾气吸收罐和氨水储罐的放空气体进亚硝化工序尾气吸收塔，中和废酸水。

② 乙酸。缩合岗位缩合反应蒸出回收乙酸，作为下批料酸带水时的辅料套用。酸带水过程蒸出稀乙酸，转稀乙酸储罐外销。

③ 镍催化剂。还原反应液压滤后，过滤器内的镍催化剂用热水冲洗，压入催化剂回收池内，经过漂洗、沉淀后，挖出套用。溢流洗水再经沉淀，回收金属镍细颗粒，返回镍铝合金粉生产厂家作为原料。沉淀池的溢流洗水，排入污水处理站。

④ 茶碱钠盐母液。茶碱钠盐母液经两级沉降后回收茶碱钠。母液上清液用于氰化蒸水、缩合、环亚化等工序真空泵房酸洗罐、酸气吸收塔等部位中和酸性物质，使用后排放。

⑤ 废炭。咖啡因精制压滤后，过滤器内含咖湿炭转入炭提工序提取咖啡因。提取后的

废炭外销。污水排入污水处理站。

(2)"三废"处理

① 氰化、酸化反应产出的含氰气体及蒸水过程蒸出的含氰污水须经过严格处理后方可放入下水道。

处理方法：本岗位设置硫酸亚铁溶液处理槽，将上述含氰废水排入本槽内，在搅拌下至显普鲁士蓝为止，放入下水道。

② 减压蒸水时产生含氰化氢气体处理方法：

a. 泵前缓冲罐碱液和硫酸亚铁溶液每天更换一次，每次碱液量 300～350L，含量在 10%～15%（质量分数）；硫酸亚铁溶液量 300L，含量 1%～2%。

b. 如果发现泵房有异味，应检查缓冲罐是否正常。进入泵房应配戴防毒面具，并马上报告车间处理。

c. 泵缓冲罐内液体禁止向车间内排放，应放入氰化岗位硫酸亚铁处理池处理。

③ 缓冲罐内含氰化钠碱性污水处理：

a. 每处理 300～400L 含氰污水需将 4kg 硫酸亚铁溶于 50L 水中，配成溶液使用。

b. 在放缓冲罐废碱时，应将配好的硫酸亚铁溶液 50L 抽入液碱罐，抽完后减压搅拌 5min，再放入氰化硫酸亚铁处理槽内放走。

c. 含氰废液管道如有破裂，应立即采取措施马上检修，并报告车间安全员。闲散人员立即离开现场，操作人员戴好防护用品站在上风口的地方。

④ 亚硝化反应尾气含有氮氧化物，经尾气吸收塔碱水中和吸收后，排放大气。吸收液饱和后，送污水站处理。

⑤ 洗涤岗位二甲基紫脲酸洗涤废液通过耐酸下水道流入污水池，污水处理站集中处理后排放。

⑥ 氯提后的废母液排入污水站集中处理后排放。

⑦ 大泵房全车间抽滤泵的缓冲罐废碱液定期排入污水站集中处理。

2.16.5.2　安全卫生防护

(1)氰化、缩合二甲脲

① 氯乙酸对人体有极强的腐蚀作用，操作时应穿好工作服、胶鞋，戴好手套、眼镜、防护面具等，使用过的防护用品应用水冲洗干净。

② 氰化物为剧毒品，使用过程中应随时检查输送、计量器具和反应设备，如发现有"跑、冒、滴、漏"时，立即报告车间维修处理，发现数量异常时，立即报告公司保卫部门。

③ 氰化室严禁非工作人员入内，实行双人双锁，钥匙须由专人保管。

④ 使用氰化钠必须两人监护操作，不得一人单独操作。工作时应穿好氰化专用工作服，戴好各种专用劳保用品，如橡胶手套、防毒面具等，操作后，氰化所用工具、氰化空桶及所用手套、胶鞋、防护衣等都用硫酸亚铁液处理后再用水冲洗干净。

⑤ 处理含氰废水时要穿戴好防护用品（特别要戴好口罩），站在上风口放污水，以防中毒。

⑥ 停止生产时要将氰化室门锁好，禁止随便入内。

乙酸酐和盐酸有强烈的刺激性气味、酸臭，腐蚀皮肤，操作时要戴好眼镜以防溅入眼内。

二甲脲岗位操作必须严格遵守防火防爆制度和动火制度。严禁明火，严禁吸烟，经常检查电器，注意防止因铁器碰撞而产生的火种。不能带手机等电器、不得穿带钉子的鞋进入工作室，在岗位上不得穿合成纤维的衣物，以防止静电积累后放电产生火花。动明火前需审批。设备维修时需切断与其他设备的连接，充分置换后进行。

在二甲脲岗位工作期间要穿戴工作服。各反应罐和罐内熔融物料温度较高，操作（投料、转料、放料）和处理设备故障时要戴好手套和防护面具，防止热料烫伤，防止氨气、一甲胺气泄漏刺激、薰伤眼部和面部。操作过程中严禁超温、超压，防止设备密封点崩开，泄漏氨气、一甲胺气而造成伤害。保证各反应设备中物料不能进水。

（2）环合、亚硝化

① 碱液和浓硫酸具有腐蚀性，配制时要穿戴好防护用品，坚守现场，防止抽满溢料伤人。

② 勿将易燃物与硫酸放在一起，以免发生火灾。

③ 亚硝化反应时，通知泵房开真空泵，检查真空系统确实完好方能加料。

（3）还原、酰化

① 甲酸有强氧化性，备料时穿戴好防护眼镜、手套、胶鞋等用品，防止抽料过量时伤人。

② DM.NAU 打浆罐、还原罐、酰化罐压料时，最高压力不超过 0.2MPa，防止发生事故。

（4）闭环、甲化

① 硫酸二甲酯是剧毒品，使用时要戴好防护用品，抽硫酸二甲酯时必须坚守岗位。

② 甲化反应前必须开排风才能投料，如果反应中途排风有故障，应请示车间及时处理，并以真空排毒（但必须通知泵房）。

（5）氯提

① 氯仿对人有麻醉作用，如遇管道有漏料现象需紧急处理。

② 通过料泵输送液体时，必须遵守受压容器的操作规程，严禁在受压情况下松紧固件。

（6）精烘包装

① 硫酸为强腐蚀性物质，配制和使用时应穿戴好防护用具，以防烧伤。

② 成品晶烘包室必须保证空气洁净度等级为 30 万级，保证洁净区温度、湿度、压差、照度等条件，保持室内清洁，设备光滑干净，门窗明亮。

③ 操作人员必须保持个人卫生，工作服、帽、鞋要保持清洁，特别应注意理发后要洗澡，以免带入头发茬、使异物落入成品。

④ 成品所用盖布、料袋应按规定及时清洗，保证无油污、无毛边，发现问题及时修复或更换。

⑤ 工器具按规定及时清洗，专人检查，发现问题及时修理或更换，谨防零件损坏落入料内。

⑥ 结晶罐必须严密盖好（空罐也须盖好），防止异物落入。定期清洁结晶罐，保证产品质量。

成品操作的一切过程要严格防止异物混入。

严守成品间的进入制度，非工作人员或未经批准人员不得进入。

操作完毕，成品室无人时应关闭门窗，并上锁。

（7）设备电器使用安全

① 车间各生产工序均有电气设施等，操作时应遵守安全规程。

a. 电器设备应经常保持清洁、干燥，不得用水冲洗。

b. 严禁湿手接触电器开关，电机 6 个月左右检查轴承，更换润滑脂。

② 离心机

a. 随时注意调平离心机，注意三角带的松紧调整和更换。

b. 清除在栏内的物料以免结晶堵塞栏内孔眼，甩料时袋子要铺平，投料时速度要均匀，避免甩料不均匀导致离心机震跳，不得放得过厚，以防溢出离栏。

c. 离心机完全停转之前，绝对禁止用铲子或其他工具到离栏里刮取物料，停车时应用手闸分次使离心机停车，不得骤然停车，以免发生危险。

③ 搪玻璃设备

a. 严防任何金属硬块掉入容器内，更不能用金属器件储物料。

b. 检查搪瓷面有无破损，如有损坏，立即修理。严防酸液进入夹套内及衬有搪玻璃的外表面，避免腐蚀。

(8) 环境卫生

① 各组操作人员每班工作完毕应清扫岗位，保持设备地面管路的清洁。

② 各组所划分的环境卫生按时清扫垃圾、污物。

③ 各工序的包装物收集到车间统一处理。

2.17 碘酸钙生产项目

2.17.1 产品概况

2.17.1.1 碘酸钙的性质、产品规格及用途

白色或乳黄色结晶性粉末，无臭、无异味或略带碘味。微溶于水，不溶于酒精，在食盐中比碳化物更稳定。分子量为 407.99。

作为各种动物饲料的微量元素碘的碘源，可提高蛋鸡产蛋率及奶牛的产奶量。可作为生产饲料预拌剂的碘源，用于培育医疗保健高碘蛋，可防治高脂血症、糖尿病、高胆固醇病，对防治水疱疹和抗癌都有明显作用。也可用于食品催熟剂及面团性质的改进剂，食盐的碘化。

产品规格

$Ca(IO_3)_2 \cdot H_2O$ 含量/%	≥99	砷(以 As 计)/%	≤0.0005
重金属(以 Pb 计)/%	≤0.002	粒度(过 100 目筛)/%	≥99

2.17.1.2 主要原料及其消耗定额（以生产 1t 产品计）

氯酸钾(>99.7%)	0.63t	硝酸(工业一级品)	0.4t
氢氧化钾(工业一级品)	0.2t	氯化钙(化学纯)	0.3t
碘(医药级)	0.65t		

2.17.2 工艺原理

由氯酸钾和碘在加热下反应制得。其反应如下：

$$11KClO_3 + 6I_2 + 3H_2O \longrightarrow 6KH(IO_3)_2 + 5KCl + 3Cl_2$$

氯酸钾　　碘　　水　　　　碘酸氢钾　氯化钾　氯

$$KH(IO_3)_2 + KOH \longrightarrow 2KIO_3 + H_2O$$

碘酸氢钾　　　氢氧化钾　　　碘酸钾　　水

$$2KIO_3 + CaCl_2 \longrightarrow Ca(IO_3)_2 + 2KCl$$

碘酸钾　　　氯化钙　　　碘酸钙　　氯化钾

2.17.3 工艺流程

于反应釜内加入水并在加热和搅拌的情况下加入氯酸钾，待溶解后，再加入细颗粒的碘，保持水溶液温度直至反应完全后，进入冷却罐冷却并经离心、过滤，将得到的碘酸氢钾全部进入中和罐，再加入氢氧化钾溶解中和，除去杂质并调节 pH 值呈弱碱性，过滤，滤液进入反应罐，加入氯化钙调 pH 值为偏中性，经冷却、过滤、烘干、粉碎、包装为成品。

碘酸钙生产流程见图 2-34。

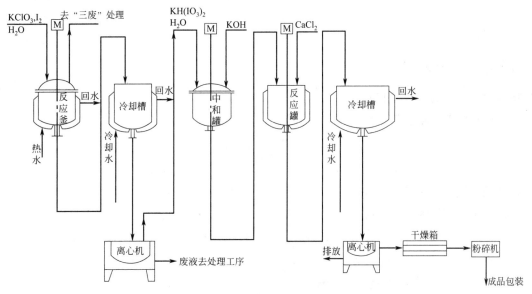

图 2-34　碘酸钙生产流程

M—搅拌

2.18 液晶生产项目

2.18.1 产品概况

2.18.1.1 碘酸钙的性质、产品规格及用途

液晶有向列相液晶、胆甾相液晶和近晶相液晶三类，用于微电子材料的是向列相液晶。其特性是在电场的作用下，可以改变分子的排列形式，产生显示效应，是一种优良的显示材料，与其他显示材料相比有耗能少、体积小、能与集成电路相匹配的优点。目前世界各国正大力发展这种显示材料，常见的液晶显示材料有 TN 型、STN 型和 TFT 型三种，它们大都为混合液晶所组成，例如，TN 型液晶数字显示材料其主要成分是联苯型液晶（4-正戊基-4′-氰基联苯）及脂类型液晶单体组成。外形为乳白色液体。

产品规格：乳白色液体，熔点 22.5℃，清亮点 34.5～35℃，电阻率不低于 $1 \times 10^{11} \Omega$ ·

cm，含量不低于98%。能溶于己烷、石油醚、乙酸乙酯、乙醇等，不溶于水。

2.18.1.2　主要原料与规格

三氯氧磷	试剂级	石油醚	工业级（60～90℃，水分<0.05%）
四氯化碳	工业级（水分<0.05%）	浓硫酸	工业级（98%）
无水氯化铝	工业级（浅黄色粉末）	水合肼	工业级（50%～70%）
1,2-二氯乙烷	工业级（水分<0.05%）	联苯	工业级
草酰氯	工业级（沸程62～66℃）	一缩乙二醇	工业级
正戊酰氯	工业级（沸程127～129℃）		

2.18.1.3　消耗定额（以生产1t液晶计）

联苯	3380kg	一缩乙二醇	10100kg
正戊酰氯	800kg	无水氯化铝	4800kg
1,2-二氯乙烷	16800kg	四氯化碳	15100kg
水合肼	300kg	三氯氧磷	1460kg
草酰氯	1800kg	苯	6550kg

2.18.2　工艺原理

2.18.2.1　正戊酰联苯的制备

用联苯与正戊酰氯直接反应：

联苯　　　　正戊酰氯　　　　　　　　　　　　正戊酰联苯

2.18.2.2　正戊基联苯的制备

正戊酰联苯与水合肼反应：

正戊酰联苯　　　　　水合肼　　　　　　正戊基联苯　　氨　水

2.18.2.3　正戊基联苯甲酰氯的制备

用正戊基联苯与草酰氯反应：

正戊基联苯　　草酰氯　　　　　　　正戊基联苯甲酰氯　一氧化碳　水

2.18.2.4　正戊基联苯甲酰胺的制备

正戊基联苯甲酰氯的氨化：

正戊基联苯甲酰氯　　氢氧化铵　　　　　正戊基联苯甲酰胺　　氯化铵　　水

2.18.2.5　4-正戊基-4′-氰基联苯的制备

正戊基联苯甲酰胺　　　三氯氧磷　　　　4-正戊基-4′-氰基联苯　磷酸　盐酸

2.18.3　工艺流程

① 在正戊酰联苯的缩合锅（1）中加入二氯乙烷搅拌，加入联苯，搅拌，开动冷冻使温度降温至10℃，加入无水氯化铝，继续降温到-5℃慢慢加入正戊酰氯，并于-5℃左右反

应 2h，将反应物放入冰水槽（1）中（槽中冰水体积为上述物料的 4 倍体积）。开动搅拌将物料混匀，然后停止搅拌，静止放置过夜分层，上层为有机层、下层为水层，放出有机层并将其冷却到－10℃，析出结晶，用离心机甩干，将粗品于结晶槽（1）中用石油醚重结晶甩干后于干燥箱中烘干得微黄色光亮结晶，即正戊酰联苯。

② 将干燥过的正戊酰联苯加入预先放有一缩乙二醇的还原锅中，慢慢加入水合肼并开动搅拌，加热回流，并用外回流法除去反应中的水分，温度升到 200℃，保持反应 1h，冷却反应物，稍静置分层，上层产物放入洗涤分离槽中经水洗涤后用 H_2SO_4 处理后用无水硫酸钠干燥，干燥的母液用过滤法除去无水硫酸钠，母液用泵（1）打入减压蒸馏塔中，进行减压蒸馏，收集馏分 148～153℃/400～433Pa。

③ 在缩合锅（2）中，加入四氯化碳，冷却到 10℃ 在搅拌下加入无水氯化铝和草酰氯，慢慢加入正戊基联苯，于 13～15℃ 反应 1h，这时有大量的 HCl 气体冒出，待反应完后将物料放入冰水槽（2）中，同时搅拌（冰水槽中冰水用量为物料总体积的 4 倍），0.5h 后，静置分层，除去水层，有机层经泵（2）打入减压蒸馏锅中，减压蒸去溶剂得黄色固体。

④ 在一个氨化锅中，加入氨水，开动搅拌加入正戊基联苯甲酰氯与二氧六环的混合物，搅拌反应 0.5h，得黄色固体，将反应物放入过滤器中进行过滤，所得黄色固体于结晶槽（2）中进行重结晶，结晶后置于干燥箱（2）中进行干燥，干燥后的产物是为正戊基联苯甲酰胺。

⑤ 将上述中间体加入氰化锅中，加入苯及三氯氧磷，即热回流 4h，将产品放入冰水槽（3）中（冰水用量为产物体积的 4 倍），搅拌均匀，静置分层，上层为有机层，抽出有机层用碳酸钠干燥几小时，过滤除去固体，粗品置于成品精馏塔中精馏得 4-正戊基-4′-氰基联苯。

4-正戊基-4′-氰基联苯的制备流程见图 2-35。

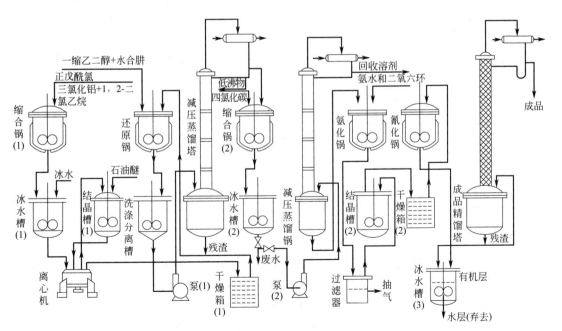

图 2-35 4-正戊基-4′-氰基联苯的制备流程

2.19　黏结型天然气蒸汽转化催化剂生产项目

2.19.1　产品概况

2.19.1.1　黏结型天然气蒸汽转化催化剂的性质、产品规格及用途

催化剂外观为瓦灰色环状，外径 $\phi16mm$，内径 $\phi6mm$，高度 16mm。堆密度 $1\sim1.2kg/L$。比表面积 $>100m^2/g$。机械强度：正压 30MPa，侧压 $>30kgf/$颗（$1kgf=9.8N$）。

在实验室测定中，催化剂装量为 100mL，粒度为 $1\sim2mm$，压力 2MPa，水碳比（H_2O/C）为 3，催化剂床层出口管壁温度为 830℃，天然气空速为 $5000h^{-1}$ 的条件下，转化后尾气中残余甲烷 $<13.5\%$。

天然气蒸汽转化催化剂能转化以甲烷为主的气态饱和烃（如天然气、油田气、焦炉气），用于制取合成氨、合成甲醇的原料气及石油炼制用氢。

2.19.1.2　原料及其规格

硝酸镍[$Ni(NO_3)_2\cdot6H_2O$]	工业级	碳酸钠（Na_2CO_3）	工业级
氢氧化铝[$Al(OH)_3\cdot9H_2O$]	工业级	氢氧化钠（NaOH）	工业级
铝酸钙水泥	工业级（含硫 $<500\times10^{-6}$）	胶体石墨	
氢氧化钾（KOH）	化学纯		

2.19.1.3　消耗定额（按生产 1t 催化剂计）

硝酸镍[$Ni(NO_3)_2\cdot6H_2O$]	584kg	碳酸钠（Na_2CO_3）	142kg
氢氧化铝[$Al(OH)_3\cdot9H_2O$]	322kg	氢氧化钠（NaOH）	54kg
铝酸钙水泥	770kg	胶体石墨	20kg
氢氧化钾（KOH）	12kg		

2.19.2　工艺原理

天然气蒸汽转化催化剂可分为黏结型及烧结型两种。黏结型催化剂，其活性组分为氧化镍，载体为 Al_2O_3 及铝酸钙水泥。这里的水泥既作为载体，又作为黏结剂。Al_2O_3 作为稳定剂。催化剂的强度取决于水泥的黏结性能及其干燥和养护状况。黏结型催化剂制造方法有混合法及沉淀法两种。混合法由于活性组分 NiO 与作为载体和稳定剂的 Al_2O_3 不能达到均匀一致的高度分散，影响活性、稳定性和寿命，现多采用沉淀法进行生产。

2.19.3　工艺流程

先将氢氧化铝与氢氧化钠反应生成铝酸钠。

$$\underset{\text{氢氧化铝}}{Al(OH)_3}+\underset{\text{氢氧化钠}}{NaOH}\longrightarrow\underset{\text{铝酸钠}}{NaAlO_2}+\underset{\text{水}}{2H_2O}$$

硝酸镍溶液和铝酸钠溶液与 10% 浓度的碳酸钠和氢氧化钠混合溶液在中和沉淀槽中，在 $60\sim80℃$ 下进行中和沉淀，得到氢氧化镍、碳酸镍及铝酸镍的混合沉淀。

$$\underset{\text{硝酸镍}}{Ni(NO_3)_2}+\underset{\text{氢氧化钠}}{2NaOH}\longrightarrow\underset{\text{氢氧化镍}}{Ni(OH)_2}+\underset{\text{硝酸钠}}{2NaNO_3}$$

$$\underset{\text{硝酸镍}}{Ni(NO_3)_2}+\underset{\text{碳酸钠}}{Na_2CO_3}\longrightarrow\underset{\text{碳酸镍}}{NiCO_3}+\underset{\text{硝酸钠}}{2NaNO_3}$$

$$Ni(NO)_2 + 2NaAlO_2 \longrightarrow NiAl_2O_4 + 2NaNO_3$$
硝酸镍　　　　铝酸钠　　　　铝酸镍　　　　硝酸钠

所得的镍铝沉淀物经压滤机过滤、洗涤，并经过烘干后收集，在 410～420℃下煅烧，得到分散均匀一致的氧化镍及氧化铝混合物，粉碎至 100 目以下，加入铝酸钙水泥，充分混合，经打片机预成型，再粉碎至 8 目以下的颗粒，加入占总重 2% 的胶体石墨，再行压制成型，压成环状柱体后，在 250℃下用蒸汽养护，然后在 20～30℃下水泡，使水泥硬化，再经 150℃干燥；干燥半成品用 KOH 水溶液浸渍，然后在 720～750℃下煅烧、过筛，包装即为产品。

黏结型天然气蒸汽转化催化剂生产流程见图 2-36。

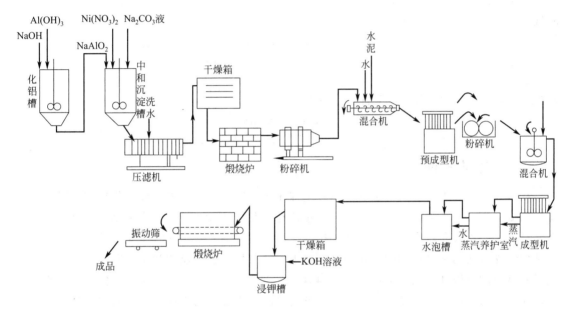

图 2-36　黏结型天然气蒸汽转化催化剂生产流程图

2.20　稀土分子筛催化裂化催化剂生产项目

2.20.1　产品概况

2.20.1.1　稀土分子筛催化裂化催化剂的性质、产品规格及用途

（1）产品的化学组分

产品的化学组分见表 2-9。

表 2-9　稀土分子筛催化裂化催化剂的化学组分

化学组分	总挥发物	Al_2O_3	Na_2O	SO_4^{2-}	Re_2O_3
重量/%	5.23	49.8	0.57	0.071	4.52

（2）产品的物性

产品的性质见表 2-10。

表 2-10 稀土分子筛催化裂化催化剂的产品性质

磨损指数 DAI	孔容 /(mL/g)	比表面积 /(m²/g)	视密度 /(g/mL)
7	0.35(N$_2$) 0.44(H$_2$O)	296~350	0.66

（3）催化剂的微反活性评价

在 482℃，WHSV（液相小时空速）：16，催化剂/油＝3，催化剂在评价前用蒸汽（0.1MPa）在 732℃温度下去活 8h 后，测得的活性为转化率 80.5%。

（4）用途

用于石油炼制工业的原料油的催化裂化。

2.20.1.2 原料及其规格

白土	工业级	稀土元素（La，Ce）的氧化物	化学纯
偏高岭土	工业级	氢氧化钠（NaOH）	工业级
水玻璃			

2.20.1.3 消耗定额（按生产 1t 催化剂计）

酸洗白土	800kg	偏高岭土	80kg
水玻璃	80kg	稀土元素的氧化物	60kg

2.20.2 工艺原理

在提升管反应工艺中，稀土分子筛裂化催化剂可以在 1~4s 内完成裂化反应；但由于副反应生成的炭沉积在催化剂上使它失活，必须在流化床再生器中用空气烧掉以恢复其活性。因此对催化剂不仅要求有高的活性和选择性，以提高汽油产率，同时还要求对水、热有高稳定性以经受多次的条件苛刻的循环再生。由于反应与再生是在流化状态下操作，还要求催化剂具有良好的抗磨性，在石油中含有重金属 V、Ni 等，当它们沉积在催化剂上时，就会降低催化剂的选择性，因此又要求催化剂具有良好的抗重金属污染性。分子筛催化剂恰恰具有高活性、高选择性以及对水、热的稳定性和抗重金属的污染性，但它们不耐磨，不能单独使用，必须加入到无定形硅铝胶（称为基质）中，混合后才制成裂化催化剂。基质的作用在于保护 1~5μm 的分子筛结晶颗粒，把它包裹起来形成约 50μm 的圆球状粒子，起着抗磨的作用，基质具有高比表面积，也是热量进出的传递者，对抗水蒸气性能也起着重要的作用。

早期的催化裂化催化剂多是先用硫酸将含白土的水玻璃成胶，然后分别加入铝盐、分子筛以及 Al$_2$(SO$_4$) 和 NaOH，使氢氧化铝成胶，即先生产基质，再使分子筛在这种无定形硅铝胶上均匀分散，之后便是喷雾干燥、成型、洗涤和除 Na$_2$O。20 世纪 80 年代以来则简化为以白土为原料制备基质和分子筛。

2.20.3 产品概况

以白土为原料制备基质和分子筛的生产流程参见图 2-37。

将酸化处理过的白土磨细后加入水玻璃，其量为白土量的 7%~10%，混合打浆后喷雾干燥，然后在 1010℃温度下焙烧 3h，冷却后的样品加入 NaOH 水溶液，并加入 10% 左右的偏高岭土，与此同时，加入少量晶核（晶核由 Na$_2$O·Al$_2$O$_3$·3H$_2$O 水玻璃，NaOH 以及适量的水制成），升温到 80℃，挥发 4h，此时将有 30%~40% 的白土以及加入的高岭土转变为分子筛。此半成品再与稀土离子交换，洗染、干燥，即得最后产品。

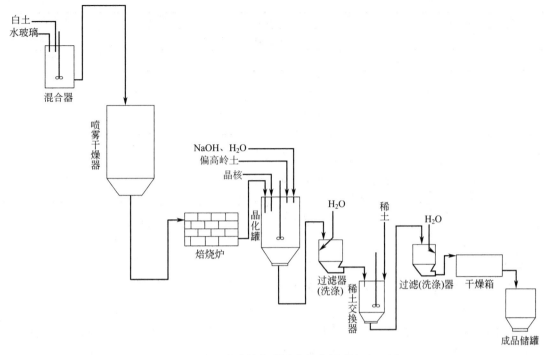

图 2-37　稀土分子筛催化裂化催化剂生产流程图

2.21　偶氮二异丁腈生产项目

2.21.1　产品概况

2.21.1.1　偶氮二异丁腈的性质、产品规格及用途

偶氮二异丁腈（AIBN）为白色柱状结晶或白色粉末状结晶，是最著名的偶氮型自由基引发剂，广泛应用在高分子的研究和生产中。相对密度 1.1（20℃），熔点 102~104℃，半衰期 $t_{1/2}=0.1$h（101℃）、1.0h（82℃）、10h（65℃），活化能 125.5kJ/mol；不溶于水，溶于乙醚、甲醇、乙醇、丙醇、氯仿、二氯乙烷、乙酸乙酯、苯等，多为油溶性引发剂。毒性：$LD_{50}=700$mg/kg（小鼠经口），25mg/kg（腹腔注射）。储存条件：避光保存，温度<25℃。遇热分解，熔点 100~104℃。应保存于 20℃ 的干燥地方。遇水分解放出氮气和含—$(CH_2)_2$—C—CN 基的有机氰

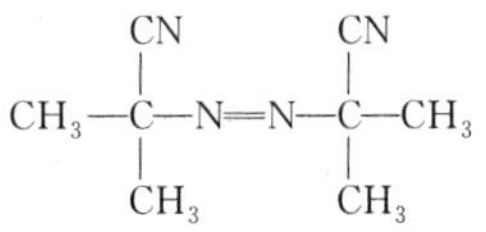

图 2-38　偶氮二异丁腈
分子结构

化物，后者对人体危害较大。分解温度 64℃。室温下缓慢分解，100℃ 急剧分解，能引起爆炸着火，易燃、有毒。偶氮二异丁腈分子结构见图 2-38，质量指标见表 2-11。

表 2-11　偶氮二异丁腈质量指标

指标名称	维纶级	工业级	腈纶级
外观	白色结晶粉末		
AIBN 质量分数/%	99.0	99.0	99.0

续表

指标名称	维纶级	工业级	腈纶级
熔点/℃	100~103	99~103	97~103
挥发物/%	≤0.1	0.3	0.5
甲醇不溶物/%	≤0.01	0.1	0.5
色点/(个/10g)	10	10	10
色调≥	90	90	90

偶氮二异丁腈是油溶性的偶氮引发剂，偶氮类引发剂反应稳定，是一级反应，没有副反应，比较好控制，所以广泛应用于高分子的研究和生产。如氯乙烯、乙酸乙烯、丙烯腈等单体聚合引发剂，也可用作聚氯乙烯、聚烯烃、聚氨酯、聚乙烯醇、丙烯腈与丁二烯和苯乙烯共聚物、聚异氰酸酯、聚乙酸乙烯酯、聚酰胺和聚酯等的发泡剂。此外，也可用于其他有机合成。

2.21.1.2　主要原料

偶氮二异丁腈的主要生产原料是丙酮氰醇、水合肼和氯气。

（1）丙酮氰醇

丙酮氰醇为无色至淡黄色液体，熔点 $-19℃$，沸点 $95℃$，密度 $0.995g/cm^3$。易溶于水和常用有机溶剂，但不溶于石油醚和二硫化碳。折射率 $n_D(20℃)$ 1.3996。闪点 $63℃$。

丙酮氰醇是由丙酮和氢氰酸在碱性催化剂氢氧化钠存在下进行缩合反应制得的。丙酮氰醇反应速率很快，同时放出大量的热量。若移去多余的反应热量，可以使平衡向生成物方向进行，故在生产中采用低温冷却法，提高其转化率，尽管在低温下反应，丙酮氰醇纯度一般只能达到93%左右，只有经过进一步提纯，方能使纯度达到97%以上。丙酮氰醇为热敏性物质，在碱性、高温或停留时间过长的条件下都易产生分解，尤其是高纯度丙酮氰醇分解速率更快。因此在丙酮氰醇提纯技术上，采用真空精馏的方法，目的是降低精制塔釜温度，减少丙酮氰醇在高温下的分解，同时还采用了一次通过式再沸器加热方法，缩短丙酮氰醇在高温区的停留时间。丙酮、氢氰酸和少量 H_2O 从精制塔塔顶蒸出，在塔底得到纯度大于97%的精丙酮氰醇产品。冷冻水系统利用制冷剂氨及载冷剂氯化钙，通过往复式压缩机循环制冷，为丙酮氰醇部分设备提供低温冷源。

（2）水合肼

水合肼又称水合联氨，具有强碱性和吸湿性。纯品为无色透明的油状液体，有淡氨味，在湿空气中冒烟，具有强碱性和吸湿性。工业上一般应用含量为 $40\%\sim80\%$ 的水合肼水溶液或肼的盐。水合肼液体以二聚物形式存在，与水和乙醇混溶，不溶于乙醚和氯仿；它能侵蚀玻璃、橡胶、皮革、软木等，在高温下分解成 N_2、NH_3 和 H_2；水合肼还原性极强，与卤素、HNO_3、$KMnO_4$ 等激烈反应，在空气中可吸收 CO_2，产生烟雾。水合肼及其衍生物产品在许多工业应用中得到广泛的使用，用作还原剂、抗氧剂，用于制取医药、发泡剂等。

水合肼工业生产方法主要有拉西法、尿素氧化法、酮连氮法和过氧化氢法4种，目前国内主要采用尿素氧化法工艺。

① 尿素氧化法。将10%的次氯酸钠溶液和30%液碱混合，然后冷却，调整混合，然后冷却，调整混合液中氯和碱为1∶1.8的质量比，放入反应锅内。再加入适量的高锰酸钾，搅拌下将尿素溶液加入反应锅，加热至 $103\sim104℃$ 料液沸腾为止。尿素加入量按有效氯计

算，有效氯与尿素的质量比是 76:75。将上述氧化生成物粗肼水加到蒸发器进行真空蒸馏，肼气和水汽经过旋风器导入接受釜，进行初次提浓。从接受釜得到的淡肼水送至筛板塔进行真空提浓，使水合肼含量达到规定值。次氯酸钠氨化法首先由氯气和烧碱配制成次氯酸钠，然后在 $3.922 \times 10^7 Pa$ 压力和 $130 \sim 150 ℃$ 温度下进行合成，得到水合肼反应液，经汽提脱除多余的氨，再进行蒸发脱盐和精馏得成品水合肼。

② 酮连氮法。酮连氮法是国外 20 世纪 70 年代发展起来的新技术。该法是氨在过量丙酮存在下，用氯或次氯酸钠氧化，生成酮连氮，再加压水解得到肼。该法优点是收率高，可达 95% 左右，能耗低。缺点是丙酮的加入，使系统中有有机副产物生成，需要清除，且丙酮蒸气需处理。

③ 过氧化氢法。此法是法国于结纳-库尔曼化学公司开发成功的。于 1979 年建成年产 5000t（100%）水合肼装置。该法是氨和浓 H_2O_2 在甲乙酮、乙酰胺和磷酸氢二钠存在下互相作用，生成甲乙酮连氮和水，再加压水解得水合肼。肼的产率以 H_2O_2 计为 75% 左右，该法没有副产物氯化钠，对简化流程和环保有利，并且产品容易分离，不必进行精馏。但甲乙酮的化学损耗高于甲酮连氮法的丙酮的损耗。

（3）氯气

氯气在常温常压下为黄绿色、有强烈刺激性气味的剧毒气体，具有窒息性，密度比空气大，可溶于水和碱溶液，易溶于有机溶剂（如二硫化碳和四氯化碳），易压缩，可液化为黄绿色的油状液氯，是氯碱工业的主要产品之一，可用作强氧化剂。氯气中混合体积分数为 5% 以上的氢气时遇强光可能会有爆炸的危险。氯气具有毒性，主要通过呼吸道侵入人体并溶解在黏膜所含的水分里，对上呼吸道黏膜造成损害。氯气能与有机物和无机物进行取代反应和加成反应生成多种氯化物。主要用于生产塑料（如 PVP）、合成纤维、染料、农药、消毒剂、漂白剂溶剂以及各种氯化物。

工业生产中用直流电电解饱和食盐水法来制取氯气。

2.21.1.3　生产方法

可由丙酮、水合肼和氢氰酸或由丙酮、硫酸肼和氰化钠作用再经氧化制得。现在工艺有氯气氧化和双氧水氧化两种。

2.21.2　工艺原理

2.21.2.1　反应原理

目前，企业基本采用传统工艺，即由水合肼与丙酮氰醇缩合生成二异丁腈肼，然后再用氯气氧化脱氢制得偶氮二异丁腈粗品，最后精制。反应方程式如下：

$$2H_3C-\underset{\underset{OH}{|}}{\overset{\overset{CN}{|}}{C}}-CH_3 + H_2N-NH_2 \longrightarrow H_3C-\underset{\underset{CN}{|}}{\overset{\overset{CH_3}{|}}{C}}-\underset{H}{\overset{H}{N}}-\underset{\underset{CN}{|}}{\overset{\overset{CH_3}{|}}{C}}-CH_3 + 2H_2O$$

丙酮氰醇　　　　　肼　　　　　　　　二异丁腈肼

$$H_3C-\underset{\underset{CN}{|}}{\overset{\overset{CH_3}{|}}{C}}-\underset{H}{\overset{H}{N}}-\underset{\underset{CN}{|}}{\overset{\overset{CH_3}{|}}{C}}-CH_3 + Cl_2 \longrightarrow H_3C-\underset{\underset{CN}{|}}{\overset{\overset{CH_3}{|}}{C}}-N=N-\underset{\underset{CN}{|}}{\overset{\overset{CH_3}{|}}{C}}-CH_3 + 2HCl$$

二异丁腈肼　　　　　　　　　　偶氮二异丁腈

2.21.2.2 反应特点

（1）缩合

缩合即相同或不相同的有机化合物分子互相化合，析出一个或数个分子的水或其他化合物而形成新的物质，例如两个分子的乙醇析出一个分子的水而缩合成乙醚。多数缩合反应是在缩合剂的催化作用下进行的，常用的缩合剂是碱、醇钠、无机酸等。在本工艺中应注意以下几点。

① 将原料中水合肼过量，使丙酮氰醇反应尽量完全。

② 反应时间应足够长，以保证缩合反应完全。

③ 肼具有强碱性与还原性，是一种强还原剂。由于水合肼具有双官能基团和亲核基团，该缩合反应不用催化剂。

（2）氧化

① 氯夺走腈肼 N 原子上的氢。由于氯气氧化性强，反应放热量大，为了避免副反应，一般控制温度不超过 50℃。

② 反应在水体系进行，由于腈肼溶解度小，在水溶液中呈颗粒状态，氯气部分溶解，该反应属于液-固和气-固两种类型反应。因此，应当保持固体与液、气的充分接触，工业上通常用气体分布设备。

（3）精制

① 在乙醇溶液中进行，为防止产品分解，溶解阶段升温不宜过快、过高。

② 降温结晶阶段，注意充分搅拌，避免晶体过大和挂壁。

（4）干燥

在真空干燥机中进行，注意真空度和温度的控制。

2.21.2.3 热力学和动力学分析

（1）热力学分析

① 缩合反应是可逆的吸热反应，从热力学分析，升高温度、增加反应物浓度、降低生成物浓度，都能使平衡向着生成物的方向移动。在实际生产中，一般采用肼过量来提高丙酮氰醇的转化率。

② 氧化反应是可逆的放热反应，从热力学分析，降低温度、增加反应物浓度、降低生成物浓度，都能使平衡向着生成物的方向移动。同时，在反应体系中，同时存在液-固和气-固两种类型反应。在实际生产中，一般采用取走体系热量和使用气体分布器来提高腈肼的转化率。

（2）动力学分析

① 肼具有强碱性与还原性，是一种强还原剂。由于水合肼具有双官能基团和亲核基团，该缩合反应不用催化剂。

② 氧化反应在水体系进行，由于腈肼溶解度小，在水溶液中呈颗粒状态，氯气部分溶解，该反应属于液-固和气-固两种类型反应。

2.21.3 工艺条件和主要设备

2.21.3.1 工艺条件

（1）反应温度

反应温度对化学平衡和反应速率多有好处，但反应温度过高，产品色泽加深而影响产品质量，收率也会降低。缩合和氧化温度一般不超过 75℃，超过此温度会引起反应过于猛烈以及产物分解。

（2）原料配比

为提高转化率，任意反应物过量，均可促进反应平衡向右移动。由于丙酮氰醇价格较高而且有毒，因此水合肼过量，丙酮氰醇与水合肼配比（摩尔比）为 2 ∶ (1.1～1.2)。

2.21.3.2　主要设备

在整个生产过程中，缩合、氧化是关键，其主要设备是反应器。该工艺采取间歇操作，间歇反应器是带有搅拌和换热的釜式设备，为了防腐和保证产物纯度，可以采用衬搪玻璃或不锈钢的反应釜。氧化反应器配置气体分布设备。循环式气体分布装置见图 2-39。

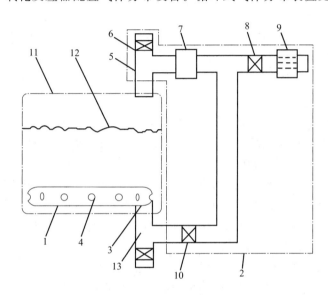

图 2-39　循环式气体分布装置

1—环形管；2—气体循环系统；3—反应气体进口；4—气体出孔；5—气体引出管；6，8，10—阀门；
7—吸气泵；9—吸收器；11—反应釜；12—反应釜内液体；13—进气管

2.21.4　工艺流程

（1）缩合、氧化

废液（称循环液 a）、水合肼和丙酮氰醇按一定比例投到缩合釜中，搅拌，控制温度。2h 后，经氯气分配器向此釜中通入氯气，通氯气约 2.5h 后，出料，经过滤、冲洗、甩干得氧化料（即偶氮二异丁腈粗品）。循环液 a 回收，返回缩合段。

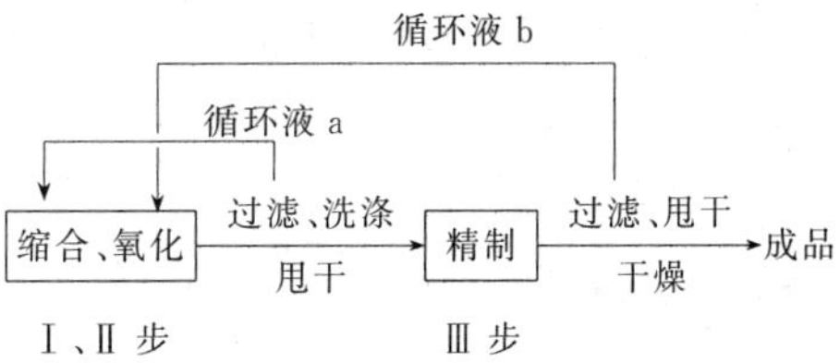

（2）精制

氧化料与乙醇按比例投到精制釜中，经溶解、结晶、出料、甩干和真空干燥等操作得到最终产品。对母液回收，经蒸馏得到乙醇，循环使用。蒸馏残液（循环液 b）回收，返回氧化段循环使用。

图 2-40　"三步法"生产工艺

（3）流程简图

一条生产线的全部流程中包括缩合、氧化、精制三个工序，通常称为"三步法"，生产工艺见图 2-40。

2.21.5   "三废"治理和安全卫生防护

（1）"三废"治理

在生产过程中，缩合反应生成的含氰废水、氧化反应的含氯废水是工业废水的主要来源。

治理的办法，首先从工艺上减少废水排放量。例如，简化缩合、氧化两个工序，母液循环利用。经循环多次的母液可与用活性污泥进行生化处理后再排放。氧化工段使用循环式气体分布设备，少量氯气用碱液吸收。

（2）安全卫生防护

丙酮氰醇对呼吸、消化系统均有很大毒性，皮肤吸收后也会产生中等毒性。小鼠处于蒸气中90s内即死亡。生产车间应有良好通风，操作人员应穿戴特殊的防护衣帽，身体任何一部分均不得暴露在外。中毒者应立即医治。大鼠经口 $LD_{50}=170mL/kg$。本品的生产和使用常在同一场所，不需转运。按有毒化学品规定储运。

水合肼吸入后对呼吸道有刺激作用，引起咳嗽、胸痛、呼吸困难。蒸气对眼有刺激性。眼和皮肤直接接触液体可致灼伤。口服灼伤口腔和消化道，出现腹痛、恶心、呕吐和休克等。慢性影响：受本品蒸气慢性作用的工人，可有结膜炎、畏光、上呼吸道刺激等。皮肤接触：立即脱去污染的衣着，用大量流动清水冲洗至少15min，就医。眼睛接触：立即提起眼睑，用大量流动清水或生理盐水彻底冲洗至少15min，就医。吸入：迅速脱离现场至空气新鲜处。保持呼吸道通畅。如呼吸困难，给输氧。如呼吸停止，立即进行人工呼吸，就医。食入：用水漱口，给饮牛奶或蛋清，就医。

氯气对眼、呼吸道黏膜有刺激作用轻度者有流泪、咳嗽、咳少量痰、胸闷，出现气管和支气管炎的表现；中度中毒发生支气管肺炎或间支性肺水肿，病人除有上述症状的加重外，出现呼吸困难、轻度发绀等；重者发生肺水肿、昏迷和休克，可出现气胸、纵隔气肿等并发症。吸入极高浓度的氯气，可引起迷走神经反射性心跳骤停或喉头痉挛而发生"电击样"死亡。皮肤接触液氯或高浓度氯，在暴露部位可有灼伤或急性皮炎。长期低浓度接触，可引起慢性支气管炎、支气管哮喘等；可引起职业性痤疮及牙齿酸蚀症。该物质对环境有严重危害，应特别注意对水体的污染和对植物的损害，对鱼类和动物也应给予特别注意。本品不会燃烧，但可助燃。一般可燃物大都能在氯气中燃烧，一般易燃气体或蒸气也都能与氯气形成爆炸性混合物。皮肤接触：立即脱去被污染的衣着，用大量流动清水冲洗，就医。眼睛接触：提起眼睑，用流动清水或生理盐水冲洗，就医。迅速脱离现场至空气新鲜处，呼吸心跳停止时，立即进行人工呼吸和胸外心脏按压术，就医。

2.22   氨茶碱生产项目

2.22.1   产品概况

2.22.1.1   氨茶碱的性质、产品规格及用途

（1）产品名称

氨茶碱化学名称：1,3-二甲基-3,7-二氢-1H-嘌呤-2,6-二酮-1,2-乙二胺盐；英文名称：Aminophylline。

（2）结构式

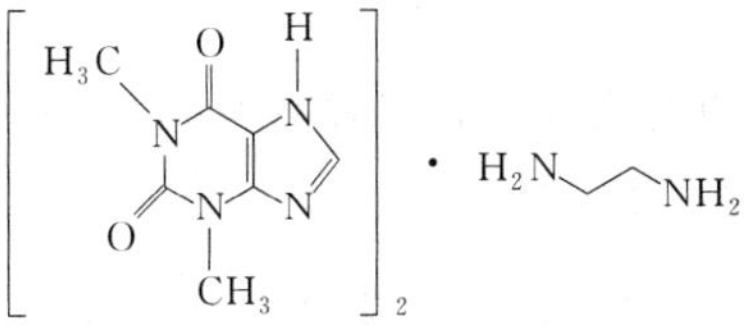

氨茶碱

（3）分子式与分子量

分子式：$C_{16}H_{24}N_{10}O_4$；分子量：420.43。

（4）理化性质

本品为白色或微黄色的颗粒或粉末，易结块，微有氨臭，味苦。在空气中吸收二氧化碳，并分解成茶碱。在水中易溶解（1:5），在乙醇或乙醚中几乎不溶。水溶液 pH=9.2～9.6，呈碱性反应，放置后发生浑浊，加入盐酸能中和乙二胺，并析出茶碱。

（5）鉴别反应

① 取本品约 30mg，加水 1mL 溶解后，加 1‰硫酸铜溶液 2～3 滴，振摇，溶液初显紫色；继续滴加硫酸铜溶液，渐变蓝紫色，最后成深蓝色。

② 在含量测定项下记录的色谱图中，供试品溶液主峰的保留时间应与对照品溶液主峰的保留时间一致。

③ 取本品约 0.2g，加水 10mL 溶解后，不断搅拌，滴加稀盐酸 1mL 使茶碱析出，过滤；滤渣用少量水洗涤后，在 105℃ 干燥 1h，其红外光吸收图谱应与对照的图谱（《药品红外光谱集》图 272）一致。

（6）药理作用及临床用途

氨茶碱为茶碱与乙二胺形成的复盐，其药理作用主要来自茶碱，乙二胺增强茶碱的水溶性，并增强茶碱的吸收利用，从而有利于将茶碱制成各种复方制剂，便于临床应用和人体吸收。

氨茶碱属于平滑肌松弛剂、利尿剂及强心剂，其主要药理作用如下。

① 松弛支气管平滑肌，抑制过敏介质释放。在解痉的同时，还可减轻支气管黏膜的充血和水肿。

② 增强呼吸肌的收缩力，减少呼吸肌疲劳。

③ 增强心肌收缩力，增加心排血量，低剂量一般不加快心率。

④ 舒张冠状动脉、外周血管和胆管。

⑤ 增加肾血流量，提高肾小球滤过率，减少肾小管对钠和水的重吸收，有利尿作用。

由于各种高效、长效、速效利尿药的出现，氨茶碱已较少作为利尿药使用。在临床上主要作为平喘药，用于治疗支气管哮喘、喘息型支气管炎、阻塞性肺气肿、急性心功能不全和心脏性哮喘以及胆绞痛等病症，也可用于治疗心源性水肿。

此外，近年来，还发现其具有抗炎、免疫调节、拮抗腺苷受体、增强呼吸等药理作用，被用于治疗早产儿窒息、急性肺损伤、病窦综合征等病症。

（7）质量标准

氨茶碱的产品规格分为有水品和无水品两种。有水品符合《中华人民共和国药典》，无水品符合国外标准和国际标准。

① 内销氨茶碱：符合《中华人民共和国药典》2015 年版（ChP2015）。

② 外销氨茶碱：符合英国药典 2013 年版（BP2013）、欧洲药典第 8 版（EP8）和美国药典第 36 版（USP36）。

③ 企业标准，以及根据客户要求而制定的特殊质量标准。

氨茶碱成品质量标准对比见表 2-12。

表 2-12　氨茶碱成品质量标准对比表

项　目	ChP2015	BP2013	企 业 标 准
外观	白色至微黄色颗粒或粉末，易结块	白色或微黄色粉末，有时为颗粒	白色或微黄粉末，有时为颗粒
鉴别	符合规定	符合规定	符合规定
溶液外观	≤黄绿色 2 号	≤GY_6	≤黄绿色 2 号
有关物质	≤0.5%	≤0.5%	≤0.5%
水分	≤8.0%	≤1.5%	≤1.5%
炽灼残渣	≤0.1%	≤0.1%	≤0.1%
重金属	—	≤0.002%	≤0.002%
含量	乙二胺：13.5%～15.0%	乙二胺：13.5%～15.0%	乙二胺：13.7%～15.0%
	无水茶碱：84.0%～87.0%	无水茶碱：84.0%～87.0%	无水茶碱：84.0%～87.4%

（8）包装要求

氨茶碱现有以下两种包装规格。

① 内销：外包装为塑料编织袋，内衬双层聚乙烯塑料袋，每袋净装重量 25kg。

② 出口：外包装为胶纸板圆桶，内衬双层聚乙烯塑料袋，每桶净装重量 25kg。

内销产品桶内放合格证，桶外粘贴产品标签。标签内容包括：【药品名称】、【包装规格】、【生产批号】、【生产日期】、【有效期】、【储藏】、【批准文号】、【生产企业】及运输注意事项或其他标记。

（9）批量

500kg/批，1000kg/批；或根据客户特殊要求临时确定。

（10）储藏

遮光，密封保存。

2.22.1.2　原辅料、包装材料规格及质量标准

（1）茶碱

① 外观：白色结晶性粉末。

② 含量：99.0% ～ 101.0%。

（2）乙二胺

① 外观：无色黏稠液体。

② 含量：≥98.0%。

（3）包装材料

① 塑料编织袋：长 950mm，宽 500mm，装重 25kg。

② 聚乙烯塑料袋：长 1010mm，宽 600mm，厚 0.07mm，装重 25kg。

③ 胶纸板圆桶：直径 380mm，高 480mm，铁皮盖、铁皮卡箍及塑料封签，装重 25kg。

2.22.1.3　生产方法

采用化学合成的方法制造氨茶碱。

采取以学合成方法制得的、符合《中华人民共和国药典》质量标准的成品茶碱为起始原料，经与乙二胺发生加成反应，得到氨茶碱复盐，再经粉碎、混合、包装，制得氨茶碱成品。

对于含量低于98.0%的乙二胺，或者拟用于生产特殊质量标准的氨茶碱产品时，需预先对初检合格的乙二胺进行蒸馏或精馏，制得合格乙二胺后，再用于加成反应。

2.22.2　工艺原理

2.22.2.1　反应原理

（1）反应过程

将茶碱与乙二胺混合，发生加成反应，生成氨茶碱复盐。

（2）化学反应方程式

$$\begin{array}{ccc} \text{茶碱} & \text{乙二胺} & \text{氨茶碱} \\ (180.17) & (60.10) & (420.44) \end{array}$$

2.22.2.2　反应特点及热力学、动力学分析

（1）物料特性及生产特点

① 加成反应（成盐反应）。乙二胺具有强碱性。茶碱在碱性条件下，表现出一定的弱酸性。茶碱与乙二胺通过酸碱中和反应，生成氨茶碱复盐。成盐反应具有三个明显特点。

a. 固液反应。茶碱粉末与少量乙二胺液体［氨茶碱：乙二胺＝6：1（质量比）］直接混合反应，没有溶剂作为反应介质，生成的氨茶碱易凝固成块，阻碍未反应的茶碱和乙二胺继续完全反应。

b. 放热反应。成盐反应是放热反应，如果反应温度过高，会造成乙二胺挥发，致使乙二胺无法与茶碱完全成盐（成盐反应不完全），最终导致氨茶碱质量不合格（乙二胺含量低）。

c. 吸湿性。茶碱和乙二胺均具有较强的吸湿性。在投料、成盐反应及出料三个过程中，如果敞口操作，同时对加成罐夹套通冷却水降温，加成罐内壁就会吸收、冷凝空气中的水分，由此造成茶碱和乙二胺过多吸收空气的水分，最终导致氨茶碱成品含水量不合格。

此外，在后续的加工过程中，如果氨茶碱在空气中暴露时间过长，同样会因吸水过多而致产品不合格。

② 粉尘。加成反应的投料、反应、保温和出料的全过程，以及加成反应后氨茶碱的粉碎和包装全过程，都会产生大量的固体粉尘（茶碱和氨茶碱）。如果生产设备为敞口/半敞口设备，或者生产设备未完全密封，存在泄漏点，就会产生粉尘。另外，物料暴露的操作过程，也会产生粉尘。

③ 气味。主要是在乙二胺生产全过程中产生的气味。

乙二胺为无色透明黏稠性液体。有氨臭气味，呈强碱性，能吸收空气中的二氧化碳，生成非挥发性的碳酸盐，从而在空气中形成烟雾。

乙二胺具有腐蚀性，有毒，有刺激性，能强烈刺激眼、皮肤和呼吸器官，引起过敏症。

吸入高浓度蒸气，可导致死亡。乙二胺在空气中的最高容许浓度为 10×10^{-6}。

乙二胺还能与空气形成爆炸性混合物，爆炸极限为 $2.70\%\sim16.60\%$（体积分数），遇火种、高温、氧化剂等，有燃烧爆炸危险，遇酸性物质可发生剧烈反应。

乙二胺本身具有挥发性，在被搅拌混合、与酸性物质反应放热以及被挤压碰撞粉碎的过程中，更容易受热挥发，产生刺激性气味。如果在生产全过程中，生产设备未完全密闭（敞口或加盖但有泄漏点），或者物料处于暴露的状态下，均可产生乙二胺气味，从而对洁净厂房、设备/设施、工器具等造成严重腐蚀，对操作人员造成严重的人身伤害。

上述两种污染物，严重污染生产环境，伤害操作者。这一点也从根本上制约了该产品的生产产量和产品质量。这个生产岗位也成为整条黄嘌呤系列产品生产线的技术难点和管理难点。

④ 结块和变色。氨茶碱在储存过程中，时常会出现结块变黄现象。根据实验研究，产生这一现象的主要原因是氨茶碱中的乙二胺吸收空气中的二氧化碳，形成聚合物，聚合物黏合氨茶碱并呈现黄色，而氨茶碱水分高或空气湿度大、强烈光照、储存温度高、储存时间长等因素，促进聚合反应。

鉴于成盐反应的三个苛刻要求，粉尘、气味的严重污染问题，以及氨茶碱的结块变色问题，都应从生产设备/设施的改进或更新换代上着手，从根本上改善生产环境和生产条件，保护操作人员的身体健康，同时，也保证氨茶碱的正常生产和产品质量。

反应设备的搅拌装置和喷料装置的性能是影响反应是否完全、成品是否合格的决定因素，加成反应设备与粉碎包装设备的联动是保证物料全密封流转的关键，应该有针对性地解决这两个问题，从而达到生产工艺和产品质量的要求。

（2）热力学、动力学分析

成盐过程是酸碱中和的放热反应，反应温度不能过高（≤40℃），需要对物料进行冷却，促进加成反应正向进行，保证成盐反应完全。

2.22.3　工艺条件和主要设备

2.22.3.1　工艺条件

加成反应（成盐反应）

① 温度。加成反应温度不能过高（温度≤40℃）。为此，采用带夹套的反应设备，夹套通入冷却循环水，保证加成反应完全进行。在反应结束，并将物料充分降温至室温后，再放料。

② 反应时间。加大加成罐夹套中冷却水的流量，加快物料冷却速度，缩短加成反应时间。反应时间过长，可能造成乙二胺挥发，或者生成的氨茶碱过多地吸收空气中的水分，致使氨茶碱水分超标。

③ 物料混合。采用新型结构的搅拌装置，解决茶碱固体与乙二胺液体混合均匀、充分反应的问题。

2.22.3.2　生产环境要求

（1）湿度

在反应过程中或物料暴露中，物料所处环境的湿度不能过高（相对湿度≤45%）。为此，采取两方面措施解决湿度问题，一是对物料、设备采取密封措施（同时也是避光措施），二是降低环境湿度。这样，在解决湿度（氨茶碱水分）的同时，一并解决氨茶碱结块变色问题。具体措施如下。

① 在加成罐上设置茶碱加料漏斗，漏斗下安装蝶阀。加料后，立即关闭加料阀门。

② 将加成罐整体设计成全部密闭结构，搅拌桨轴与罐体轴孔接触处安装机械密封。

③ 加成反应完成后，从加成罐罐底放料阀出料。出料后，立即关闭放料阀门。

④ 采用新型粉碎设备，在粉碎过程中，实现密闭操作。

⑤ 采用相应的空调设备，降低环境湿度。

（2）洁净区（室）要求

氨茶碱属于人用药品，其生产管理和质量管理的全过程应当按照我国《药品生产质量管理规范（Good Manufacturing Practice，GMP）》（2010 年修订）的要求进行。按规定，氨茶碱成品的加成、粉碎、称量、包装等过程应在洁净区内进行。

氨茶碱属于非无菌原料药。根据《药品生产质量管理规范（GMP）》附录 2 规定：其生产过程的加成、粉碎、包装等生产操作的暴露环境应按照 D 级标准设置。

2.22.3.3　主要设备

（1）加成反应设备

① 加成反应罐及其搅拌装置。目前使用的加成反应罐有三种结构。

a. 标准立式不锈钢反应罐，配套标准框式搅拌桨，搅拌轴与罐盖轴孔处无机械密封。

该种结构需要开盖投料，反应过程中，乙二胺气味从轴孔处大量泄漏，粉尘和刺激性气味污染严重。而且，标准框式搅拌桨与反应罐内壁之间空隙较大，罐壁黏附物料积累较多，需要开罐清理。清理下来的物料因积累时间长，含水量高，或长时间接触空气而氧化，也属于不合格品，需要返工。

b. CH 系列卧式槽式混合机，配套螺带式搅拌桨。简要结构见图 2-41。

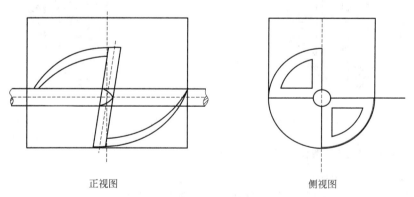

正视图　　　　　　　　　侧视图

图 2-41　配套螺带式搅拌桨的卧式槽式混合机结构图

该设备是通过机械传动，使 S 形搅拌桨叶（螺带式搅拌桨叶）旋转，使物料从两端推向中心，再从中心推向两端，如此推动物料不断在槽内上下往复翻动，均匀混合。这种搅拌形式，以对流混合作用为主，适于粉状或糊状（湿/干性）物料的混合。

存在问题：这种结构需要开盖投料。机盖是弧形滑动式开启，两个盖板之间密封不严，反应过程中严重泄漏刺激性气味。开盖出料时，也产生大量粉尘和气味，无法实现密闭操作，且无法与下一步的粉碎设备实现联动。

c. 非标准反应罐，配套改进型框式桨。简要结构见图 2-42。

该种设备，在标准设备的基础上，有三点改进：一是搅拌轴处增加机械密封，保证反应过程中没有粉尘和气味泄漏；二是改进框式搅拌桨结构，制作非标准搅拌桨，增加横向桨叶，增强搅拌桨横向推动力，同时，缩小搅拌桨叶与罐壁间隙，转动后，保证罐壁不黏附物料；三是将标准椭圆形下封头改为锥形封头，便于放料。

但是，这种搅拌结构也存在不足：缺少轴向混合能力，因为乙二胺在物料表面喷加，如果搅拌桨仅有横向混合性能（径向混合），没有轴向混合性能（纵向混合），则罐内上层物料可能乙二胺含量高，而下层物料乙二胺含量低。

综上分析，确定采用如下设备结构：锥体式反应罐，配置螺带式搅拌桨。这种结构可以达到四种效果：搅拌混合无死角；搅拌桨叶与罐壁间隙小；实现轴向混合；保证搅拌桨叶沿反应罐内壁推动物料，实现全部从罐底阀门出料。简要结构见图 2-43。

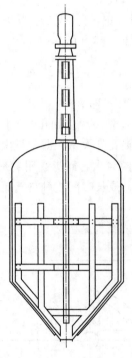

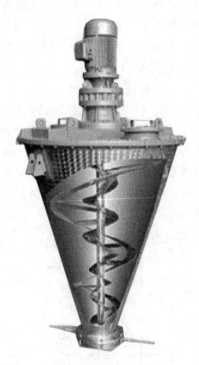

图 2-42　框式搅拌桨反应罐　　　　图 2-43　螺带式搅拌桨的锥体式反应罐

② 喷液装置。喷液装置由如下零部件组成：

a. 乙二胺高位计量罐车；

b. 压缩空气系统（空气压缩机、四级空气过滤器及控制阀门）；

c. 进料管；

d. 喷枪。

其中，核心部件是喷枪。选用三流式拉杆顶喷枪，喷液嘴孔径：$\phi 3.50 \sim 5.30 mm$，喷液量：$10 \sim 60 kg/h$。根据加成反应罐直径，确定喷嘴安装高度，保证喷出的乙二胺液滴覆盖整个物料表面。

（2）粉碎、称量、包装设备

采用符合规定的不锈钢材质的粉碎设备，粉碎氨茶碱成品。

宜采用自动化程度高的粉碎、称量、金属检测、装袋（桶）、除尘一体机，在实现全过程自动化的同时，保证物料全部在容器和加工设备中密闭加工和转运，无粉尘外逸。

在有条件的情况下，应将加成设备与粉碎称量包装设备之间的物料输送，实现自动化联动运转，即让物料始终在密闭的生产设备和管道中运行。这样，在整个生产过程没有粉尘产生，没有物料损失，就能够从硬件上达到 GMP 要求，保证产品质量。同时，物料对操作环境和操作者没有化学污染和热污染，则洁净区（室）的清洁、运行和维护费用也大幅度降低。

粉体加工一体机详见图 2-44。

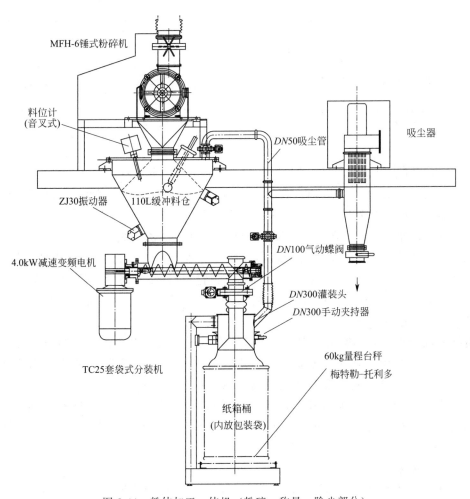

图 2-44　粉体加工一体机（粉碎、称量、除尘部分）

（3）设备一览表

设备一览见表 2-13。

表 2-13　设备一览表

序号	设备编号	设备名称	规格型号	材质	数量	备注
1	R10301	氨茶碱加成混合罐	CH-150	不锈钢	1台	螺带式搅拌浆 乙二胺喷料装置
2	G10301	高效万能粉碎机	30B	不锈钢	1台	
3	M10301	混合机	SZ1500	不锈钢	1台	
4	M10302	排风机	—	不锈钢	2台	
5	V10301	真空缓冲罐	$\phi 300mm \times 300mm$	不锈钢	1台	

续表

序号	设备编号	设备名称	规格型号	材质	数量	备注
6	V10302	高位计量罐	$\phi300mm\times400mm$	不锈钢	1台	
7	V10303	高位缓冲罐	$\phi500mm\times600mm$	不锈钢	1台	
8	R10302	乙二胺蒸馏罐	1000L	不锈钢	1套	冷凝器 接收罐 真空缓冲罐
9	P10301	真空泵	SK-6	碳钢	1套	循环水罐 列管式冷凝器
10	P10302	空气压缩机			1套	缓冲罐 空气过滤器
11	A10301	净化空调机组	ZK-30 型	—	1套	
12	M10303	电子台秤	TCS-60	组合	1台	

2.22.4 工艺流程

2.22.4.1 生产流程图

生产流程方框图如图 2-45 所示。

2.22.4.2 工艺过程

(1) 加成、粉碎工序

开启真空缓冲阀门，向高位计量罐内抽入准确计量的乙二胺（12.5±0.5)kg，向加成混合机内投入茶碱（75±2)kg，开启搅拌。在冷却水冷却下将乙二胺缓慢加入混合机内，加毕，继续搅拌 15～20min，停机，将物料抽入高位缓冲罐，将缓冲罐内物料经粉碎机粉碎，同时通知检验员取样检验，将检验合格的氨茶碱抽入混合机内待混合。

(2) 混合、包装工序

将抽入混合机的 6 批氨茶碱混合运转 20～30min，混合结束后停机放料入包装桶内。放料完毕，填写检验申请单，申请取样检验。取样结束后，检斤计量，每桶净重 25kg。封口包装，包装完毕将料桶放置待验区内存放。检验合格后，将批生产记录交给本产品工艺负责人和生产负责人确认签字，再交给质量保证部门负责人审核签字同意放行后，持成品交库单、检验合格单和成品放行单，将氨茶碱成品转至成品库房，与库房管理员交接入库。

(3) 乙二胺蒸馏

① 检查蒸馏系统装置，蒸馏罐、冷凝器、接收罐及蒸馏管道是否完好。检查真空系统密闭良好，开启真空泵，确认真空系统真空度大于 0.080MPa。准备好初检合格的乙二胺。

② 接好进料管，开启真空泵，打开真空阀门，将原料桶内的乙二胺粗品抽入蒸馏罐中，不能太满，以防溢出（抽入量为蒸馏罐体积的 2/3 左右），抽料时真空控制在 0.013MPa 左右。真空度过高，乙二胺将会汽化或挥发损失。

③ 关闭进料口阀门，开启蒸馏罐夹套蒸汽阀门，同时开启冷凝器冷却水阀门，进行蒸馏。蒸出液进入接收罐。蒸馏罐蒸汽压力控制在 0.20MPa 左右。

④ 蒸馏罐蒸馏温度控制在 120℃ 左右，蒸出液应为无色透明液体。如果蒸出液体呈现黄色或为浑浊液体，应返回蒸馏罐，重新蒸馏。

⑤ 接收罐满罐后，停止收集。关闭蒸馏罐蒸汽阀门和真空阀门，关闭真空泵。下一班次重新进料，再进行蒸馏。如此反复进行。

图 2-45 生产流程框图

注：整个生产区域为洁净区，空气洁净级别为 D 级。

⑥ 将蒸出的乙二胺取样化验，检验合格后，密闭、遮光保存。

⑦ 认真填写好操作记录。

⑧ 乙二胺蒸馏罐一个星期清洗一次。

2.22.4.3　设备流程及厂房设计

（1）设备操作流程

茶碱干品料车→茶碱称重→茶碱高位中转罐→粉碎茶碱→茶碱加入加成罐中→向加成罐内喷入乙二胺→加成反应罐→氨茶碱放入粉碎机→氨茶碱进入包装桶→氨茶碱入库。

（2）厂房设计及设备立面布置

氨茶碱生产厂房结构及设备立面布置见图 2-46。

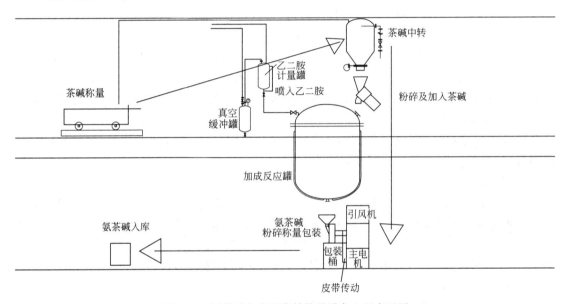

图 2-46　氨茶碱生产厂房结构及设备立面布置图

2.22.5　"三废"治理和安全卫生防护

2.22.5.1　"三废"治理

（1）综合利用

① 氨茶碱钠盐离心岗位产生的氨茶碱钠盐离心母液，先进入沉降设备中，沉降回收母液中的氨茶碱钠盐固体。沉降后分离产出的上清液呈强碱性，送真空泵房，吸收中和真空泵排出的酸性气体。吸收液被中和至中性后，通过下水管排入本厂污水池，作为废水集中处理。处理合格后，排入工业园区污水站，最终处理。

② 氨茶碱精制岗位产生的精制母液，含有氨茶碱，而且质量好，供氨茶碱钠盐粗制岗位的粗制反应套用。粗氨茶碱离心岗位产生的粗品母液，进粗品母液浓缩设备，通过浓缩、结晶、离心，回收氨茶碱浓缩品，再经粗制、精制过程，制得氨茶碱成品。

③ 氨茶碱精制岗位产生的废炭（活性炭），不仅含有氨茶碱产品，还残留一定的吸附力，供氨茶碱钠盐粗制岗位的粗制反应套用，可回收其中的氨茶碱，同时发挥其吸附作用。

（2）"三废"处理

① 粗氨茶碱母液多次浓缩后产生的浓缩废母液，含盐多，质量差，氨茶碱含量极少，

作为废水排入本厂污水站集中处理，处理合格后排放。

② 各种反应设备产生的、含有污染物和气味的废气，集中收集，进入尾气吸收处理塔，经一级水吸收至无污染物、无气味后，排入大气。

③ 粗制岗位（粗氨茶碱离心岗位）产生的废炭，经充分洗涤回收氨茶碱后，作为活性炭原料返回活性炭生产厂家，重新加工（再生），制成活性炭成品。

2.22.5.2　安全卫生防护

（1）物料使用安全

乙二胺属于二级易燃及毒害性液体，对眼睛、气管和皮肤、黏膜刺激性极强。

乙二胺具有强碱性和强腐蚀性，能够刺激眼睛、气管、皮肤和黏膜，引起过敏，高浓度蒸气可引起气喘，严重时可导致致命性中毒。

① 使用操作注意事项。

a. 密闭操作，注意通风。操作前，打开排风设施（应为防爆型通风系统和设备），确认无乙二胺泄漏、操作环境中无乙二胺气味后，开始工作。

b. 操作人员必须经过专门培训，使用过程中，需穿戴工作服和防护用具（手套、眼镜等），严格遵守操作规程。

c. 在使用过程中，防止乙二胺蒸气泄漏到工作场所空气中。避免与氧化剂、酸类接触。远离火种、热源。工作场所严禁吸烟。

d. 搬运时要轻装轻卸，防止包装及容器损坏。

e. 在生产环境中乙二胺浓度超高，或在处理乙二胺泄漏事故时，建议操作人员佩戴自吸过滤式防毒面具（全面罩），穿防腐工作服，戴橡胶耐油手套进行操作，或进入现场处理。

f. 配备相应品种和数量的消防器材及泄漏应急处理设备。

g. 倒空的容器可能残留有害物，应妥善处理，不能随意丢弃。

② 储存注意事项

a. 储存于阴凉、通风的库房。库房温度不宜超过30℃。

b. 远离火种和热源。应与氧化剂、酸类等分开存放，切忌混储。

c. 包装要求密封，不可与空气接触。

d. 采用防爆型照明和通风设施。

e. 禁止使用易产生火花的机械设备和工具。

f. 储区应备有泄漏应急处理设备和合适的收容材料。

（2）设备电器使用安全

① 加成混合机工作时必须盖好盖，严禁往里伸手或伸入其他物件。

② 混合机属于运转设备，在干燥机运转工作过程中，应在其运转范围之外的安全区域操作，防止发生撞伤事故。在进出料或清洗设备之前，应首先将设备断电待设备停稳后，才能进行。

③ 粉碎机、整粒机等属于运转设备，如果操作不当，可能造成设备绞伤事故。操作过程中一定注意，不要把手和工具伸到料斗里面。清洗时应先将设备断电后进行。

（3）洁净区安全卫生要求

① 结晶烘包操作室必须保证空气洁净度等级达到D级标准，保证洁净区温度、湿度、压差、照度、噪声等条件，保持室内、设备、门窗清洁。

② 操作人员保持个人卫生，不能化妆或佩戴饰物，工作服、帽、鞋保持清洁，特别应

防止头发茬等异物落入成品。

③ 生产成品所用盖布、料袋、离心袋等，应按规定及时清洗，保证无油污、无毛边，发现问题及时修复或更换。

④ 工器具应按规定及时清洗，专人负责检查，发现问题及时修理或更换，谨防部件损坏，落入料内。

⑤ 卫生洁具应按规定及时清洗，专人负责检查，发现问题及时修理或更换，谨防污染洁净环境和物料。

⑥ 按规定操作和管理设备，严格防止异物混入设备内。

⑦ 严格遵守成品区（室）进出制度，非工作人员或未经批准人员不得进入。本岗位人员不得穿着洁净服出洁净区。

⑧ 成品区（室）停止生产、无人操作时，应关闭门窗，并上锁。放假期间，应粘贴封条。

2.23　茶碱生产项目

2.23.1　概述

2.23.1.1　茶碱的性质、产品规格及用途

（1）产品名称

茶碱化学名称：1,3-二甲基-3,7-二氢-1H-嘌呤-2,6-二酮；英文名称：Theophylline

（2）化学结构式

（3）分子式、分子量

分子式：$C_7H_8N_4O_2$；分子量：180.17（无水）。

（4）理化性质

① 外观。本品为白色结晶性粉末。

② 味道。无臭，味苦。

③ 溶解度。在乙醇或氯仿中微溶，在水中极微溶解，在乙醚中几乎不溶，在氢氧化钾溶液或氨溶液中易溶。在水中溶解度：1.37%（37℃），0.80%（25℃），0.44%（15℃）。

④ 熔点。270～274℃。

⑤ 酸碱性。弱酸性，酸度系数（pK_a）8.77～8.81（25℃）。pH＝6.5～7.0时，溶解度最小；pH＝2.7～3.0时，溶解度增加；pH≤1.0时，溶解度进一步加大。pH＝8.5～12时，生成茶碱钠盐，溶解度增加；pH≥13.5时，由于同离子效应，溶解度降低。

能与乙二胺形成复盐，称为氨茶碱。

（5）鉴别反应

① 取本品10mg，加盐酸1mL与氯酸钾0.1g，置水浴上蒸干，残留浅红色的残渣，遇

氨气即变为紫色；再加氢氧化钠试液数滴，紫色即消失。

② 取本品约 50mg，加氢氧化钠试液 1mL 溶解后，加重氮苯磺酸试液 3mL，应显红色。

③ 取本品约 10mg，溶于 5mL 水中，加氨-氯化铵缓冲液（pH8.0）3mL，再加铜吡啶试液 1mL，摇匀后，加三氯甲烷 5mL，振摇，三氯甲烷层显绿色。

④ 本品的红外光吸收图谱应与对照的图谱（《药品红外光谱集》图 272）一致。

（6）药理作用及临床用途

茶碱能够松弛平滑肌，扩张血管和支气管，兴奋中枢及心脏，加强心肌收缩，并有利尿作用。对处于痉挛状态的支气管，其松弛作用更为突出。

临床上，茶碱作为平滑肌松弛药，主要用于支气管和心脏性哮喘，也可用于心源性水肿。对急、慢性哮喘，口服或注射给药均有效。

（7）质量标准及包装规格

① 质量标准。

内销茶碱：按中国药典 2015 年版（ChP2015）。

外销茶碱：按英国药典 2013 年版（BP2013）、欧洲药典第 8 版（EP8）、美国药典第 36 版（USP36）和日本药局方第 16 版（JP16）。

企业标准，以及根据客户要求而制定的特殊质量标准。

② 包装要求。胶纸板桶装，内衬双层聚乙烯塑料袋，每桶净装 25kg。内销产品桶内放合格证，桶外粘贴产品标签。标签内容包括：【药品名称】【包装规格】【生产批号】【生产日期】【有效期】【储藏】【批准文号】【生产企业】及运输注意事项或其他标记。

③ 批量。500kg/批，1000kg/批；或根据客户特殊要求临时确定。

④ 储藏。密封保存。

2.23.1.2 原辅料、包装材料规格及质量标准

（1）茶碱钠盐湿精品

外观：浅黄色或褐色湿滤饼；

水分：≤30%；

含量：≥85.0%。

（2）硫酸

外观：无色油状液体；

含量：≥92.5%或≥98.0%；

灰分：≤0.03%；

铁：≤0.010%；

砷：≤0.005%。

（3）活性炭

外观：黑色细微粉末；

脱色力：对 0.1%亚甲基蓝溶液吸附力不小于 18.5mL/0.1g。

（4）塑料袋

材质：聚乙烯；尺寸：宽×长 700mm×1200mm。

（5）包装桶

材质：胶纸板；尺寸：外径×外高 ϕ383mm×530mm。

2.23.1.3　生产方法

全化学合成法。采用二甲脲加氢还原工艺路线。以氯乙酸为起始原料，以二甲脲为自制原料，经中和、氰化、酸化、缩合、环合、亚硝化、加氢还原、酰化、闭环、酸化中和共计 10 步化学反应得到茶碱粗品，茶碱粗品经精制、结晶、离心、干燥、粉碎、称量和包装，得到茶碱成品。

2.23.2　工艺原理

2.23.2.1　反应原理

（1）酸化中和反应

① 反应过程。以稀硫酸为酸化剂，将茶碱钠盐酸化中和为茶碱。

② 反应方程式

茶碱钠盐　　　硫酸　　　　　　茶碱　　　　硫酸钠
（202.15）　（98.08）　　　　（180.17）　（142.04）

（2）粗制、精制过程

① 粗制。在相同温度下，茶碱钠盐在水中的溶解度大于茶碱。同时，随着温度升高，茶碱钠盐的水溶解度增大。利用这一特性，以水为溶剂，活性炭为脱色剂，先将茶碱盐钠溶解、脱色，分离去除吸附有杂质的废炭，得到茶碱钠盐滤液。再将后者酸化中和为茶碱，冷却析出，经固液分离，去除含有各种杂质的母液，得到茶碱粗品固体。

② 精制。利用茶碱的水溶解度与温度呈正相关的特性（在冷、热水中溶解度不同），以水为溶剂，活性炭为脱色剂，对茶碱粗品进行精制（溶解，脱色，分离，结晶，分离），得到质量合格的茶碱成品。

两个脱色过程均以活性炭为脱色剂，吸附有机色素和水不溶性杂质或机械杂质，并经过滤，随废炭除去。

两个重结晶纯化过程均以水为溶剂，将茶碱钠盐和茶碱加热溶解，再冷却，则茶碱钠盐和茶碱以同分子排列方式从水溶液中析出，而水溶性杂质（多数为茶碱的结构相似物或分解物）仍然溶解留存于水中，经固液分离，得到茶碱钠盐和茶碱固体，水溶性杂质随母液的分离而去除。含有水溶性杂质的母液仍含有产品，经产品再回收后，排放。以此方式，达到纯化茶碱钠盐和茶碱粗品、最终制成茶碱成品的目的。

2.23.2.2　反应特点及热力学、动力学分析

（1）反应特点

① 酸化中和反应过程中物料状态的变化。酸化反应前，物料为茶碱钠盐的水溶液（真溶液）。由于茶碱在水中的溶解度小于茶碱钠盐，所以，加入硫酸后，茶碱从茶碱钠盐水溶液中逐渐析出，直到酸化反应全部完成。

如果硫酸浓度过高，或者加酸速度过快，或者反应温度过低，则茶碱颗粒在短时间内集中大量析出，会包裹未被酸化的茶碱钠盐和杂质，造成茶碱粗品杂质多、含量低。同时，茶碱结晶颗粒细小，比表面积大，不仅吸附更多杂质，而且黏性大，造成固液分离困难，最终

得到的茶碱粗品外观差，含量低，水分高（含杂质多）。

确定适宜的反应条件和操作条件，可以保证酸化反应完全，保证茶碱粗品质量合格。

② 搅拌。结晶过程是茶碱钠盐和茶碱在水溶液中形成晶核、成长并从水中析出的过程，结晶过程的实质就是产品的纯化过程，是保证产品质量的关键过程。在这个过程中，既要保证结晶罐内各个部位的料液冷却充分均匀，又不能破坏已经生成并正在生长的结晶晶型。因此，结晶过程需要大尺寸的、转速平稳的搅拌装置。

（2）热力学、动力学分析

酸化过程是酸碱中和的放热反应，需要对物料进行冷却，保证酸化反应完全。

溶解过程是吸热过程，只有茶碱钠盐和茶碱及其他杂质完全溶解后，才能发挥活性炭对各种杂质的吸附和脱色作用。否则，未溶解的固体物料会对活性炭产生包裹现象，占据活性炭的活性吸附空间，无法发挥活性炭的吸附作用。因此，溶解脱色过程应对物料充分加热，并持续保温，才能达到粗制和精制效果。

结晶过程是放热过程，需要对物料进行冷却。茶碱精制的结晶过程，是得到茶碱成品的过程，需要对此过程进行较好的控制，才能保证产品质量。因此，其冷却降温过程应遵循茶碱的结晶曲线进行控制。在降温前期，可以大水量快速降温；结晶点前，减少冷却水量，保证茶碱结晶充分生长，缓慢析出；结晶点后（大部分茶碱已经析出），加大冷却水量，降至离心温度。

2.23.3　工艺条件和主要设备

2.23.3.1　工艺条件

（1）粗制

① 茶碱钠盐脱色。以水为溶剂，加热至90℃以上，可以保证茶碱钠盐完全溶解，保证活性炭的吸附效果。同时，活性炭对杂质的吸附是一个缓慢的过程。因此，溶解脱色过程应保证加热温度和充足的脱色时间。

② 过滤。

a. 过滤过程中，如果物料因遇冷析出，则过滤过程就会被迫中断。为此，对过滤设备应采取保温措施，或在过滤前，对过滤设备和物料管道进行充分预热，以确保料液在过滤过程中，无冷却析出现象，过滤顺畅。

b. 脱色过程，是以活性炭吸附杂质，并将吸附杂质的废炭与物料分离（过滤），从而达到纯化产品的目的。如果出现漏炭现象，也就是有少量废炭透过滤材，进入产品滤液中，那么，这样的产品不仅外观发黑（含有废炭），而且，意味着有废炭连同其吸附的杂质一同进入产品，这样的产品是不合格的。因此，应保证整套过滤设备的良好性能，避免漏炭现象的产生。

③ 茶碱钠盐酸化。

a. 加酸方式。采用稀硫酸酸化中和茶碱钠盐，同时，采用滴加的方式加酸。这样，可以避免料液局部过酸，茶碱集中结晶析出，从而保证酸化反应平稳、完全，避免黏料、硬料的产生。

b. 加酸温度。温度过低时，料液内已有部分茶碱钠盐结晶析出。此时加酸，容易产生酸化不完全的现象。因此，把握加酸温度很重要。

c. 加酸量。加酸量的控制也是酸化中和反应的关键。

如果加酸量不足，或者加酸过快，反应罐底部的茶碱钠盐未被全部转化为茶碱，则料液呈现白色浆状，料液中的茶碱结晶柔软细碎，无完整晶型（取样观察：结晶沉降时间长，固液分层缓慢）。离心后得到的滤饼为暗白色硬块，同时，粗茶离心母液中茶碱含量高（因为茶碱钠盐溶解度大）。这样，不仅茶碱粗品质量不合格，而且，损失大。

如果加酸过多，则茶碱在酸性环境中溶解度增大，茶碱结晶颗粒被部分溶解，从而导致茶碱晶型细小，茶碱粗品离心得到的结晶量降低。如果加酸量大量过量，则茶碱结晶将会全部被溶解成为溶液，没有结晶析出。对于这种现象，需要准确判断、妥善处理，才能挽回事故损失。

④ 茶碱粗品结晶。茶碱粗品结晶降温过程应遵循茶碱结晶曲线平稳进行，并保证冷却时间充足。

结晶罐搅拌装置采用标准框式搅拌桨，低转速。这样，才能保证茶碱粗品结晶颗粒大，离心得到的茶碱湿品外观白、水分低、含量高。

（2）精制

① 茶碱粗品脱色。

a. 溶剂。茶碱在水中的溶解度小，单纯以水做溶剂，需要茶碱粗品湿重 10 倍以上的水量，才能将茶碱完全溶解。增加水量，就会有更多的茶碱溶解于水中，在固液分离后，进入精制母液中，无法全部回收，从而降低精制收率。同时，需要消耗大量的物料、水、电、汽和人力，占用大量设备。为此，采用酸精制的方式，在脱色过程中，加入少量稀硫酸，增大茶碱的溶解度，保证其在定量水中就能够全部溶解。同时，提高料液酸度，也可增大各种水溶性杂质在水中的溶解度。此外，在酸性条件下，活性炭脱色能力提高。两者均有利于除去杂质，保证产品质量。

b. 脱色温度和时间。加热至 90℃ 以上，可以保证茶碱完全溶解，同时，应保证充足的脱色时间，从而保证活性炭的吸附效果。

② 过滤。应保证料液在过滤过程中，无冷却析出现象，过滤顺畅。同时，保证整套过滤设备性能良好，避免漏炭现象的产生。

③ 茶碱成品结晶。茶碱成品结晶过程应遵循茶碱结晶曲线，平稳进行，并保证冷却时间充足。

结晶罐搅拌装置采用标准框式搅拌桨，低转速。这样，才能保证茶碱结晶颗粒大，离心得到的茶碱湿品外观白，水分低，含量高。

（3）结晶、离心、烘干、包装

茶碱属于人用药品，其生产管理和质量管理的全过程应当按照我国《药品生产质量管理规范》（2010 年修订）的要求进行。按规定，茶碱成品的结晶、离心、烘干、粉碎、称量、包装等过程应在洁净区内进行。洁净区（室）的洁净级别，依据不同的产品或同一产品的不同的质量标准，区别设置。这是生产原料药产品的首要工艺条件。

茶碱属于非无菌原料药。根据《药品生产质量管理规范》（简称 GMP）附录 2 规定：其生产过程的精制、干燥、粉碎、包装等生产操作的暴露环境应按照 D 级标准设置。具体要求如下：

① 洁净操作区的空气温度应为 18～26℃；

② 洁净操作区的空气相对湿度应为 45%～60%；

③ 房间换气次数：≥15 次/h；

④ 压差：D 级区相对室外≥10Pa；

⑤ 高效过滤器的检漏大于 99.97%；

⑥ 照度＞300～600lx；

⑦ 噪声≤75dB（动态测试）；

⑧ 洁净区空气悬浮粒子：符合 GMP 附录 1 规定。

此外，GMP 及其附录对洁净区的设备/设施、人员、物料、验证、文件、生产操作、质量控制等都做出明确规定。详见 GMP 正文及附录 2 非无菌原料药。

2.23.3.2   主要设备

（1）非洁净区设备

① 粗制反应罐、粗制结晶罐、精制反应罐。采用常规标准搪玻璃反应罐。

② 粗制过滤器、精制过滤器。原有过滤设备为板框过滤器，滤材为化纤滤布。使用板框过滤器，存在如下弊端：

a. 压滤时，板、框之间泄漏滤液；

b. 拆卸板框劳动强度大，费时费力；

c. 板框布损耗大，费用高；

d. 压滤及拆卸板框过程中，物料暴露，存在污染。

现采用新型微孔过滤器，代替传统的板框过滤器。该过滤器的滤材为聚乙烯微孔管，根据不同的物料颗粒度，可以选择不同孔径的微孔管。该设备结构为密闭式，压滤时无滤液渗漏，无物料暴露。压滤结束后，清除滤饼方便。微孔过滤管经长时间使用、孔隙堵塞后，可以采用适当的清洗剂再生，清除微孔管孔隙间的堵塞物，重复使用，滤材消耗费用低。由此，可以克服板框存在的诸多问题，较好地满足了生产要求，并具有良好的经济效益。

对于茶碱钠盐脱色，采用一级过滤（粗制过滤器）。对于茶碱粗品脱色，采用两级过滤（精制过滤器），2 台精制过滤器串联安装，以确保没有微量废炭进入茶碱成品滤液中，最终保证茶碱成品质量合格。

③ 粗制离心机。传统的敞口三足式上卸料离心机，进、出料口没有机盖封闭，在其高速运转过程中存在安全隐患，属于淘汰的落后安全技术装备，推荐采用压滤机或全自动离心机。

自动刮刀卸料离心机可以自动完成进料、分离、洗涤、脱水、卸料等工序，实现自动、密闭（洁净无污染）、氮气保护、防爆等功能。缺点是：每批离心、卸料后，在刮刀和滤布之间残余一层压缩致密的滤饼。如果不清除，则后续批次物料的离心时间将成倍延长。如果用溶剂清洗，将产生大量洗液，需要回收其中的产品。如果人工清除，也比较麻烦。如果在离心机上增加辅助结构（气体辅助刮刀、拉袋装置等）清除残余滤饼，则结构更为复杂，容易出现新的故障。

根据本产品的物料特性及实际生产需要，选用平板吊袋式离心机。在消除三足式离心机存在的安全隐患的同时，实现密闭平稳运行，保证产品质量。而且，吊袋出料，减轻工人劳动强度，大大提高单机产量和生产效率。

（2）洁净区设备

① 成品结晶罐。采用搪玻璃结晶罐和搪玻璃搅拌桨。搪玻璃材料性质稳定，无污染，无脱落，耐腐蚀，从而可以保证产品质量。同时，采用符合规定的材料（不锈钢薄板）对结晶设备的外表进行密封包装，保证其不对环境及物料造成污染，符合洁净区洁净标准。

② 成品离心机。采用符合规定的不锈钢或其他耐腐蚀材质的平板吊袋式离心机。在离

心机传动装置的选择上，采用电机直联方式，即电机直接带动离心机转鼓旋转，不需要皮带减速传动。这样，从根本上避免了皮带颗粒脱落而产生的对环境和物料的污染。

在有条件的情况下，可采用机械化、自动化程度更高的，且不与人体接触的离心分离设备。

③ 干燥机、混合机。采用双锥回转真空干燥设备，在真空条件下进行烘干（减压蒸发），从而，降低物料的烘干温度，减少烘干过程对物料的破坏，保证产品质量。同时，采用符合规定的材料（不锈钢薄板）对结晶设备的外表进行密封包装，保证其不对环境及物料造成污染，符合洁净区洁净标准。

在有条件的情况下，可采用大容积的烘干设备，这样，就可将其同时作为混合设备使用，从而实现烘干、混合一体化。如此，则可不另外设置混合设备，即可生产出质量均一的作为一个批号的产品，可以节省管理费用，降低管理难度。

④ 粉碎、称量、包装设备。采用符合规定的不锈钢材质的粉碎设备，粉碎茶碱成品。

宜采用自动化程度高的粉碎、称量、金属检测、装袋（桶）、除尘一体机，在实现全过程自动化的同时，保证物料全部在容器和加工设备中密闭加工和转运，无粉尘外逸。

在有条件的情况下，应将成品结晶、离心、烘干、混合设备之间，以及烘干混合设备与粉碎称量包装设备之间的物料输送，实现自动化联动运转，也就是让物料始终在密闭的生产设备和管道中运行。这样，在整个生产过程没有粉尘产生，没有物料损失，就能够从硬件上达到 GMP 要求，保证产品质量。同时，物料对操作环境和操作者没有化学污染和热污染，则洁净区（室）的清洁、运行和维护费用也大幅度降低。

（3）设备一览表

设备一览见表 2-14。

表 2-14　设备一览表

序号	设备编号	设备名称	规格型号	材质	数量/台	附件
1	R10201	粗制罐	$3m^3$	搪玻璃	2	减速机
2	F10201	粗制过滤器	$\phi 600mm \times 1100mm$	不锈钢	1	PA 过滤管
3	V10201	精制纯化水加热罐	$1.5m^3$	搪玻璃	1	
4	V10202	粗制硫酸计量罐	$0.5m^3$	聚丙烯	1	
5	M10201	粗制升降机	非标	碳钢	1	
6	R10202	粗茶结晶罐	$3m^3$	搪玻璃	4	减速机
7	R10203	粗茶精制罐	$3m^3$	搪玻璃	1	减速机
8	R10204	成品结晶罐	$3m^3$	搪玻璃	5	减速机
9	M10202	精制升降机	非标	碳钢	1	
10	V10203	纯化水计量罐	$0.8m^3$	不锈钢	1	
11	F10202	精制过滤器（一级）	$\phi 600mm \times 1000mm$	不锈钢	1	PA 过滤管
12	F10203	精制过滤器（二级）	$\phi 400mm \times 550mm$	不锈钢	1	PA 过滤管
13	V10204	压料管热水加热罐	$\phi 700mm \times 1400mm$	碳钢	1	热水泵
14	C10201	平板吊袋式粗茶离心机	SD-1000	不锈钢	2	
15	M10203	悬臂吊（粗茶离心）	非标	不锈钢	1	液压泵/电机
16	C10202	平板吊袋式成品离心机	SDL-1200	不锈钢	1	
17	M10204	悬臂吊（成品离心）	非标	不锈钢	1	液压泵/电机
18	G10201	筛粉机（快速整机粒）	GHD-200 SF-12	不锈钢	2	
19	P10201	真空泵	SK-6	碳钢	3	循环水罐 列管式冷凝器

续表

序号	设备编号	设备名称	规格型号	材质	数量/台	附件
20	P10202	母液泵	QBY-50多用气动隔膜泵	不锈钢	2	
21	D10201	双锥真空干燥混合机	SZ1500,1.5m³	不锈钢	3	
22	V10205	真空缓冲罐	ϕ550mm×1150mm	不锈钢	3	
23	A10201	净化空调机组	ZK-30型	—	1	
24	V10206	母液池	300mm×2000mm×1200mm	砖混	1	
25	M10205	电子台秤	TCS-60	组合	1	
26	T10201	母液浓缩设备	16m³/h	非标	1	

2.23.4　工艺流程

2.23.4.1　生产流程图

（1）粗制工序

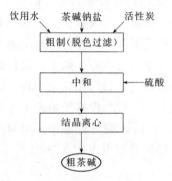

（2）精制、烘干、包装工序

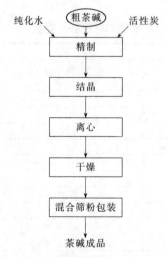

2.23.4.2　工艺过程

（1）茶碱钠盐粗制工序

将计量准确的饮用水或精制母液压入茶碱钠盐粗制罐，开启搅拌和夹套蒸汽。投入备好的茶碱钠盐湿品和活性炭，封闭投料口。继续升温，保温。保温毕，趁热将料液经过滤器压入茶碱粗品结晶罐。压料毕，加热饮用水洗炭，洗炭水进入结晶罐。开启结晶罐搅拌，打开夹套冷却水进行降温。滴加备好的稀硫酸进行酸化中和反应，稀硫酸滴加速度不得过快。

中和后，将料液降温至离心温度，放料离心，出料，称重，得茶碱粗品（粗茶碱），取样，待检验合格后将粗茶碱转送至精制工序。

（2）茶碱粗品精制工序

向精制罐内加入计量准确的纯化水，开启搅拌，投入茶碱粗品，升温。待固体料全部溶解后，加入稀硫酸调节 pH 值，再加入活性炭。继续升温，保温。保温结束，将料液通过过滤器除炭（滤饼），滤液压入茶碱成品结晶罐。压料结束，加热纯化水洗涤过滤器中的炭层，洗液进入结晶罐。洗涤结束，开启结晶罐搅拌和降温冷却水，降温。降温至离心温度后，放料离心。成品离心母液转至茶碱粗制工序投料用。滤饼至甩干后出料，得茶碱湿精品，装车，称重，通知检验员取样检验，检验合格后送干燥室烘干。

（3）干燥工序

打开双锥真空干燥混合机上的真空，将 2 批检验合格的茶碱湿精品抽入双锥真空干燥混合机内。启动双锥真空干燥混合机，打开干燥机夹套蒸汽加热，逐渐升温，运转干燥。至产品烘干水分合格时，关闭蒸汽，打开冷却水进行降温。当温度降至常温后，停止冷却，关闭真空，关停双锥真空干燥混合机，放料。

（4）混合工序

将 2 批干燥物料抽入双锥真空干燥混合机内，开机混合。混合结束，停机放料。

（5）筛粉、包装工序

将混合后的物料经筛粉机筛粉，粉料流入包装桶内。填写检验申请单，申请取样检验。取样结束后，检斤计量，每桶净装 25kg，封口包装。将料桶放置在成品待验区内存放，包装零头返回茶碱精制工序重新精制。待成品检验合格后，将批生产记录交给本产品工艺负责人和生产负责人确认签字，再交给质量保证部门负责人审核签字同意放行后，持成品交库单、检验合格单和成品放行单，将茶碱成品转至成品库房，与库房管理员交接入库。

（6）产品批号组成

产品批号组成见表 2-15。

表 2-15　产品批号组成表

（1）粗制	（2）精制	（3）干燥	（4）混包
NY07001	TJ 07001		
NY07002	TJ 07002	TG07001	
NY07003	TJ 07003	TG07002	BZ07001
NY07004	TJ 07004		

2.23.4.3　纯化水系统

（1）原水水质

饮用水。

（2）出水水质

电导率≤1.1μS/cm，pH＝6.5～7.0，Cl⁻：硝酸银滴定无显示。杂菌≤100 个/mL，无致病菌。

（3）处理量

8m³/h。

（4）工艺流程

原水（饮用水）→石英砂过滤→活性炭过滤→精密过滤→阳离子交换树脂软化→缓冲罐/

加压泵→精滤→反渗透（RO)→缓冲罐/加压泵→混合离子交换树脂柱→紫外线杀菌→精密过滤→纯化水储罐/纯化水泵→用水部位

（5）设备明细表

设备明细见表 2-16。

表 2-16　设备明细表

序号	设备名称	规格	材料	数量	备注
1	石英砂粗滤器	$16m^3/h$	不锈钢	1 套	
2	活性炭过滤器	$16m^3/h$	不锈钢	1 套	
3	精密过滤器	$16m^3/h$	不锈钢	2 套	
4	缓冲罐	$2m^3$	PE	2 个	聚乙烯
5	加压泵		不锈钢	4 台	
6	阳树脂软水器	$16m^3/h$	玻璃钢	1 套	
7	RO	$8m^3/h$	美国海德能膜	1 套	
8	离子交换树脂柱	$\phi600mm\times2000mm$	钢衬橡胶	2 台	
9	离子交换树脂	001×7		240kg	
		201×7		425kg	
10	紫外线杀菌灯		不锈钢	1 套	
11	操作架		不锈钢	1 套	
12	纯化水储罐	$8m^3$	不锈钢	1 个	
13	纯化水泵	$8m^3/h$	不锈钢	2 台	
14	管路系统	$DN65,DN50$	UPVC	1 套	无增塑聚氯乙烯
15	再生系统			1 套	
16	电导率测定仪			1 套	

2.23.5　"三废"治理和安全卫生防护

2.23.5.1　"三废"治理

（1）综合利用

① 茶碱钠盐离心岗位产生的茶碱钠盐离心母液，先进入沉降设备中，沉降回收母液中的茶碱钠盐固体。沉降后分离产出的上清液呈强碱性，送真空泵房，吸收中和真空泵排出的酸性气体。吸收液被中和至中性后，通过下水管排入本厂污水池，作为废水集中处理。处理合格后，排入工业园区污水站，最终处理。

② 茶碱精制岗位产生的精制母液，含有茶碱，而且质量好，供茶碱钠盐粗制岗位的粗制反应用。粗茶离心岗位产生的粗品母液，进粗品母液浓缩设备，通过浓缩、结晶、离心，回收茶碱浓缩品，再经粗、精制过程，制得茶碱成品。

③ 茶碱精制岗位产生的废炭，不仅含有茶碱产品，还残留一定的吸附力，供茶碱钠盐粗制岗位的粗制反应套用，可回收其中的茶碱，同时发挥其吸附作用。

（2）"三废"处理

① 粗茶母液多次浓缩后产生的浓缩废母液，含盐多，质量差，茶碱含量极少，作为废水排入本厂污水站集中处理，处理合格后排放。

② 各种反应设备产生的、含有污染物和气味的废气，集中收集，进入尾气吸收处理塔，经一级水吸收至无污染物、无气味后，排入大气。

③ 粗制岗位（粗茶离心岗位）产生的废炭，经充分洗涤回收茶碱后，作为活性炭原料返回活性炭生产厂家，重新加工（再生），制成活性炭成品。

2. 23. 5. 2　安全卫生防护

（1）物料及水电动力使用安全

① 茶碱钠盐母液碱性很强，离心时应戴好防护手套和眼镜，谨防物料溅到眼内和皮肤上。

② 使用硫酸时，应戴好眼镜和手套，防止硫酸溅到眼内和皮肤上。

③ 粗、精制反应，加活性炭时，料液温度不能过高（≤90℃），否则造成料液瞬间汽化而冲料。如果料液温度过高，汽化前液态的水分子处于过热状态，加入活性炭（多孔结构，吸附大量空气），即引入大量的汽化中心，水分子随即大量向汽化中心迅速扩散，造成瞬间水分子大量汽化而暴沸冲料。

④ 使用蒸汽时，应戴好手套，防止烫伤。

⑤ 粗、精制反应结束并压滤时，应控制粗、精制反应罐压力（≤0.30MPa），避免发现压滤系统泄漏或物理爆炸事故。

（2）设备电器使用安全

① 离心机。

a. 均匀布料，防止偏振；不能放料过多，防止离心跑料。

b. 离心机旋转时，不能开盖，不能用手触摸转鼓或探入物体，完全停机前严禁吊袋出料；不能强制停车或急刹车。

c. 不能无人看管，防止发生意外事故。

d. 不能用湿手触摸电机开关，不能用水冲洗离心机。

e. 用蒸汽疏通放料管时，要防止蒸汽烫伤。禁止加汽时间过长，溶化固体料。

② 双锥真空干燥机属于运转设备，在干燥机运转工作过程中，应在其运转范围之外的安全区域操作，防止发生撞伤事故。在进出料、更换真空头滤袋或清洗设备之前，应首先将设备断电待设备停稳后，才能进行。如果是进入机内更换真空头滤袋，应将设备充分冷却，断开干燥机在控制柜的空气开关，并在控制柜上悬挂"有人作业，禁止合闸"的提示牌后，方可入机作业。

③ 粉碎机、整粒机等属于运转设备，如果操作不当，可能造成设备绞伤事故。操作过程中一定注意，不要把手和工具伸到料斗里面。清洗时应首先将设备断电，才能进行。

（3）洁净区安全卫生要求

① 结晶烘、包操作室必须保证空气洁净度等级达到D级标准，保证洁净区温度、湿度、压差、照度、噪声等条件，保持室内、设备、门窗清洁。

② 操作人员保持个人卫生，不能化妆或佩戴饰物，工作服、帽、鞋保持清洁，特别应防止头发茬等异物落入成品。

③ 生产成品所用盖布、料袋、离心袋等，应按规定及时清洗，保证无油污、无毛边，发现问题及时修复或更换。

④ 工器具应按规定及时清洗，专人负责检查，发现问题及时修理或更换，谨防部件损坏，落入料内。

⑤ 卫生洁具应按规定及时清洗，专人负责检查，发现问题及时修理或更换，谨防污染洁净环境和物料。

⑥ 按规定操作和管理设备，严格防止异物混入设备内。

⑦ 严格遵守成品区（室）进出制度，非工作人员或未经批准人员不得进入。本岗位人

员不得穿着洁净服出洁净区。

⑧ 成品区（室）停止生产、无人操作时，应关闭门窗，并上锁。放假期间，应粘贴封条。

2.24　贝诺酯生产项目

2.24.1　产品概况

2.24.1.1　贝诺酯的性质、产品规格及用途

（1）产品名称

贝诺酯、苯乐来、扑炎痛；化学名称：2-乙酰氧基苯甲酸-4′-乙酰氨基苯酯；英文名称：Benorilate。

（2）化学结构式

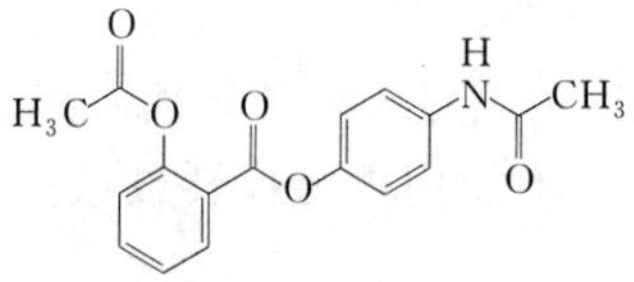

（3）分子式及分子量

分子式：$C_{17}H_{15}NO_5$；分子量：313.31。

（4）理化性质

本品为白色结晶或结晶性粉末；无臭无味；本品在沸乙醇中易溶，在沸甲醇中溶解，在甲醇或乙醇中微溶，在水中不溶。

熔点：177～181℃。

含量：按干燥品计算，含 $C_{17}H_{15}NO_5$ 应为99.0%～102.0%。

（5）鉴别反应

① 取本品约0.2g，加氢氧化钠试液5mL，煮沸，放冷，过滤，滤液加盐酸适量至显微酸性，加氯化铁试液2滴，即显紫堇色。

② 本品的红外光吸收图谱应与对照的图谱（《药品红外光谱集》图42）一致。

③ 取本品约0.1g，加稀盐酸5mL，煮沸，放冷，滤过，滤液显芳香第一胺类的鉴别反应（《中华人民共和国药典》通则0301）。

（6）储藏

遮光，密封保存。

（7）质量标准及检验方法

① 质量标准。本产品现执行《中华人民共和国药典》2015年版第二部质量标准，见表2-17。

表 2-17　贝诺酯质量标准

序　号	检验项目名称	《中华人民共和国药典》2015年版第二部
1	外观	白色结晶或结晶性粉末
2	熔点	177～181℃
3	氯化物	≤0.01%

序　号	检验项目名称	《中华人民共和国药典》2015 年版第二部
4	硫酸盐	$\leqslant 0.02\%$
5	对氨基酚	不得显蓝绿色
6	游离水杨酸	$\leqslant 0.1\%$
7	干燥失重	$\leqslant 0.5\%$
8	重金属	$\leqslant 10 \times 10^{-6}$
9	含量	$99.0\% \sim 102.0\%$
10	炽灼残渣	$\leqslant 0.1\%$

② 检验方法

a. 氯化物。取本品约 2g，加水 100mL，加热煮沸后，放冷，加水至 100mL，摇匀，过滤，取滤液 25mL，依法检查（附录Ⅷ A），与标准氯化钠溶液 5mL 制成的对照液的比较，不得更浓（0.01%）。

b. 硫酸盐。取氯化物项下剩余的滤液 25mL，依法检查（附录Ⅷ B），与标准硫酸钾溶液 1mL 制成的对照液比较，不得更浓（0.02%）。

c. 对氨基酚。取本品 1g，加甲醇溶液（1→2）20mL，摇匀，加碱性亚硝基铁氰化钠溶液 1mL 制成的对照液比较，不得显蓝绿色。

d. 游离水杨酸。取本品 0.1g，加乙醇 5mL，加热溶解后，加水适量，摇匀，滤入 50mL 比色管中，加水适量使成 50mL，立即加新制的稀硫酸铁铵溶液（取 1mol/L 盐酸溶液 1mL 加硫酸铁铵指示液 2mL，再加水适量使成 100mL）1mL，摇匀，30s 钟内如显色，与对照液（精密称取水杨酸 0.1mL，置 1000mL 量瓶中，加水溶解后，加冰醋酸 1mL，摇匀，再加水适量至刻度，摇匀，精密量取 1mL，加乙醇 5mL 与水 44mL，再加上述新制的稀硫酸铁铵溶液 1mL，摇匀）比较，不得更深（0.1%）。

e. 有关物质。取本品，加氯仿-甲醇（9∶1）制成每 1mL 中含 40mg 的溶液，作为试品溶液；精密称取本品与对乙酰氨基酚适量，各加氯仿-甲醇（9∶1）制成每 1mL 中含本品 0.4mg、80μg 与对乙酰氨基酚 80μg 的溶液，作为对照溶液（1）、（2）、（3）。照薄层色谱法（附录Ⅴ B）试验，吸取上述四种溶液各 10μL，分别点于同一硅胶 GF$_{254}$ 薄层板上，以二氯甲烷-乙醚-冰醋酸（80∶15∶4）为展开剂，展开后，晾干，置紫外光灯（254nm）下检视。供试品溶液所显杂质斑点不得多于 4 个，与对照溶液（3）相同位置上所显的斑点比较，其他杂质斑点与对照溶液（2）所显的主斑点比较，均不得更深。

f. 干燥失重。取本品，在 105℃ 干燥至恒重，减失重量不得过 0.5%（附录Ⅷ L）。

g. 炽灼残渣。取本品 1.0g，依法检查（附录Ⅷ N），遗留残渣不得过 0.1%。

h. 重金属。取炽灼残渣项下遗留的残渣，依法检查（附录Ⅷ H 第二法），含重金属不得过百万分之十。

③ 含量测定。取本品适量，精密称定，加无水乙醇溶解稀释制成每项 1mL 中约含 7.5μg 的溶液，按照分光光度法（附录Ⅳ A），在 240nm 的波长外测定吸收度。另取经 105℃ 干燥 2h 的贝诺酯对照品，同法操作并测定计算。

2.24.1.2　药理作用及临床用途

（1）药理作用

本品为对乙酰氨基酚与阿司匹林的酯化物，依据前药原理，对乙酰水杨酸进行结构改造，采用阿司匹林（乙酰水杨酸）和扑热息痛（对乙酰氨基酚）经化学法拼合而成。口服进入人体后，经酯酶作用，释放出阿司匹林和扑热息痛，产生具有协同作用的药效。具有阿司匹林的解热、镇痛、抗炎作用，兼有扑热息痛的解热作用，其作用机制基本与阿司匹林及对乙酰氨基酚相同。其疗效与阿司匹林相似，不良反应比阿司匹林少。由于本品为阿司匹林与对乙酰氨基酚以酯键相结合的中性化合物，所以，较之其前体药物（阿司匹林），本品的优点是较少引起胃痛、胃肠道出血、胃溃疡等病症，不良反应少，患者易于耐受。另外，本品经口服后，在胃肠道不被水解，在肠内吸收并迅速在血液中达到有效浓度。因此，作用时间比阿司匹林或对乙酰氨基酚作用时间长。

（2）临床用途

本品作为解热、消炎、镇痛药和非留体抗炎药，镇痛效果广泛。在临床上，适用于急慢性风湿性关节炎、类风湿性关节炎、风湿痛、骨关节炎、骨骼肌疼痛及其他发烧而引起的中等疼痛的治疗，还可用于治疗痛风、感冒发热、头痛、牙痛、咽喉红肿疼痛、神经痛、月经痛、手术后轻中度疼痛、外伤痛等病症，对慢性钝痛有显著疗效。对外伤性炎症及某些病毒、细菌引起的感染性炎症有辅助治疗作用。还可用于防治脑血栓和动脉血栓形成，对胶原及二磷酸腺苷引起的血小板聚集有对抗作用，能缓解血栓形成。

2.24.1.3 原辅料、包装材料规格及质量标准

（1）原辅料

原辅料质量标准见表 2-18。

表 2-18　原辅料质量标准

序号	名称	规格	分子式	分子量	控制项目
1	阿司匹林	药用级	$C_9H_8O_4$	180.15	含量≥99.5%；水杨酸不得超过 0.1%；总杂质不得大于 0.5%；减失重量不得超过 0.5%
2	扑热息痛	药用级	$C_8H_9O_2N$	151.17	pH 为 5.5～6.5；氯化物≤0.01%；硫酸盐≤0.02%；对氨基酚≤0.005%；干燥失重＜0.5%；重金属不得超过万分之十；含量 98.0%～102.0%
3	二甲基甲酰胺(DMF)	工业品	$HCON(CH_3)_2$	79.03	无色透明液体；含量≥99.5%
4	甲苯	工业品	$C_6H_5CH_3$	92.14	无色易挥发的液体；含量≥99.0%
5	20% PEG4000	药用级	$HCO(H_2CH_2)_nOH$		白色蜡状固体薄片或颗粒状粉末；含量≥99.0%
6	氯化亚砜	工业品	$SOCl_2$	118.97	淡黄色至红色、发烟液体；含量≥99.9%
7	液碱	工业品	NaOH	40	无色或带浅蓝色，含量≥30%
8	饮用水	生活饮用水标准	H_2O	18	酸碱度限度检查；微生物限度检查
9	活性炭	工业品	C	12	黑色粉末；脱色力≥11mL/g；铁盐≤200×10^{-6}
10	乙醇	工业品	C_2H_6O	46	无色透明液体；含量不得少于 95%

（2）包装材料

① 贝诺酯包装规格及包装标准见表 2-19。

表 2-19　贝诺酯包装规格及包装标准

产品名称	装量	包装物	规格/mm	公差/mm	材　料
贝诺酯	净重:25kg 毛重:28kg	纸桶	320×600 （直径×高）	5	国产 250g 层压牛皮卡纸,6 层牛皮卡纸制成,两头铁箍、纸盖、纸底
		塑料袋	600×1000	2	低密度无毒聚乙烯塑料,厚度 0.08～0.12mm（热压）
要求	一个包装桶内两层圆柱形低密度无毒聚乙烯塑料袋,两层均为无色塑料袋				

包装桶的结构见图 2-47，包装桶材料/材质见表 2-20。

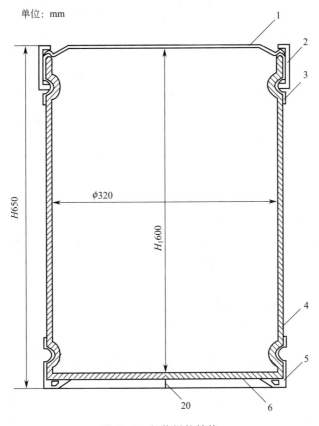

图 2-47　包装桶的结构

表 2-20　包装桶材料/材质表

序号	名称	材料/材质	序号	名称	材料/材质
1	桶盖	层压牛皮纸	4	桶身	层压牛皮纸
2	卡圈	白铁皮	5	脚圈	白铁皮
3	口圈	白铁皮	6	桶底	层压牛皮纸

② 技术要求。包装材料应按本标准和规定的图样、技术文件制造。

a. 纸桶应圆整，无明显失圆、凹痕、歪斜等缺陷。

b. 桶体光滑，无机械损伤、无皱褶、无开胶。油漆涂布均匀，无漏涂、无泡、无明显流挂。

c. 圆卷边无纸舌。

d. 桶箍焊接牢固、平整、不得有烧穿或虚焊，无明显锈蚀、剥层和龟裂。

e. 封闭器连接牢固开启灵活，闭合后桶盖与桶体封闭良好。

f. 镀锌的桶箍、封闭器应光亮、无脱落。

g. 印刷图字清晰均匀，附着牢固、无跑墨。

h. 纸桶内外清洁，无油渍。

③ 尺寸与偏差。纸桶尺寸极限偏差见表 2-21。

表 2-21　包装桶尺寸极限偏差　　　　　　　　单位：mm

项目	封闭器最大外径	内高	外高
极限偏差	0 −3	±4	±6

④ 堆码性能。堆码载荷：一级纸桶为 4900N；二级纸桶为 4000N；三级纸桶为 3500N。24h 不渗漏、不破裂、永久变形应不影响纸桶的堆积能力。

⑤ 抗跌落性能。跌落高度：一级纸桶为 800mm；二级纸桶为 600mm；三级纸桶为 400mm。不渗漏、不破裂、封闭器不开。

⑥ 试验方法。下列试验对样品进行温湿度预处理条件为：温度（20±2）℃；相对湿度 65％±5％；时间 48h。跌落和堆码试验，桶内应填干砂和锯末混合物达到规定最大容纳的 95％，并封闭。混合物的温度与样品预处理条件一致。

a. 堆码试验。按 GB 4857.3 进行。

b. 跌落试验。按 GB 4857.5 进行。应首先使每个桶的底边任一点对着地面碰撞，再使每个桶的顶面外缘与封闭器把手相邻的一点对着地面碰撞。

⑦ 检验规则。

a. 产品须经生产厂质检部门按本标准进行检验合格后方可使用。

b. 产品检验分出厂检验和型式检验，项目见表 2-22。

表 2-22　产品检验项目

序号	检验分类	检验项目
1	出厂检验	外观、尺寸与偏差
2	型式检验	全项

⑧ 塑料袋质量标准。采用高压聚乙烯薄膜。符合 GB 4806.7—2016 卫生标准。

2.24.1.4　生产方法

采用化学合成的方法生产制造贝诺酯。

以符合《中华人民共和国药典》质量标准的成品乙酰水杨酸（阿司匹林）为起始原料，经与氯化亚砜发生酰氯化反应，生成乙酰水杨酸酰氯。药品级对乙酰氨基酚与氢氧化钠溶液反应，生成对乙酰氨基酚钠盐。后者再与乙酰水杨酸酰氯发生酯化反应，得到贝诺酯粗品。贝诺酯粗品再经精制（溶解、脱色）、结晶、离心、烘干、粉碎、混合、包装，制得贝诺酯成品。

2.24.2　工艺原理

2.24.2.1　反应原理

（1）化学反应机理

① 乙酰水杨酸氯化反应。以氯化亚砜为氯化剂，先将乙酰水杨酸制备为乙酰水杨酸酰氯。

酰氯中的氯原子有吸电子效应，由此，增强了相邻碳原子的亲电性，使酰氯更容易受到亲核试剂（对乙酰氨基酚钠盐）的进攻，而且 Cl^- 也是一个很好的离去基团。正因为如此，酰氯发生亲核酰基取代反应的活性在所有羧酸衍生物中最强。因此，在酯化反应之前，先将乙酰水杨酸制备为乙酰水杨酸酰氯，以提高下一步酯化反应的收率和产品质量。

② 氯化反应尾气中和吸收反应/蒸馏氯化亚砜。两个反应均属于酸碱中和反应。前者是用水和碱液直接吸收氯化反应生成的氯化氢和二氧化硫气体。后者是蒸馏氯化反应后剩余的氯化亚砜。氯化亚砜被水吸收，水解为氯化氢和二氧化硫。氯化氢用水吸收制成盐酸。剩余二氧化硫，继续被氢氧化钠吸收，成为亚硫酸钠。

③ 对乙酰氨基酚成盐反应：属于酸碱中和反应。制备对乙酰氨基酚钠的目的是：由于对乙酰氨基酚的酚羟基与苯环共轭，加之苯环上又有吸电子的乙酰氨基，所以，酚羟基上电子云密度较低，亲核反应较弱。成盐后，酚羟基氧原子的电子云密度增高，有利于下一步的亲核反应（酯化反应）。此外，如果对乙酰氨基酚如果直接与阿司匹林反应，生成氯化氢，则后者呈现的酸性会加速贝诺酯的水解反应。如果以对乙酰氨基酚钠成酯，则可避免其生成氯化氢，从而避免对生成的酯键造成水解。

④ 乙酰水杨酸酰氯与对乙酰氨基酚钠盐的酯化反应。乙酰水杨酸酰氯的羰基与对乙酰氨基酚钠盐的羟基直接发生酯化反应，生成酯基（贝诺酯），同时脱去一分子氯化钠。

（2）化学反应方程式

① 氯化反应。

乙酰水杨酸	氯化亚砜	乙酰水杨酸酰氯	氯化氢	二氧化硫
(180.16)	(118.97)	(198.60)	(36.46)	(64.06)

② 尾气吸收反应。

$$SOCl_2 + H_2O \longrightarrow SO_2 + 2HCl$$
$$SO_2 + 2NaOH \longrightarrow Na_2SO_3 + H_2O$$

③ 成盐反应。

扑热息痛	氢氧化钠	扑热息痛钠盐	水
(151.16)	(40.00)	(173.14)	(18.02)

④ 酯化反应。

主反应：

乙酰水杨酸酰氯	扑热息痛钠盐	贝诺酯	氯化钠
(198.60)	(173.14)	(313.31)	(58.44)

副反应：

$$\text{乙酰水杨酸} \underset{}{\overset{\text{OCOCH}_3}{\text{—COOH}}} + \text{NaOH} \longrightarrow \underset{}{\overset{\text{OCOCH}_3}{\text{—COONa}}} + H_2O$$

乙酰水杨酸　　　　氢氧化钠　　　乙酰水杨酸钠盐　　　水

2.24.2.2　反应特点及热力学、动力学分析

（1）反应特点

① 氯化反应。

a. 氯化反应属于放热反应。因此，应控制反应过程，保证其在低温、缓慢状态下进行。

b. 氯化反应使用氯化亚砜。氯化亚砜属于强腐蚀性、强刺激性化工原料。

c. 氯化反应产生氯化氢气体和二氧化硫气体。两者均为酸性、腐蚀性和刺激性气体。应配套尾气吸收装置，加以吸收处理。对于吸收液，应妥善回收，利用。

② 成盐反应、酯化反应。

a. 反应过程中物料状态的变化。对乙酰氨基酚成盐反应前期，物料状态为对乙酰氨基酚的混悬态料液。在料液表面连续加入液碱后，对乙酰氨基酚与氢氧化钠反应，生成对乙酰氨基酚钠盐，后者溶解度增大，因此，料液由混悬态变为溶解态。

酯化反应后期，存在一个贝诺酯晶体在短时间内从料液中析出的过程，料液由溶解态变为混悬态。这样，整个成盐-酯化反应过程经历固-液-固三个状态的变化过程。

b. 反应过程对物料分散性的要求。对乙酰氨基酚具有碱性，阿司匹林酰氯具有酸性。如果两者在瞬间接触时，既发生酸碱中和反应，也发生酯化反应。

一方面，物料对反应温度和 pH 值具有敏感性；另一方面，反应经历两次相态变化。如果两者未充分分散，则可能产生局部过酸、过碱、过热问题。这样，会造成物料局部温度过高、产品分解问题。

因此，该步化学反应过程对搅拌装置的传质、传热效率要求都很高，应以有力且有效的搅拌保证迅速传质传热，避免高温和局部过碱。前中期应快速分散阿司匹林酰氯（包括氯化反应剩余的酸性物质）和对乙酰氨基酚钠盐（包括成盐反应剩余的液碱），后期（特别是贝诺酯晶体析出后）应克服析出物阻碍，保证反应物分散迅速，反应完全。

（2）热力学、动力学分析

① 氯化反应。

a. 放热反应。氯化反应属于放热反应，及时吸收反应产生的热量，能够促进氯化反应向正反应方向移动。

b. 物料配比。在两种反应物——阿司匹林和氯化亚砜中，氯化亚砜相对价格便宜。因此，提高氯化亚砜的摩尔配比，可以提高氯化反应收率。氯化反应完成后，剩余的氯化亚砜以减压蒸馏方式去除。

c. 催化剂。传统工艺采用吡啶为氯化反应的催化剂。使用吡啶为催化剂，可以缩短反应时间，但是，经常导致氯化反应不完全，中间体收率低，质量差。本工艺采用二甲基甲酰胺（DMF）为催化剂。DMF 属于极性较强的有机溶剂，能够增强羧酸（乙酰水杨酸、阿司匹林）的解离，进而与氯化亚砜进行反应。加入 DMF 后，可明显降低阿司匹林的氯化反应的反应温度（降低反应的活化能），加速氯化反应的进行。当 DMF 摩尔分数为阿司匹林的 5% 时，催化效果达到最佳。由此，可促进氯化反应低温快速进行。催化剂用量不得过多，

否则影响产品的质量和产量。

DMF 的催化机理见图 2-48。

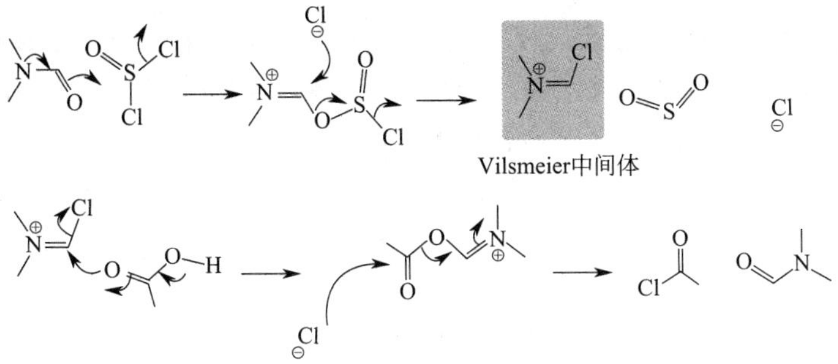

图 2-48　DMF 的催化机理图

② 成盐反应。

a. 放热反应。成盐反应属于放热反应，及时吸收反应产生的热量，能够促进氯化反应向正反应方向移动。

b. 物料配比。在两种反应物——对乙酰氨基酚和氢氧化钠中，氢氧化钠相对价格便宜。因此，提高氢氧化钠的摩尔配比，可以保证对乙酰氨基酚全部被碱化，成为对乙酰氨基酚钠盐。实际生产中，控制 pH10 为碱化反应终点，并维持 5min 以上。

③ 酯化反应。酯化反应的难点如下。

a. 当阿司匹林酰氯滴加到对乙酰氨基酚钠盐的碱性溶液中，在碱性条件下会部分水解。这样，就从根本上造成酯化反应收率低，得到的贝诺酯粗品质量差。

b. 酯化反应后生成的产品是贝诺酯，贝诺酯的分子结构上存在一个由阿司匹林的羧基和对乙酰氨基酚的羟基刚刚生成的、且容易被水解的酯键。如果单纯以水为溶剂，生成物可能被水解，逆向反应为阿司匹林和对乙酰氨基酚，从而，降低本步反应的收率和产品质量。

为此，采用混合溶剂——水和甲苯为反应介质。同时，采用 PEG4000 为相转移催化剂。由于甲苯与水相互难溶，就避免了阿司匹林酰氯被水解。同时，甲苯在水中又有一定的溶解度，使得阿司匹林酰氯被转移至水相中，与对乙酰氨基酚钠盐短暂反应，生成的酯化产物（贝诺酯）迅速被转移至甲苯中，避免被水解破坏。另外，也避免贝诺酸在保温过程中被水解。由此，保证贝诺酯收率高，反应时间短，产品质量好。

2.24.3　工艺条件和主要设备

2.24.3.1　工艺条件

（1）氯化反应

① 温度。氯化反应生成的阿司匹林酰氯的分子结构上，存在一个不稳定的酯基。如果氯化反应温度过高，则在生成阿司匹林酰氯的同时，易发生酯基水解，使生成的阿司匹林酰氯颜色深、含量低、杂质多，从而直接造成下一步的酯化反应的产品收率低、质量差。如果氯化反应过低，则氯化反应速率慢。适宜的反应温度在 30～35℃ 之间。

② 反应时间。滴加 DMF 结束后，保温 4h，保证充足的反应时间，可使氯化反应完全。

③ 物料配比。一方面，氯化亚砜在氯化反应过程中会挥发，消耗；另一方面，需要通

过提高氯化亚砜的配比，提高氯化反应的收率。因此，在实际生产中，氯化亚砜摩尔数相对于阿司匹林摩尔数过量 40%。

（2）成盐反应/酯化反应

① 成盐反应。控制 pH10 为碱化反应终点。这样，可以保证酸碱中和反应彻底，反应中对乙酰氨基酚全部转化为对乙酰氨基酚钠盐。氢氧化钠过量，反应收率为 100%。

氢氧化钠溶液的浓度对酯化反应具有较大影响。浓度过低，对乙酰氨基酚的成盐反应不完全；浓度过高，易使下一步酯化反应生成的贝诺酯的酯基水解。实际生产中，将氢氧化钠浓度确定为 5% 左右。

② 酯化反应。

a. 反应温度。初期 0～5℃ 之间，中后期 5～10℃ 之间。低温条件，可以保证酯化反应收率高，产品质量好。高温条件，容易造成阿司匹林酰氯酯键水解，导致酯化反应收率低，产品质量差。

b. 对酯化反应液（贝诺酯粗品）的后处理。对酯化反应液首先进行离心，实现固、液分离。液相（粗品离心母液）主要为水、甲苯，还包括少量的乙酰水杨酸钠盐、对乙酰氨基酚钠、氯化钠等成分，送精馏塔进行精馏。通过精馏、冷凝，分别回收水和甲苯。甲苯返回下一批酯化反应步骤，循环套用。蒸馏水送离心洗涤工序循环利用。精馏废水（蒸馏残液）送厂内污水处理站集中处理。不凝性气（G3）送工艺废气吸收塔处理后，尾气通过 15m 排气筒达标排放。

固相主要为贝诺酯，还包括少部分的甲苯和微量的乙酰水氧酸钠盐、对乙酰氨基酚钠等成分。对粗品，用饮用水进行洗涤，溶解粗品贝诺酯中的水溶性杂质，洗涤废水（W2）送污水处理站集中处理。洗涤后的固相部分即贝诺酯粗品，进入下一步精制（溶解脱色）工序，制成贝诺酯成品。

2.24.3.2　主要设备

（1）氯化反应设备

标准搪玻璃反应罐，配备框式搅拌桨/齿轮减速机。

（2）尾气吸收设备

为氯化反应设备配置的尾气吸收系统，由两级水吸收塔和两级碱吸收塔串联而成。每台吸收塔均配备 1 台吸收液循环泵，塔体上部为填料吸收段，下部为吸收液循环槽。

二级碱吸收塔后串联 1 台活性炭吸附塔，吸收尾气中可能夹带的、并且在水和碱液中不溶解的有机溶剂（甲苯等）。活性炭吸附塔后，接高度 15m 排气筒。

氯化反应生成的二氧化硫和氯化氢气体均排出反应罐，进入尾气吸收系统。蒸馏氯化反应后剩余的氯化亚砜时，同样会有少量氯化亚砜进入尾气吸收系统，水解为氯化氢和二氧化硫。

氯化氢和二氧化硫气体，首先通过两级水吸收装置（氯化氢吸收效率 99%）制得 30% 的盐酸，再通过两级碱（氢氧化钠）吸收装置（氯化氢吸收效率 100%、二氧化硫吸收效率 95%），制得 20% 亚硫酸钠溶液，尾气主要为二氧化硫，通过 15m 排气筒达标排放，防止空气污染。

（3）成盐反应、酯化反应设备

成盐反应、酯化反应是一个在料液表面连续加碱、对乙酰氨基酚结晶先行溶解而后加入阿司匹林酰氯，酯化反应后，贝诺酯结晶颗粒又在短时间内从液体中析出的过程，析出前后

（特别是析出后）需要有力且有效的混合，克服析出物阻碍，以保证反应物分散迅速、均一，反应充分完全，高收率，低物耗，也就是对传质的要求高。因此需克服搅拌桨产生的单纯径向混合，在罐内设置折流装置（挡板），加强轴向混合。

① 采用标准搪玻璃反应罐。

② 采用翼式三层轴流式搅拌桨（推进式）。代替原有的标准框式搅拌桨或锚式搅拌桨，增强轴向混合效果。搅拌桨叶倾斜角度：上掀式，45°。

③ 搅拌桨对应配置 4 块挡板。挡板固定在反应罐罐盖上，同时，在罐内用耐腐蚀材料制成连接筋，固定 4 块挡板。

挡板长度要求：上端点与罐法兰平齐，下端点接近罐底。

④ 减速机配备电机功率加大。减速机数比：11（转速 130～133r/min）。

（4）精馏设备

包括母液储罐、预处理罐、精馏塔、冷凝器、分相罐、分相罐放空冷凝器、中转罐、溶剂成品储罐以及输送泵等。

2.24.3.3　设备一览表

设备一览见表 2-23。

表 2-23　设备一览表

序号	工序	设备名称	材质	规格	单位	数量
1	氯化反应	氯化反应罐	搪玻璃	FK1000	台	1
2		氯化冷凝器	石墨	列管,$10m^2$、$4m^2$	台	2
3		氯化亚砜高位槽	聚丙烯	300L	台	1
4		DMF 高位槽	玻璃	10L	台	1
5		氯化亚砜储罐	碳钢衬塑	$30m^3$	台	1
6		氯化亚砜接受罐	搪玻璃	单层液位,500L	台	1
7		氯化产品输送泵		ZH25-25-125,Q:3.2m^3/h,H:20m	台	1
8		卧式水喷射泵组（氯化专用）	聚丙烯	RPP-120	套	1
9	氯化尾气吸收	降膜吸收器	石墨	MS-300	套	2
10		填料塔吸收塔	聚丙烯	SY-Ⅱ-600	套	2
11		罗茨水环真空泵组	不锈钢	JZPS75-1	台	1
12		尾气水吸收循环泵	32FP-11	Q:4m^3/h,H:10m,N:0.75kW	台	1
13		尾气碱吸收循环泵	32FP-11	Q:4m^3/h,H:10m,N:0.75kW	台	2
14	成盐酯化反应	成盐/酯化反应罐	不锈钢	SS,6000L	台	1
15		配碱锅	搪玻璃	夹层 2000L	台	1
16		液碱高位槽	聚丙烯	AS3000L	台	1
17		PEG 配制锅	搪玻璃	夹层 1000L	台	1
18		PEG 溶液高位槽	聚丙烯	液位 500L	台	1
19		阿司匹林氯高位槽	搪玻璃	夹层 300L	台	1
20		粗品离心机	不锈钢	GK-1050	台	1
21		地缸	聚丙烯	带盖,50L	个	1

序号	工序	设备名称	材质	规格	单位	数量
22	甲苯精馏	母液储罐	聚丙烯	10000L	台	1
23		甲苯储罐	不锈钢	6000L	台	1
24		甲苯精馏装置	不锈钢	Dg600mm	套	1
25	贝诺酯精制结晶离心	乙醇原料储罐	不锈钢	10000L	台	1
26		乙醇泵	增强聚丙烯	50-FP-22	台	1
27		精制脱色罐	搪玻璃	夹层 5000L	台	1
28		脱色锅冷凝器	搪玻璃	片式,$12m^2$	台	1
29		过滤器	不锈钢	0.40MPa,夹层,100L	台	1
30		结晶罐	搪玻璃	夹层 5000L	台	2
31		冷乙醇罐	搪玻璃	夹层 1000L	台	1
32		洗水储罐	聚丙烯	卧式 $5m^3$	台	1
33		成品离心机	不锈钢	GKF-1050	台	1
34		地缸	聚丙烯	带盖,100L	个	1
35		湿粉打粉机	不锈钢	YK-160	台	1
36		乙醇母液储罐	不锈钢	$10m^3$	台	1
37		乙醇母液泵	增强聚丙烯	50-FP-22	台	1
38		乙醇母液结晶罐	搪玻璃	夹层 2000L	台	1
39		母液离心机	不锈钢	SD-800	台	1
40		氮气过滤器	不锈钢	滤孔$\leqslant 0.45\mu m$	台	2
41		卧式水喷射泵组(转料用)	聚丙烯	RPP-120	台	2
42	乙醇精馏	乙醇蒸馏塔	不锈钢		套	1
43		乙醇接受罐	不锈钢	$20m^3$	台	1
44		乙醇泵	聚丙烯	50-FP-22	台	2
45	干燥	双锥真空干燥机	不锈钢	GZS3000L	台	1
46		管道过滤器	不锈钢	滤孔$\leqslant 0.45\mu m$	台	1
47		真空缓冲罐	不锈钢	500L	台	1
48		冷凝器	不锈钢	列管 $10m^2$	台	1
49		罗茨水环真空泵组	组合	主泵 ZJ-150,电机 3.0kW	套	1
50		干粉打粉机	不锈钢	YK-160	台	1
51		电子台秤	组合	最大量程:50kg	台	1
52		除尘器	碳钢	PL-1600 系列	台	1
53		洁净区空调机组			套	1
54	公用设施	空压机	碳钢	V-0.6/7	台	1
55		空压机安全罐	碳钢	0.8MPa,200L	台	1
56		引风机组			套	2
57		吊车		1t	台	2

2.24.4　工艺流程

2.24.4.1　生产流程图

生产流程见图 2-49。

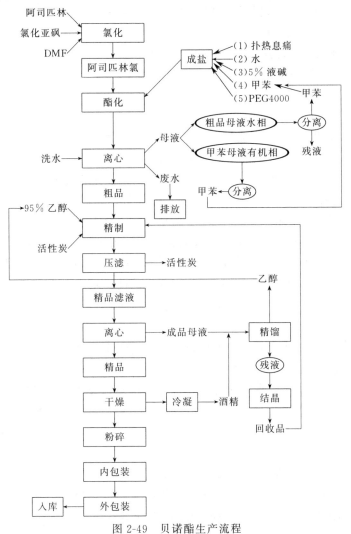

图 2-49　贝诺酯生产流程

2.24.4.2　工艺过程

（1）氯化工段

① 操作过程。

a. 检查反应罐盖上和尾气管道上的所有阀门，保证阀门处于正确位置。

b. 向绝对干燥的 2000L 搪玻璃罐内，先加入含量 99.5% 的乙酰水杨酸（阿司匹林）。

c. 开启尾气吸收系统引风机。加入含量 99% 的氯化亚砜。

d. 开启搅拌，通过夹套冷却循环水控制反应罐温度在 0～5℃，开始滴加经过计量的催化剂 99% 的二甲基甲酰胺（DMF），使用加液漏斗慢慢加入。滴加过程中，控制滴加 DMF 的速度和搅拌速度，控制常压（略带负压），控制温度在 30～35℃，保证反应平稳。滴加结束前，温度不超过 35℃，控制冷却水水温 30℃ 左右。此时，在反应罐中发生氯化反应，生成乙酰水杨酸酰氯（阿司匹林氯）、二氧化硫和氯化氢。正常反应收率为98.49％。

e. 滴加结束，升温至30～35℃，保温4h左右，至无气体放出，结束氯化反应。

f. 于40℃左右、真空度－0.090MPa条件下，通过减压蒸馏方式蒸出氯化反应罐中剩余的氯化亚砜。根据真空度情况，可适当提高蒸馏温度至60～70℃（氯化亚砜bp78.8℃）。蒸馏半小时左右，结束蒸馏。过量的氯化亚砜通过两级冷凝系统（一级为循环冷却水冷却，二级为冷冻盐水深冷）回收，循环套用。

g. 蒸馏结束，向乙酰水杨酸酰氯（阿司匹林氯）加入40L甲苯，进入下一步酯化反应。

② 环保处理及注意事项。

a. 投料前，应提前检查尾气吸收设施运行是否正常。确认其设备完好、运行正常后，再进行投料。

b. 氯化反应生成的二氧化硫和氯化氢气体均排出反应罐，进入尾气吸收系统。首先通过两级水吸收装置（氯化氢吸收效率99％）制得30％的盐酸，再通过两级碱（氢氧化钠）吸收装置（氯化氢吸收效率100％、二氧化硫吸收效率95％），制得20％亚硫酸钠溶液，尾气主要为二氧化硫通过15m排气筒达标排放。这样，可以从治理设施上保证无污染排放，防止空气污染。

c. 从反应罐中蒸出的氯化亚砜，通过两级冷凝后，会产生一定量的不凝气。将不凝性气体引入尾气吸收系统，水解成二氧化硫和氯化氢，和氯化反应生成的二氧化硫和氯化氢一起通过两级水吸收和两级碱（氢氧化钠）吸收后，尾气通过15m排气筒达标排放。

d. 使用$SOCl_2$和液碱时，应严格按照使用强腐蚀性物质的有关规程进行。

e. 投料称重时，必须有人复称和检查，不允许一个人称料和投料。

（2）酯化工段

① 液碱的配制。将经过计量的饮用水和30％氢氧化钠配制成4.76％的氢氧化钠溶液，储存于液碱高位槽备用。

② 聚乙二醇（PEG4000）溶液的配制。将计量的饮用水和99％聚乙二醇（PEG4000）加入配制釜中，搅拌，待聚乙二醇（PEG4000）完全溶解后，得到16.67％的聚乙二醇（PEG4000）溶液，储存于中间储罐备用。

③ 成盐反应。

a. 操作前，检查有关设备、设施是否正常运转。

b. 向6000L的酯化反应罐内（安装搅拌桨和挡板）加入99％的对乙酰氨基酚（扑热息痛）和计量好的饮用水（视搅拌状况酌情确定是否补水），搅拌均匀，用冰盐水冷却至0～5℃，并不断搅拌。

开始向对乙酰氨基酚水溶液中滴加液碱高位槽中的5％液碱，通过夹套冷冻盐水控制反应温度，滴加过程反应温度为5～10℃。此时，在酯化反应罐中发生成盐反应，生成对乙酸氨基酚钠。终点以pH为准，保证对乙酰氨基酚全部溶解。pH10为碱化反应终点，维持5min。

④ 酯化反应。

a. 向酯化反应罐中加入计量好的相转移催化剂16.67％的聚乙二醇（PEG4000）溶液和99％的甲苯溶剂。加完混合液后，不能长时间放置。

b. 立即开始滴加乙酰水杨酸酰氯（阿司匹林氯），通过夹套冷却循环水控制温度在5～10℃。如果在滴加阿司匹林氯过程中，阿司匹林氯在分液漏斗中结晶，应利用总量中的甲苯冲刷。滴加过程维持反应温度5～10℃，1.5h加完。

c. 滴加结束，于8～12℃保温1h。滴加后期及保温期间，监测反应液pH值。pH值降低时，补加 5％的液碱维持 pH9.0～10。直到反应完毕为止。

保温结束，离心过滤。滤饼先用冷水洗至中性，再用 75℃以上热水继续洗涤，洗水由酸性（pH 为 3～4）变为中性（pH＝6）以后，再甩洗 10min。然后，停止热水洗涤，尽量甩干出料。

粗品离心母液主要成分为水、甲苯，还包括少量的乙酰水杨酸钠盐、对乙酰氨基酚钠、氯化钠等成分，送精馏塔进行精馏。通过精馏、冷凝，分别回收水和甲苯。甲苯返回下一批酯化反应步骤，循环套用。

本步酯化反应，生成贝诺酯，反应收率为 96％，得到的贝诺酯粗品进入精制工段。

⑤ 注意事项。

a. 氢氧化钠浓度偏离 30％时，要按其实际含量折算成 30％，计算加碱量。

b. 使用强酸、强碱时要按有关规定严格执行。

（3）精制工段

① 精制（溶解脱色）工序。

a. 将经高位罐计量准确的 99.7％的无水乙醇加入搪玻璃罐内。开动搅拌，逐渐将贝诺酯粗品（湿品）成粉状加入精制罐中。全部加完后，补加乙醇，加入活性炭，盖好加料盖。

b. 向精制罐夹套中通入蒸汽，慢慢升温。加热至 60℃，开始溶解脱色。待内温升至 78～80℃（乙醇沸点 78.5℃，95％乙醇沸点 75℃），有回流现象时，即开始计算时间，并搅拌回流 60min。

② 结晶离心工序。

a. 脱色后的热溶液通过压滤器（355）压滤，分离出活性炭，送污水处理站综合利用。滤液压到结晶罐内。

b. 先向成品结晶罐通入冷却循环水，冷却降温。然后用冷冻盐水冷却至 10～15℃，使贝诺酯充分析出结晶，然后进行离心固、液分离。

c. 用离心机甩滤，并用少量 10～15℃95％乙醇洗两次。固相（滤饼）为贝诺酯产品，甩干后，取出，称重，取样检验。检验合格后，送下一步干燥工序。

d. 离心产出液相（成品离心母液）主要为乙醇，经母液回收罐转送精馏塔进行精馏，冷凝回收副产品 95％乙醇出售。精馏废水送污水处理站。不凝气送工艺废气吸收塔处理后，尾气通过 15m 排气筒达标排放。

③ 烘干、包装工序。

a. 将检验合格的贝诺酯湿精品抽入双锥回转真空干燥器，开机，打开蒸汽，进行干燥。干燥温度 60～70℃，干燥压力 -0.096MPa，干燥时间约 3h，至干燥失重合格，出料，得贝诺酯白色晶体粉末。精制收率为 99.22％。

b. 干燥分离出的乙醇，经两级冷凝（一级为循环冷却水冷却，二级为冷冻盐水深冷）后和离心分离出的乙醇一起进入乙醇精馏塔，精馏、提纯，冷凝回收副产品 95％乙醇出售。不凝气送工艺废气吸收塔处理后，尾气通过 15m 排气筒达标排放。

c. 干燥后，进行混合、筛粉、取样、检验。成品全检合格后，包装、入库。

④ 不合格品和处理。

a. 离心甩滤时，如果发现滤液中漏炭，要重新返工精制。使用过的离心机口袋和离心机内栏必须洗干净，才能重新使用。

b. 如果成品酸度指标检测超过质量标准，则需要重新洗涤，离心。

⑤ 成品母液及干燥回收乙醇的浓缩提取精馏。

a. 将成品乙醇母液储罐中的乙醇母液和干燥过程中回收的乙醇抽至蒸馏罐中。蒸馏罐内最多加料不超过蒸馏罐容积的 2/3。

b. 开启蒸馏罐蒸汽阀门,进行加热(表压 0.20～0.50MPa),使乙醇蒸气进入蒸馏塔内。进行蒸汽加热时,应特别注意:蒸汽压力一般不超过 0.05MPa。当液温上升到 60℃时,应立即关闭进蒸汽阀门,使料液温度逐渐上升。

c. 开启蒸馏塔塔顶冷凝器冷却水,使塔内乙醇蒸气进入冷凝器后冷凝成液体。打开分相罐上的回流阀,使冷凝液全部回流入塔内。当精馏塔回流稳定后,立即有乙醇气体冷却为液体流出。

待塔顶温度稳定在 78.5℃以下时,打开分相罐上的出料阀门,从流量计观察,控制回流比 1:2～1:3,要保持回收乙醇的浓度在 93%以上。

蒸馏操作时,不得随意离开岗位,要随时观察回收乙醇浓度,及时调整回流比。乙醇浓度高时,降低回流比;乙醇浓度低时,提高回流比。使回收乙醇浓度达到规定要求。

严格控制精馏塔塔顶的蛇管冷却器冷却水流量。进水量太大时,乙醇蒸出液流速太小;若进水量过小时,乙醇蒸出液含量低,所以进冷却水量应准确适当。

d. 乙醇含量为 93%以上时为合格品,低于 93%以下时为稀乙醇,进入下次精馏。乙醇蒸出液含量在 4%以下时,即不再回收。

e. 如果待回收处理的乙醇母液数量较多,可以采用连续进料方法,在蒸馏釜加热至沸后,少量、连续向蒸馏釜内加料,加入的速度与蒸出乙醇的速度相一致。

f. 蒸馏后期,要仔细观察釜内残留物料状态。当发现物料变浓时,关闭夹层蒸汽,停止蒸馏,立即将釜内残留物料抽至乙醇母液结晶罐,降温结晶。

g. 结晶结束,放入离心机甩滤,甩干出料。其母液排入污水处理站,固体废物送固废中心处理。

2.24.5　"三废"治理和安全卫生防护

2.24.5.1　"三废"治理

(1) 废气

贝诺酯生产过程中产生的废气主要有氯化废气、氯化亚砜蒸馏塔不凝气、甲苯精馏塔不凝气、乙醇精馏塔不凝气、双锥干燥器不凝气;无组织排放废气主要有生产装置区的废气排放。

① 氯化废气(G1)和氯化亚砜蒸馏塔不凝气(G2)。氯化亚砜和乙酰水杨酸(阿司匹林)氯化反应生成 SO_2 和 HCl 气体。氯化反应后,蒸馏冷凝回收氯化亚砜,产生不凝气。两者均引至氯化反应尾气处理系统,先通过两级水吸收装置,氯化亚砜水解为 SO_2 和 HCl,经过两级水吸收(HCl 吸收效率 99%)后制得副产品 30%的盐酸,未吸收完的 HCl 和 SO_2 气体再通过两级碱吸收装置(HCl 吸收效率 100%、SO_2 吸收效率 95%),制得副产品 20%亚硫酸钠。处理后 SO_2 排放量为 2.22kg/h(排放时间 6h/d)、4.40t/a,引入工艺废气处理装置处理后,经过 15m 排气筒达标排放。

② 甲苯精馏塔不凝气(G3)。产品精制过程中精馏、冷凝回收甲苯,产生不凝气,主要污染物为甲苯。根据物料平衡,甲苯产生量为 0.057kg/h(排放时间 24h/d)、0.45t/a。引入工艺废气处理装置处理后,经过 15m 排气筒达标排放。

③ 乙醇精馏塔不凝气(G4)。产品精制过程中精馏、冷凝回收乙醇,产生不凝气,主要污染物为乙醇、甲苯。根据物料平衡,乙醇产生量为 0.20kg/h(排放时间 24h/d)、

1.62t/a；甲苯产生量为 0.005kg/h（排放时间 24h/d）、0.04t/a，引入工艺废气处理装置处理后，经过 15m 排气筒达标排放。

④ 双锥干燥器不凝气（G5）。产品干燥过程中冷凝回收乙醇，产生不凝气，主要污染物为乙醇，根据物料平衡，乙醇产生量为 0.27kg/h（排放时间 6h/d）、0.54t/a，引入工艺废气处理装置处理后，经过 15m 排气筒达标排放。

⑤ 无组织排放废气。贝诺酯生产装置区无组织排放主要为设备密封件的磨损造成的物料微量损失。鉴于企业具有先进生产经验和丰富的管理经验，且大多数阀门、设备等均为国外采购，结合企业内部一系列无组织排放的控制措施，类比国内其他同规模和同工艺的无组织排放监测和现场试验研究成果，确定生产装置区无组织泄漏量按乙醇和甲苯用量的 0.05%，即甲苯的无组织排放量为 0.7t/a、0.09kg/h；乙醇的无组织排放量为 1.84t/a、0.23kg/h。

（2）废水

贝诺酯生产过程中产生的废水主要有甲苯精馏塔精馏废水（W1）、洗涤废水（W2）和乙醇精馏塔精馏废水（W3）。

① 甲苯精馏塔精馏废水（W1）。产品精制过程中甲苯精馏产生精馏废水，产生量为 0.73m³/d，主要污染物有乙酰水杨酸钠盐、二甲基甲酰胺、聚乙二醇、氯化钠、扑热息痛钠盐、氢氧化钠、甲苯等，进入污水处理站处理达到《化学合成类制药工业水污染物排放标准》新建企业水污染排放限值后外排。

② 洗涤废水（W2）。产品精制过程中洗涤工序产生洗涤废水，产生量为 21.65m³/d，主要污染物有乙酰水杨酸钠盐、二甲基甲酰胺、聚乙二醇、氯化钠、扑热息痛钠盐、氢氧化钠、甲苯等，进入污水处理站处理达到《化学合成类制药工业水污染物排放标准》新建企业水污染排放限值后外排。

③ 乙醇精馏塔精馏废水（W3）。产品精制过程中乙醇精馏产生精馏废水，产生量为 0.38m³/d，主要污染物有扑热息痛钠盐、乙醇、甲苯等，进入污水处理站处理达到《化学合成类制药工业水污染物排放标准》新建企业水污染排放限值后外排。

（3）固体废物

贝诺酯生产过程中产生的固体废物主要有产品精制过程中活性炭脱色工序使用后的废活性炭（S1）。根据《危险废物管理名录》，属于 HW02 类医药废物中化学药品原药制造"化学药品原料药生产过程中的脱色过滤（包括载体）物"危险废物。根据物料平衡，产生量为 6.62t/a，送污水处理站综合利用，不外排。

"三废"处理及综合利用简表见表 2-24、表 2-25。

表 2-24　"三废"处理及综合利用简表（废气）

序号	废气中主要污染物成分	来源	处理情况
1	氯化氢 二氧化硫	氯化反应 氯化亚砜蒸馏	尾气吸收系统水吸收、碱吸收 回收副产盐酸和亚硫酸钠
2	甲苯	酯化反应 甲苯蒸馏回收	工艺废气处理装置处理
3	乙醇	精制工段乙醇精馏回收 成品真空干燥	工艺废气处理装置处理

表 2-25　"三废"处理及综合利用简表（废水/废渣）

序号	物料名称	来源	处理情况
1	甲苯	酯化工段	回收，重复套用
2	乙醇	精制工段	回收，重复套用

续表

序号	物料名称	来源	处理情况
3	甲苯精馏废水	酯化工段 甲苯精馏过程	排放至污水处理站,集中处理
4	精制洗涤废水	精制工段 成品洗涤过程	排放至污水处理站,集中处理
5	乙醇精馏废水	精制工段 乙醇精馏过程	排放至污水处理站,集中处理
6	精制废活性炭	精制工段 脱色过程	送污水处理站综合利用,不外排

2.24.5.2　安全卫生防护

（1）易燃易爆、有毒有害物料的性能及安全防火措施

① 乙醇。无色透明液体,有芳香味。易挥发,具有刺激性,高浓度乙醇蒸气会引起黏膜、呼吸道刺激,能麻痹、刺激胃黏膜。易燃,闪点11℃。蒸气与空气形成爆炸性混合物,爆炸极限3.5%～18.0%（体积分数）。

危险化学品火灾危险性分类：甲类。

储存：储存于阴凉、通风的库房。远离火种、热源。库温不宜超过30℃。保持容器密封。应与氧化剂、酸类、碱金属、胺类等分开存放,切忌混储。防止日晒,防热。

灭火用干粉灭火剂、氮气或二氧化碳灭火器。

贝诺酯精制工段大量使用乙醇,对贝诺酯粗品进行重结晶,并趁热压滤。乙醇沸点低,挥发性大,是易燃易爆的危险品。因此,要求每位生产人员和一切进入车间的人员,都必须遵守甲级防火防爆车间的规定。

② 液碱。无色或蓝色液体,有滑腻感。对皮肤有严重的灼伤作用,溅入眼睛会损害虹膜；易腐蚀织物；不燃；使用时,应穿戴防护用品,保证安全。

储存：应与易燃物或可燃物、酸类等危险化学品分开存放,切忌混储。

③ 活性炭。黑色粉末,无臭无味,质轻。

活性炭被列入危险化学品名录,属自燃物品,编号42521,可燃。危险化学品火灾危险性分类：丙类。

活性炭着火后不会发生有焰燃烧,只是阴燃。活性炭燃烧时,如果通风不足,会生成有毒的一氧化碳。

活性炭在储存或运输时,防止与火源直接接触,以防着火。储存于阴凉、干燥、通风良好的库房。密封保存,防止受潮失效。与火种、氧化剂、硫化物及易散发气体的物质隔离存放。

灭火剂：水、泡沫、二氧化碳、砂土、火场周围可用的灭火介质。

④ 氯化亚砜。无色发烟液体,具有强腐蚀性和强刺激性。相对密度1.638,沸点78℃。于潮湿及阳光条件下分解为二氧化硫、硫氯、一氯化硫及氯化氢。刺激黏膜,特别是上呼吸道和眼部最易受损。可致人体灼伤。使用时,应穿戴防护用品,保证安全。若溅到皮肤上,立即用大量清水冲洗。

该品不燃。

储存于阴凉、通风的库房。库温不超过25℃,相对湿度不超过75%。保持容器密封。应与碱类等分开存放,切忌混储。

⑤ 二甲基甲酰胺（DMF）。无色、具有清淡氨气味的透明液体。属于易燃液体。自燃点445℃。相对密度0.9445（25℃）,熔点−61℃,沸点152.8℃,闪点57.78℃。蒸气相对密度

2.51，其蒸气与空气混合物，爆炸极限 2.2%～15.2%。与水和通常有机溶剂混溶，与石油醚混合分层。遇明火、高热可引起燃烧爆炸。能与浓硫酸、发烟硝酸剧烈反应甚至发生爆炸。

危险化学品火灾危险性分类：乙类。

吸入及皮肤接触有害；刺激眼睛；可能对胎儿造成伤害。

⑥ 甲苯。无色澄清液体。有苯样气味。能与乙醇、乙醚、丙酮、氯仿、二硫化碳和冰乙酸混溶，极微溶于水。相对密度 0.866。凝固点 −95℃。沸点 110.6℃。闪点（闭杯）4.4℃。易燃。蒸气能与空气形成爆炸性混合物，遇明火、高热能引起燃烧爆炸。与氧化剂能发生强烈反应。流速过快，容易产生和积聚静电。其蒸气比空气重，能在较低处扩散到相当远的地方，遇火源会着火回燃。爆炸极限 1.2%～7.0%（体积分数）。

危险化学品火灾危险性分类：甲类。

低毒，半数致死量（大鼠，经口）5000mg/kg。其蒸气有毒，可以通过呼吸道对人体造成危害。高浓度气体有麻醉性，对中枢神经系统有麻醉作用。对皮肤、黏膜有刺激性。长期接触可发生神经衰弱综合征、肝大、女工月经异常以及皮肤干燥、皲裂、皮炎等病症。

对环境有严重危害，对空气、水环境及水源可造成污染。

使用和生产时，应穿戴防护用品，保证安全。防止其进入呼吸系统，造成伤害。

⑦ 聚乙二醇4000（PEG4000）。本品为白色蜡状固体薄片或颗粒状粉末；略有特臭。低毒物质，且无刺激性。属于非离子型聚合物。本品在水或乙醇中易溶，在乙醚中不溶。凝点为 50～54℃。本品在 40℃时的运动黏度为 5.5～9.0mm^2/s。

储存于阴凉、通风的库房。远离火种、热源。应与氧化剂分开存放，切忌混储。

（2）岗位操作安全注意事项

① 投料前，必须按各项设备具体规定和要求检查，确认一切正常后方可进行投料操作。

② 在使用原材料、中间体等物料之前，必须具有质检部门出具的质量合格证及化验报告书。对于物料的质量和数量，必须坚持复核制度。

③ 操作过程中，按规定穿戴防护用品，包括工作帽、衣服、手套、工作鞋、劳保眼镜等。

④ 操作人员必须接受严格的安全及技术培训，经考核合格后，方能上岗操作。

⑤ 操作人员必须严格按照工艺要求进行操作，确保生产正常及安全。

⑥ 本产品工房属于易燃易爆场所，上岗操作人员必须遵守以下规定：

a. 不准许携带任何火种进入生产场所；

b. 不准穿戴钉有铁钉或金属块的鞋进入生产场所；

c. 不准用金属工具敲击设备，以免产生火花。

⑦ 对于运行中的设备，应随时检查，发现异常，立即报告有关人员进行处理。

⑧ 在减压蒸馏有机物溶媒时，应按规定留有一定余量，不允许将残液蒸干。蒸馏完毕后，应将蒸馏设备冷却降温至常温，再缓慢排空。

⑨ 各种物料必须堆放整齐，并具有明显的标志加以区分，防止混料、错料。

⑩ 使用强酸、强碱时，要按有关规定严格执行。

⑪ 本车间生产厂房内的一切电器设备，包括配电、线路、电动机开关等，必须采用"防爆型"设备，其各项性能指标应符合"防爆"要求。

⑫ 精制工段结晶、离心、烘干、包装等工序的厂房、设备/设施、人员、物料、工器具、洁净服（帽、鞋）、清洁卫生洁具、文件等事项的管理以及生产管理活动、质量管理活动，均按照当期新版GMP相关规定执行。

第**3**章

复配类精细化学品生产技术

3.1 概述

复配类（配方）精细化学品是人们依据各种化工原料的物理化学特性，通过一定的工艺手段，将这些化工原料的特定的物理化学性能有机地组合成一体，从而突出其特殊的应用性能的一类精细化学品。

3.1.1 复配类精细化学品的种类

这一类精细化学品包括涂料、日用化学品、香精、油田助剂和胶黏剂等产品，在这些精细化学品的生产过程中，各种化工原料投入比例的多少就是这种产品的生产配方。因此，这一类精细化学品又叫配方精细化学品。在配方精细化学品的开发与生产过程中，配方设计至关重要，因为配方设计是否科学合理将决定产品的品质，它是配方精细化学品技术的核心。各企业都把产品的配方视为企业的技术机密加以保护。

3.1.2 复配类精细化学品生产的通用方法

3.1.2.1 复配类精细化学品生产过程的组成

复配类精细化学品以产品的使用形式分固体制剂、气体制剂、液体制剂、半固体制剂（膏剂）。一个复配类精细化工生产过程一般都包括生产原料的准备（预处理和配料）、调制过程、产品的后处理、综合利用及"三废"处理等。

（1）生产原料的准备（原料工序）

包括反应所需的各种原料、辅料的贮存、净化、干燥和配料等操作。

（2）调制过程

依据配方要求，按照加料顺序，对各个组分进行混合，同时，还包括产品的冷却以及输送等操作。

（3）产品后处理

包括产品沉降、过滤、陈化等操作。

（4）"三废"处理（辅助工序）

生产过程中产生的废气、废水和废渣的处理，废热的回收利用等。

生产过程的组成如图 3-1 所示。

图 3-1　生产过程的组成

为保证化工生产的正常运行，还需要动力供给、机械维修、仪器仪表、分析检验、安全和环境保护、管理等保障和辅助系统。

3.1.2.2　复配类精细化学品生产的特点

① 配方是复配类精细化学品技术的核心。

② 调制生产过程中，应严格按照加料顺序执行。

③ 为了满足用户要求，产品配方可能经常调整，产品一般为混合物。

3.2　羧甲基纤维素水基冻胶压裂液生产项目

3.2.1　产品概况

压裂液的定义：压裂液是指由多种添加剂按一定配比形成的非均质不稳定的化学体系，是对油气层进行压裂改造时使用的工作液，按泵注顺序和所起作用不同，压裂液分为预前置液、前置液、携砂液和顶替液，它的主要作用是将地面设备形成的高压传递到地层中，使地层破裂形成裂缝并沿裂缝输送支撑剂。

3.2.1.1　羧甲基纤维素（CMC）水基冻胶压裂液的性质、产品规格及用途

压裂就是用压力将地层压开形成裂缝，并用支撑剂将其支撑起来，以减少流体流动阻力的增产、增注方法。对开采层段进行压裂改造是国内外油气田普遍采用的增产措施之一。压裂液主要有三种类型，即水基、油基和醇基压裂液，其中最常用的水基压裂液包括稠化水压裂液、水冻胶压裂液、水包油压裂液泡沫以及各种酸基压裂液。水基压裂液是以水作溶剂或分散介质，向其中加入稠化剂、添加剂等配制而成的，见图 3-2。主要采用三种水溶性聚合物作为稠化剂，即植物胶（瓜尔胶、田菁胶、魔芋粉等）、纤维素衍生物及合成聚合物。这几种高分子聚合物在水中溶胀成溶胶，交联后形成黏度极高的冻胶，具有黏度高、悬砂能力强、滤失低、摩阻低等优点。

图 3-2　水基压裂液

3.2.1.2　压裂液的性能

根据不同的设计工艺要求及压裂的不同阶段，压裂液在一次施工中可使用一种液体，其中含有不同的添加剂。对于占总液量绝大多数的前置液及携砂液，都应具备一定的造缝力并

使压裂后的裂缝壁面及填砂裂缝有足够的导流能力。这样它们必须具备如下性能：

（1）滤失小

这是造长缝、宽缝的重要性能。压裂液的滤失性，主要取决于它的黏度，地层流体性质与压裂液的造壁性，黏度高则滤失小。在压裂液中添加降滤失剂能改善造壁性，大大减少滤失量。在压裂施工时，要求前置液、携砂液的综合滤失系数 $\leqslant 1 \times 10^{-3}\,\mathrm{m/min}^{1/2}$。

（2）悬砂能力强

压裂液的悬砂能力主要取决于其黏度。压裂液只要有较高的黏度，砂子即可悬浮于其中，这对砂子在缝中的分布是非常有利的。但黏度不能太高，如果压裂液的黏度过高，则裂缝的高度大，不利于产生宽而长的裂缝。一般认为压裂液的黏度为 $50\sim150\,\mathrm{mPa \cdot s}$ 较合适。由表 3-1 可见液体黏度大小直接影响砂子的沉降速度。

表 3-1   液体黏度大小对砂子沉降速度的影响

黏度/mPa·s	1.0	16.5	54.0	87.0	150
砂沉降速度/(m/min)	4.00	0.56	0.27	0.08	0.04

（3）摩阻低

压裂液在管道中的摩阻越大，则用来造缝的有效水马力就越小。摩阻过高，将会大大提高井口压力，降低施工排量，甚至造成施工失败。

（4）稳定性好

压裂液稳定性包括热稳定性和剪切稳定性。即压裂液在温度升高、机械剪切下黏度不发生大幅度降低，这对施工成败起关键性作用。

（5）配伍性好

压裂液进入地层后与各种岩石矿物及流体相接触，不应产生不利于油气渗滤的物理、化学反应，即不引起地层水敏及产生颗粒沉淀。这些要求是非常重要的，往往有些井压裂后无效果就是由于配伍性不好造成的。

（6）低残渣

要尽量降低压裂液中的水不溶物含量和返排前的破胶能力，减少其对岩石孔隙及填砂裂缝的堵塞，增大油气导流能力。

3.2.1.3   水基压裂液通用技术指标

水基压裂液通用技术指标见表 3-2。

表 3-2   水基压裂液通用技术指标

序号	项目		指标
1	基液表观黏度/mPa·s	$20℃\leqslant t<60℃$	$13\sim60$
		$60℃\leqslant t<120℃$	$30\sim120$
		$120℃\leqslant t<180℃$	$60\sim300$
2	交联时间/s	$20℃\leqslant t<60℃$	$13\sim60$
		$60℃\leqslant t<120℃$	$30\sim120$
		$120℃\leqslant t<180℃$	$60\sim300$
3	耐温耐剪切能力	表观黏度/mPa·s	$\geqslant50$
4	黏弹性	储能模量/Pa	$\geqslant1.5$
		耗能模量/Pa	$\geqslant0.3$

续表

序号	项目		指标
5	静态滤失性	滤失系数/(m/min)$^{1/2}$	$\leqslant 1.0 \times 10^{-3}$
		初滤失量/(m³/m²)	$\leqslant 5.0 \times 10^{-2}$
		滤失速率/(m/min)	$\leqslant 1.5 \times 10^{-4}$
6	岩心基质渗透率损害率/%		$\leqslant 30$
7	动态滤失性	滤失系数/(m/min)$^{1/2}$	$\leqslant 1.0 \times 10^{-1}$
		初滤失量/(m³/m²)	$\leqslant 5.0 \times 10^{-2}$
		滤失速率/(m/min)	$\leqslant 1.5 \times 10^{-3}$
8	动态滤失性渗透率损害率/%		$\leqslant 30$
9	破胶性能	破胶时间/min	$\leqslant 720$
		破胶液表观黏度/mPa·s	$\leqslant 5.0$
		破胶液表面张力/(mN/m)	$\leqslant 28.0$
		破胶液与煤油界面张力/(mN/m)	$\leqslant 2.0$
10	残渣含量/(mg/L)		$\leqslant 600$
11	破乳率/%		$\geqslant 95$
12	压裂液滤液与地层水配伍性		无沉淀,无絮凝
13	降阻率/%		$\geqslant 50$

3.2.2　工艺原理

在配制压裂液时，常加入各种化学品，这些化学品称为压裂用化学品，不同种类的添加剂对水基压裂液的性能影响很大，国内水基压裂液中主要包括：稠化剂、交联剂、破胶剂、pH 值控制剂、黏土稳定剂、润湿剂、助排剂、破乳剂、降滤失剂、冻胶黏度稳定剂、消泡剂、降阻剂和杀菌剂等。掌握各种添加剂的作用原理，正确选用添加剂，可以配出物理化学性能优良的压裂液，保证顺利施工，减小对油气层的损害，达到既改造好油气层，又保护好油气层的目的。

3.2.2.1　稠化剂

稠化剂是指将水稠化以便输送支撑剂，降低滤失，目的是增大裂缝宽度。最初我国使用较多的水稠化剂是淀粉，但随着 20 世纪 60 年代胍胶的发现，则逐步取代了淀粉作为稠化剂在油田压裂施工作业中的使用。

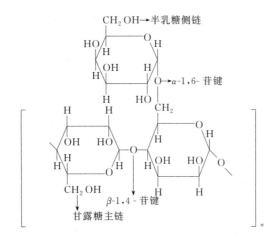

图 3-3　胍胶结构

胍胶（其结构如图 3-3 所示）来自一种天然植物籽胶，是一种豆荚种子的胚乳部分，其主要化学成分是半乳甘露聚糖，又称瓜尔胶。由于胍胶的自身性质使得水合增黏速度较慢，因此被之后的羟丙基胍胶（HPG）、羟乙基纤维素（HEC）、羧甲基纤维素（CMC）、黄胞胶（XC）、羧甲基羟丙基双衍生胍胶（CMHPG）相继取代。在极少数情况下也曾使用过聚丙烯酰胺类（PAM 或 HPAM）合成聚合物。近几年来，众多胍胶及其衍生物已广泛应用于石油压裂行业。

3.2.2.2　交联剂

交联剂是水基压裂液中的一种重要的化学添加剂，主要分为无机交联剂和有机交联剂两大类。所谓交联剂是指通过化学键或配位键与稠化剂发生交联反应的试剂。其中的交联反应是金属或金属配合物交联剂将聚合物的各种分子连接成一种结构，目的是使原来聚合物的分子量明显增加。

20 世纪 50 年代末以具备形成硼酸盐交联冻胶的技术，但是直到胍胶在相当低的 pH 值条件下用锑酸盐（以后用钛酸盐和锆酸盐）可交联形成交联冻胶以后，交联压裂液才得到普遍应用。20 世纪 80 年代初期，钛、锆有机金属交联剂也得到了广泛的应用。这不仅提高了交联剂的稳定性，而且能提高交联强度，提高交联冻胶耐温性。

3.2.2.3　破胶剂

使黏稠压裂液可控地降解为能从裂缝中返排出的稀薄液体，能使冻胶压裂液破胶水化的试剂称为破胶剂。目前国内外所使用的破胶剂主要分为两大类：一类是酶破胶剂；另一类是工业上使用最多的过硫酸盐（钠、铵）和叔丁基过氧化氢，两类破胶剂都有一定的使用局限。通常，理想的破胶剂在整个液体和携砂过程中，应维持理想的较高黏度，一旦泵送完毕，液体立刻破胶化水。交联冻胶难于化学破胶的三个原因是：

① 除了破坏聚合物的骨架外，破胶剂必须与连接聚合物分子的交联键反应；

② 为保持液体的 pH 值在冻胶最稳定的范围内，泵送的交联压裂液一般具有一个强的缓冲体系；

③ 破胶反应必须足够缓慢，以保证压裂液的稳定性达到要求并适于铺置大量的支撑剂。

3.2.2.4　杀菌剂

微生物的种类很多，分布极广，繁殖生长速度很快，具有较强的合成和分解能力，能引起多种物质变质，如可引起胍胶、田菁胶、植物溶胶液变质。

泵入水基压裂液都应当加入一些杀菌剂，杀菌剂可消除储罐里聚合物的表面降解。更重要的是，所选定的杀菌剂可以中止底层里厌氧菌的生长。许多底层就是因硫酸盐还原菌的生长而变酸，该菌产生硫化氢而使底层原油变酸。杀菌剂加到压裂液中，即可保持胶液表面的稳定性又能防止底层内细菌的生长。

3.2.2.5　黏土稳定剂

能防止油气层中黏土矿物水化膨胀和分散运移的试剂叫作黏土稳定剂。主要有无机和有机阳离子两大类化合物。砂岩油气层中一般都含有黏土矿物，山岩油气层黏土含量较高，水敏性较强，遇水后水化膨胀和分散运移，堵塞油气层，降低油气层的渗透率。因此，在水基冻胶压裂液中必须加入黏土稳定剂，防止油气层中黏土矿物的水化膨胀和分散运移。

目前国内外在水基冻胶压裂液中使用的黏土稳定剂主要有两类：一类是无机盐，如 KCl、NH_4Cl 等；另一类是有机阳离子聚合物，如 TDC，A-25 等。

3.2.2.6　黏弹性表面活性剂

黏弹性表面活性剂是指在特定条件下能在水溶液中形成柔性棒状胶束，并相互缠绕从而形成可逆的三维空间网状结构，同时又表现出特殊流变性能的溶液体系。其中非离子型和阴离子型表面活性剂在压裂液中的应用较广，黏弹性表面活性剂在油田酸化压裂体系中可以降低压裂液破胶液的表面张力和界面张力、防止水基压裂液在油气层中乳化、使乳化液破乳、配制乳化液和泡沫压裂液等，推迟或延缓酸基压裂液的反应时间，使油气层砂岩表面水润湿，提高洗油效率，改善压裂液的性能等。

3.2.2.7　降阻剂

压裂液黏度增加，管道摩擦和泵的功率损耗也增加。为了有效地利用泵的效率，降低压裂液摩阻是非常必要的。水基压裂液常用的降阻剂有聚丙烯酰胺及其衍生物，聚乙烯醇（PVA）植物胶及其衍生物和各类纤维素衍生物等。

3.2.2.8　降滤失剂

降滤失剂的作用：

① 有利于提高压裂液效率，减少压裂液用量，降低压裂液成本；

② 有利于造成长而宽的裂缝，提高砂比，使裂缝具有较高的导流能力；

③ 减少压裂液在油气层的渗流和滞留，减少对油气层的损害；

④ 减少压裂液对水敏性油气层的损害。

水基压裂液常用降滤失剂如下：粒径为 0.045～0.1mm（320～100 目）的砂粉、粉陶以及柴油、轻质原油和压裂液中的水不溶物都可以防止流体滤失。5% 柴油完全混合分散在95% 水相交联的高黏度冻胶中，是一种很好的降滤失剂。5% 柴油降低水基压裂液滤失的机理为：两相流动阻止效应、毛细管阻力效应和贾敏效应产生的阻力。

3.2.2.9　油田常用的羧甲基纤维素（CMC）水基冻胶压裂液的配方（g）

水	100	纤维素酶	0.045
CMC	350	破乳剂	2.5～10
37%甲醛	250	KCl	0～500
碱式硫酸铬	140		

3.2.3　工艺流程

在水中先加入甲醛溶液，再缓慢加入 CMC，不断搅拌 1h 以免产生凝块。然后再加入交联剂铬盐和破乳剂，放置 1h 即成冻胶。最后再加入纤维素酶进行水化，10h 后逐渐解黏水化。KCl 的作用是抑制黏土的水化膨胀，根据使用要求加入。

3.2.3.1　基液制备

① 量取按配方需要配制压裂液量的试验用水，倒入搅拌器中。

② 按配方称取所需添加剂的量，备用。

③ 调节搅拌器转速至液体形成的旋涡可以见到搅拌器桨叶中轴顶端为止。

④ 按顺序依次加入已称好的添加剂，稠化剂应缓慢加入，避免形成"鱼眼"，并时刻调整转速以保证达到③所述的旋涡状态。破胶剂应在制备冻胶前加入。

⑤ 在加完全部添加剂后持续搅拌 5min，形成均匀的溶液，停止搅拌。

⑥ 将已配好的基液倒入烧杯中加盖，放入 30℃恒温水浴锅中静置恒温 4h，使基液黏度趋于稳定。

3.2.3.2　交联液制备

① 按配方要求直接使用液体交联剂为交联液。

② 按实际操作需要根据交联比稀释为所需浓度的交联液。

③ 按配方和交联比要求将固体交联剂均匀溶解为所需浓度的交联液。

3.2.3.3 冻胶制备

① 不含胶囊破胶剂的冻胶制备方法一：针对排除空气影响的情况使用。取制备的基液倒入烧杯中，用玻璃棒搅拌液体。如需要则加入破胶剂，然后边搅拌边加入交联液，直至形成能挑挂的均匀冻胶，避免形成气泡。

② 不含胶囊破胶剂的冻胶制备方法二：针对忽略空气和气泡影响的情况使用。取制备的基液倒入搅拌器中，调节搅拌器转速，使液面形成旋涡，直至液体形成的旋涡可以见到搅拌器桨叶中轴。

3.3　饲料添加剂预混料的生产项目

3.3.1　产品概况

3.3.1.1　饲料添加剂基本情况

饲料添加剂系指为满足某些特殊需要而向常用饲料里添加的各种少量或微量的物质，用以完善饲料的营养成分，防止饲料品质下降，促进饲料中有效成分的利用或改善饲料的风味等。

随着世界范围内饲养业的发展和科学技术的进步，近十年来饲料添加剂的进展是较大的，其年销售额已超过 100 亿美元，几乎增长了一倍。

饲料添加剂的种类繁多（美国约有 300 个品种，欧盟有 250 多个品种，日本有 128 个品种，我国有近 100 个品种，批准进口的品种近 200 个），作用也不专一。有单一品种，也有复合制剂。按其作用主要分为：营养性添加剂，如氨基酸、维生素、矿物元素添加剂、非蛋白氮等；生长促进剂，如抗生素、激素和酶制剂等；驱虫保健剂，如抗球虫剂等；饲料保藏剂，如抗氧化剂、防霉剂和青贮添加剂等；其他，有食欲增进剂、着色剂、黏结剂、调味剂和诱食剂等。20 世纪 80 年代主要又开发了六类新型营养饲料，为促进健康和生长的添加剂，它们是益生素、酶制剂、基因工程产品、诊断助剂、再分配剂和抗病毒剂。

（1）营养性添加剂

① 氨基酸。氨基酸类被称为是最重要的营养性饲料添加剂。这是因为蛋白质的主要成分是氨基酸，动物在生长发育、新陈代谢、繁殖传代过程中，需要大量的蛋白质来满足细胞组织的更新、修补等要求。主要品种有 DL-蛋氨酸和 L-赖氨酸盐酸盐。此外还有色氨酸和苏氨酸、精氨酸和甘氨酸也被列为重要的饲用氨基酸添加剂。

② 维生素。维生素是生命必需的活性物质，能促进主要营养的合成与降解，从而控制代谢。其需要量极少，但不可缺少，否则，机体内代谢就会失调，引起维生素缺乏症，重者会导致死亡。从维生素的消费情况看其主要品种有：氯化胆碱、维生素 A、维生素 E、维生素 C、维生素 B_1、维生素 B_6、维生素 B_2、维生素 H、D-泛酸钙。

近年来，维生素 E 在家禽饲养业中仍具有广阔的市场。据估计，世界合成维生素 E 的年总耗量约 7000 吨。这是因为用于动物饲料的维生素 E 具有控制新陈代谢、调节生殖腺、怀孕期保护和提高对疾病的抵抗力等作用，需求量日渐增多。因此，维生素 E 仍不失为维生素类添加剂的重要产品。

③ 矿物元素。矿物质微量元素添加剂早期全部使用无机盐，称为第一代产品。接着又发展了部分有机盐，称为第二代产品。近十年来又开发使用了氨基酸螯合盐和氨基酸复合物，称为第三代产品。常用的有磷酸氢钙、甲酸钙、碘酸钙、碘化钾、亚硒酸钠等。其他微量元素产品多属硫酸盐类。后又开发了一水硫酸亚铁、乳酸亚铁、富马酸亚铁、葡萄糖酸亚铁等。近几年各种微量元素的氨基酸螯合物产品又相继问世。主要品种有：氨基酸铜、铁、锰、锌、钴螯合物，蛋氨酸铁、锰、锌复合物等。

（2）生长促进剂

生长促进剂包括抗生素、激素和酶制剂等，其主要品种有螺旋霉素、泰乐菌素、北里霉素、竹桃霉素、杆菌肽锌、拉沙里菌素、盐霉素等。

酶是植物和动物活细胞中的复合有机物质。酶制剂是指人工合成的，高效能的生物合成物质。饲料中加入酶制剂能将难以消化吸收的蛋白质、脂肪、糖类等分解为对动物有营养价值的葡萄糖、氨基酸、游离脂肪酸等动物易吸收的单体，从而可提高饲养效益。应用于饲料添加剂的酶制剂包括单酶制剂和复合酶制剂，主要是蛋白酶、纤维素酶、淀粉酶和葡萄糖酶，其次是异构酶、脂肪酶、果胶酶、乳糖酶、胰蛋白酶、凝乳酶。

（3）饲料保存剂

饲料在加工、运输、贮存过程中，受各种因素影响易发生质量下降或霉变，必须添加各种添加剂来保存饲料的营养成分。常用的抗氧化剂有：丁羟基茴香醚（BHA）、丁羟基甲苯（BHT）、乙氧喹啉（FQ）。防霉剂用得最多的是丙酸及其盐类，山梨酸及其盐类。青贮饲料添加剂主要有：无机酸和甲酸、甲醛等。

此外非蛋白氮品种有缩二脲、尿素、亚异丙基脲、磷酸脲等。

单细胞蛋白（SCP）产品，以其氨基酸种类齐全、维生素含量丰富、营养价值高而著称，近十年来发展速度相当快，相继建起一批生产 SCP 的大规模企业。

3.3.1.2　饲料添加剂预混料生产的必要性

全价配合饲料是指对动物营养全价，以保证动物达到最大生产能力及高的饲料转化率，但仅靠能量及蛋白质原料是达不到全价的，科学实验证明，在能量、蛋白基本得到满足的条件下，必须适当补加氨基酸、维生素、微量元素等添加剂才能完善配合饲料的全价性。

饲料添加剂种类很多，理化性质又各不相同，在配合饲料中的用量也极小，一般每吨饲料中的用量只有几毫克至几百克，因此产生许多问题。

① 需要高精度计量。由于用量少且安全量与中毒量十分接近，必须精确计量。

② 需要搅拌均匀。各种配量大小不等，且粒度也不一致，必须搅拌均匀。

③ 各种物质间的化学物理性质各异，常发生协同或拮抗作用，故需载体或稀释剂保护。

④ 矿物盐含水量高，易吸湿返潮，引起潮解和结块，需要预处理。

⑤ 要求粒度均匀，必须进行粉碎。

⑥ 科学的配方。

上述问题的存在，一般饲料厂不但需增大投资、完善设备，而且技术上也有一定困难，难以保证配合饲料质量和使用效果。为了解决饲料厂的上述问题，生产者对一种或多种微量成分如维生素、微量元素、氨基酸、防腐抗氧剂等，同一定量的载体，采用一定技术手段，加工成均匀的混合物，这种混合物即添加剂预混合饲料。它作为一种原料添加到配合饲料中，通常比例为 1%～3%。这种预混合饲料生产工艺比较简单，在设备稍差、技术力量薄弱的小厂及自产自用的饲料厂及养殖场比较适用。

3.3.2 工艺原理

① 查阅饲养标准，列出饲用该预混料的动物对各种微量成分的营养需要。

② 根据营养需要，考虑到各种营养成分间的关系和贮存环境、时间等因素的影响，确定各种微量成分在饲料中的实际含量。

③ 再按实际含量计算出各种原料的投料量。

④ 按规定添加其他非营养添加剂及药物添加剂。

⑤ 然后按配合饲料中需要的总数计算出载体、稀释剂的用量。

3.3.3 工艺流程

3.3.3.1 添加剂预混料的前处理

除活性成分含量，形、色、味和有害物质的最高限度必须符合规定外，为了达到保证营养成分的稳定和混合均匀的目的，在预混合饲料的加工中对原料还有一些特定的要求，主要是原料必须是固体的微粒（液体另有喷洒装置）；必须保持一定分散度的粒度；水分含量不能过高；有吸湿性物质必须预处理；消除静电性；添加量最小不能低于 0.5kg/t，否则进行预稀释。

3.3.3.2 维生素的前处理工艺

维生素的前期处理工艺流程见图 3-4。目前市场上有包被粉剂的维生素 A、维生素 B、维生素 E，如用此粉剂时可不必预处理维生素。

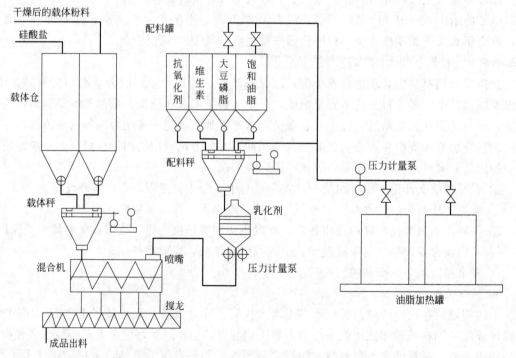

图 3-4 维生素前处理工艺流程图

3.3.3.3 微量矿物质的前处理工艺

微量矿物质的前处理工艺流程见图 3-5，该图包括干燥，细化和添加抗结块剂、稳定剂三个工序。其中小计量秤用于用量极少的碘酸钙、亚硒酸钠（此两项也可通过液体添加）。

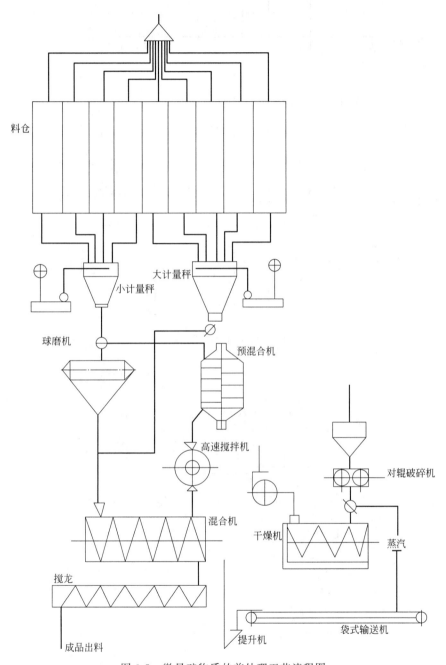

图 3-5　微量矿物质的前处理工艺流程图

3.3.3.4　载体前处理工艺

载体前处理工艺流程见图 3-6。将细化后的添加剂直接加入粉状混合饲料中，无论添加比例多大，也难免出现分离现象，必须通过载体承载，再进行逐级混合多级扩散，才能使添加成分在配合饲料成品中均匀分布。另外为使某种添加剂不起化学拮抗作用，也需以稀释剂充稀。载体预混合主要包括干燥、粉碎、筛分等。

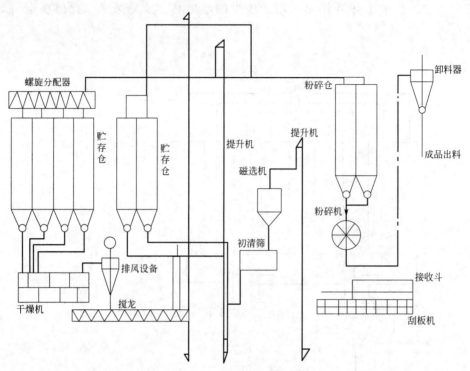

图 3-6　载体前处理工艺流程图

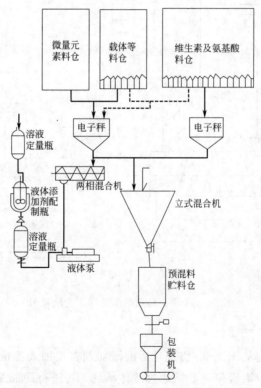

图 3-7　饲料添加剂预混合料的加工工艺流程图

3.3.3.5　饲料添加剂预混合料的加工工艺

饲料添加剂预混合料的加工工艺流程见图 3-7。最后饲料添加剂预混合料部分，包括三种（或更多种）预处理的原料分装料仓、称量、混合、包装等部分，此外另附液体喷洒装置，用于微量成分的水溶液或为抗静电添加油脂用。饲料添加剂预混料厂的设备与流程应尽量适合我国目前情况，即体积小、安装简单、操作方便、混合均匀、价格便宜等。

3.4　涂料生产项目

3.4.1　产品概况

涂料工业是一个"两头大、中间小"的加工工业，说它两头大，是因为它使用的原料品种繁多，涂料产品服务范围遍及各行各业，品种性能变化多样；说它中间小，是指涂料本身的生产工艺较为简单，仅仅是一个混合分散过程而已。在 20 世纪 80 年代以前，涂料制造工厂不仅生产涂料，还要自己制造树脂、吹干剂，甚至精炼植物油和生产某些颜料。如今的涂料厂，大都采购颜料、树脂、溶剂和助剂，按照一定的配方分散混合后包装而成为涂料产品。

涂料（coating）又叫油漆（painting），涂料应用开始于史前时代。

在 20 世纪 20 年代以前，涂料的应用与生产是以一种技艺的形式相传，而不能进入科学领域。科学时代的涂料经历了八个阶段：

第一个阶段：20 世纪 20 年代杜邦公司开始使用硝基纤维素作为喷漆，它的出现为汽车提供了快干、耐久和光泽好的涂料。

第二个阶段：30 年代，随着高分子化学和高分子物理的兴起，开始有了醇酸树脂，后来它发展成为涂料中最重要的品种——醇酸漆。

第三个阶段：40 年代 Ciba 化学公司等发展了环氧树脂涂料，它的出现使防腐蚀涂料有了突破性的发展。

第四个阶段：50 年代开始使用聚丙烯酸酯涂料，聚丙烯酸酯涂料具有优良的耐久性和高光泽性。

第五个阶段：60 年代聚氨酯涂料得到较快的发展。

第六个阶段：70 年代粉末涂料得到很大发展。

第七个阶段：80 年代涂料发展的重要标志曾被认为是杜邦公司发现的基团转移聚合方法，基团转移聚合可以控制聚合物的分子量和分布以及共聚物的组成，是制备高固体分涂料用的聚合物的理想聚合方法。

第八个阶段：90 年代关于纳米材料的研究，特别是聚合物基纳米复合材料的研究是材料科学的前沿，有关研究在涂料中也成为研究热点，其他高性能的涂料如氟碳涂料的研究和使用也取得了重要进展。

3.4.1.1　涂料的定义

涂料是一种借助一定的施工方法涂于物体表面，能形成具有保护、装饰或特殊性能（如绝缘、防腐等）固态涂膜的一类液体或固体材料的总称。我国最早的涂料所用原料主要是天然的桐油和大漆，因此涂料被称为油漆。现在合成树脂已大部分或全部取代了植物油，故称为涂料。目前，全世界涂料产品近千种，产量超过 2000 万吨，并且以年增长率为 3.4% 的速度增长，以合成树脂涂料占主导地位，形成了醇酸、丙烯酸、乙烯、环氧、聚氨酯树脂涂料为主体的系列产品。

3.4.1.2　涂料的功能

涂料涂覆在物体表面，通过形成涂膜发挥作用，涂料功能主要有以下几个方面。

（1）保护功能

它可以保护材料免受或减轻各种损害和侵蚀，还可以保护各种贵重设备在严冬酷暑和各种恶劣环境下正常使用，可以防止微生物对材料的侵蚀。

（2）装饰功能

现代生活中，从房屋建筑、厂房设备、交通工具到居室、电器、文具等，都需要涂料装饰，使人感到美观舒适、焕然一新，生活变得丰富多彩。

（3）标志功能

在交通道路上，通过涂料醒目的颜色可以制备各种标志牌和道路分离线，它们在黑夜里依然清晰明亮。在工厂中，各种管道、设备、槽车、容器常用不同颜色的涂料来区分其作用和所装物的性质。

（4）赋予物体一些特殊功能

电子工业中使用的导电、导磁涂料；航空航天工业上的烧蚀涂料、温控涂料；军事上的伪装与隐形涂料等等，这些特殊功能涂料对于高技术的发展有着重要的作用。高科技的发展对材料的要求越来越高，而涂料是对物体进行改性最便宜和最简便的方法，不论物体的材质、大小和形状如何，都可以在表面上覆盖一层涂料，从而得到新的功能。

3.4.1.3　涂料面临的挑战

（1）涂料的污染和毒性问题

涂料工业近百年的发展中，从天然植物油和松香为基本成分的涂料逐渐演化成以化学合成物为基本成分的合成树脂漆，但同时伴随而来的是空气污染日益严重。涂料中大量使用溶剂，它们是大气污染的重要来源，因此发展低污染的涂料是环境保护的需要。铅颜料是涂料中广泛使用的颜料，1971 年美国环保局规定，涂料中含铅量不得超过总固体含量的 1%，1976 年又将指标提高到 0.06%；乳胶漆中常用的有机汞也受到了限制，其含量不得超过总固体量的 0.2%，因此研究和发展高固体分涂料、水性涂料、无溶剂涂料（粉末涂料和光固化涂料）成为涂料科学的前沿研究课题。

（2）对涂料性能上的要求越来越高

随着生产和科技发展，涂料被用于条件更为苛刻的环境中，因此要求涂料在性能上要有进一步的提高，例如石油工业中所用石油海上平台和油田管道的重防腐涂料，各种表面能很低的塑料用涂料等。

（3）降低烘烤温度和缩短烘烤时间

由于很多高性能的涂料经常需要高温烘烤，能量消耗很大，为了节约能量，特别是电能，降低烘烤温度和缩短烘烤时间也是涂料发展的一个方向。

3.4.1.4　涂料的研究特点

（1）涂料研究的实用性

不管是涂料的基础研究还是应用研究都一定有其实用背景，研究成果比较容易转化为生产力。由于涂料必须具备一些最基本的要求，如成膜性、必需的物理和化学性能，因此研究课题开始的时候，便有明确的边界条件，且要求用多因子统计的实验方法，最终效果则应由实用效果来判断。一般学科常用的单因子实验法，以及强化模拟条件的实验，其结果往往是不可靠的。

（2）涂料研究遍布许多行业

由于涂料品种的多样性、原料来源的广泛性和使用的普遍性，因此涂料的研究不仅在生产涂料的各大公司和高等学校的涂料专业中进行，实际上很多其他行业和研究机构都直接或间接地进行有关涂料的研究。

（3）组合配方研究

涂料研究开发中，最大量的工作是配方研究，通过对组分及其含量的调节组合，同时配制大量的样品，利用快捷的测试技术，在短时间内从数目庞大的样品中优选出满意的配方。

3.4.1.5　涂料组成、分类及命名

（1）涂料的组成

涂料是由成膜物质、溶剂、颜料和助剂组成的。

① 成膜物质。成膜物质又称基料、漆料，是能黏着于物体表面并形成涂膜的一类物质，决定着涂料的基本性质。成膜物质可以是油脂、天然树脂、合成树脂。

用作成膜物质的天然油类一般是动植物油，以植物油为主。

用作成膜物质的天然树脂有松香、纤维素、天然橡胶、虫胶和天然沥青等。

用作成膜物质的合成树脂有酚醛树脂、沥青、醇酸树脂、氨基树脂、纤维素、过氯乙烯树脂、乙烯类树脂、丙烯酸类树脂、聚酯树脂、聚氨酯树脂、环氧树脂、元素有机化合物、橡胶等。

② 溶剂。溶剂是挥发成分，包括有机溶剂和水。常见的有机溶剂有脂肪烃、芳香烃、醇、酯、醚、酮、氯烃类等。溶剂的主要作用是使基料溶解或分散成黏稠的液体，以便涂料的施工。在涂料施工过程中和施工完毕后，这些有机溶剂和水挥发，使基料干燥成膜。基料和挥发成分的混合物称为漆料。

在一般的液体涂料中，溶剂的含量相当大，在热塑性涂料中，一般占 50％以上；在热固性涂料中，占 30％～50％。

涂料中的有机挥发物（volatile organic compound，VOC）可造成光化学污染和臭氧层破坏，对自然环境和人类自身健康都产生不利影响。

③ 颜料。颜料能赋予涂料以颜色和遮盖力，提高涂层的机械物理性能和耐久性。颜料的颗粒大小为 $0.2 \sim 100 \mu m$，其形状可以是球状、鳞片状和棒状，不溶于溶剂、水和油类。

颜料按成分可分为无机颜料和有机颜料，常用的无机颜料有钛白（分金红石型和锐钛型）、锌白、锌钡白（又称立德粉）、硫化锌、铁红、铬黄、炭黑、群青、铝粉等；常用的有机颜料有偶氮颜料、酞菁颜料、喹吖啶酮等。

颜料按性能可分为着色颜料、体质颜料和功能性颜料，着色颜料品种非常多。体质颜料又称填料，一般是用来提高着色颜料的着色效果和降低成本，常见的有硫酸钡、硫酸钙、碳酸钙、二氧化硅、滑石粉等。功能性颜料有防锈颜料、消光颜料、防污颜料等。

④ 助剂。助剂在涂料配方中所占的份额较小，但对涂料的贮存、施工、所形成膜层的性能起着重要作用，常见助剂有以下几种。

a. 流平剂。涂料在涂装后有一个流动及干燥成膜的过程。涂膜能达到平整光滑的特性称为流平性。流平性不好的涂膜易出现缩孔、橘皮、针孔流挂等缺陷，通过添加流平剂可以

改变流平性。常见的液体涂料流平剂有芳烃、酮类等高沸点溶剂。粉末涂料常用的流平剂有高级丙烯酸酯与低级丙烯酸酯的共聚物、环氧化豆油和氢化松香醇。

流平剂的作用原理是降低涂料与底材之间的表面张力，调整黏度、延长流平时间。

b. 增稠剂。涂料中加入增稠剂后，黏度增加，形成触变型流体或分散体，从而达到防止涂料在贮存过程中已分散颗粒的聚集、沉淀，防止涂装时流挂现象发生。增稠剂在溶剂型涂料中称为触变剂，在水性涂料中称为增稠剂。制备乳胶涂料，增稠剂的加入可控制水的挥发速度、延长成膜时间，从而达到涂膜流平的作用。

水性涂料使用的增稠剂主要有水溶性和水分散型高分子化合物。早期有树胶类、淀粉类、蛋白类和羧甲基纤维素钠，目前常用的主要有聚丙烯酸钠、聚甲基丙烯酸钠、聚醚等。

c. 消光剂和增光剂。消光剂可以使涂膜表面产生一定的粗糙度，降低其表面光泽。常用的消光剂有金属皂、改性油、蜡、硅藻土、合成二氧化硅等。增光剂能降低涂膜的表面粗糙度，提高光泽，如有机胺类和一些非离子表面活性剂。

d. 分散剂。颜料在涂料体系以悬浮体的形式存在，不能溶于溶剂，加入分散剂能使颜料均匀分散，分散剂可以吸附在颜料颗粒表面，产生电荷斥力或空间位阻，防止颜料的絮凝，使分散体处于稳定状态。常用无机分散剂主要有聚磷酸钠、硅酸盐，表面活性剂类分散剂主要有烷基硫酸钠、油酸钠、烷基季铵盐、脂肪醇聚氧乙烯醚、大豆卵磷脂、聚醋酸盐、聚乙烯吡咯烷酮等。

e. 增塑剂。改善涂膜的柔韧性，降低成膜温度。常用增塑剂为邻苯二甲酸二丁酯、邻苯二甲酸二辛酯。

f. 催干剂。催干剂又称干燥剂，是能加速漆膜氧化、聚合交联、干燥的有机金属皂化合物，主要用于油性漆。常用的有环烷酸锰、钴、铅、锌类催干剂。

另外，在涂料中根据需要还需加入的助剂有固化剂、稳定剂、防腐剂、防潮剂、防冻剂、消泡剂等。

（2）涂料的分类

涂料的品种繁多，在我国市场上出现的涂料品种有 1000 多种，国际上分类极不一致。我国 1959 年确定涂料按成膜物分为 18 大类、48 个小类，在国家标准 GB/T 2705—1992《涂料产品分类、命名和型号》中有具体表述。2003 年又颁布了国家标准 GB/T 2705—2003《涂料产品分类和命名》，以下介绍几种主要分类方法。

① 以用途为主线辅以主要成膜物分类。新的国家标准 GB/T 2705—2003《涂料产品分类和命名》中将涂料产品划分为三个主要类别：建筑涂料、工业涂料和通用涂料及辅助材料，详见表 3-3。

表 3-3　涂料分类

	主要产品类型		主要成膜物类型
建筑涂料	墙面涂料	合成树脂乳液内墙涂料，合成树脂乳液外墙涂料，溶剂型外墙涂料，其他涂料	丙烯酸酯类及其改性共聚乳液；乙酸乙烯及其改性共聚乳液；聚氨酯、氟碳等树脂；无机黏合剂等
	防水涂料	溶剂型树脂防水涂料，聚合物乳液防水涂料，其他防水涂料	EVA、丙烯酸酯类乳液；聚氨酯、沥青、PVC 胶泥或油膏、聚丁二烯等树脂
	地平涂料	水泥基等非木质地面用涂料	聚氨酯、环氧等树脂
	功能性建筑涂料	防火涂料，防霉（藻）涂料，保温隔热涂料，其他功能性建筑涂料	聚氨酯、环氧、丙烯酸酯类、乙烯类、氟碳等树脂

续表

主要产品类型			主要成膜物类型
工业涂料	汽车涂料（含摩托车涂料）	汽车底漆（电泳漆），汽车中涂漆，汽车面漆，汽车罩光漆，汽车修补漆，其他汽车专用漆	丙烯酸酯类、聚酯、聚氨酯、醇酸、环氧、氨基、硝基、PVC 等树脂
	木器涂料	溶剂型木器涂料，水性木器涂料，光固化木器涂料，其他木器涂料	聚酯、聚氨酯、丙烯酸酯类、醇酸、硝基、氨基、酚醛、虫胶等树脂
	铁路、公路涂料	铁路车辆涂料，道路标志涂料，其他铁路、公路设施用涂料	丙烯酸酯类、聚氨酯、环氧、醇酸、聚乙烯类等树脂
	轻工涂料	自行车涂料，家用电器涂料，仪器、仪表涂料，塑料涂料，纸张涂料，其他专用轻工涂料	聚氨酯、聚酯、环氧、醇酸、丙烯酸酯类、酚醛、氨基、聚乙烯类等树脂
	船舶涂料	船壳及上层建筑物漆，船底防污漆，水线漆，甲板漆，其他船舶漆	聚氨酯、醇酸、丙烯酸酯类、环氧、聚乙烯类、酚醛、沥青等树脂，氯化橡胶
	防腐涂料	桥梁涂料，集装箱涂料，专用埋地管道及设施涂料，耐高温涂料，其他防腐涂料	聚氨酯、丙烯酸酯类、环氧、醇酸、酚醛、聚乙烯类、沥青、有机硅、氟碳等树脂，氯化橡胶
	其他专用涂料	卷材涂料，绝缘涂料，机床、农机、工程机械等涂料，航空、航天涂料，军用器械涂料，电子元器件涂料，以上未涵盖的其他专用涂料	聚酯、聚氨酯、环氧、丙烯酸酯类、醇酸、聚乙烯类、氨基、有机硅、氟碳、酚醛、硝基等树脂
通用涂料及辅助材料	调和漆，清漆，磁漆，底漆，腻子，稀释剂，防潮剂，催干剂，脱漆剂，固化剂，其他通用涂料及辅助材料	以上未涵盖的无明确应用领域的涂料产品	改性油脂，天然树脂，酚醛，沥青，醇酸等树脂

② 以主要成膜物为基础辅以产品用途分类。除建筑涂料外，主要以涂料产品的主要成膜物为主线，并适当辅以产品主要用途，将涂料产品分为两个主要类别：建筑涂料、其他涂料及辅助材料。建筑涂料中，主要产品类型和成膜物类型与表 3-3 中建筑涂料部分内容相同，此处略。其他涂料及辅助材料的情况，详见表 3-4、表 3-5。

表 3-4　其他涂料

主要成膜物类型		主要产品类型
1. 油脂类漆	天然植物油、动物油(脂)、合成油等	清油、厚漆、调和漆、防锈漆、其他油脂类
2. 天然树脂漆	松香、虫胶、乳酪素、动物胶及其衍生物等清漆、调和漆、磁漆、底漆、绝缘漆、生漆、其他天然树脂漆	清漆、调和漆、磁漆、底漆、绝缘漆、生漆、其他天然树脂漆
3. 酚醛树脂漆	酚醛树脂、改性酚醛树脂等	清漆、调和漆、磁漆、底漆、绝缘漆、船舶漆、防锈漆、耐热漆、黑板漆、防腐漆、其他酚醛树脂漆
4. 沥青漆	天然沥青、(煤)焦油沥青、石油沥青等	清漆、磁漆、底漆、绝缘漆、防腐漆、船舶漆、耐酸漆、防腐漆、锅炉漆、其他沥青漆
5. 醇酸树脂漆	甘油醇酸树脂、季戊四醇醇酸树脂、其他醇类的醇酸树脂、改性醇酸树脂等	清漆、调和漆、磁漆、底漆、绝缘漆、防锈漆、船舶漆、汽车漆、木器漆其他醇酸树脂漆

续表

主要成膜物类型		主要产品类型
6. 氨基树脂漆	三聚氰胺甲醛树脂、脲(甲)醛树脂及其改性树脂等	清漆、磁漆、绝缘漆、美术漆、闪光漆、汽车漆、其他氨基树脂漆
7. 硝基漆	硝基纤维素(酯)等	清漆、磁漆、铅笔漆、木器漆、汽车修补漆、其他硝基漆
8. 过氯乙烯树脂漆	过氯乙烯树脂等	清漆、磁漆、机床漆、防腐漆、可剥漆、胶液、其他过氯乙烯树脂漆
9. 烯类树脂漆	聚乙烯醇缩醛树脂漆、氯化聚烯烃树脂漆、其他烯类树脂漆	聚二乙烯乙炔树脂、聚多烯树脂、氯乙烯-乙酸乙烯共聚物、聚乙烯醇缩醛树脂、石油树脂等
10. 丙烯酸酯类树脂漆	热塑性丙烯酸酯类树脂、热固性丙烯酸酯类树脂等	清漆、透明漆、磁漆、汽车漆、工程机械漆、摩托车漆、家电漆、塑料漆、标志漆、电泳漆、乳胶漆、木器漆、汽车修补漆、粉末涂料、船舶漆、绝缘漆、其他丙烯酸酯类树脂漆
11. 聚酯树脂漆	饱和聚酯树脂、不饱和聚酯树脂等	粉末涂料、卷材涂料、木器漆、防锈漆、绝缘漆、其他聚酯树脂漆
12. 环氧树脂漆	环氧树脂、环氧酯、改性环氧树脂等	底漆、电泳漆、光固化漆、船舶漆、绝缘漆、划线漆、罐头漆、粉末涂料、其他环氧树脂漆
13. 聚氨酯树脂漆	聚氨(基甲酸)酯树脂等	清漆、磁漆、木器漆、汽车漆、防腐漆、飞机蒙皮漆、车皮漆、船舶漆、绝缘漆其他聚氨酯树脂漆
14. 元素有机漆	有机硅、有机钛、氟碳树脂等	耐热漆、绝缘漆、电阻漆、防腐漆、其他元素有机漆
15. 橡胶漆	氯化橡胶、环化橡胶、氯丁橡胶、氯化氯丁橡胶、丁苯橡胶、氯磺化聚乙烯橡胶等	清漆、磁漆、底漆、船舶漆、防腐漆、划线漆、可剥漆、其他橡胶漆
16. 其他成膜物涂料	无机高分子材料、聚酰亚胺树脂、二甲苯树脂等以上未包括的主要成膜材料	

表 3-5　辅助材料

主要品种	稀释剂、防潮剂、催干剂、脱漆剂、固化剂、其他辅助材料

③ 按施工顺序分。分为底漆、中涂漆、二道漆、面漆、罩光漆等。底漆是作为漆膜底层的涂料，一般直接涂覆于物体表面；中涂漆一般是涂覆于底漆与面漆之间的一层涂料，可分为腻子和二道漆；面漆则是与外界直接接触的最外层涂膜所用的涂料。

④ 按施工方法分。刷用涂料、喷涂涂料、静电喷涂涂料、电泳漆、烘漆、浸渍漆等。

⑤ 以涂料的形态分类。液态涂料和固体涂料。液态涂料主要是溶剂型涂料，包括油性涂料、水性涂料；固体涂料主要指无溶剂型涂料，如粉末涂料、光固化涂料和紫外线固化涂料等。

⑥ 按涂膜光泽度分。罩光漆、半光漆和无光漆。

⑦ 按是否含颜料分。清漆、色漆、厚漆和腻子。清漆是不含颜料的溶液型涂料；色漆是含有颜料的有色不透明涂料；厚漆是含有颜料的有色不透明的涂料，含少量溶剂；腻子则是一种高固体含量的涂覆物质，又称填充剂。

⑧ 按固化机理分。室温自干涂料、热反应型涂料、辐射固化涂料等。

⑨ 按成膜机理分。非转化型涂料和转化型涂料。非转化型涂料包括挥发干燥型涂料、热熔型涂料和水乳胶型涂料；转化型涂料包括氧化聚合型涂料、热固化型涂料、缩聚反应型涂料、加成聚合型涂料、自由基聚合型涂料和酶催化固化型涂料等。

（3）涂料的命名

目前，世界上没有统一的涂料命名方法。我国国家标准 GB/T 2705—2003《涂料产品分类、命名和型号》中对涂料的命名原则有如下规定：

① 全名。一般由颜色或颜料名称加上成膜物质名称，再加上基本名称（特性或专业用途）而组成。对于不含颜料的清漆，其全名一般是由成膜物质名称加上基本名称而组成。

② 颜色名称。通常由红、黄、蓝、白、黑、绿、紫、棕、灰等颜色，有时再加上深、中、浅（淡）等词构成。若颜料对漆膜性能起显著作用，则可用颜料的名称代替颜色的名称，例如铁红、锌黄、红丹等。

③ 成膜物质名称。可做适当简化，例如聚氨基甲酸酯简化成聚氨酯；环氧树脂简化成环氧；硝酸纤维素（酯）简化为硝基等。漆基中含有多种成膜物质时，选取起主要作用的一种成膜物质命名。必要时也可以选取两种或三种成膜物质命名，主要成膜物质名称在前，次要成膜物质名称在后，例如红环氧硝基磁漆。

④ 基本名称。表示涂料的基本品种、特性和专业用途。具体见表 3-6。

表 3-6　涂料基本名称

基本名称	基本名称	基本名称	基本名称	基本名称	基本名称
1. 清油	14. 斑纹漆、裂纹漆、橘纹漆	27. 车间（预涂）底漆	40. 铅笔漆	53. 电容器漆	66. 外墙涂料
2. 清漆	15. 锤纹漆	28. 耐酸漆、耐碱漆	41. 罐头漆	54. 电阻漆、电位器漆	67. 防水涂料
3. 厚漆	16. 皱纹漆	29. 防腐漆	42. 木器漆	55. 半导体漆	68. 地板漆、地坪漆
4. 调和漆	17. 金属漆、闪光漆	30. 防锈漆	43. 家用电器涂料	56. 电缆漆	69. 锅炉漆
5. 磁漆	18. 防污漆	31. 耐油漆	44. 自行车涂料	57. 可剥漆	70. 烟囱漆
6. 粉末涂料	19. 水线漆	32. 耐水漆	45. 玩具涂料	58. 卷材涂料	71. 黑板漆
7. 底漆	20. 甲板漆、甲板防滑漆	33. 防火涂料	46. 塑料涂料	59. 光固化涂料	72. 标志漆、路标漆、马路划线漆
8. 腻子	21. 船壳漆	34. 防霉（藻）涂料	47. 浸渍绝缘漆	60. 保温隔热涂料	73. 汽车底漆、汽车中途漆、汽车面漆、汽车光漆
9. 大漆	22. 船底防锈漆	35. 耐热（高温）涂料	48. （覆盖）绝缘漆	61. 机床漆	74. 汽车修补漆
10. 电泳漆	23. 饮水舱漆	36. 示温涂料	49. 抗弧（磁）漆、互感器漆	62. 工程机械用漆	75. 集装箱涂料
11. 乳胶漆	24. 油舱漆	37. 涂布漆	50. （黏合）绝缘漆	63. 农机用漆	76. 铁路车辆涂料
12. 水溶（性）漆	25. 压载舱漆	38. 桥梁漆、输电塔漆及其他（大型露天）钢结构漆	51. 漆包线漆	64. 发电、输配电设备用漆	77. 胶液
13. 透明漆	26. 化学品舱漆	39. 航空、航天用漆	52. 硅钢片漆	65. 内墙涂料	78. 其他未列出的基本名称

⑤ 专业用途和特性表达。成膜物质名称和基本名称之间，必要时可插入适当词语来标明专业用途和特性等，例如白硝基台球磁漆、绿硝基外用磁漆、红过氯乙烯静电磁漆等。

⑥ 需烘烤干燥的漆。名称中（成膜物质名称和基本名称之间）应有"烘干"字样，例如银灰氨基烘干磁漆、铁红环氧聚酯酚醛烘干绝缘漆。如名称中无"烘干"，则表示该漆是自然干燥，或自然干燥、烘烤均可。

⑦ 多组分涂料。凡双（多）组分的涂料，在名称后应增加"（双组分）"或"（三组分）"字样，例如聚氨酯木器漆（双组分）。

3.4.1.6　涂料的固化机理

涂料被涂于物件表面后形成了可流动的液态薄层，通称为"湿膜"，湿膜通过不同的变化才可能形成连续的"干膜"，这个过程称为干燥或固化。在干燥或固化过程中发生了流动性和黏度的变化，通常施工时黏度为 $0.051 \sim 0.065 \mathrm{Pa \cdot s}$，而涂膜实干后，黏度达到 10^{7} $\mathrm{Pa \cdot s}$ 以上。在由湿膜转化为干膜的过程中，涂料中的主要成膜物在结构上的变化情况称为成膜机理。成膜固化机理分为两类，一类是物理方式成膜，另一类是化学方式成膜。

（1）物理成膜机理

包括溶剂的挥发成膜和聚合物离子凝聚成膜两种形式。溶剂的挥发成膜是指主要成膜物质在湿膜和干膜中结构未发生变化，涂膜的干燥速度直接与所用溶剂的挥发力相关，同时也与溶剂在涂料中的扩散程度及成膜物质的化学结构、分子量和玻璃化温度有关。聚合物粒子凝聚成膜是指成膜物质的高聚物粒子在一定的条件下相互凝聚而成为连续的固态涂膜。在分散介质挥发的同时产生高聚物粒子的接近、接触、挤压变形而聚集起来，最后由粒子状态的聚集变为分子状态的聚集。

（2）化学成膜机理

化学成膜又称转化性成膜，是指在成膜过程中发生了化学反应。化学成膜一般通过连锁聚合反应和逐步聚合反应来实现的。

连锁聚合反应有以下几种方式：

① 氧化聚合。涂抹中成膜物质通过空气中的氧将成膜分子双键之间的亚甲基氧化从而使分子不断增大，最终生成聚合度不等的高分子的过程。

② 引发剂引发聚合。涂抹中引发剂产生的自由基将不饱和双键打开，产生链式反应而形成大分子涂膜。

③ 能量引发聚合。共价化合物或聚合物在外界能量激发下，生成单体或自由基，在短时间内完成加聚反应，使涂料固化成膜。

逐步聚合反应有以下几种方式。

① 缩聚反应成膜。在成膜反应中按缩聚反应进行。

② 氢转移聚合反应成膜。通过氨基、酰胺基、羟甲基、环氧基、异氰酸基发生氢转移聚合反应成膜。

现代涂料大多不是以单一的方式成膜，而是以多种方式最终成膜，不同的成膜方式需要不同的固化成膜条件。主要有下面几种方式。

① 自然干燥型。涂膜自然干燥简称室温自干，不需要加热，可以分为室温自干、室温气干和室温反应型干燥。室温自干涂料主要是依靠溶剂或水的挥发而干燥成膜的非转化型涂料，如硝基纤维素漆、过氯乙烯树脂漆等；靠自动氧化聚合固化型涂料属于室温气干型；室温反应型干燥的涂料主要为双组分聚氨酯涂料、湿固化聚氨酯涂料等。

② 烘干型。涂料的固化成膜需要在 100℃ 以上的温度，经一定的烘烤时间，产生交联反应固化成膜或熔融流平成膜，一般采用远红外烘干技术。

③ 辐射固化型。辐射固化包括紫外光固化和电子束固化，都属于自由基聚合固化成膜。紫外光固化是在涂料中添加光敏引发剂，光敏引发剂在紫外光照射下产生自由基，进一步引发固化树脂活性稀释剂产生自由基，从而进行自由基聚合反应而固化成膜。电子束固化涂料

与紫外光固化涂料的配制基本上相同，只是电子束固化不需要加自由基光引发剂，由电子束直接引发树脂和活性稀释剂产生自由基，从而进行自由基聚合而固化成膜。辐射固化涂料的能量利用率高，适用于热敏基材，无污染，成膜速度快，涂膜质量高，是新一代绿色化工产品。

④ 红外线固化型。红外固化是利用红外线提供能量的一种固化技术。红外加热技术具有高能量、高强度、全波段、瞬时启动、强力红外辐射加热等特点，它源于美国的航天工业，在 20 世纪 90 年代末期才开始应用于粉末涂料的固化，该技术能够缩短固化时间，并且对涂膜固化及固化后涂层的性能产生作用。

3.4.1.7　涂料的施工

涂料施工即涂装，是涂料在物体表面形成涂膜的过程。从涂料制造厂出厂的涂料产品只能算半成品，经过涂覆在物体表面，固化成的薄膜才是成品。正确施工对于保证涂料的质量具有非常重要的作用。影响施工质量的因素主要有涂料品种的选择与确定，被涂物体表面的处理，施工方法的选择，涂料固化方式的选择，涂料与涂膜病态的防治。

（1）涂料品种的选择

涂料品种的选择与确定，首先要确定被涂物体的材质，材质主要有金属和非金属。其次是根据被涂物体所处的工作环境对涂膜性能的要求来选择涂料类型。有时候单一涂料品种还不能够达到应用的要求，通常选择两种或两种以上不同性能或作用的涂料配合使用以达到最佳应用效果。

（2）物体表面的处理

在确定了涂料的类型后，为了保证涂层的质量，在涂装前需要对物体表面进行处理，以提高涂料的附着力和表面的光洁性。对于不同的材料有不同的处理方法，具体见表 3-7。

表 3-7　常见物体表面的处理方法

材　质	处　理　方　法
钢　铁	除油、除锈、氧化、磷化、钝化
木　材	新木材：干燥、清洗、打磨、染色；旧木材：去油、水洗、刮平、打磨
水泥墙面	新墙面：去油、干燥、腻子填平；旧墙面：去油、打磨、腻子填平
普通墙面	刮平、打磨
塑　料	打磨、化学处理
玻　璃	去油、水洗、干燥

（3）内墙面涂料施工工艺

① 工艺流程：

基层处理→修补腻子→刮腻子→施涂第一遍乳液薄涂料→施涂第二遍乳液薄涂料→施涂第三遍乳液薄涂料

② 基层处理：首先将墙面等基层上起皮、松动及鼓包等清除凿平，将残留在基层表面上的灰尘、污垢、溅沫和砂浆流痕等杂物清除扫净。

③ 修补腻子：用水石膏将墙面等基层上磕碰的坑凹、缝隙等处分遍找平，干燥后用 1 号砂纸将凸出处磨平，并将浮尘等扫净。

④ 腻子：刮腻子的遍数可由基层或墙面的平整度来决定，一般情况为三遍，腻子的配合比为重量比，其配合比为：聚醋酸乙烯乳液（即白乳胶）：滑石粉或大白粉：2%羧甲基纤维素溶液=1：5：3.5。具体操作方法为：第一遍用胶皮刮板横向满刮，一刮紧接着一刮

板，接头不得留槎，每刮一刮板最后收头时，要注意收得要干净利落。干燥后用 1 号砂纸磨，将浮腻子及斑迹磨平磨光，再将墙面清扫干净。第二遍用胶皮刮板竖向满刮，所用材料和方法同第一遍腻子，干燥后用 1 号砂纸磨平并清扫干净。第三遍用胶皮刮板找补腻子，用钢片刮板满刮腻子，将墙面等基层刮平刮光，干燥后用细砂纸磨光，注意不要漏磨或将腻子磨穿。

⑤ 涂第一遍乳液薄涂料：施涂顺序是先刷顶板后面墙面，刷墙面时应先上后下。先将墙面清扫干净，再用布将墙粉尘擦净。乳液涂料一般用排笔涂刷，使用新排笔时，注意将活动的排笔毛理掉。乳液薄涂料使用前应搅拌均匀，适当加水稀释，防止头遍涂料施涂不开。干燥后复补腻子，待复补腻子干燥后用砂纸磨光，并清扫干净。

⑥ 涂第二遍乳液薄涂料：操作要求同第一遍，使用前要充分搅拌，如不很稠，不宜加水或尽量少加水，以防露底。漆膜干燥后，用细砂纸将墙面小疙瘩和排笔毛打磨掉，磨光滑后清扫干净。

⑦ 涂第三遍乳液薄涂料：操作要求同第二遍乳液薄涂料。由于乳胶漆膜干燥较快，应连续迅速操作，涂刷时从一头开始，逐渐涂刷向另一头，要注意上下顺刷互相衔接，后一排笔紧接前一排笔，避免出现干燥后再处理接头。

3.4.2 溶剂型涂料

3.4.2.1 工艺原理

溶剂型涂料（solvent coating）是以有机溶剂为分散介质而制得的涂料。虽然溶剂型涂料存在着污染环境、浪费能源以及成本高等问题，但溶剂型涂料仍有一定的应用范围，还有其自身明显的优势。从性能比较来看，溶剂型涂料仍占很大优势，主要表现在以下四个方面。

① 涂膜的质量：在有高装饰性要求的场合，水性涂料的丰满度通常达不到人们的要求，高光泽涂料多使用溶剂型涂料来实现。

② 对各种施工环境的适应性：对于水性涂料则无法调节其挥发速率，要想获得高性能的水性乳胶涂料涂膜，就必须控制施工环境的温度、湿度。在一些条件较为苛刻的环境，如外墙面、桥梁上的施工，无法人工营造一个温湿度可控的条件，因此水性涂料的应用可能会受到限制；相反，采用溶剂型涂料，可随地点、气候的变化进行溶剂比例的控制，以获得优质涂膜。

③ 溶剂型涂料对树脂的选择范围较广：在溶剂型涂料中，各种树脂几乎都可溶解在溶剂中，选择余地较宽。不同的树脂具有各自独特的性能，如聚氨酯具有优异的耐候及耐化学性、高光泽、耐磨性等，有机硅树脂具有极优秀的耐热性可用作耐热、耐候涂料的基料。

④ 清洗问题。溶剂型涂料的施工工具必须用溶剂来清洗，对人体及环境均有害。

涂料溶剂主要包括两大类产品，第一类是烃类溶剂，根据不同沸点进行分级；第二类是含氧溶剂类，也是应用最为广泛、最为主流的一类。以下对这两类进行具体的说明。

烃类溶剂：通常是不同分子量材料的混合物，并且通过沸点不同进行分级，包括：脂肪族烃、芳香烃、氯化烃和萜烃等产品。

含氧溶剂：分子中含有氧原子的溶剂。它们能提供范围很宽的溶解力和挥发性，很多树脂不能溶于烃类溶剂中，但能溶于含氧溶剂。常见的包括醇、酮、酯和醇醚等产品。

3.4.2.2　溶剂型涂料的配方及生产工艺

溶剂型涂料的主要品种有醇酸树脂涂料、酚醛树脂涂料、丙烯酸类树脂涂料、环氧树脂涂料和聚氨酯类涂料等，以下对它们相应的配方及生产工艺分别加以介绍。

（1）醇酸树脂涂料

① 醇酸清漆。醇酸清漆的配方见表 3-8。

表 3-8　醇酸清漆的配方

原料	配比/%	原料	配比/%
亚麻油	25.17	环烷酸钴	0.5
甘油	6.56	环烷酸锰	0.5
黄丹	0.01	环烷酸铅	2
邻苯二甲酸酐（苯酐）	15.96	环烷酸锌	0.5
200 号溶剂汽油	26.8	环烷酸钙	2
二甲苯	20		

生产过程：将亚麻油和甘油在反应釜内混合，加热至 160℃，加黄丹，升温至 240℃，保温 1h 左右至醇解完全，降温至 180℃，加苯酐和回流二甲苯（5%），继续升温酯化，回流脱水，酯化温度最高不超过 230℃，至酸值和黏度合格时，降温至 160℃，加溶剂汽油和二甲苯稀释，然后加催化剂，充分调匀，过滤包装。生产工艺流程如图 3-8 所示。

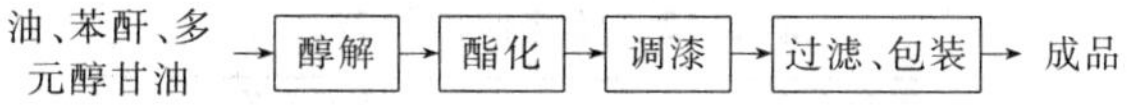

油、苯酐、多元醇甘油 → 醇解 → 酯化 → 调漆 → 过滤、包装 → 成品

图 3-8　醇酸清漆生产工艺流程

消耗定额见表 3-9。

表 3-9　醇酸清漆消耗定额

原料名称	指标/(kg/t)	原料名称	指标/(kg/t)
植物油	280	催化剂	60.5
甘油	73	溶剂	520
苯酐	177		

② 醇酸磁漆。醇酸磁漆的配方见表 3-10。

表 3-10　醇酸磁漆的配方　　　　　　　　　单位：%

原料名称	红	白	黑	绿
大红粉	4.2	—	—	—
钛白粉	—	5	—	—
立德粉	—	25	—	—
炭黑	—	—	2	—
中铬黄	—	—	—	2
柠檬黄	—	—	—	11
铁蓝	—	—	—	2
沉淀硫酸钡	6.5	—	10	5
轻质碳酸钙	4.5	—	6	5
醇酸调和漆料	65	55	65	60
200 号溶剂汽油	14.8	10	11.5	10
环烷酸钴（2%）	0.5	0.5	1	0.5
环烷酸锰（2%）	0.5	0.5	0.5	0.5
环烷酸铅（10%）	2	2	2	2
环烷酸锌（4%）	1	1	1	1
环烷酸钙（2%）	1	1	1	1

生产过程为：将颜料、填料和一部分醇酸调和漆料，搅拌均匀，经磨漆机研磨至细度合格，加入其余的醇酸调和漆料、溶剂汽油和催化剂，充分调匀，过滤、包装。生产工艺流程如图 3-9 所示。

图 3-9 醇酸磁漆生产工艺流程

消耗定额见表 3-11。

表 3-11 醇酸磁漆消耗定额 单位：kg/t

原料名称	红	白	黑	绿
醇酸树脂	782.5	557.5	682.5	630
颜料、填料	159.6	315	189	262.5
溶剂	155.4	105	120.7	105
催干剂	52.5	52.5	57.5	52.5

（2）酚醛树脂涂料

① 酚醛清漆。酚醛清漆配方见表 3-12。

表 3-12 酚醛清漆配方

原料名称	配比/%	原料名称	配比/%
松香改性酚醛树脂	13.5	200 号溶剂汽油	44
桐油	27	环烷酸钴（2%）	0.5
亚桐聚合油	14	环烷酸锰（2%）	0.5
醋酸铅	0.5		

生产过程：将树脂和桐油混合，加热至 190℃，在搅拌下加入醋酸铅，继续加热至 270～280℃，保温至黏度合格，降温，加亚桐聚合油，冷却至 150℃，加溶剂汽油和催干剂，充分调匀，过滤、包装。生产工艺流程如图 3-10 所示。

图 3-10 酚醛清漆生产工艺流程

消耗定额见表 3-13。

表 3-13 酚醛清漆消耗定额 单位：kg/t

原料名称	指标	原料名称	指标
树脂	147	溶剂	468
催干剂	16	植物油	436

② 酚醛调和漆。酚醛调和清漆配方见表 3-14。

表 3-14 酚醛调和清漆配方 单位：%

原料名称	红	黄	蓝	黑
大红粉	6.5	—	—	—
中铬黄	—	20	—	—

续表

原料名称	红	黄	蓝	黑
铁蓝	—	—	5	—
立德粉	—	—	12	—
炭黑	—	—	—	3
沉淀硫酸钡	30	20	20	30
轻质碳酸钙	5	5	5	5
酚醛调和漆料	34	33	35	37
亚铜聚环烷油	12	12	12	12
200 号溶剂汽油	10.5	8.4	9.4	11
2%环烷酸钴	0.5	0.3	0.3	0.5
2%环烷酸锰	0.5	0.3	0.3	0.5
10%环烷酸铅	1	1	1	1

生产过程：将颜料、填料、聚合油和一部分调和漆料混合，搅拌均匀，研磨至细度合格，加入其余的漆料、溶剂汽油和催干剂，充分调匀，过滤、包装。生产工艺流程如图 3-11 所示。

图 3-11　酚醛调和清漆生产工艺流程

消耗定额见表 3-15。

表 3-15　酚醛调和漆消耗定额　　　　　　　　　　单位：kg/t

原料名称	指标	原料名称	指标
5%酚醛树脂	800～1000	颜料、填料	380～500
催干剂	11	溶剂	350～460

（3）丙烯酸类树脂涂料

① 丙烯酸清漆。丙烯酸清漆配方见表 3-16。

表 3-16　丙烯酸清漆配方

原料名称	配比/%	原料名称	配比/%
热塑性丙烯酸树脂	8	丙酮	9
磷酸三甲酚酯	0.2	甲苯	50
苯二甲酸二丁酯	0.2	丁醇	4.5
醋酸丁酯	28.1		

生产过程：将丙烯酸树脂、磷酸三甲酚酯、二丁酯溶解于有机溶剂中，充分混合调匀，过滤包装。生产流程如图 3-12 所示。

丙烯酸树脂、溶剂 → 配漆 → 过滤、包装 → 成品

图 3-12　丙烯酸清漆生产流程

消耗定额见表 3-17。

表 3-17　丙烯酸清漆消耗定额　　　　　　　　　　单位：kg/t

原料名称	指标	原料名称	指标
丙烯酸树脂	82	溶剂	941
助剂	5		

② 丙烯酸磁漆。丙烯酸磁漆配方见表 3-18。

表 3-18　丙烯酸磁漆配方　　　　　　　　　　　单位:%

原料名称	红	黄	蓝	白	黑
甲苯胺红	2	—	—	—	—
中铬黄	—	8	—	—	—
铁蓝	—	—	1	—	—
钛白粉	—	—	2	2	—
立德粉	—	—	5	10	—
炭黑	—	—	—	—	2
丙烯酸共聚树脂(15%)	93	87.5	87.5	83.5	93
三聚氰胺甲醛树脂	5	4.5	4.5	4.5	5
丙烯酸磁漆稀释剂	适量	适量	适量	适量	适量

将颜料和一部分丙烯酸共聚树脂液混合,搅拌均匀,经磨漆机研磨至细度达 $20\mu m$ 以下,再加入其余的丙烯酸共聚树脂和三聚氰胺甲醛树脂,充分调匀,过滤、包装。生产流程如图 3-13 所示。

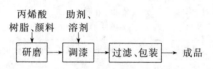

图 3-13　丙烯酸磁漆生产流程

消耗定额见表 3-19。

表 3-19　丙烯酸磁漆消耗定额　　　　　　　　　单位:kg/t

原料名称	红	黄	蓝	白	黑
树脂	195	181.5	181.5	175.3	195
颜料	20.6	82.4	72.1	123.6	20.6
溶剂、增塑剂	835	766	776	731	835

(4) 环氧树脂涂料

① 环氧清漆。环氧清漆配方如表 3-20、表 3-21 所示。

表 3-20　环氧清漆甲组分配方

原料名称	配比/%	原料名称	配比/%
601 环氧树脂	40	丁醇	12
醋酸乙酯	12	甲苯	36

表 3-21　环氧清漆乙组分配方

原料名称	配比/%	原料名称	配比/%
己二胺	50	95%酒精	50

生产工艺路线与流程:

甲组分:将 601 环氧树脂加热熔化,升温至 150℃,加入醋酸乙酯、丁醇和甲苯等有机溶剂,在搅拌下使完全溶解,过滤包装。

乙组分:将己二胺溶解于 95%酒精中,充分调匀,过滤包装。

生产工艺流程如图 3-14 所示。

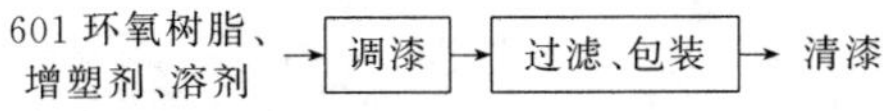

601 环氧树脂、增塑剂、溶剂 → 调漆 → 过滤、包装 → 清漆

图 3-14　环氧清漆生产工艺流程

消耗定额见表 3-22。

表 3-22　环氧清漆消耗定额　　　　单位：kg/t

原料名称	指标	原料名称	指标
601 环氧树脂	408	固化剂	28
溶剂	618		

② 环氧磁漆。环氧磁漆配方如表 3-23、表 3-24 所示。

表 3-23　环氧磁漆甲组分配方　　　　单位：%

原料名称	白	绿	铝色
钛白粉	20	—	—
氧化铬绿	—	19	—
滑石粉	—	7	—
铝粉浆	—	—	15
601 环氧树脂液（50%）	73	67	78
三聚氰胺甲醛树脂	2	2	2
二甲苯	4	4	4
丁醇	1	1	1

表 3-24　环氧磁漆乙组分配方　　　　单位：%

原料	配比	原料	配比
己二胺	50	95%酒精	50

生产工业流程如下：

甲组分：将颜料、填料和一部分环氧树脂液混合，搅拌均匀，经磨漆机研磨至细度合格，再加入其余的环氧树脂液、三聚氰胺甲醛树脂和适量的稀释剂，充分调匀，过滤、包装。生产流程如图 3-15 所示。

图 3-15　环氧磁漆甲组分生产流程

乙组分：将己二胺和酒精投入溶料锅，搅拌至完全溶解，过滤、包装。生产流程如图 3-16 所示。

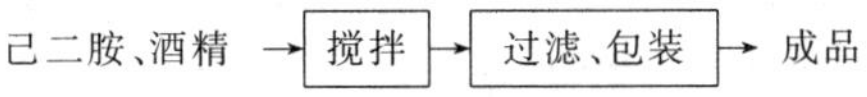

己二胺、酒精 → 搅拌 → 过滤、包装 → 成品

图 3-16　环氧磁漆乙组分生产流程

消耗定额见表 3-25。

表 3-25　消耗定额（按甲、乙两组分混合后的消耗量计）　　　　单位：kg/t

原料名称	白	绿	铝色	原料名称	白	绿	铝色
树脂	418	387.6	433.5	溶剂	403	372	438
颜料	204	256	153	固化剂	25.5	23	28

（5）聚氨酯类涂料

① 聚氨酯清漆

a. 聚氨酯清漆甲组分配方如表 3-26 所示。

表 3-26　聚氨酯清漆甲组分配方　　　　单位：%

原料名称	配比	原料名称	配比
苯酐	16.6	蓖麻油	26.5
甘油	8.5	二甲苯	48.4

生产过程为将苯酐、甘油、蓖麻油投入反应锅混合，搅拌，加入 5% 二甲苯，加热，升温至 200～210℃进行反应，保持 2～2.5h 至酸值达 10mg KOH/g 以下，降温至 150℃，加入其余二甲苯，充分调匀，过滤、包装。生产工艺流程如图 3-17 所示。

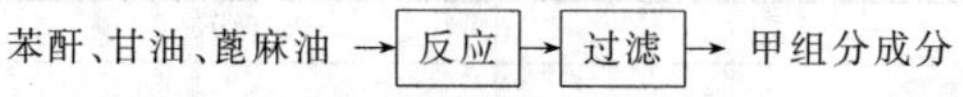

苯酐、甘油、蓖麻油 → 反应 → 过滤 → 甲组分成分

图 3-17　聚氨酯清漆甲组分生产流程

b. 聚氨酯清漆乙组分配方如表 3-27 所示。

表 3-27　聚氨酯清漆乙组分配方　　　　单位：%

原料名称	配比	原料名称	配比
甲苯二异氰酸酯(TDI)	41.3	环己酮	49.5
三羟甲基丙烷	9.2		

生产过程为首先将三羟甲基丙烷和环己酮混合，投入蒸馏锅，加热脱水。然后再将 TDI 投入反应锅中，慢慢加入三羟甲基丙烷脱水液，加热至 40℃保持 1h，用 0.5～1h 升温至（60±2）℃，保持 2h，再用 0.5h 升温至（80±2）℃，保温 2h，再用 15min 升至 90～95℃，保持 4～5h，测异氰基（—NCO）含量至 8.5%～9.2%为终点，降温至室温出料，过滤包装。生产工艺流程如图 3-18 所示。

甲苯二异氰酸酯
↓
三羟甲基丙烷、环己酮 → 脱水 → 反应 → 乙组分成分

图 3-18　聚氨酯清漆乙组分生产流程

c. 聚氨酯清漆消耗定额如表 3-28 所示。

表 3-28　聚氨酯清漆消耗定额　　　　单位：kg/t

	原料名称	指标		原料名称	指标
甲组分	苯酐	184	乙组分	甲苯二异氰酸酯	435
	甘油	93		三羟甲基丙烷	97
	蓖麻油	291		环己酮	521
	二甲苯	533			

② 聚氨酯涂料。甲组分配方如表 3-29 所示。

表 3-29　聚氨酯涂料甲组分配方　　　　单位：%

原料名称	红	黑	绿	灰
大红粉	8	—	—	—
炭黑	—	4	—	1.5
钛白粉	—	—	—	27

原料名称	红	黑	绿	灰
氧化铬绿	—	—	25	—
沉淀硫酸钡	14	18	—	—
滑石粉	10	10	7	3.5
中油度蓖麻油醇酸树脂	63	63	63	63
二甲苯	5	5	5	5

生产方法是将颜料、填料和一部分醇酸树脂、二甲苯混合，搅拌均匀，经磨漆机研磨至细度合格，再加其余原料，充分调匀，过滤、包装。生产工艺流程图与聚氨酯清漆甲组分类似。

乙组分配方如表 3-30 所示。

表 3-30　聚氨酯涂料乙组分配方　　　　　　　　　　　　单位：%

原料名称	配比	原料名称	配比
甲苯二异氰酸酯（TDI）	39.8	无水环己酮	50
三羟甲基丙烷	10.2		

生产过程为首先将甲苯二异氰酸酯投入反应锅，三羟甲基丙烷和部分环己酮混合，在温度不超过 40℃时，在搅拌下慢慢加入反应锅内，然后将剩余的环己酮洗净容器加入反应料中，在 40℃保持 1h，升温至 60℃，保持 2～3h，升温至 85～90℃，保温 5h，测异氰基（—NCO）含量至 11.3%～13%时，降温至室温出料，过滤、包装。生产工艺流程图与聚氨酯清漆乙组分类似。

消耗定额如表 3-31 所示。

表 3-31　聚氨酯涂料消耗定额（按甲、乙组分混合后的总消耗量计）　　单位：kg/t

原料名称	指标	原料名称	指标
醇酸树脂	465	甲苯二异氰酸酯	126

3.4.3　水性涂料

3.4.3.1　工艺原理

第二次世界大战之后，传统的涂料组成发生了重大的变化。人们由橡胶的生产过程中得知如何制备苯乙烯-丁二烯胶乳，而这种乳液中加入颜料之后就可以用作水性涂料。不久之后，水性涂料就占了内墙涂料的市场。现在 90% 内墙涂料是水性涂料，而苯乙烯-丁二烯胶乳又被更易洗、更易颜料化的聚醋酸酯、聚丙烯酸酯、乙烯-丙烯酸酯、苯乙烯-丙烯酸酯的共聚物高分子乳液所代替。

水性涂料用于外墙配方时，存在几个问题。首先是难于得到高光泽度，但是在美国并不追求高光泽度，所以这个问题不大，而在欧洲内墙和外墙的光泽度都重要。其次，水性涂料缺乏溶剂性涂料中提供的薄膜的完整性。加入聚合剂（如己烯乙二醇）和低分子量的增塑剂（如聚乙烯乙二醇和它们的酯）能改善这种性能，它们能使高分子的疵点聚合生成保护性薄膜。但对内墙涂料来说，保护性并不是很重要；再者水性涂料中的乳化剂和胶体稳定剂必然降低抗水性。最后是水性涂料黏结性不佳，但在多孔隙的内墙上应用，这是不成问题的。上述诸问题在某种程度上已获得解决，其证据是在 1976 年美国市售外墙涂料的 50% 以上是水性涂料。在英国水性有光涂料也普遍应用并开始取代传统的醇酸树脂涂料。内墙和外墙乳胶涂料有两个重要的不同点，前者颜料的用量约为后者的两倍。而后者的树脂含量较高，从而具有抗气候所要求的薄膜完整性。为了使能在有光泽的白垩化的面上都能黏结，醇酸树脂和油在水性载体中要配成乳液，其含量为 5%～10%。

水性涂料的特点是以水为溶剂，具有以下特点：

① 水来源丰富,成本低廉,净化容易;

② 在施工中无火灾危险;

③ 无毒;

④ 工件经除油、除锈、磷化等处理后,可不待完全干燥即可施工;

⑤ 涂装的工具可用水进行清洗;

⑥ 可采用电沉积法涂装,实现自动化施工,提高工作效率;

⑦ 用电沉积法涂出的涂膜质量好,没有厚边、流挂等弊病,工件的棱角、狭缝、焊接点、边缘部位基本上涂膜厚薄一致。

由于有这些优良性能和经济效益,水性涂料发展速度较快,建筑上应用范围越来越广。目前除了在建筑行业大量使用水性涂料外,在工业上主要应用阳极电泳法涂装底漆,广泛用于汽车工业和轻工业。

但水性涂料也还存在许多问题:

① 以水做溶剂,蒸发潜热高,干燥时间较长;

② 使用有机胺做中和剂,对人体有一定的毒性,排放的污水会造成污染;

③ 采用电沉积法时,对底材表面处理要求较高。

3.4.3.2　典型水性涂料的配方

水性涂料是以水为溶剂或分散介质的涂料,即包括水溶性涂料水稀释性涂料和水分散型涂料(乳胶涂料)两大类。在水性涂料中,以乳胶涂料占绝对优势。乳胶中最大的品种是聚醋酸乙烯和丙烯酸酯两类。

胶乳涂料的配方和水溶性涂料不同点是用水代替了有机溶剂,而颜料颗粒必须改成在水中可分散地形成。由于颜料不易在水中分散,所以必须加入颜料分散剂,例如焦磷酸四钠以及卵磷脂。保护性胶体和增稠剂能降低颜料沉降的速度。聚丙烯酸钠、羧甲基纤维素、羟乙基纤维素都属于这类助剂,它们也可以使涂层触变。消泡剂是水性涂料中很重要的组成部分。水性涂料的成分易于在罐头中以及于表面应用时发泡,所以常加三丁基磷酸酯、正十醇以及其他高级醇作消泡剂。防冻剂能防止涂料在运输和贮存时变质,常用的防冻剂有乙二醇,其作用和水箱防冻是一样的。最后还加入各种防霉剂和防腐剂。例如外墙乳胶涂料中颜料总量的 $10\%\sim20\%$ 是氧化锌,这是为了防霉。

(1) 改性水性醇酸树脂

改性水性醇酸树脂配方如表 3-32 所示。

表 3-32　改性水性醇酸树脂配方

原　料	规　格	投　料/%
蓖麻油	土(单)漂	40.75
季戊四醇	工业品	9.82
甘油	工业品(98%)	5.89
氧化铅	化学纯	0.01223
苯二甲酸酐	工业品	28.45
二甲苯	工业品	5.70
丁醇	工业品	12.20
异丙醇	工业品	12.20
一乙醇胺	工业品	7.95

(2) 水溶性氨基改性聚酯灰阳极电沉积漆

水溶性氨基改性聚酯灰阳极电沉积漆配方如表 3-33 所示。

表 3-33　水溶性氨基改性聚酯灰阳极电沉积漆配方

原料	规格	投料量/kg
聚酯树脂	树脂(70%)	214.5
钛白粉	金红石型	28.95
炭黑	硬质	1.05
去离子水		114.6

该漆的技术指标是细度<25μm，不挥发分：50%，pH 值：6.5~7.0。

（3）醋酸乙烯乳液涂料

醋酸乙烯乳液涂料配方（体积分数）如表 3-34 所示。

表 3-34　醋酸乙烯乳液涂料配方（体积分数）　　　　　　　单位：%

物　料	配方 1	配方 2	配方 3
聚醋酸乙烯-顺丁烯二酸二丁酯共聚乳液	35.5	44	40
钛白粉	17.8	14.6	11.5
硫酸钡	8.8	7.4	4.2
羟甲基纤维素	0.07	0.07	0.14
聚甲基丙烯酸钠(增稠)	0.04	0.04	0.14
六偏磷酸钠	0.3	0.3	0.2
乳化剂 OP-10	0.16	0.12	加至 100
乙酸苯汞(防霉剂)	0.4	0.4	
松油醇	0.16	0.16	
水	加至 100	加至 100	

（4）丙烯酸酯乳液涂料

丙烯酸酯乳液涂料的配方如表 3-35 所示。

表 3-35　丙烯酸酯乳液涂料的配方

原料	质量份	原料	质量份
聚甲基丙烯酸丁酯乳液(30%)	100	硫酸钡	2
聚乙烯醇溶液(10%)(增稠)	20	磷酸三丁酯(消泡剂)	0.8
水	9	OP-10(乳化剂)	0.1
钛白粉	18	六偏磷酸钠	1.2
滑石粉	3		

3.4.3.3　水性涂料的生产工艺

（1）水溶性树脂涂料调制

水溶性树脂涂料调制生产工艺流程如图 3-19 所示。

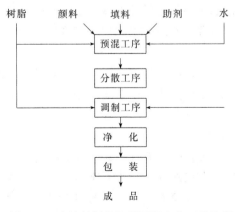

图 3-19　水溶性树脂涂料调制生产工艺流程

（2）乳胶漆的生产

乳胶漆的生产包括乳胶制备和乳胶漆的制备两个工序。

① 乳胶制备。乳胶制备是在带有搅拌装置、蒸汽加热和冷却装置及蒸汽冷凝器的搪瓷衬里或不锈钢反应釜中进行。按表 3-36 配方投料。

表 3-36　乳胶配方　　　　　　　　　　　　　　　　单位：kg

原　料	配　比	原　料	配　比
甲基丙烯酸甲酯	33	去离子水	125
丙烯酸丁酯	65	烷基苯聚醚磺酸钠	3
甲基丙烯酸	2	过硫酸铵	0.4

工艺操作：先将乳化剂在水中溶解，然后加热升温至 60℃，加入过硫酸铵和 10% 的单体，升温至 70℃。若无显著放热，反应逐步升温直至放热反应开始，温度升至 80～82℃时，缓慢而均匀地将剩余的混合单体于 2～2.5h 内，滴入釜中，以滴加速度控制回流量和温度。加完单体后在 0.5h 内将温度升至 97℃，保持 0.5h，冷却、降温，用氨水调节其 pH 至 8～9 即可。

② 乳胶漆的制备。乳胶漆是由聚合物乳液、颜料及助剂配制而成，其中助剂包括分散剂、润湿剂、增稠剂、防冻剂、消泡剂、防霉剂、防锈剂等。乳胶漆的主要生产设备有高速分散机、球磨机和砂磨机等。在生产工艺中，作为成膜物质的聚合物乳液通常在最后加入，其他工序与水溶性树脂涂料调制生产工艺流程相似。

3.4.4　粉末涂料的生产

3.4.4.1　粉末涂料的优势与不足

粉末涂料技术成熟，生产工艺简单和容易掌握，在我国已得到普及和推广，几乎在所有金属涂装领域都能发现粉末涂料的身影，粉末涂料目前的市场非常广泛，其应用范围涵盖从汽车行业一直到玩具、自动铅笔。电器工业为了避免使用溶剂漆大都转为使用粉末涂料。概括起来，粉末涂料有以下优势：

① 省能源、省资源、低污染和高效能（常说的 4E 涂料）；

② 无溶剂，减少公害污染；

③ 简化涂装工序；

④ 粉末涂料损耗少，在喷枪和回收系统完善的基础上，粉末几乎能 100% 被利用；

⑤ 相对于液体涂料，粉末涂料的涂膜性能好，坚固耐用；

⑥ 可实现一次性涂装，通常一次涂装的涂层厚度在 50～100μm，远高于液体涂料的一次性涂装厚度；

⑦ 涂膜具有一定的外观水平，涂膜的流平性较好，同时由于固化时不产生任何副产物，一次易于得到平整的涂膜，涂膜的物理机械性能及耐化学品性能好，并具有良好的电器绝缘性。

粉末涂料的主要局限性如下：

① 生产新色和喷涂换色比较费时，而且容易造成不良品；

② 不易得到薄涂层，这一点相对削弱了粉末涂料高效能的说法；

③ 涂膜的装饰性通常不如液体涂料，在许多领域如汽车外表、高档自行车等由粉末涂料代替液体涂料还为时尚早。

　　粉末涂料呈固体粉末状，多采用静电喷涂法施工。粉末涂料生产方法，有干法和湿法两类。干法是以固体粉末为原料，分干混法和熔融混合法；湿法以有机溶剂或水为介质，有喷雾干燥法、沉淀法和蒸汽法。

　　粉末涂料生产的主要设备有双螺杆混料挤出机、空气分级磨（ACM 磨）和预混器等。生产工艺主要包括预混合、熔融混合挤出、细粉碎、粉末收集及过筛等。

　　在粉末涂料中，最早开发的是环氧粉末涂料，此外，还有聚酯粉末涂料和丙烯酸酯粉末涂料等。环氧粉末涂料的附着力和耐腐蚀性能优良，但保光性和耐候性较差，改性品种有聚酯环氧粉末涂料、丙烯酸酯-环氧粉末涂料等。

3.4.4.2　典型粉末涂料产品及配方

　　（1）环氧粉末涂料

　　环氧粉末涂料的组成是环氧树脂、固化剂、颜料以及各种助剂。常用环氧树脂为高分子质量的固体树脂，如环氧值为 0.1 左右，熔点为 90℃左右的双酚 A 型环氧树脂。固化剂也是固体的，并要求在涂料的制造过程和贮存期内稳定，在喷涂后高温烘烤时发挥固化作用，常用的固化剂为双氰胺、邻苯二甲酸酐、三氟化硼乙胺配合物。固化促进剂有咪唑、多元胺锌盐和镉盐的配合物；流平剂有聚乙烯醇缩丁醛、醋丁纤维素、低分子量的聚丙烯酸酯等。环氧粉末涂料配方举例如表 3-37 所示。

表 3-37　环氧粉末涂料配方

原料	质量份	原料	质量份
环氧树脂	58	双氰胺	2.5
颜料	36	聚乙烯醇缩丁醛	3.5

　　注：固化条件：180～200℃，20～30min。

　　（2）聚酯粉末涂料

　　建筑型材，如铝框架、门窗、阳台、隔墙板等高防腐蚀性铝型材，大多数采用聚酯粉末涂料。其选用的聚酯树脂为饱和型的，按其端基分为端羧基型（—COOH）和端羟基型（—OH）两类。低酸值（20～45mg KOH/g）的聚酯用异氰尿酸三缩水甘油酯（TGIC）、羟基酰胺作固化剂（Primid 或 HAA），端羟基（—OH）聚酯采用己内酰胺封闭的异佛尔酮二异氰酸酯（IPDI）多元醇预聚物作固化剂，制备耐候性卓越的纯聚酯粉末涂料。典型白色和灰色聚酯粉末涂料配方见表 3-38。

表 3-38　典型白色和灰色聚酯粉末涂料配方

组　分	质量份	组　分	质量份
羧基聚酯 P9335	300	羧基聚酯 P5200	610
固化剂 PT710	22.5	固化剂 PT710	46
流平剂 PV88	3.9	流平剂 PV88	8
安息香 Benzion	2.6	安息香 Benzion	5
酰胺改性聚乙烯蜡 9615A	0.7	$BaSO_4$ 10HB	72
金红石型钛白粉 CR828	165	酰胺改性聚乙烯蜡 9615A	3
$BaSO_4$ 5HB	28.6	金红石型钛白粉 CR828	220
氧化铁黄 4920	5	酞菁绿 GNX GREEN	0.4
—	—	中铬黄 103	1.5
—	—	黄 45-SQ	1
合计	528.3	合计	966.9

（3）丙烯酸酯粉末涂料

主要成膜物有缩水甘油醚型、羟基型、羧基型和酰氨基型丙烯酸树脂等，固化剂常采用多元羧酸、封闭型多异氰酸酯、氨基树脂、TGIC、聚酯树脂和环氧树脂等，丙烯酸酯粉末涂料特点为烘烤不易泛黄对金属附着力好，保光保色性和户外耐候性都优于其他类型，但漆膜平整性较差。常见配方见表3-39。

表 3-39　丙烯酸酯粉末涂料配方

组　分	质量份	组　分	质量份
二元固化丙烯酸(环氧值 0.107)	86	流平助剂	2
十二碳二羧酸	10	钛白粉	33
流平剂	1	沉淀硫酸钡	10

3.4.4.3　典型粉末涂料的生产工艺

（1）热固性粉末涂料生产工艺

热固性粉末涂料通常分成四个程序：即原材料预混、熔融挤出、压片、粉碎。

① 原材料预混。预混的主要目的是将按既定配方称量的每批次原辅材料经过一定的机械搅拌混合均匀，以适和第二步挤出操作。常用的设备有高速混料罐、三维匀混机、滚筒混合机、翻斗式预混合机、V 型混合机等。

② 熔融挤出。所有的粉末产品必须经过挤出工序，以确定基本性质，如光泽、流平、颜色和力学性能等。粉末产品一经挤出，其基本性能变得以确定。所有挤出工序应是粉末涂料整个生产流程中最重要的。

③ 压片。成熟的工艺都是熔融挤出和压片冷却。压片多是采用相对旋转的两只不锈钢滚筒（通常经过镜面抛光），里面通冷却水，挤出熔体落入两只滚筒之间，由于滚筒表面温度低，熔体瞬间即在冷却和压力的作用下凝固和变硬成薄片，薄片在钢带或履带牵引下移动数米，然后经对辊挤压成片料，薄片移动过程中可以吹风降温，也可在不锈钢带下喷冷冻水。总体来说，片料尽量薄，冷却水的温度越低越好。

④ 粉碎。挤出片料的粉碎主要是控制粉末颗粒的粒径分布和达到一定的流动性，以利于静电喷涂。空气分级磨（"ACM"是英文 Air Classify Mill 的简称）是最适合热固性粉末涂料的粉碎设备。

下面给出聚氨酯粉末涂料的生产工艺实例：

按表 3-40 配方，把各组分加入混合器进行熔融，然后加入双螺杆挤出机挤出，挤出温度为 115～125℃，冷却后在气流粉碎机中粉碎至 90μm 以下，制得粉末涂料。

表 3-40　聚氨酯粉末涂料配方

组　分	质量份	组　分	质量份
封闭异氰酸酯固化剂	18～25	安息香	0.8～1.0
聚酯树脂	100	二氧化钛	50～60
流平剂	12～20		

（2）热塑性粉末涂料生产工艺

热塑性粉末涂料生产工艺主要有三种：

① 树脂粉末。配色、加入助剂→球磨均匀→过筛；

② 树脂颗粒。配色、加入助剂→预混合→挤出造粒→粉碎→过筛；

③ 大型装置中加入颜料和助剂以及溶剂，通过合适的工艺，直接制得近似球形的粉末。

　　第一种应用方法较早，由于热缩性树脂有遇热易软化的特性，不易破碎，故选用粉状基料，再加入配方组分，通过研磨、过筛、包装而得。因为用这种方法得到的粉末涂料粒子，都以原料各自的状态存在，所以当静电喷涂时，由于各种成分的静电效应不同，无法控制粉末涂料回收成分的组成，回收的粉末涂料不好使用。另外，由于涂料中各种成分的分散性和均匀性不好，喷涂的涂膜外观差，所以现在一般不采用。

　　第二种生产工艺，是目前国内普遍采用的一种生产工艺，熔融混合法在制造过程中不用液态的溶剂或水，直接熔融混合液态原料，经冷却、粉碎、分级制得。在熔融工序中，可以采用熔融混合法和熔融挤出混合法，前者不易连续生产，较少采用。后者可连续生产，具有以下优点：易连续化生产，生产率高；可直接使用固体原料，不用有机溶剂或水，无溶剂或废水排放问题；生产涂料的树脂品种和花色品种的适用范围宽；颜料、填料和助剂在树脂中的分散性好，产品质量稳定，可以生产高质量的粉末涂料；这种方法的缺点是换树脂品种和换颜色麻烦。另外，粉碎一般采用机械粉碎，但对于过细的粉末涂料，由于颗粒形态不好，影响粉末涂料的粉体流动性，不利于粉末涂料的涂装应用。

　　第三种生产工艺，采用特殊工艺，直接制得近似球形的粉末涂料。该工艺具有如下优点：以溶剂状态分散涂料成分，所以颜料、填料的分散性比熔融混合法好，涂膜光泽好、颜色鲜艳；因为不采用熔融混合工艺，在制造过程中不会发生部分胶化，可以得到质量稳定的产品；可以控制粉末涂料粒子形状（球形至无定形），粒子形状接近、粒度分布窄，静电喷涂效果和涂膜流平效果好；不经熔融挤出和粉碎，容易制造出金属闪光粉末涂料。近年来发展起来的二氧化碳超临界制备技术，适用于所有的热塑性粉末涂料，随着技术的不断改进，该技术在热塑性粉末涂料制备方面潜力巨大，但目前仍处于实验阶段。

　　下面给出聚乙烯粉末涂料的生产工艺实例：

　　聚乙烯粉末涂料配方的设计主要是根据其用途、颜色、物理和化学性能来选择聚乙烯树脂、颜填料和其他助剂。例如，自行车网篮、食品架等，可选用熔融流动指数 5～40g/10min、相对密度 0.906～0.925 的高压聚乙烯，配方介绍如下。

　　① 白色高压聚乙烯粉末配方。见表 3-41。

表 3-41　白色高压聚乙烯粉末配方

组分	质量份	组分	质量份
高压聚乙烯	1000	颜料	0.2
钛白粉	34	增塑剂	15
抗氧剂	5	其他助剂	2

　　② 黑色高压聚乙烯粉末配方。见表 3-42。

表 3-42　黑色高压聚乙烯粉末配方

组分	质量份	组分	质量份
高压聚乙烯	1000	炭黑	5
填料	3	增塑剂	15
抗氧剂	5	其他助剂	2

　　按表中配方将聚乙烯树脂、颜填料、增塑剂、抗氧剂、紫外线吸收剂等在高速混合机中预混，然后用挤出机熔融挤出、冷却、造粒，接着用风水双冷热塑性树脂粉碎机（或者深冷粉碎机）进行粉碎，最后经过分级（旋风分离）、过筛得到产品。

3.4.5　涂料生产设备

3.4.5.1　预分散设备

预分散可使颜料与部分漆料混合，变成颜料色浆半成品，是色浆生产的第一道工序。目的：使颜料混合均匀；使颜料得到部分湿润；初步打碎大的颜料聚集体。主要以混合为主，起部分分散作用，为下一步研磨工序做准备。预分散效果的好坏，直接影响到研磨分散的质量和效率。用到的设备主要是高速分散机。

高速分散机除用来做分散设备外，同时可作色漆生产设备，比如生产色漆的颜料属于易分散颜料，或者色漆细度要求不高，这时，可直接用高速分散机分散生产色漆。

落地式高速分散机外形见图 3-20，由机身、传动装置、主轴和叶轮组成。

机身装液压升降和回转装置，液压升降由齿轮油泵提供压力油使机头上升，下降时靠自重，下降速度由行程节流阀控制。回转装置可使机头回转 360°，转动后有手柄锁紧定位。传动装置由电机通过 V 型带传动，电机可三速或双速，或带式无级调速、变频调速等。转速由每分钟几百转到上万转，功率几十到上百千瓦不等。

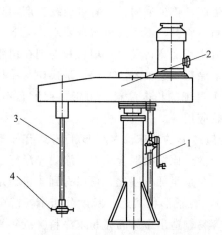

图 3-20　落地式高速分散机外形图
1—机身；2—传动装置；3—主轴；4—叶轮

高速分散机的关键部件是锯齿圆盘式叶轮，如图 3-21 所示。

叶轮直径与搅拌槽选用大小有直接关系，经验数据表明，搅拌槽直径有 $\phi = 2.8 \sim 4.0D$（D：叶轮直径），分散效果最理想。

叶轮的高速旋转使漆浆呈现滚动的环流，并产生一个很大的旋涡。在叶轮边缘 $2.5 \sim 5\text{cm}$ 处，形成一个湍流区，在这个区域，颜料粒子受到较强的剪切和冲击作用，使其很快分散到漆浆中。

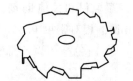

图 3-21　高速分散机叶轮示意图

叶轮的转速以叶轮圆周速度达到大约 20m/s 时，便可获得满意的分散效果。过高，会造成漆浆飞溅，增加功率消耗。

分散机的安装方式：一种是落地式，适合于拉缸作业；另一种安装在架台上，可以一个分散机供几个固定罐使用。

现阶段，高速分散机出现了不少改型产品，有其各自特点，使得分散机的应用范围更广。如：双轴双叶轮高速分散机（见图 3-22）、双速高速分散机（双轴单叶轮分散机、双轴双速搅拌机）等。

3.4.5.2　研磨分散设备

研磨设备是色漆生产的主要设备，基本形式分两类，一类带研磨介质，如砂磨机、球磨机；另一类不带研磨介质，依靠磨研力进行分散，像三辊机、单辊机等。

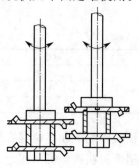

图 3-22　双轴双叶轮高速分散机

带研磨介质的设备依靠研磨介质（如玻璃珠、钢珠、卵石等）在冲击和相互滚动或滑动时产生的冲击力和剪切力进行研磨分散。通常用于流动性好的中、低黏度漆浆的生产，产量大，分散效率高。不带研磨介质的研磨分散设备，可用于黏度很高，甚至成膏状物料的生产。现分别介绍立式砂磨机、三辊机。

（1）立式砂磨机

其外形结构如图 3-23 所示，由机身、主电机、传动部件、筒体、分散器、送料系统和电器操纵系统组成。

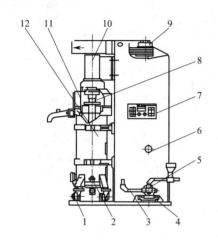

图 3-23　立式砂磨机外形结构图

1—放料放砂口；2—冷却水进口；3—进料管；

4—无级变速器；5—送料泵；6—调速手轮；

7—操纵按钮板；8—分散器；9—离心离合器；

10—轴承座；11—筛网；12—筒体

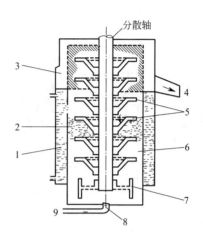

图 3-24　常规砂磨机工作原理示意图

1—水夹套；2—夹在两分散盘之间漆浆的典型流形

（双圆环形滚动研磨作用）；3—筛网；4—分散后漆浆出口；

5—分散盘；6—漆浆和研磨介质混合物；7—平衡轮；

8—底阀；9—预混漆浆入口

常规砂磨机工作原理见图 3-24，经预分散的漆浆由送料泵从底部输入，流量可调节，底阀 8 是个特制的单向阀，可防止停泵后玻璃珠倒流。当漆料送入后，启动砂磨机，分散轴带动分散盘 5 高速旋转，分散盘外缘圆周速度达到 10m/s 左右（分散轴转速在 600～1500 r/min 之间）。靠近分散盘周围的漆浆和玻璃珠受到黏度阻力作用随分散盘运转，抛向砂磨机的筒壁，又返回到中心，颜料粒子因此受到剪切和冲击，分散在漆料中。分散后的漆浆通过筛网从出口溢出，玻璃珠被筛网截流。

漆浆经一次分散后仍达不到细度要求，可再次经砂磨机研磨，直到合格为止。也可将几台（2～5 台）砂磨机串联使用。使用砂磨粒度可达 20μm 左右。

玻璃珠直径 1～3mm，因磨损应经常清洗、过筛、补充。

砂磨在运转过程中，因摩擦会产生大量的热，因此在机筒身外做成夹套式，通冷却水冷却。

以筒体有效容积来衡量，实验室砂磨机一般<5L，生产用砂磨机为 40～80L；其生产能力，像 40L 砂磨机一般每小时可加工 270～700kg 色浆。

砂磨机在使用时应注意：

① 在筒体内没有物料和研磨介质时严禁启动，否则像分散盘、玻璃珠的磨损会很剧烈。

② 开车时应先开送料泵，待出料口见到漆浆后再启动主电机。

③ 停车时间较长后，应检查分散盘是否被卡住，不可强行启动。

④ 停车时间较长后，应检查顶筛是否干涸结皮，以防开车后漆浆从顶筛溢出（冒顶）。

⑤ 清洗砂磨时，分散器只能点动，以减少分散盘和研磨介质的磨损。

⑥ 使用新研磨介质时，应先过筛清除杂质。

（2）三辊机

三辊机结构见图3-25，由电动机、传动部件、辊筒部件、机体、加料部件、冷却部件、出料部件、调节部件、电器仪表及操纵系统组成。

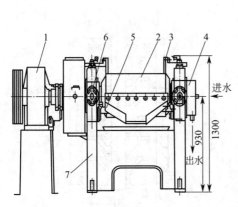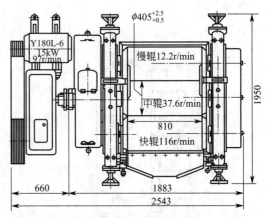

图 3-25　三辊机（S405 型）结构图

1—传动部件；2—辊筒部件；3—加料部件；4—冷却部件；5—出料部件；6—调节部件；7—机体

辊筒部件是三辊机的主要部件，研磨是通过三辊的转动来实现的。

三辊以平放居多，可斜放或立放，辊间距离可调节，调节一般调整前后辊，中辊固定不动，通过转动手轮丝杆来实现，有的用液压调节。三辊转动时，速度并不一致，前辊快，后辊慢，前、中、后辊的速比大多采用1∶3∶9。

辊筒一般用冷硬低合金铸铁制成，要求表面有很高的硬度，耐磨。辊筒中心是空的，在工作中通冷却水冷却，以降低辊筒工作温度，尽量减少由于温升引起的漆浆黏度降低和溶剂挥发，并防止辊筒变形。

漆浆在后辊和中辊之间加入，后辊与中辊间隙很小，10～50μm，漆浆在此受到混合和剪切，颜料团被分散到漆浆中。通过前辊与中辊的间隙时，因间隙更小，加上前辊中辊速度差更大，漆浆受到更强烈的剪切，颜料团粒被再一次分散，最后被紧贴安装于前辊上的刮刀刮下到出料斗，完成一个研磨循环。若细度不够，可再次循环操作，直到合格为止。

除上述讲到的立式砂磨机、三辊机外，生产中常用的研磨设备还有卧式砂磨机等。外形图见图3-26。

3.4.5.3　调漆设备

除前面讲到的高速分散机可用来调漆配色外，大批量生产时，一般用调漆罐，也就是平常所说的调色缸。调漆罐安装于高于地面的架台上，其结构相对简单，见图3-27，由搅拌装置、驱动电机、搅拌槽几部分组成。搅拌桨可安装在

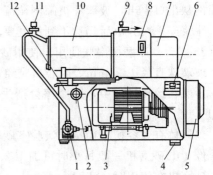

图 3-26　卧式砂磨机外形图

1—送料泵（与无级变速器连接）；2—调速手轮；3—主电动机；4—支脚；5—电器箱；6—操作按钮板；7—轴承座；8—油位窗；9—电接点温度表；10—筒体；11—电接点压力表；12—机座

底部及侧面，电机可单速或多速。

3.4.5.4　过滤设备

漆料在生产过程中不可避免会混入飞尘、杂质，有时产生漆皮，在出厂包装前，必须加以过滤。用于色漆过滤的常用设备有罗筛、振动筛、压滤罗、袋式过滤器、管式过滤器和自清洗过滤机等。

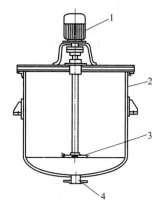

图 3-27　电动机直联的高速调漆罐
1—驱动电机；2—搅拌槽；
3—锯齿圆盘式桨叶；4—出料口

（1）罗筛

在一个罗圈上绷上规格适当的铜丝网或尼龙丝绢，将它置于铁皮或不锈钢漏斗中，就是一个简单的过滤用罗筛。优点：结构简单、价低，清洗方便。缺点：净化精度不高，过滤速度慢，溶剂挥发快，劳动条件差，人工刮动时还易将罗面刮破。

（2）振动筛

筛网作高频振动，可避免滤渣堵住筛孔。

（3）压滤罗

俗称多面罗。在一个有快开顶盖的圆柱筒体内，悬吊一个布满小孔的过滤筒，在过滤筒内铺满金属丝网或绢布，被过滤油漆用泵送入过滤器上部，进入网篮，杂质被截留，滤液从过滤器底部流出。

压滤罗清洗、更换网篮不方便。

（4）袋式过滤器

涂料过滤常用设备，滤袋装于细长筒体内，有金属网袋作支撑。工作时，依靠泵将漆料送入滤袋，滤渣留在袋内，合格的漆浆从出口流出。

袋式过滤器一般装有压力表，操作时，当压力升高、过滤阻力增大，当达到 0.4MPa 时，应停机，更换滤袋。

过滤器应在每次使用后随时清洗，保持整洁，以备下次使用。

袋式过滤器的优点：使用范围广，可过滤色漆，也可过滤漆料、清漆、溶剂。缺点，滤袋价高，过滤成本高。

（5）管式过滤器

用滤芯过滤，更换方便。滤芯有聚酯微孔滤芯，化纤缠绕滤芯。

（6）自清洗过滤机

为色漆连续化自动生产创造条件。过滤时，以泵将漆料送入过滤室，过滤室竖直装有滤板，滤液由出料泵抽出，其中一部分反冲洗滤板，滤渣被冲下沉到底部，可排出。因反冲洗使滤网始终保持良好的过滤性能。但过滤细度只能达到 40μm，用作粗过滤。

（7）旋转过滤机

滤网用不锈钢梯形断面钢丝绕制而成，间隙 0.1～1.5mm，滤网做成圆柱形，缓慢旋转，滤网外侧装有刮刀，刮下滤渣。用于粗过滤，过滤能力大；缺点是制造难，结构复杂。

3.4.6　涂料产品的质量标准及检测仪器

涂料虽然也是一种化工产品，但就其组成和使用来说和一般化工产品不同。所以，涂料产品的质量检查和一般化工产品相比，具有不同特点：

① 涂料产品的质量检测主要体现在涂膜性能上，应以物理方法为主，化学方法为辅。涂料是由多种原料组成的高分子胶体混合物，用来做为一种配套性工程材料使用的。不像一般化工产品，从它们的化学组成上检查后，就能断定质量好坏。涂料产品主要是检查它作为一种材料涂在物体上所形成的涂膜性能如何，所以，在评定涂料产品质量时，既要检查涂料产品本身，更要检查涂膜的性能，并应以此为主。检查涂膜性能也是以物理方法检查为主，很少分析涂膜的化学组成。在检查涂膜性能时，必须事先按照严格的要求制备试样板，否则是得不到正确结果的。所以，在每一涂料产品的质量标准中，都规定了制备其涂膜样板的方法，做为涂料质量检查工作的标准条件之一。

② 涂料产品的质量检测应包括施工性能的检测。涂料产品品种繁多，应用面极为广泛，同一涂料产品可以在不同的方面应用。每一涂料产品只有通过施工部门，将它施涂在被涂物上，形成牢固附着的连续涂膜后，才能发挥它的装饰和保护作用。这就要求每种涂料必须具有良好的施工性能，否则是达不到预期效果的，所以，在进行涂料的质量检查时，必须对它的施工性能进行检查。

③ 涂料产品质量检测范围包括如下三个方面：

a. 涂料产品性能的检测；

b. 涂料施工性能的检测；

c. 涂膜一般使用性能的检测。

3.4.6.1 涂料产品性能的检测

（1）对涂料产品物理形态的检测项目

① 外观。外观是检查涂料的形状、颜色和透明度的。特别是对清漆的检查，外观更为重要，检查方法参见 GB/T 3186—2006《色漆、清漆和色漆与清漆用原材料取样》，GB/T 1721—2008《清漆、清油及稀释剂外观和透明度测定法》，GB/T 1722—1992《清漆、清油及稀释剂颜色测定法》。

② 细度。细度是检查色漆中颜料颗粒大小或分散均匀程度的标准，以微米（μm）表示。测定方法，GB/T 1724—79《涂料细度测定法》。

细度不合格的产品，多数是颜料研磨不细或外界（如包装物料、生产环境）杂质混入及颜料反粗（颜料粒子重新凝聚的一种现象）所引起的。

③ 黏度。这项指标主要是检测涂料应稀释的程度，以使之适合使用要求。通过黏度测定可观察漆料的聚合程度及溶剂的使用情况。有些涂料产品出厂后，黏度增大，甚至成胶，通过黏度的测定，可及时发现问题，进行适当处理。

黏度测定的方法很多。涂料中通常是在一定温度下，测量定量的涂料从仪器孔流出所需的时间，以秒表示。常用黏度计有两种：一种是涂料-1 黏度计，主要用来测定黏度大的硝基漆；另一种是涂料-4 黏度计，用于测定大多数涂料产品的黏度。具体操作见 GB/T 1723—1993《涂料粘度测定法》。

④ 密度。测定方法见 GB/T 6750—2007《色漆和清漆 密度的测定 比重瓶法》。

（2）对涂料组成的检测项目

① 固体分。固体分是涂料中除去溶剂（或水）之外的不挥发物（包括树脂、颜料、增塑剂等）占涂料重量的百分比。用以控制清漆和高装饰性磁漆中固体分和挥发分的比例是否合适。一般固体分低，涂膜薄，光泽差，保护性欠佳，施工时易流挂。通常油基清漆的固体分应在 45%～50%。

固体分与黏度互相制约，通过这两项指标，可将漆料、颜料和溶剂（或水）的用量控制在适当的比例范围内，以保证涂料既便于施工，又有较厚的涂膜。

测定方法见 GB/T 1725—2007《色漆、清漆和塑料　不挥发物含量的测定》。

② 水分。测定方法见 GB/T 1746—89（79）《涂料水分测定法》。

③ 灰分。测定方法见 GB/T 1747.2—2008《色漆和清漆　颜料含量的测定 第 2 部分：灰化法》。

④ 挥发分。测定方法见 GB/T 18582—2008《室内装饰装修材料　内墙涂料中有害物质限量》。

3.4.6.2　涂料施工性能的检测

涂料施工性能是评价涂料产品质量好坏的一个重要方面，反映涂料施工性能的检测项目很多，现摘要介绍如下：

（1）黏度

如前已述。

（2）遮盖力

色漆涂布于物体表面，能遮盖物面原来底色的最小用量，称为遮盖力。以每平方米用漆量的质量表示（g/m^2）。如 C04-2 黑醇酸磁漆，遮盖 $1m^2$ 的最小用量是 40g，所以它的遮盖力是 $40g/m^2$。

不同类型和不同颜色的涂料，遮盖力各不相同，一般说来高档品种比低档品种遮盖力好，深色的品种比浅色的品种遮盖力好，如表 3-43 所示。

表 3-43　高、低档品种遮盖力比较　　　　　　　单位：g/m^2

颜色	遮盖力	
	T04-1	C04-2
白色	200	110
红、黄	160	140～150
灰	100	55
蓝、绿	80	80（蓝）、55（绿）
铁红	60	
黑	40	40

测定遮盖力时应将漆料和颜料搅匀，否则不能得到准确结果。所用颜料数量不足或质量有问题，常常引起遮盖力不合格。

测定方法见 GB/T 1726—79《涂料遮盖力测定法》。

（3）使用量

涂料在正常施工情况下，涂覆单位面积所需要的数量称为使用量。不同类型和不同颜色的涂料，其使用量各有不同，被涂物面的质量和施工方法也是决定使用量的重要因素。

测定方法见 GB/T 1758—79《涂料使用量测定法》。

（4）涂刷性

测定涂料在使用时涂料涂刷便利与否的性能，与漆料性质、黏度和溶剂有关。测定方法可参考 GB/T 1757—79《涂布漆涂刷性测定法》。

（5）流平性

涂料施工后形成平整涂膜的能力称为流平性。影响流平性的因素很多，除漆料性能之外，喷涂施工黏度过高、压力过大、喷嘴过小、喷距不适宜、低沸点溶剂过多等都将影响涂料的流平性。改换溶剂，加入硅油或其他流平剂等均可改善其流平性。

测定方法见 GB/T 1750—79《测定流平性测定法》。

（6）干燥时间

涂料施工以后，从流体层到全部形成固体涂膜这段时间，称为干燥时间，以小时或分钟表示。一般分为表干时间和实干时间。通过这个项目的检查，可以看出油基性涂料所用油脂的质量和催干剂的比例是否合适，挥发性漆中的溶剂品种和质量是否符合要求，双组分漆的配比是否适当。

涂料类型不同，干燥成膜的机理各异，其干燥时间也相差很大。靠溶剂挥发成膜的涂料如硝基、过氯乙烯漆等，一般表干时间 $10\sim30min$，实际干燥时间 $1\sim2h$。靠氯化聚合干燥成膜的涂料如油脂漆、天然树脂漆、酚醛和醇酸树脂漆等，一般表干 $4\sim10h$，实干 $12\sim24h$。靠烘烤聚合面膜的涂料如氨基烘漆、沥青烘漆、有机硅烘漆等，在常温下是不会交联成膜的，一般需在 $100\sim150℃$ 烘 $1\sim2h$ 才能干燥成膜。靠催干固化成膜的涂料如可常温干燥，亦可低温烘干，视固化剂的种类和用量不同，其干燥时间各异，一般在 $4\sim24h$。

测定方法见 GB/T 1728—79《涂膜、腻子膜干燥时间测定法》。

（7）打磨性

打磨性即测定涂膜干后，用砂纸打磨成平坦表面时的难易程度。与涂膜结构、硬度、韧性等有关。不仅是底漆、腻子的重要检测项目，而且也是装饰性轿车漆、木器漆等的重要检验项目之一。

测定方法见 GB/T 1770—2008《涂膜、腻子膜打磨性测定法》。

3.4.6.3　涂膜性能的检测

涂膜性能的优劣是涂料产品质量的最终表现，在涂料产品质量检测中占有重要位置。因此，这是工作做得是否符合要求，对其检测结果能否正确反映涂料产品质量起着主导作用。例如，被涂钢板的表面状态和洁净程度不同，涂膜的物理机械性能和耐化学腐蚀性能等就相差很大，涂膜的厚度对其检测性能影响很大。为了获得正确的检测结果，在检测时必须对涂膜的制备工艺作出严格的规定。不同涂料产品和不同检测项目，对其制备涂膜的要求是不同的，因此在涂料产品的质量标准中，都规定了待测项目的涂膜制备方法，作为质量检测工作的标准之一。为了比较不同涂料产品质量好坏，对涂膜一般性能的检测都必须在相同的条件下进行，因此对涂膜的制备也作了统一的规定，具体方法见国家标准 GB/T 1727—1992《涂膜一般制备法》和部颁标准 HG/T 3334—2012《电泳涂料通用试验方法》。

对涂膜性能的检测项目很多，包括两个大方面，即对涂膜一般使用性能和特殊使用性能的检测。

一般使用性能的检测项目：

（1）涂膜外观

按规定指标测定涂膜外观，要求表面平滑、光亮；无皱纹、针孔、刷痕、麻点、发白、发污等弊病。涂膜外观的检查，对美术漆更为重要。影响涂膜外观因素很多，包括涂料质量和施工各个方面，应视具体情况具体分析。

涂膜的外观包括色漆涂膜的颜色是否符合标准，用它与规定的标准色（样）板作对比，无明显差别者为合格。有时库存色漆的颜色标准不同大多是没有搅拌均匀（尤其是复色漆如草绿、棕色等），或者是在贮存期内颜料与漆料发生化学变化所致。

测定方法见 GB/T 1729—79《涂膜颜色及外观测定法》。

（2）光泽

光泽是指漆膜表面对光的反射程度，检验时以标准板光泽作为 100%，被测定的漆膜与标准板比较，用百分数表示。

涂料品种除半光、无光之外，都要求光泽越高越好，特别是某些装饰性涂料，涂膜的光泽是最重要的质量指标。但墙壁、黑板漆则要半光或无光（亦称平光）。

影响涂膜光泽的因素很多，通过这个项目的检查，可以了解涂料产品所用树脂、颜填料以及和树脂的比例等是否适当。

涂料的光泽视品种不同，分为三档。有光漆的光泽一般在 70% 以上，磁漆多属此类；半光漆的光泽为 20%～40%，室内乳胶漆多属此类；无光漆的光泽不应高于 10%，一般底漆即属此类。

测定方法见 GB/T 1743—79《涂膜光泽度测定法》。

（3）涂膜厚度

它将影响涂膜的各项性能，尤其是涂膜的物理机械性能受厚度的影响最明显，因此测定涂膜性能时都必须在规定的厚度范围内进行检测，可见厚度是一个必测项目。

测定涂膜厚度的方法很多，玻璃板上的厚度可用千分卡测定，钢板上的厚度可用非磁性测厚仪测定。干膜往往是由湿膜厚度决定的，因此近年常进行湿膜厚度的测定，用以控制干膜厚度，测定湿膜厚度的常用方法有湿膜厚度轮规法和湿膜厚度梳规法。干膜厚度测定方法见 GB/T 1764—79《涂膜厚度测定法》。

（4）硬度

涂膜的硬度是指涂膜干燥后具有的坚实性，用以判断它受外来摩擦和碰撞等的损害程度。测定涂膜硬度的方法很多，一般用摆杆硬度计测定，先测出标准玻璃板的硬度，然后测出涂漆玻璃样板的硬度，两者的比值即为涂膜的硬度。常以数字表示，如果漆膜的硬度相当玻璃硬度值的一半，则其硬度就是 0.5，这时涂膜已相当坚硬。常用涂料的硬度在 0.5 以下。

通过漆膜硬度的检查，可以发现漆料的硬树脂用量是否适当。漆膜的硬度和柔韧性相互制约，硬树脂多，漆膜坚硬，但不耐弯曲；反之软树脂或油脂多了，就耐弯曲而不坚硬。要使涂膜既坚硬又柔韧，硬树脂和软树脂（或油脂）的比例必须恰当。

测定涂膜硬度的标准方法有 GB/T 1730—2007《色漆和清漆　摆杆阻尼试验》。

（5）附着力

涂膜附着力是指它和被涂物表面牢固结合的能力。附着力不好的产品，容易和物面剥离而失去其防护和装饰效果。所以，附着力是涂膜性能检查中最重要的指标之一。通过这个项目的检查，可以判断涂料配方是否合适。

附着力的测定方法有划圈法、划格法和扭力法等，以划圈法为最常用方法，它分为 7 级，1 级圈纹最密，如果圈纹的每个部位涂膜完好，则附着力最佳，定为 1 级。反之，7 级圈纹最稀，不能通过这个等级的，附着力就太差而无使用价值了。通常比较好的底漆附着力并没有达 1 级，面漆的附着力是 2 级左右。

测定方法见 GB/T 1720—79《涂膜附着力测定法》。

除此以外，GB/T 6753.3—86 规定了涂料稳定性试验方法。

3.4.6.4 典型涂料的质量标准示例

（1）油性调和漆（Y03-1，参考 ZB G 51013—87）

油性调和漆质量标准见表 3-44。

表 3-44 油性调和漆（Y03-1，参考 ZB G 51013—87）质量标准

项目	指标
漆膜颜色及外观	符合标准样板及其色差范围,漆膜平整
遮盖力/(g/m²) ≤	
黑色	40
绿色,灰色	80
蓝色	100
白色	240
红色,黄色	180
黏度(涂-4 黏度计)/s ≥	70
细度/μm ≤	40
干燥时间/h ≤	
表干	10
实干	24
光泽/% ≥	70
柔韧性/mm ≤	1
闪点/℃ ≥	35

（2）酯胶清漆（T01-1，参考 ZB G 51014—87）

酯胶清漆质量标准见表 3-45。

表 3-45 酯胶清漆（T01-1，参考 ZB G 51014—87）质量标准

项目	指标
原漆颜色(铁钴比色计)/号 ≤	14
原漆外观和透明度	透明,无机械杂质
黏度(涂-4 黏度计)/s	60～90
酸值/(mg KOH/g) ≤	10
固体含量/% ≥	50
硬度 ≥	0.30
干燥时间/h ≤	
表干	6
实干	18
柔韧性/mm ≤	1
耐水性/h	24
回黏性/级 ≤	2

（3）水性建筑涂料（HQ-2）

水性建筑涂料质量标准见表 3-46。

表 3-46 水性建筑涂料（HQ-2）质量标准

项目	指标
涂料外观	易分散,无结块现象
黏度(涂-4 黏度计)/s	30～50
固体含量/%	30～35
表面干燥时间/min	60
实干时间/h	24
白度/%	85

续表

项目	指标
贮存稳定性	6
遮盖力/(g/cm²)	270~300
附着力/%	100
耐水力	15
耐擦拭性/次	2500

（4）洗衣机外壳用涂料

洗衣机外壳用涂料质量标准见表 3-47。

表 3-47　洗衣机外壳用涂料（HQ-2）质量标准

项目		指标
粉末外观		干燥，无结块，无杂质和单色粉末
粉末细度(180 目筛余物)/%	≤	5
粉末胶化时间(180℃±2℃)/min	≤	20
粉末熔融水平流动性(180℃±2℃)/min		22~30
漆膜颜色及外观		平整光滑，允许有轻微桔皮
光泽/%	≥	80
附着力/级	≤	2
柔韧性/mm	≤	3
耐水性(浸 30d)		无变化
耐盐水性(浸 72h)		无变化
耐硫酸性(浸于 20%H₂SO₄ 溶液中 168h)		无变化
耐硫酸性(浸于 20%HCl 溶液中 168h)		无变化
耐碱性(浸于 20%NaOH 溶液中 168h)		无变化
耐湿热性(30d)		无变化

3.4.6.5　常用涂料检测仪器

（1）数显黏度计

又称斯托默黏度计（图 3-28），是适用于测定涂料和其他用 KU 值表示黏稠度的测试仪器。该仪器遵循的设计依据为 ASTM 标准及 GB/T 9269—2009《涂料黏度的测定 斯托默黏度计法》标准。一般采用单片微机控制，操作者不用查表可以从仪器上直接读数，KU 值范围：53~141。另外，还有涂-4 黏度计（图 3-29，QND-4），测定流出时间在 150s 以下的涂料黏度，执行 GB/T 1723—93 标准。

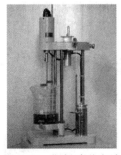

图 3-28　斯托默黏度计

图 3-29　涂-4 黏度计

（2）刮板细度计

刮板细度计（图 3-30）的作用主要是用于涂料及油墨颗粒细度的测量，但由于使用者的操作及评判标准的主观性，一般只能用于粗略测量。但由于其操作的简单、方便、快速，

图 3-30　刮板细度计

仍在涂料、油墨的颗粒测量中起到重要作用。使用方法如下。

① 将符合产品标准黏度的试样，用小调漆刀充分搅匀，取出数滴，滴入沟槽最深部位，即刻度值最大部位。

② 以双手持刮刀，横置于刻度值最大部位（在试样边缘处）使刮刀与刮板表面垂直接触。在 3s 内，将刮刀由最大刻度部位向刻度最小部位拉过。

③ 立即（不得超过 5s）使视线与沟槽平面成 $15°\sim30°$ 角，对光观察沟槽中颗粒均匀显露出，并记下相应的刻度值。在楔形槽较深的一端倒入足够的测试物料，小心不要产生气泡，手持刮板，垂直于细度板与槽，将物料平滑地刮向槽较窄的一端，该行程需 $1\sim2s$ 内完成。评估应该在刮完后 3s 内进行，观察时视线要垂直于槽，视角为 $20°\sim30°$，找出颗粒聚集或划痕出现的位置，该位置相对应的槽深即为该测试材料的细度。

（3）线棒涂布器

线棒涂布器（图 3-31）主要用于涂布规定厚度的湿膜，以测定试样的遮盖力、色泽或制备样板等。

图 3-31　线棒涂布器

图 3-32　冲击试验仪

（4）冲击试验仪

冲击试验仪（图 3-32）利用重物从高处落下，冲击漆膜，以测定漆膜的耐冲击强度，以重量与其落于样板上而不引起漆膜破坏的最大高度的冲击（kg·cm）表示。

（5）耐擦洗测定仪

耐擦洗测定仪（图 3-33）测定建筑涂料涂层的耐刷洗性能试验技术特征。在规定试验条件下，通过设定、变更毛刷往复运动的洗刷次数，测定建筑涂料涂层表面的抗擦洗性能。

图 3-33　耐擦洗测定仪

图 3-34　柔性测定仪

（6）柔韧性测定仪

柔韧性测定仪（图 3-34）通过在规定的条件下，测定漆膜随其底材一起变形而不发生损坏的能力，来评价漆膜的柔韧性试验技术特征。

（7）附着力测定仪

附着力测定仪即漆膜划格仪（图 3-35）通过十字切割法测定漆膜附着力的性能试验技术特征：以格阵图形切割并穿透漆膜，按六级分类评价漆膜从底材分离的抗性。

图 3-35　附着力测定仪

3.5　黏合剂生产项目

3.5.1　产品概况

用胶进行各种材料的连接工艺就是胶接技术，简称胶接。黏合剂的开发与应用离不开胶接技术，胶接技术是在合成化学、物理化学及材料力学等学科基础上发展起来的边缘学科。金属材料结构黏合剂开始用于飞机制造业，并以它独特的性能，成为传统连接工艺所不能替代的一种新型连接工艺。美国 B-52 型轰炸机机身的 85％表面是粘接的，英国“三叉戟”的粘接面积占全机表面的 2/3。现在，各种火箭、宇宙飞船、人造卫星，无一不采用粘接技术。阿波罗飞船的隔热板就是用环氧酚醛黏合剂粘接的；波音飞机每架用胶量达 2260kg。现在飞机使用黏合剂的数量，常常代表一个国家飞机制造工业的水平。

黏合剂又叫胶黏剂，简称胶，是一类具有优良黏合性能，能将各种材料紧密胶接一起的物质。黏合剂与电焊、铆接等传统连接方式相比具有如下优点：

① 能连接同类或不同类的、软的或硬的、脆的或韧性的、有机的或无机的各种材料，特别是异性材料的连接。

② 简化机械加工工艺。

③ 表面光滑，气动性良好，这些对于飞机、导弹等高速运载工具尤为重要。

④ 密封性能良好，可以减少密封结构，提高产品结构内部的器件耐介质性能。

⑤ 减轻结构质量，用胶接可以得到挠度小、质量轻、强度大、装配简单的结构 。

⑥ 应力分布均匀，延长结构件寿命。

⑦ 制造成本低。

⑧ 非导电胶有绝缘、绝热和抗震性能。

⑨ 生产效率高。快速固化，黏合剂可以在几分钟甚至几秒钟内就将复杂的结构件牢固地连接在一起，无须专门设备。

由于黏合剂大都是高分子化合物，所以也有一些不足之处：

① 有些黏合剂的胶接过程较复杂，要加温加压，固化时间长，被黏物胶接前必须对胶接面进行处理和保持清洁。

② 受光、氧、水等环境因素作用而老化，同时，导热、导电性能不良。

③ 一些黏合剂具有毒性、易燃。

④ 对粘接质量目前尚缺乏完整的无损检验方法。

黏合剂的分类方法很多，按应用方法可分为热固型、热熔型、温室固化型、压敏型等；按应用对象分为结构型、非结构型或特种胶；按形态分为水溶型、水乳型、溶剂型以及各种固态型等。合成化学工作者常喜欢将黏合剂按黏料的化学成分来分类（见表 3-48）。

表 3-48　黏合剂按黏料化学成分分类

无机胶黏剂	硅酸盐		硅酸钠（水玻璃）、硅酸盐水泥
	磷酸盐		磷酸钠-氧化铜
	硼酸盐		熔接玻璃
	陶瓷		氧化铅、氧化铝
	低熔点金属		锡-铅合金
天然胶黏剂	动物胶		皮肤、骨胶、虫胶、酪素胶、血蛋白胶、鱼胶等类
	植物胶		淀粉、糊精、松香、阿拉伯树胶、天然树胶、天然橡胶等类
	矿物胶		矿物蜡、沥青等类
合成胶黏剂	合成树脂	热塑性	纤维素酯、烯烃聚合物（聚乙酸乙烯酯、聚乙烯醇、聚氯乙烯、聚异丁烯等）、聚酯、聚醚、聚酰胺、聚丙烯酸酯、α-氰基丙烯酸酯、聚乙烯醇缩醛、乙烯-乙酸乙烯酯共聚物等类
		热固性	环氧树脂、酚醛树脂、脲醛树脂、三聚氰胺-甲醛树脂、有机硅树脂、不饱和聚酯、丙烯酸树脂、聚酰亚胺、聚苯并咪唑、酚醛-聚乙烯醇缩醛、酚醛-聚酰胺、酚醛-环氧树脂、环氧-聚酰胺等类
	合成橡胶型		氯丁橡胶、丁苯橡胶、丁基橡胶、丁钠橡胶、异戊橡胶、聚氨酯橡胶、氯磺化聚乙烯弹性体、硅橡胶等类
	橡胶树脂剂		酚醛-丁氰胶、酚醛-氯丁胶、酚醛-聚氨酯胶、环氧-丁氰胶、聚硫胶等类

3.5.2　黏合剂的组成

黏合剂组成不固定，有简单的，也有复杂的，品种很多。但无论什么类型的黏合剂，黏料是不可缺少的主要组分，再配合一种或多种其他组分。

3.5.2.1　黏料

黏料也称为主剂或基料。它是黏合剂主要而又必需的成分，也是黏合剂的骨架，它对黏合剂的性能起着主要作用和决定性影响。对黏料的要求是：具有良好的黏附性和润湿性。常见的作为黏料的物质有：天然高分子物质，如淀粉、纤维素、动物皮胶、鱼胶、骨胶、天然橡胶等，以及无机化合物，如硅酸盐、磷酸盐等；合成聚合物包括热塑性树脂、热固性树脂、合成橡胶，如聚醋酸乙烯酯、酚醛树脂、聚硫橡胶等。有时合成树脂和合成橡胶互配可以改善黏合剂的性能。

3.5.2.2　固化剂与促进剂

固化剂又称硬化剂、熟化剂或变形剂。在黏合过程中，视其所起的作用，又可称为交联剂、催化剂或活化剂。固化剂是黏合剂中最主要的配合材料，它直接或通过催化剂与黏料进行交联反应，使低分子化合物或线型高分子化合物交联成网状结构。

固化剂的种类较多，按固化剂所需固化温度的不同，分为常温固化剂和加温固化剂；按固化剂的化学结构及其性能可分为胺类固化剂、酸酐类固化剂、高分子类固化剂、潜伏型固化剂及其他类型固化剂。

固化剂选择的依据是根据黏料结构中特征基团的反应特征，例如，环氧树脂的固化剂主要是能使环氧基开环的化合物。通常，环氧树脂在酸性或碱性固化剂作用下均可固化。不同的黏料选用不同的固化剂，即使同种黏料，当固化剂种类或用量不同时，粘接性也可能差异很大。

3.5.2.3　增塑剂

增塑剂的作用是削弱分子间的作用力，增加胶层的柔韧性，提高胶层的冲击韧性，增加胶黏剂体系的流动性及浸润、扩散和吸附能力。增塑剂的适宜用量为不超过黏料的 20%，否则会影响到胶层的机械强度和耐热性能。增塑剂大多是黏度低、沸点高的液体或低熔点的固体化合物，与黏料有混溶性，但不参与化学反应，因此可以认为它是一个惰性的树脂状或单体状的"添加物"。一般要求无色、无臭、无毒、挥发性小、不燃和具有良好的化学稳定性。

3.5.2.4　稀释剂

稀释剂主要用于降低胶黏剂黏度，提高胶黏剂的浸透力。稀释剂可分为活性稀释剂和非活性稀释剂两种。活性稀释剂分子中含有活性基团，它在稀释胶黏剂的过程中又参与反应。它多用于环氧型胶黏剂中；非活性稀释剂中不含活性基团，不参与固化反应，除了降低黏度外，对机械性能、热变形温度、耐介质及老化破坏等有影响。在选用活性稀释剂时应考虑与黏料的相容性，使胶液尽可能地混合均匀；选用非活性稀释剂时，应考虑其挥发性，否则会增加胶黏剂体系固化时的收缩性，从而降低胶接强度。

3.5.2.5　填料

根据胶液的物理性质可加入适量的填料以降低热膨胀系数和收缩率，改善黏结性和操作性，从而提高硬度、机械强度、耐热性和导电性等，并可降低产品成本。胶黏剂对所用填料在粒度、湿含量、用量及酸值等方面都有严格要求，否则会使黏结性能下降。

填料的种类很多，无机物、有机物、金属、非金属粉末均可，只要不含水和结晶水，不与固化剂及其他组分起不良作用。一般来说，金属及其氧化物填料可以增加硬度，改进机械性能。纤维填料可以增加抗冲击强度、抗压屈服强度，降低抗张强度等。云母、石棉等可以改进电性能。铝粉可以提高热导率。一些填料还有着色性能。

3.5.2.6　增黏剂

增黏剂也称偶联剂，是黏合剂主要成分之一，不但用于提高难黏合或不黏合的两个表面间的黏合能力，而且能使黏合剂的耐老化及韧性提高，其结构与品种依所黏合材料而不同，常见的有硅烷和松香树脂及其衍生物等。

3.5.2.7　其他助剂

为了满足某些特殊要求，改善胶黏剂的某一性能，需要在黏合剂中加入一些其他助剂，如防老剂、增塑剂、增稠剂、防霉剂、稳定剂、着色剂、阻燃剂等。

3.5.3　黏合剂的胶接原理

胶接接头通常是由两个被粘物之间夹一层胶黏剂所构成，如图 3-36 所示。

胶接接头的强度取决于胶黏剂的内聚强度、被粘材料强度和黏合剂与被粘材料之间的黏合力，而最终强度又受三者中最弱的所控制。

黏合力的形成主要包括表面湿润，胶合剂分子向被粘物表面移动、扩散和渗透，胶黏剂与被粘材料形成物理化学和机械结合等过程。

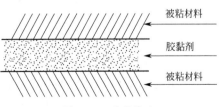

被粘材料

胶黏剂

被粘材料

图 3-36　胶接接头

3.5.3.1　湿润

所谓湿润，就是液态物质在固态物质表面分子间力作用下均匀分布的现象。不同液态物质对不同固态物质的湿润程度也不同。在日常生活中可以看到，水在荷叶或石蜡表面呈球状，水珠很容易从荷叶上滚落下来而不留痕迹；油或水在钢铁表面则呈薄膜状，要完全从钢铁表面去掉油膜或水膜是不容易的。前者是湿润程度小的例子，后者是湿润程度大的例子。粘接是用液态胶黏剂（后转变为固态）把固态的被粘工件粘在一起。胶黏剂只有与被粘工件有良好的湿润，才能真正接触，并为它们之间产生物理化学结合创造条件。

为了了解胶黏剂与被粘工件的湿润条件，首先讨论一下液体与固体润湿的一般情况。

液体与固体接触表面处都会呈现接触角 θ（图 3-37），其值大小可以表示润湿程度。接触角越小，说明润湿状态越好。当 θ 为 0°时，表明固体表面处于完全润湿状态；在 0°～90°之间，表示呈润湿状态；大于 90°，为不润湿状态；当为 180°时，为绝对不润湿状态。

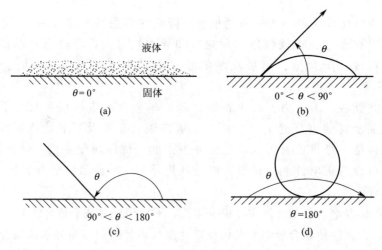

图 3-37　不同润湿状态

液体对固体的润湿程度主要取决于它们的表面张力大小。表面张力小的物质能够很好地润湿表面张力大的物质；而表面张力大的物质不能润湿表面张力小的物质。根据表面张力小的物质容易润湿表面张力大的物质这一原理，可以在胶黏剂中加入适量表面活性剂以降低胶黏剂的表面张力，提高胶黏剂对被粘材料的润湿能力，为更好地形成物理化学结合创造条件。

3.5.3.2　胶黏剂分子的移动和扩散

被粘材料表面为胶黏剂所润湿仅是产生黏合力的必要条件。要使胶黏剂与被粘材料产生机械和物理化学结合，胶黏剂分子与被粘材料分子之间的距离必须小到一定程度（一般在 10Å 以下）。这就要借助胶黏剂分子的移动和扩散。

在使用前，胶黏剂体系的分子热运动处于杂乱无序状态。胶黏剂与被粘物接触后，对胶黏剂分子将产生一定的吸引作用。胶黏剂分子，尤其是分子带有极性基团的部分，会向被粘物表面移动，并向极性键靠拢。当它们的距离小于 5Å 时，便产生物理化学结合。

3.5.3.3　胶黏剂的渗透

实际上，任何被粘物表面都有很多不易察觉的孔隙和缺陷，而胶黏剂大多是流动性液体，胶接时胶黏剂将向被粘物的孔隙渗透。这种渗透作用可以增大胶黏剂与被粘物接触面积，使胶黏剂与被粘物之间产生机械结合力。胶黏剂渗入被粘物孔隙的深度与接触角大小成反比，与孔径的大小成反比，与压力成正比，另外，还与孔隙的形状有关。

3.5.3.4　胶黏剂与被粘物的机械结合

胶黏剂与被粘物的机械结合力，是胶黏剂渗入被粘物孔隙内部固化后，在孔隙中产生机械键合的结果。这种键合，通常有以下几种方式：

（1）钉键作用

在胶接过程中，由于胶黏剂渗透到被粘物的直筒形孔隙中，固化后就形成了很多塑料钉子（图 3-38）。就是这些塑料钉子群，使胶黏剂与被粘物之间产生了很大的摩擦力，增加了彼此之间的结合力，这种现象称为"钉键"作用。

（2）勾键作用

在被粘物表面的孔隙中，有许多是呈钩状的。当渗入其中的胶黏剂固化之后形成许多塑料勾，称为"勾键"（图 3-39）。若使它们分开，除非施以很大的力量使这些塑料勾断裂才行。这种"勾键"的强度取决于胶黏剂本身的强度。

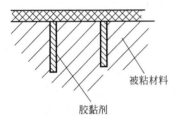

图 3-38　钉键示意图

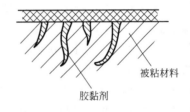

图 3-39　勾键示意图

（3）根键作用

被粘物表面的孔隙的形状往往是复杂的。有些大孔隙里面还延伸着很多小孔隙。胶黏剂渗入后就像树根一样，深入到被粘物孔隙中形成牢固的结合力，称为"根键"（图 3-40）。

（4）榫键作用

当被粘物表面存在很多较大的发散形孔隙或缺陷时，渗入其中的胶黏剂固化后形成许多塑料榫将被粘材料牢牢紧固，除非将这些塑料榫拉断，否则不能拔出，这种结合称为"榫键"结合（图 3-41）。

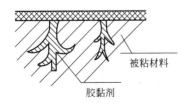

图 3-40　根键示意图

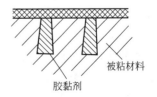

图 3-41　榫键示意图

机械结合力对总胶接强度的贡献与被粘材料表面状态有关。对于金属、玻璃等表面缺陷小的物体，这种机械结合力在总黏合力占的比重甚微；而对海绵、泡沫塑料、织物、纸张等多孔性材料，机械结合力则占主导地位。对非极性多孔材料，机械结合力常起决定性作用。

3.5.3.5　胶黏剂与被粘物的物理化学结合

在胶接过程中，胶黏剂分子经过润湿、移动、扩散和渗透等作用，逐渐向被粘物表面靠近。当胶黏剂分子与被粘物表面分子之间的距离小于 5Å 时，胶黏剂就能与被粘物产生物理化学结合。这种结合的形式主要有离子键、共价键、配位键、氢键和范德华力。在这些物理化学结合中，普遍存在和起主要作用的是配位键和范德华力结合。

胶黏剂与被粘材料形成牢固接头，往往是产生上述机械结合力和物理化学结合的综合结果。

3.5.4　典型合成树脂与黏合剂配方

用合成树脂制成的胶黏剂，种类很多，应用很广，是对国民经济和科学技术发展影响最大的黏合剂。一般可分为热固性树脂胶黏剂和热塑性树脂胶黏剂两类。

3.5.4.1　酚醛树脂

酚醛树脂是最早用于胶黏剂工业的合成树脂之一，它是由苯酚（或甲酚、二甲酚、间二甲酚）与甲醛在酸性或碱性催化剂存在下缩聚而成。随着甲醛用量配比和催化剂的不同，可生成热固性树脂和热塑性酚醛树脂两大类。热固性酚醛树脂是用苯酚与甲醛以小于 1 摩尔比用量在碱性催化剂（氨水、氢氧化钠等）存在下反应制成。它一般能溶于酒精和丙酮中，为了降低价格、减少污染，可配制成水溶性酚醛树脂，另外也可以和其他材料改性配制成油溶性酚醛树脂。热固性酚醛树脂经加热可进行进一步交联固化成不熔、不溶物。热塑型酚醛树脂（又称线型酚醛树脂）是用苯酚与甲醛以大于 1 摩尔比的用量，在酸性催化剂（如盐酸）存在下反应制得的，可溶于酒精和丙酮中。由于它是线型结构，所以虽经加热也不固化，使用时必须加入六亚甲基四胺等固化剂，才能使之发生交联变为不熔、不溶物。二者结构式如图 3-42 和图 3-43 所示。

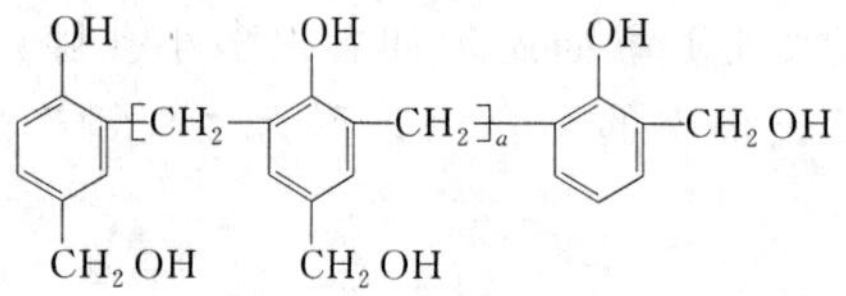

图 3-42　热固性酚醛树脂 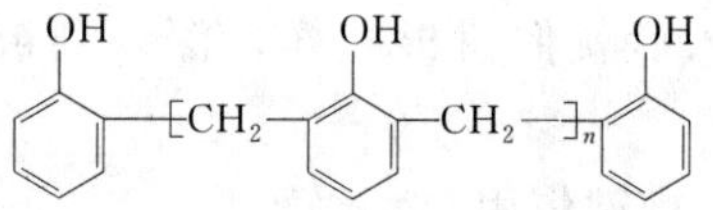　　　　图 3-43　热塑性酚醛树脂

在工业上由于原料、原料配比和催化剂的不同，酚醛树脂有很多牌号。用作配制胶黏剂的酚醛树脂，一般制备方法如下：

（1）热固性酚醛树脂

用苯酚 100 份、37%甲醛 100 份、25%氨水 5～6 份或氢氧化钠 1 份，加入三口烧瓶或反应釜中，缓慢升温至 60℃，45min 左右后停止加热，反应自动放热，至沸腾后保持 92～95℃反应 40～50min，冷却在 60～70℃温度下减压脱去水分及反应的醛、酚，必要时先用水洗两次。产物进一步冷却，配成 50%的酒精溶液。

（2）热塑性酚醛树脂

把苯酚 100 份、37%甲醛 74～75 份加入三口瓶中，搅拌，用盐酸调节 pH=2 左右，待升温到 85℃停止加热，自动升温到 95～100℃回流，稳定后再加入 35％浓盐酸 0.5～0.8 份保持反应 30～45min。减压脱水除去甲醛、酚及盐酸，必要时可先用水洗两次，然后出料冷却。

（3）水性酚醛树脂

把 100 份苯酚和 26.5 份 40％氢氧化钠水溶液加入三口瓶中（或反应釜）开动搅拌，加热至 40～50℃，保持 20～30min，在 0.5h 内慢慢加入 107.6 份 37％甲醛，在 1.5h 内升温至 87℃，在 20～25min 内升至 90～92℃，然后继续反应到符合要求为止。

以酚醛树脂为黏料的黏胶黏剂配方见表 3-49。

表 3-49　酚醛树脂胶黏剂配方

牌号	配方/质量份
214♯酚醛树脂胶黏剂	214♯酚醛树脂 100；氯苯磺酸　9～15（或石油磺酸盐，苯甲酸）
2123♯酚醛树脂胶黏剂	2123♯酚醛树脂 100；六亚甲基四胺 10～15；乙醇适量
203♯酚醛树脂胶黏剂	203♯酚醛树脂 90；六亚甲基四胺 10；乙醇适量
GF-3 水溶性酚醛树脂胶黏剂	酚醛树脂溶液

3.5.4.2　氨基树脂

脲醛树脂和三聚氰胺甲醛树脂是用途较广的两类氨基树脂。

（1）脲醛树脂

脲醛树脂的制备如下，第一步是加成反应：

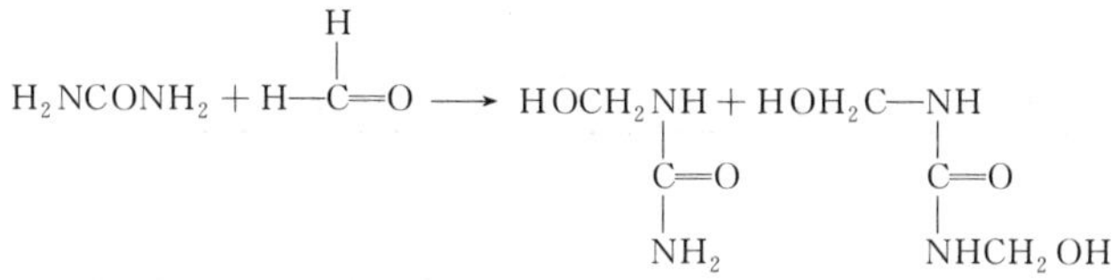

$$H_2NCONH_2 + H-\overset{\overset{H}{|}}{C}=O \longrightarrow HOCH_2NH + HOH_2C-NH$$

第二步是缩合反应：

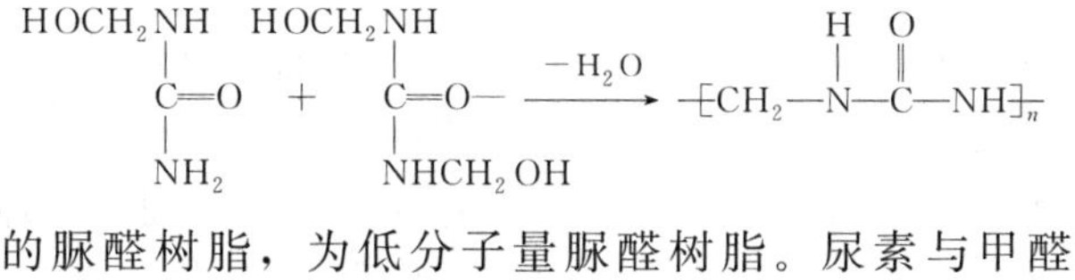

作为胶黏剂使用的脲醛树脂，为低分子量脲醛树脂。尿素与甲醛摩尔比为 1 ∶ 1.8～2.5，分子量 300～400。由于含有大量羟甲基、酰氨基等，所以不能溶于水。一般制成 50％的水溶液，也可以喷雾干燥制成固体树脂。

制备方法：称取甲醛 300g 放在三口瓶中，加热至 35℃左右，在搅拌下加入 5g 六亚甲基四胺，溶液转清后，用 5％氢氧化钠调节 pH 值为 7.2～7.5，然后慢慢加入 75g 尿素，同时升温至 95℃反应 45min，并保持 pH 值 7～7.2（用氢氧化钠调节），停止加热降温到 70℃左右，恒温脱水 1～2h，再升温到 90～95℃，保温浓缩 1～2h，并及时调节 pH 值为 7～7.2，然后冷却到室温即可。

脲醛树脂常用固化剂是氯化铵，用量为树脂 1％～2％（配成水溶液）：除氯化铵外还可以用草酸乙酯（加热固化用）、草酸、石油磺酸、氯化钙和氯化锌等。

（2）三聚氰胺甲醛树脂

三聚氰胺与甲醛的反应和尿素大致相同，但它是六官能单体，所以可得到多种羟基甲基化合物，其反应式如下：

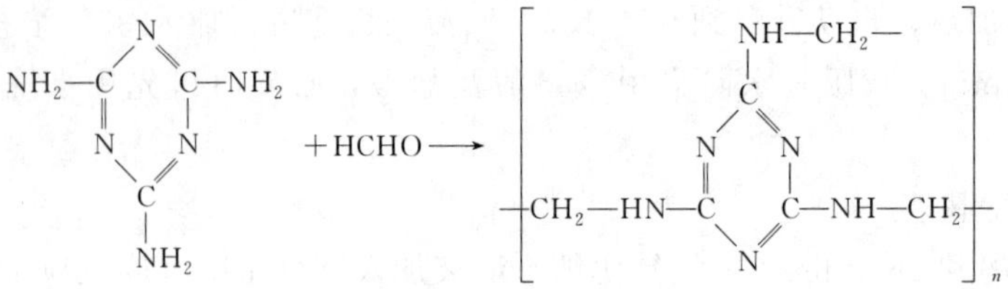

配制胶黏剂常用的三聚氰胺甲醛树脂通常是由 1mol 三聚氰胺与 3～4mol 甲醛在 pH 值 5～8 条件下反应而成的。粘接用三聚氰胺甲醛树脂可用下面方法制备：

称取 250g 甲醛溶液（37%）加 30g 水稀释，加入 1g 六亚甲基四胺溶化，调节 pH 至中性，升温至 40℃，加入 100g 三聚氰胺，升温至 55℃，停止加热，自动升温并保持在 75～80℃以下反应。溶液透明并观察水分离器中的水不再增加时即为终点，调整 pH 为 9～10，冷却备用。

三聚氰胺甲醛胶加热固化，一般不需要加入固化剂，也可以加入少量草酸等加速固化。

以氨基树脂为黏料的胶黏剂配方见表 3-50。

表 3-50   氨基树脂胶黏剂配方

牌号	配方/质量份
脲醛树脂胶黏剂	脲醛树脂 100（尿素：甲醛摩尔比为 1:2.35）；固化剂 8～10（固化剂组成：氯化铵 20、氯化钙 20、水 60）
301 尿醛胶黏剂	301 脲醛树脂 100；固化剂 5～10（固化剂组成：氯化铵 20、水 80）
RC-1 脲醛胶黏剂	RC-1 脲醛树脂 100；固化剂 10～12（固化剂组成：氯化铵 8、氨水 40、尿素 46、水 50）
GNS-1	脲醛树脂 100（尿素，甲醛摩尔比为 1:1.75）；固化剂 15～20（固化剂组成：氯化铵 15、六亚甲基四胺 5、水 80）
GNS-50 脲醛胶黏剂	脲醛树脂 100（尿素和甲醛摩尔比为 1:1.65）；氨水 13

3.5.4.3   环氧树脂

目前国产环氧树脂品种已达几十种之多，这些环氧树脂虽然性能各有千秋特点不一，但大多数都可做为胶黏剂原料。

在所有环氧树脂胶黏剂当中，目前产量最大、应用范围最广的是双酚 A 二缩水甘油醚型环氧树脂（如 E-55、E-51、E-44 等）。下面介绍单低分子双酚 A 型环氧树脂制备方法。

在三口瓶（反应釜）中加入 1mol（228g）双酚 A、10mol（925g）环氧氯丙烷和 5mL 水，将 2.05mol（82g）的固体氢氧化钠分成小份加入，先加入 13g，将混合物加热搅拌，当温度达到 80℃时停止加热，并控制冰浴冷却，使反应不超过 100℃，当反应温度降至 95℃时再加入 13g 氢氧化钠，仍照上面方法控制温度，将剩余的氢氧化钠如上分次加入，每次为 13～14g。最后一次加入氢氧化钠，不再冷却。当反应完成后，减压至 50mmHg（1mmHg＝133.322Pa）以下，蒸出过量环氧氯丙烷，此时不要使温度超过 150℃，然后冷却至 70℃再次加入 50mL 苯，使其中的盐沉淀析出，用倾泻法将盐滤出，并用 50mL 苯洗涤，将苯溶液合并蒸出苯。当瓶内温度达到 125℃时，减压至 25mmHg，继续蒸馏至 170℃为止，即得到黏稠、透明的环氧树脂，其分子量为 370 左右。环氧值大于 0.5（相当于 E-51）。

以环氧树脂为黏料的胶黏剂配方见表 3-51。

表 3-51   环氧树脂胶黏剂配方

牌号	配方/质量份
室温固化环氧胶 1 号	618 环氧树脂 100；二乙烯三胺（AR）8；邻苯二甲酸二丁酯 20；氧化铝粉（20 目）100
室温固化高温使用环氧胶黏剂	618 环氧树脂 100；间苯二胺 18；稀释剂 10；间苯二酸 10

牌号	配方/质量份
芳胺环氧胶黏剂	618 环氧树脂 100；气溶胶 5；二氨基二苯甲烷 30
室温环氧胶 2 号	618 环氧树脂 100；二乙氨基丙烷 8；邻苯二甲酸二丁酯 20；氧化铝粉 100
HYJ-6 环氧胶黏剂	618 环氧树脂 100；邻苯二甲酸二丁酯 15；氧化铝粉 25；气相二氧化硅 2～5；四乙烯五胺 12

3.5.4.4　聚氨酯树脂

聚氨酯树脂是由多异氰酸酯与多元羟基化合物反应而成的。配制胶黏剂往往需要加入某些催化剂和溶剂。如果原料是二异氰酸酯和二元羟基化合物反应，在不同摩尔比下可得到不同端、不同长短的分子链：

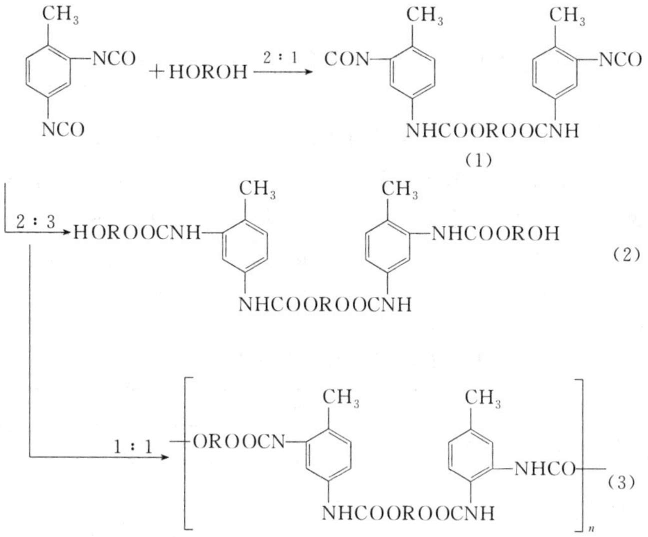

产物（1）或分子量更大一些的产物，一般称为预聚体，它可以和产物（2）或其他多羟基化合物进一步反应生成高分子的聚氨酯树脂。而产物（3）则本身就是聚氨酯树脂。若含羟基或含异氰酸酯组分的官能团数是 3 或 3 以上，则生成具有支链或交链的聚氨酯树脂。如：

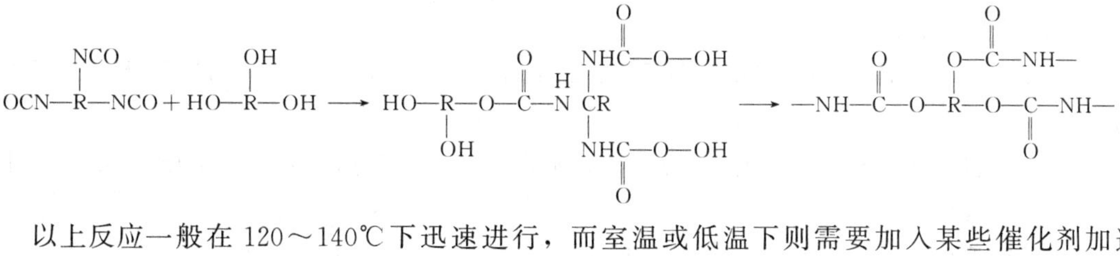

以上反应一般在 120～140℃下迅速进行，而室温或低温下则需要加入某些催化剂加速反应。

以聚氨酯树脂为黏料的胶黏剂配方见表 3-52。

表 3-52　聚氨酯树脂胶黏剂配方

牌号	配方/质量份
JQ-1 胶黏剂	对-三异氰酸三苯甲烷 20；氯苯 80
JQ-2 胶黏剂	24♯聚酯 4；2,4-TDI 4；400♯水泥 1；丙酮 4
JQ-4 胶黏剂	对-三异氰酸三苯基硫代磷酸酯 20；氯苯 80
S01-3 聚氨酯漆	蓖麻油聚酯 100；TDI 预聚体
101♯胶黏剂	甲组分：端羟基线型聚酯丙酮溶液 100；乙组分：聚酯改性二异氰酸酯醋酸乙酯溶液 10～50

3.5.4.5　不饱和聚酯树脂

（1）不饱和聚酯树脂的制备

不饱和聚酯树脂是一种浅黄色黏稠液体。它是由不饱和二元酸（或酸酐）、饱和二元酸与二元醇或多元醇在高温下缩聚制成的线型高聚物。一般反应式如下：

$$n\,HO-R-OH + \tfrac{1}{2}n\,R'\underset{C}{\overset{C}{\big\langle}}\!\!\begin{smallmatrix}O\\ \\O\end{smallmatrix} + \tfrac{1}{2}n\,R''\underset{C}{\overset{C}{\big\langle}}\!\!\begin{smallmatrix}O\\ \\O\end{smallmatrix} \longrightarrow H\!\left[O-R-O-\overset{O}{\overset{\|}{C}}-R'-\overset{O}{\overset{\|}{C}}\right]_x\!\left[O-R-O-\overset{O}{\overset{\|}{C}}-R''-\overset{O}{\overset{\|}{C}}\right]_y\!OH + (2n-1)H_2O$$

式中　$HO-R-OH$——饱和二元醇，如乙二醇，丙二醇等；

$R'\underset{C}{\overset{C}{\big\langle}}\!\!\begin{smallmatrix}O\\ \\O\end{smallmatrix}$——不饱和二元酸（或酐），如顺丁烯二酸（酐）等；

$R''\underset{C}{\overset{C}{\big\langle}}\!\!\begin{smallmatrix}O\\ \\O\end{smallmatrix}$——用来改性的饱和酸（或酐），如邻苯二甲酸（酐）等。

一般制备树脂所用的酸或者酸酐及醇中的 R 和 R′碳链越长所得的树脂的韧性越好。制备不饱和聚酯树脂常用的二元酸和酸酐有：顺丁烯二酸酐，反丁烯二酸酐，邻苯二甲酸酐，邻苯二甲酸，己二酸，癸二酸，丙二酸，甲基丙二酸等；常用的二元醇有：乙二醇，丙二醇，一缩二乙醇、二缩三乙二醇等。典型的不饱和聚酯树脂配方如表 3-53 所示。

表 3-53　不饱和聚酯树脂配方

项目	分子量	物质的量/mol	质量份	质量分数/%
丙二醇	70.00	2.20	167.10	
顺酐	98.06	1.00	88.06	
苯酐	148.11	1.00	148.11	
理论缩水量	18.02	2.00	36.01	
聚酯产量			377.53	64.6
苯乙烯	104.14	2.00	208.23	35.5

（2）操作步骤

① 按配方投入各种原料加热升温至100℃左右，开动搅拌器，通入惰性气体（或者不通惰性气体）。

② 液体升至150～160℃酯化反应开始，蒸汽浴分馏柱柱温上升。保温反应0.5h，柱温控制在103℃以下。

③ 继续升温至（195±5）℃，保温反应直至酸值达到要求（一般是75mg KOH/g 以下），缩水量已达理论缩水量的2/3～3/4 以上时，可以减压蒸馏，迫使水分蒸出。

④ 当酸值降至60mg KOH/g 附近，反应基本上完成，停止抽真空，准备与苯乙烯混溶。

⑤ 树脂温度控制在130℃左右（低于苯乙烯的沸点145℃），与苯乙烯混溶。稀释釜的温度控制在95℃以下，不要低于聚酯的软化点60～70℃。高于95℃会引起聚酯与苯乙烯的热交换作用，发生凝胶现象，造成树脂报废，低于聚酯的软化点，聚酯成团，混溶性不好。

以不饱和聚酯树脂为黏料的胶黏剂配方见表 3-54。

表 3-54　不饱和聚酯树脂胶黏剂配方

牌号	配方/质量份
307#不饱和聚酯胶黏剂	307#不饱和聚酯 100;过氧化环己酮(50%DBP 溶液)3~4;环烷酸钴(2%)2;苯乙烯石蜡液(0.5%)2~4(修补时加入)
306#不饱和聚酯胶黏剂	306#不饱和聚酯 50;3193#不饱和聚酯 50;过氧化环己酮(50%DBP 溶液)3~4;环烷酸钴(2%)2;苯乙烯石蜡液(0.5%)2~4(修补时加入)
199#不饱和聚酯胶黏剂	199#不饱和聚酯 100;过氧化二甲苯甲酰 1~2
195#不饱和聚酯胶黏剂	195#不饱和聚酯 100;过氧化环己酮(50%DBP 溶液)3~4;环烷酸钴(2%)2;苯乙烯石蜡液(0.5%)2~4(修补时加入)
301#不饱和聚酯胶黏剂	301#不饱和聚酯 100;过氧化环己酮(50%DBP 溶液)3~4;环烷酸钴(2%)2;苯乙烯石蜡液(0.5%)2~4

3.5.4.6　丙烯酸树脂

（1）丙烯酸树脂制备

将甲基丙烯酸 361g、二缩三乙二醇 300g、对苯二酚 3g、苯 982g、浓硫酸 24.6g，在搅拌下按次序投入三口瓶中，然后升温至沸腾（83℃左右）。用分离器放水，观察出水量（以计算的出水量为准，理论出水量为 75.5mL），反应需要 12h 左右停止反应，用物料重量 1/6 的 5%碳酸钠水溶液和同等重量的 7%氯化钠水溶液洗 4 次，再用蒸馏水洗 6 次，最后用硝酸银和硫酸钡水溶液检测，减压脱苯，即得树脂液。

（2）以丙烯酸树脂为黏料的胶黏剂配方

见表 3-55。

表 3-55　丙烯酸树脂胶黏剂配方

牌号	配方/质量份
372#有机玻璃胶黏剂	307#不饱和聚酯 100;过氧化环己酮(50%DBP 溶液)3~4;环烷酸钴(2%)2;苯乙烯石蜡液(0.5%)2~4(修补时加入)
306#不饱和聚酯胶黏剂	306#不饱和聚酯 50;3193#不饱和聚酯 50;过氧化环己酮(50%DBP 溶液)3~4;环烷酸钴(2%)2;苯乙烯石蜡液(0.5%)2~4(修补时加入)
199#不饱和聚酯胶黏剂	199#不饱和聚酯 100;过氧化二甲苯甲酰 1~2
195#不饱和聚酯胶黏剂	195#不饱和聚酯 100;过氧化环己酮(50%DBP 溶液)3~4;环烷酸钴(2%)2;苯乙烯石蜡液(0.5%)2~4(修补时加入)
301#不饱和聚酯胶黏剂	301#不饱和聚酯 100;过氧化环己酮(50%DBP 溶液)3~4;环烷酸钴(2%)2;苯乙烯石蜡液(0.5%)2~4

3.5.4.7　有机硅树脂

配制胶黏剂用的有机硅树脂一般是由甲基氯硅烷、苯基氯硅烷等以 $R/Si=1.3~1.5$ 的比例在醇、水等介质作用下经过水解缩聚而成的。例如，二甲基二氯硅烷和苯基三氯硅烷以 1:0.7 摩尔比在丁醇、甲苯、水介质作用下经过水解后将生成的盐酸洗掉，即可制得 941° 有机硅树脂。其化学反应式如下：

$$(CH_3)_2SiCl_2 + C_6H_5SiCl_3 \xrightarrow[H_2O]{C_4H_9OH} \begin{bmatrix} CH_3 \\ | \\ Si-O \\ | \\ CH_3 \end{bmatrix}_m \begin{bmatrix} C_6H_5 \\ | \\ Si-O \\ | \\ H \end{bmatrix}_n$$

为了改善有机硅树脂某些性能，可加入一些其他树脂如环氧树脂、聚酯树脂和酚醛树脂等进行改性，其改性的方法一种是共混改性，即一般是由有机硅树脂和其他树脂混合而成；另一种是共聚改性，它是由低分子树脂中的羟基、烷氧基官能团发生缩合反应或由有机硅树脂的单体与其他树脂的单体进行共聚而成的。

粘接用有机硅树脂可由下述方法制得：

首先将 27g 二甲苯、265g 甲基三氯硅烷、454g 二甲基二氯硅烷、662g 苯基三氯硅烷和 448g 的二苯基二氯硅烷混合搅拌均匀，然后在反应器中加入 9g 二甲苯和 73g 水，再滴加上述混合单体，在 30℃温度下滴加 4～5h。加完后静置分层，除去酸水，再水洗到中性，待静置分层后再除去水分。以高速离心机过滤，除去杂质即得到硅醇溶液。然后将硅醇放入浓缩釜内，在搅拌下缓慢加热并开动真空泵，在温度不超过 90℃、真空度控制在 40mmHg 下浓缩硅醇溶液，使固体含量稳定在 55%～65%之间。

将上述硅醇加入缩聚釜内，开动搅拌，然后在 0.05～0.08 的辛酸催化剂下充分搅拌，开始抽真空并升温，使之在 165～170℃温度下进行缩聚，取样化验，使胶化时间达到 1～2min/200℃时，即为反应终点，这时立即加入二甲苯，然后迅速搅拌均匀后冷却即可。

以有机硅树脂为黏料的胶黏剂配方见表 3-56。

表 3-56　有机硅树脂胶黏剂配方

牌号	配方/质量份
JG-1 胶黏剂	K-56 有机硅树脂 9；E-44 环氧树脂 1；癸二酸(或草酸)2
JG-2 胶黏剂	甲组分：947 有机硅树脂(含量>60%)100；乙组分：正硅酸乙酯 10；二月桂酸二丁基锡；甲：乙 100：13
JG-3 胶黏剂	甲组分：947 有机硅树脂(75%)100；8-羟基喹啉 10；钛白粉 7；铝粉 3；乙组分：硼酐 1；甲：乙 120：1
J-09 胶黏剂	聚硼有机硅氧烷 1；锌酚醛树脂 3；酸洗石棉(200 目)1；氧化锌 0.3；塑炼丁腈橡胶-40 0.45；丁酮 适量

3.5.5　热固性树脂胶黏剂的生产

热固性树脂胶黏剂由热固性树脂为基料（或黏料）配制而成，是通过加入固化剂和加热时液态树脂经聚合反应交联成网状结构，形成不溶、不熔的固体而达到粘接目的的合成树脂胶黏剂。热固性树脂胶黏附性较好，具有较好的机械强度、耐热性和耐化学性；但耐冲击性和耐弯曲性差些。它是产量大、应用最广泛的一类合成胶黏剂，主要包括酚醛树脂、三聚氰胺-甲醛树脂、脲醛树脂、环氧树脂等。表 3-57 列出了常用热固性树脂胶黏剂的特性及用途。

表 3-57　常用热固性树脂胶黏剂的特性及用途

胶黏剂	特性	用途
酚醛树脂	耐热、室外耐久，但有色、有脆性，固化时需高温加热	胶合板、层压板、砂纸、纱布
间苯二酚-甲醛树脂	室温固化、室外耐久，但有色、价格高	层压材料
脲醛树脂	价格低廉，但易污染、易老化	胶合板、木材
三聚氰胺-甲醛树脂	无色、耐水、加热粘接快速，但贮存期短	胶合板、织物、纸制品
环氧树脂	室温固化、收缩率低，但剥离强度较低	金属、塑料、橡胶、水泥、木材
不饱和聚酯	室温固化、收缩率低，但接触空气难固化	水泥结构件、玻璃钢
聚氨酯	室温固化、耐低温，但受湿气影响大	金属、塑料、橡胶
芳香环聚物	耐 250～500℃，但固化工艺苛刻	高温金属结构

从表 3-57 中可看到，热固化性树脂胶黏剂分常温固化和加热固化两种。两者固化均需较长时间，但加热可使固化时间缩短。在多数情况下用作胶黏剂组成的是预聚物和低分子量化合物，故连接部分需要压紧。以下介绍几种常见的热固化性树脂胶黏剂。

3.5.5.1　环氧树脂胶黏剂

环氧树脂是指能交联聚合物的多环氧化合物。由这类树脂构成的胶黏剂既可以胶接金属材料，又可以胶接非金属材料，俗称"万能胶"。

早期的环氧树脂胶黏剂主要在胺类固化的环氧树脂中添加铝粉等填料制成。为了降低脆性，发展了用低分子量的聚酰胺类固化剂和聚硫橡胶改性的环氧树脂胶黏剂的品种，后来又出现了酚醛树脂固化的耐高温胶黏剂和聚酰胺改性的高剥离度的环氧树脂胶黏剂。20 世纪 60 年代发展了丁腈橡胶增韧的环氧树脂结构胶黏剂。随后，橡胶增韧的环氧树脂胶黏剂成为结构胶黏剂的主流，它们不仅在次承力结构中得到了极其广泛的应用，也已应用于某些主承力结构中，如现代航空和航天飞行器的制造。

大多数环氧树脂胶黏剂不像其他化工产品的生产有专用设备和固定的场地，都是使用者在使用之前现场自己配制，胶液配制的好坏对粘接强度、耐水性等关系很大。因为环氧树脂胶黏剂中成分很多，大多数又都是黏稠液体或固体不易搅拌均匀，稍不注意就会造成胶液中某些区域树脂过量，而另外一些地方固化剂过量。这样固化后的胶层各种性能很差。所以配胶时不但要称量准确，而且要充分搅拌。另外，室温固化环氧胶配好以后一般会发生放热现象，如不及时使用，则造成凝胶。夏季配制的胺固化环氧胶，一般使用期只有几分钟至几十分钟。以下介绍三种环氧胶配制方法：

（1）常温固化环氧胶

配方：环氧树脂 618#　　　　100 份　　　二乙烯三胺　　　　　　　　　8 份
邻苯二甲酸二丁酯(或线型聚酯树脂)　20 份　　氧化铝粉(200 目以上)　　50～100 份

配制：按比例称取环氧树脂、线型聚酯树脂、氧化铝粉混合并搅拌，然后称取二乙烯三胺，混合均匀后备用。

（2）高温固化环氧胶

配方：环氧树脂 618#　　　　100 份　　　邻苯二甲酸酐　　　　　　　40 份
线型聚酯树脂　　　　　　　 20 份　　　氧化铝粉(200 目以上)　　50～100 份

配制：按比例称取环氧树脂、线型聚酯树脂、氧化铝粉在容器中混合，加热至 120～140℃，用另一容器称取邻苯二甲酸酐加热熔化，然后倒入上面的环氧树脂混合物中迅速搅拌，搅匀后即可使用。

（3）高强度环氧胶

配方：环氧树脂 618#　　　　100 份　　　三氯甲烷　　　　　　　　　200 份
聚砜树脂　　　　　　　　　 80 份　　　二甲基甲酰胺　　　　　　　 50 份
双氰胺　　　　　　　　　　 12 份

配制：将称量的环氧树脂和聚砜树脂粉混合加热至 140～150℃，搅拌至聚砜全熔后冷却，也可以先将聚砜树脂溶解于三氯甲烷，然后混入环氧树脂（如果配制无溶剂胶黏剂，可以加热将三氯甲烷除去），最后加入三氯甲烷、二甲基甲酰胺和双氰胺后备用。

3.5.5.2　聚氨酯胶黏剂

按化学特性可将聚氨酯胶黏剂分成三种类型：多异氰酸类，预聚体胶黏剂类和用多异氰酸酯改性的聚合物类；按使用形态聚氨酯胶黏剂又分成：无溶剂型，溶剂型，热熔型，水基型等。聚氨酯胶黏剂因原料品种和配比不同，可制得各种性能的品种。现以 101 聚氨酯胶黏剂为例加以说明。

101 聚氨酯胶黏剂是由线型聚酯与异氰酸酯共聚，生成端羟基的线型聚氨酯弹性体与适量溶剂配成 A 组分，再由羟基化合物与异氰酸酯的反应物作为交联剂组分，即 B 组分。根据 A、B 两组分的不同配比，可使用于不同材料的胶接，见表 3-58。其使用方法是：将胶液按配比混合均匀，涂于材料，晾干片刻后贴。在室温下固化需 5～6d；加温固化可缩短时间，100℃时固化需 1.5～2h；130℃时固化需 0.5h。

表 3-58 101 聚氨酯胶黏剂的品种

胶液配比 A∶B	用途	胶液配比 A∶B	用途
100∶10～100∶15	纸张、皮革、木材的胶接	100∶20～100∶50	金属胶接
100∶20	一般使用		

3.5.5.3 脲醛树脂胶黏剂

脲醛树脂与三聚氰胺-甲醛树脂统称为氨基树脂，在胶黏剂中脲醛树脂是用量最大的品种之一。脲醛胶配方中，除树脂外，一般还需要加入固化剂、缓冲剂及填料等。固化剂可以是酸，但更常用的是强酸的铵盐，如氯化铵，它跟树脂混合后，能与游离甲醛或缩合过程放出的甲醛反应而释放出酸来，温度越高释放得越快：

$$NH_4Cl + CHO \longrightarrow HCl + (CH_2)_6N_4 + H_2O$$

为了避免 NH_4Cl 与甲醛作用过快而使胶液酸性不断增加，可在胶液中加入缓冲剂来调节胶液的 pH 值，一般采用氨水和六亚甲基四胺。有些配方还同时加入一些尿素，其作用是与胶液中的游离甲醛及树脂固化过程中的游离甲醛和树脂固化过程中放出的甲醛起反应。脲醛树脂固化时发生收缩现象，产生内应力，还需加入填料及增塑剂，填料通常是木粉、泥粉、谷粉和矿物粉等。

RC-1 脲醛胶黏剂的制备，配方（质量份）：RC-1 脲醛树脂 100；固化剂 10～12（固化剂组成：氯化铵 8、氨水 40、尿素 46、水 50），将氯化铵、尿素等研磨至 500 目以上细粉，40～60℃均匀分散于水，得固化剂，然后将制得的固化剂加到上述脲醛树脂中，搅拌均匀，即可使用。

3.5.6 热塑性树脂胶黏剂的生产

热塑性树脂胶黏剂常为一种液态胶黏剂，通过溶液挥发、熔体冷却，有时也通过聚合反应，使之变成热塑性固体而达到胶接目的。其机械性能、耐热性和耐化学品性均比较差，但其使用方便，有较好的柔韧性。表 3-59 列出了常用的热塑性树脂胶黏剂的特征及用途。

表 3-59 常用的热塑性树脂胶黏剂的特征及用途

胶黏剂	特性	用途
聚乙酸乙烯酯	无色,快速粘接,初期黏度高,但不耐碱和热,有蠕变性	木材、纸制品、书籍、无纺布、发泡聚乙烯
乙烯-乙酸乙烯酯树脂	快速粘接,蠕变性低,用途广,但低温下不能快速粘接	簿册贴边、包装封口、聚氯乙烯板
聚乙烯醇	价廉、干燥好,挠性好	纸制品、布料、纤维板
聚乙烯醇缩醛	无色、透明,有弹性、耐久,剥离强度低	金属、安全玻璃
丙烯酸树脂	无色、挠性好、耐久,但略有臭味,耐热性低	金属、无纺布、聚氯乙烯板
聚氯乙烯	快速定位,粘接强度高、防水、耐寒、耐油、耐腐蚀	硬质聚氯乙烯板和管
橡胶	剥离强度高,但不耐热和水	金属、蜂窝结构材质
α-氰基丙烯酸酯	室温快速粘接、用途广,但不耐久,粘接面积不易大	机电部件
厌氧型丙烯酸双酯	隔绝空气下快速粘接,耐水、耐油,但剥离强度低	螺栓紧固、密封

按固化机理，热塑性树脂胶黏剂又可分为：靠溶剂挥发而固化的溶剂型胶黏剂，靠分散介质而凝聚固化的乳液型胶黏剂；靠熔体冷却而固化的热熔型胶黏剂；靠化学反应而快速固化的反应型胶黏剂。以下重点讨论热塑性树脂胶黏剂中的两个常用品种的生产。

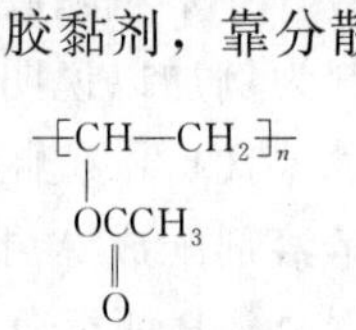

$$\begin{array}{c} \{CH{-}CH_2\}_{\overline{n}} \\ | \\ OCCH_3 \\ \| \\ O \end{array}$$

图 3-44 聚乙酸乙烯酯结构

3.5.6.1 聚乙酸乙烯酯胶黏剂

聚乙酸乙烯酯是乙酸乙烯酯的聚合物，其结构如图 3-44 所示。

聚乙酸乙烯酯胶黏剂是合成树脂乳液中生产最早、产量最大的品种。大部分聚乙酸乙烯酯胶黏剂是以乳液的形式来使用的，它具有一系列明显的优点：乳液聚合物的相对分子量可以很高，因此机械强度很好；与同浓度溶液胶黏剂相比，黏度低，使用方便；以水为分散介质，成本低、无毒、不燃。

（1）技术路线

在水介质中，以聚乙烯醇（PVA）作保护胶体，加入阴离子或非离子型表面活性剂，在一定的 pH 值时，采用自由基引发系统，将乙酸乙烯酯进行乳液聚合，反应式如图 3-45 所示。

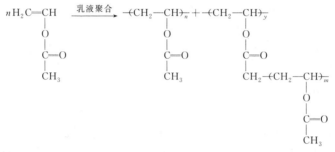

图 3-45　乙酸乙烯酯进行乳液聚合的反应式

（2）工艺流程（图 3-46）

先将引发剂（偶氮二异丁酯）配剂槽中加入一定量的甲醇搅拌溶解，均匀后停止搅拌，与溶剂甲醇、单体乙酸乙烯酯按比例连续通过预热器，达 60℃后进入第一聚合器反应 110min，聚合转化率达 20%。

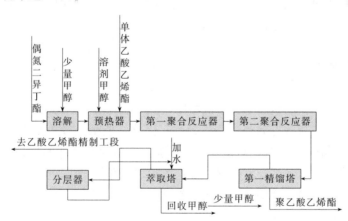

图 3-46　聚乙酸乙烯酯生产工艺流程图

在第二聚合反应器中，反应 160min 左右，聚合转化率增加到 50%。

由第二聚合反应器出来的物料有甲醇、聚乙酸乙烯酯、未反应的乙酸乙烯酯单体等，进入第一精馏塔，塔底得到 25% 左右浓度的产物，加入少量甲醇达 22% 左右浓度的产物，供醇解使用。

塔顶出来物料进入有水的萃取塔，使水和乙酸乙烯酯在塔顶共沸蒸出，进入分层器，下层为水层循环作萃取塔萃取水，上层的乙酸乙烯酯去精制工段，塔顶回收甲醇。

3.5.6.2　聚乙烯醇缩醛胶黏剂

聚乙烯醇与醛类进行缩醛化反应即可得到聚乙烯醇缩醛。反应式如图 3-47 所示。

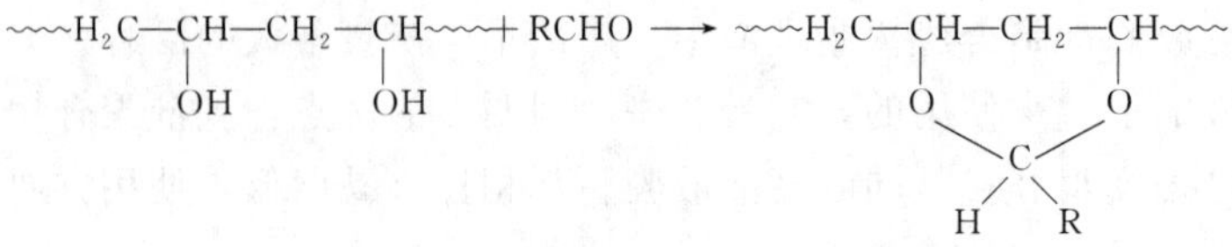

$$\sim\sim H_2C-CH-CH_2-CH\sim\sim + RCHO \longrightarrow \sim\sim H_2C-CH-CH_2-CH\sim\sim$$

图 3-47　聚乙烯醇与醛类进行缩醛化反应式

工业上最重要的缩醛品种是聚乙烯醇缩丁醛和聚乙烯醇缩甲醛。

聚乙烯醇缩醛的溶解性能决定于分子中羟基的含量。缩醛度为 50% 时，可溶于水并配制成水溶液胶黏剂，市售的 106 和 107 胶黏剂就属于此类型。缩醛度很高时不溶于水，而溶于有机溶剂中。以下给出聚乙烯醇缩甲醛的制备方法。

（1）聚乙烯醇的溶解

在装有搅拌器、球形冷凝管、温度计和滴液漏斗的四口烧瓶中加入 13.5g 聚乙烯醇和 150mL 去离子水，开动搅拌，逐渐加热升温到 90℃，直到聚乙烯醇完全溶解。

（2）聚乙烯醇缩醛化反应

在不断搅拌下用滴管加浓盐酸于上述聚乙烯醇溶液中，调节 pH=2~2.5，量取 5mL 甲醛，用滴液漏斗将其慢慢滴加到四口烧瓶内，约 30min 内滴完，继续搅拌 30min。停止加热，滴加配制好的 10% 的氢氧化钠溶液，调节 pH=8~9，即得到聚乙烯醇缩甲醛胶黏剂（107 胶）。

3.5.7　橡胶胶黏剂的生产

橡胶胶黏剂的品种分为天然橡胶胶黏剂和合成橡胶胶黏剂。目前使用的大多数是经过合成改性的橡胶胶黏剂，它又分为两类：结构型胶黏剂和非结构型胶黏剂。结构型黏合剂又分溶液胶液型和薄膜胶带型，它们多为并用体系，如橡胶-环氧胶黏剂。非结构型黏合剂又分溶剂型（硫化和非硫化）、压敏薄膜型、水乳胶液型，非结构型胶黏剂多为单体橡胶体系。

合成橡胶胶黏剂具有许多重要的特性，为其他高分子胶黏剂所不及。这些特性可概述如下。

① 有良好的黏附性。胶接时只要较低的压力，一般均可在常温固化。

② 由于主体材料本身富有高弹性和柔韧性，因此，能赋予接头有优良的挠曲性、抗震性和较低的蠕变性，适用于动态下的胶接和不同膨胀系数材料之间的黏合。

③ 由于橡胶具有较高强度、较高内聚力，为胶接接头提供了必要的强度和韧性。

④ 由于橡胶具有优良的成膜性，因此，胶黏剂的工艺性能良好。

3.5.8　典型橡胶胶黏剂产品

3.5.8.1　氯丁橡胶胶黏剂

氯丁橡胶胶黏剂是合成橡胶胶黏剂中产量最大、应用最广的品种。它是直接在乳液聚合产物中加入各种配合剂而制成的乳液型胶黏剂。作为氯丁橡胶胶黏剂黏料的氯丁橡胶由氯丁二烯经乳液聚合制得：

$$n\,H_2C=CH-\overset{\displaystyle Cl}{\underset{\displaystyle |}{C}}=CH_2 \longrightarrow +H_2C-CH=\overset{\displaystyle Cl}{\underset{\displaystyle |}{C}}-CH_2\}_n$$

在聚合物分子链中 1,4-反式结构占 80% 以上，结构比较规整，加之链上极性原子的存在，故结晶性大，在 −35~32℃ 之间皆能结晶（以 0℃ 为最快）。这些特性使氯丁橡胶在室温下即使不硫化也具有较高的内聚度和较好的黏附性能，非常适宜作胶黏剂使用。此外，由于氯原子的存在，使氯丁胶膜具有优良的耐燃、耐臭氧和耐大气老化的特性，以及良好的耐油、耐溶剂和耐化学试剂的性能。其缺点是贮存稳定性较差及耐寒性不够。

3.5.8.2　丁腈橡胶胶黏剂

丁腈橡胶胶黏剂是由丁二烯与丙烯腈经乳液共聚制的：

$$n\text{CH}_2\text{=CH-CN} + m\text{CH}_2\text{=CH-CH=CH}_2 \longrightarrow \{\text{CH}_2\text{-CH=CH-CH}_2\}_m\{\text{CH}_2\text{-}\underset{\underset{\text{CN}}{|}}{\text{CH}}\}_n$$

根据丙烯腈的含量不同，如丁腈-18、丁腈-26 和丁腈-40 等几种类型。作为胶黏剂，一般最为常用的为丁腈-40。如前所述，丁腈橡胶不仅可用来改变酚醛树脂、环氧树脂以制取性能结构很好的金属胶黏剂，而本身可作为主体材料胶黏剂，用于耐油产品中橡胶与橡胶、橡胶与金属、织物等的黏结。

3.5.8.3　丁苯橡胶胶黏剂

作为丁苯橡胶胶黏剂的黏料丁苯橡胶是由丁二烯、苯乙烯在乳液或溶液中，在引发剂的作用下共聚而成的，其反应式为：

$$\text{CH}_2\text{=CH-CH=CH}_2 + \text{C}_6\text{H}_5\text{CH=CH}_2 \longrightarrow \{\text{CH}_2\text{-CH=CH-CH}_2\}_x\{\text{CH}_2\text{-CH}\}_y\{\text{CH}_2\text{-CH}\}_z$$

丁苯橡胶胶黏剂是由丁苯橡胶和各种烃类溶剂所组成。由于它的极性小、黏性差，因而其应用不如氯丁橡胶胶黏剂和丁腈橡胶胶黏剂那样广泛。丁苯橡胶胶黏剂可用于橡胶、金属、织物、木材、纸张等材料的胶接。

3.5.9　典型橡胶胶黏剂的配方

3.5.9.1　氯丁橡胶胶黏剂的配方

氯丁橡胶胶黏剂主要有填料型、树脂改性型和室温硫化型三种，主要由氯丁橡胶、硫化剂、促进剂、防老剂、补强剂、填充剂及溶剂等配制而成。

填料型氯丁橡胶胶黏剂最为常用，具有成本较低等优势，一般适用于那些对性能要求不太高而用量比较大的交接场合。例如，用于 PVC 地毡与水泥的胶接。该胶室温下贮存期为 1 个月，室温抗剪强度为 0.42MPa，剥离强度为 1.53kN/m。配方（以质量计）见表 3-60。

表 3-60　填料型氯丁橡胶胶黏剂配方

组分	质量份	组分	质量份
氯丁橡胶（通用型）	100	氧化锌	10
氧化镁	8	汽油	136
碳酸钠	100	乙酸乙酯	272
防老剂 D	2		

3.5.9.2　丁腈橡胶胶黏剂的配方

丁腈橡胶有两类硫化剂：一类是硫黄和硫载体（如秋兰姆二硫化物）；另一类是有机过氧化物。硫黄/苯并噻唑二硫化物/氧化锌（2∶1.5∶5，质量比）是一个常用的硫化体系。丁腈橡胶结晶小，必须用补强剂如炭黑、氧化铁、氧化锌、硅酸钙、二氧化硅、二氧化钛、陶土等。其中以炭黑（尤以槽黑）的补强作用最大，用量一般为 40～60phr。增塑剂常用硬脂酸、邻苯二甲酸酯、磷酸三甲酚酯、醇酸树脂、液体丁腈橡胶等，以提高耐寒性并改进胶料的混炼性能。有时还加如酚醛树脂、过氧乙烯树脂等为增黏剂，以提高初黏力。没食子酸丙酯是最常用的防老剂。常用的溶剂为丙酮、甲乙酮、甲基异丁酮、乙酸乙酯、乙酸丁酯、甲苯、二甲苯等。

表 3-61 列举了 3 种丁腈橡胶胶黏剂的配方。丁腈橡胶与上述各配合剂混炼后用乙酸乙酯、乙酸丁酯、甲乙酮、氯苯等溶剂溶解，就可制得浓度为 15%～30% 的丁腈橡胶胶黏剂溶液。使用时，将这种胶液涂于未硫化的橡胶制品上，晾干并黏合后，与制品一起加热、加压硫化，硫化温度一般为 80～150℃。若使用促进剂 MC（环己胺和二硫化碳的反应物）、TMTD（二硫化四甲基秋兰姆）等，可以制得能在室温下硫化的双组分耐油丁腈橡胶胶黏剂。

表 3-61　3 种丁腈橡胶胶黏剂的配方（以质量计）

组分	配比		
	1	2	3
丁腈橡胶	100	100	100
氧化锌	5	5	5
硬脂酸	0.5	1.5	1.5
硫黄	2	2	1.5
促进剂 M 或 DM	1	1.5	0.8
没食子酸丙酯	1	—	—
炭黑	—	50	45
适应性	一般通用	适用于丁腈-18	适用于丁腈-26 或丁腈-40

3.5.9.3　丁苯橡胶胶黏剂配方

丁苯橡胶胶黏剂是将丁苯胶与配合剂混炼，再溶于溶剂中制得的。用于胶接橡胶与金属的丁苯橡胶胶黏剂配方如表 3-62 所示。

表 3-62　丁苯橡胶胶黏剂配方（以质量计）

组分	质量份	组分	质量份
丁苯橡胶	100	防老剂 D	3.2
氧化锌	3.2	炭黑	适量
硫黄	8	邻苯二甲酸二丁酯	32
促进剂 DM	3.2	二甲苯	1000

注：硫化温度为 148℃。

3.5.10　典型橡胶胶黏剂的生产工艺

3.5.10.1　氯丁橡胶胶黏剂的生产

氯丁橡胶胶黏剂的制造包括橡胶的塑炼、混炼以及混炼胶的溶解等基本过程。塑炼能显著改变胶的分子量和分子量分布，从而影响胶黏剂的内聚强度和黏附性能。生胶的塑炼在炼胶机上进行，辊筒温度一般不超过 40℃。塑炼后在胶料中依次加入防老剂、氧化镁、填料等配合剂进行混炼，混炼的目的是借助炼胶机辊筒的机械力量将各种固体配合剂粉碎并均匀地混合到生胶料中去。为了防止混炼过程中发生烧焦（早期硫化）合黏辊筒的现象，氧化锌和硫化促进剂应该在其配合剂与橡胶混炼一段时间后再加入。混炼液温度不宜超过 40℃。在混炼均匀的前提下混炼时间应尽可能短。混炼胶的溶解一般在带搅拌的密封式溶解器中进行，先将混炼胶剪成细碎的小块，放入溶解器中，倒入部分溶剂，待胶料溶解后搅拌使之成均匀的溶液，再加剩余的溶剂调配成所需浓度的胶液。也可将塑炼了的生胶和各种配合剂不经混炼而直接加入溶剂中溶解（直接溶解法），但这样制成的胶液储存稳定性差，一般不宜采用。

3.5.10.2 丁腈橡胶胶黏剂的生产

使用丁腈橡胶制备胶黏剂时，常用的硫化剂是硫黄（1.5%～2%），促进剂为 DM（1%～1.5%）和氧化锌（5%）。如使用超促进剂 MC、PX、TMTD 等，则可制得室温硫化的双组分胶黏剂。没食子酸丙酯是丁腈橡胶胶黏剂最常使用的防老剂。常用的填料是炭黑和氧化铁，增塑剂（软化剂）是硬脂酸、邻苯二甲酸酯（DOP、DBP）等。将这些材料经混炼，溶于乙酸乙酯、乙酸丁酯和丙酮等，即可制得丁腈橡胶胶黏剂。

3.5.10.3 丁苯橡胶胶黏剂的生产

将丁二烯 7.5g、苯乙烯 2.5g、十二烷基硫醇 0.05g、过硫酸钾 0.03g、皂片 0.5g、新煮沸的蒸馏水 18g 加入反应瓶中，置于 50℃恒温浴中，用机械方法翻滚搅动，每小时转化率约为 6%，当聚合转化率达到 75%时加入 0.1%的氢醌（对苯二酚）终止聚合反应。将得到的胶乳倒入容积适宜的烧杯中，通过水蒸气赶走未反应的单体；加入防老剂，再加氯化钠溶液使之凝结，然后加入稀硫酸使凝结作用完全，最后水洗干燥。注意反应为放热反应，该法不能大量制造丁苯橡胶，以免发生危险。反应器必须与空气隔绝，容器盖盖严前应使少量丁二烯单体沸腾以排出容器中的空气。

丁苯橡胶加上配合剂用溶剂溶解即成为丁苯橡胶胶黏剂。其配制过程与氯丁橡胶胶黏剂的生产类似。如果加入一些异氰酸酯，如列克钠，可以大大提高黏结强度。

3.6 液体洗涤剂生产项目

洗衣粉在使用时需要先溶解成水溶液后才能洗涤，而生产洗衣粉时需要耗用大量的能量，因此人们又开发了液体洗涤剂。液体洗涤剂是仅次于粉状洗涤剂的第二大类洗涤制品。洗涤剂由固态向液态发展也是一种必然趋势，因为液体洗涤剂具有易于配制和节省能源的优点。我国的液体洗涤剂最初是餐具用和厨房用洗涤剂，近年来在衣用液体洗涤剂的品种和数量上也有很大的发展。

液体洗涤剂属于节能型产品，不但制作过程节省能源，在使用过程也适合低温洗涤，液体洗涤剂使用最廉价的水作为溶剂或填充料，使生产成本低；液体洗涤剂在洗涤用品中品种最多、适应范围广，除洗涤作用外，还可以使产品具有多种功能；液体洗涤剂最适宜洗衣机等机械化洗涤。下面介绍一些常用的液体洗涤剂制品。

3.6.1 液体洗涤剂的配方设计

3.6.1.1 重垢型液体洗涤剂

弱碱性液体洗涤剂有时也称重垢型液体洗涤剂，可以代替洗衣粉和肥皂，具有碱性高、去污力强的特点。重垢液体洗涤剂是 20 世纪 70 年代开始发展起来的。在美国和西欧，重垢型液体洗涤剂的使用现在越来越多，目前，我国重垢型液体洗涤剂商品很少，使用亦很少。

重垢型液体洗涤剂的洗涤对象是脏污较重的衣物，选用的表面活性剂应对衣服上的油质污垢、矿质污垢、灰尘、人体分泌物等都有良好的去污性。从配方结构看，重垢型液体洗涤剂有两种类型：一种为不加助剂，活性物较高，可达 30%～50%，多为复配型产品；另一种则加入 20%～30% 的助剂，而表面活性剂的含量通常为 10%～15%。

重垢型液体洗涤剂配方中以阴离子表面活性剂为主体，产品的 pH 值一般呈碱性。这类洗涤剂配制技术的关键是助剂的加入，各种助剂加入后应保持透明或具有稳定的外观。液体洗涤剂中使用的表面活性剂一般是水溶性较好的，如烷基苯磺酸盐、醇醚硫酸盐、醇醚、烷醇酰胺、烷基磺酸盐等。因柠檬酸钠、焦磷酸钾的溶解性好，是液体洗涤剂中最常用的助剂，用于水的软化，有时也可加入少量三聚磷酸钠。为了提高衣用液体洗涤剂的去污能力，不得不加入对硬水有软化作用的助剂、pH 缓冲剂，这些物质溶解度都有限，为了获得表面透明的均匀液体，还需加入增溶剂。弱碱性液体洗涤剂中常用的增溶剂有尿素、低碳醇、低碳烷基苯磺酸钠等。

重垢型液体洗涤剂中一般需加入抗再沉积剂。洗衣粉中常用的 CMC 在液体洗涤剂中遇到阴离子表面活性剂后会析出并下沉到底部，因此在液体洗涤剂中不宜选用 CMC 作为抗再沉积剂，即使加入 CMC 也是选用分子量很低的品种。如果需配制透明度很好的液体洗涤剂，最好采用聚乙烯吡咯烷酮（PVP）作为抗再沉积剂。表 3-63 列出了几种典型的重垢型液体洗涤剂的配方。

表 3-63   重垢型液体洗涤剂的配方实例   单位：%

组成	1	2	3	组成	1	2	3
十二烷基苯磺酸	10	10	9	椰子油酸		8	
二乙醇胺	3.6			氢氧化钾(40%)		5	
单乙醇胺		2.3		硅酸钾(100%)	4	4	
三乙醇胺			2	二甲苯磺酸钾	5	5	1.2
脂肪酸聚氧乙烯醚	1		30	荧光增白剂	0.1	0.2	
PVP(100%)	0.7			乙醇			11
$K_4P_2O_7$(10%)	12	12		水	余量	余量	余量
CMC		1					

其中配方 1 含有各种助洗剂，配方 2 为抑泡型液体洗涤剂，配方 3 中不添加助洗剂，而表面活性剂含量达 41%。

3.6.1.2　轻垢型液体洗涤剂

洗衣用的轻垢型液体洗涤剂用于洗涤羊毛、羊绒、丝绸等柔软、轻薄织物和其他高档面料服装。这类洗涤剂并不要求有很高的去污力，因为轻垢型洗涤剂是以污垢较易去除的洗涤物为对象的。

又因轻垢型液体洗涤剂主要洗涤对象为轻薄和贵重的丝、毛、麻等，其配方结构比较考究，这种液体洗涤剂应呈中性或弱碱性，脱脂力要弱一些，不应损伤织物，对皮肤刺激低，性能温和。洗后的织物应保持柔软的手感，不发生收缩、起毛、泛黄等现象。

不同牌号和不同用途的轻垢型液体洗涤剂通用性好，配方结构相似。各国的这类液体洗涤剂中的活性物含量不同，但平均在 12% 左右，一般不超过 20%。

轻垢型液体洗涤剂所用的主要是阴离子表面活性剂和非离子表面活性剂，LAS、AES、AEO 等是配制轻垢型洗涤剂常用的表面活性剂。LAS 浓度较高时，在室温下产品外观易浑浊，为使产品成透明状，可用三乙醇胺中和烷基苯磺酸。但三乙醇胺的价格较贵，所以通常用 NaOH 部分中和，再用三乙醇胺中和其余的部分，以降低成本。

液体洗涤剂通常为透明溶液。洗涤剂的浊点是影响其商品外观的一个重要因素。好的配方产品要求其浊点不要太高或太低，以保证在正常贮运及使用时，溶解良好，而呈透明的外观。为使洗涤剂产生另一种外观，即不透明性，可以在配方中加入遮光剂。遮光剂一般是碱不溶性的水分散液，如苯乙烯聚合物、苯乙烯-乙二胺共聚物、聚氯乙烯或偏聚二氯乙烯等。以上物料加入产品中，都能产生不透明性，这些产品则是不透明型的液体洗涤剂。不同于透明型液体洗涤剂的浑浊变质现象，不透明型液体洗涤剂在贮存时会变色或分层，一般是因为光的作用而产生的，如果不太严重时，不太影响其去污效果。为避免这种现象，在液体洗涤剂制造中可通过添加紫外线吸收剂或将洗涤剂用不透光的瓶子包装，另外，尽量避光保存。

表 3-64 为轻垢型液体洗涤剂的典型配方实例。

表 3-64　轻垢型液体洗涤剂的典型配方实例　　　　单位：%

组成	1	2	3
烷基苯磺酸	10		15
氢氧化钠	0.8		
三乙醇胺	1.5		3
AES(100%)	6	8	12
AEO-10		12	
6501	1	1.5	2
氯化钠	适量	适量	适量
色素、香精	适量	适量	适量
水	余量	余量	余量

3.6.1.3　干洗剂

干洗剂是以有机溶剂为主要成分的液体洗涤剂。因为水基洗涤剂虽然使用方便、价格便宜，但许多天然纤维吸水后会膨胀，干燥时又会收缩，使衣物出现褶皱、变形缩水，尤其是羊毛织物更可能发生缩绒、手感变硬、色泽变灰暗等疵病，采用干洗就能避免这些缺点。

（1）干洗剂的组成

① 溶剂。溶剂是干洗剂的主要成分，用于干洗剂的溶剂应满足以下几点：不与纤维发生化学作用，不能损伤纤维；挥发性好，洗后能从衣物上迅速蒸发除去；不易着火燃烧或爆炸，使用安全；无难闻异味；不腐蚀干洗机器；去污力好；洗涤过程中溶剂损失少；价格便宜。

能基本满足上述条件的溶剂主要是卤代烃类，如氯乙烯、四氯乙烯、三氯乙烷等，其中以四氯乙烯使用较多。这些有机溶剂对人体均有一定的毒性，使用时须注意防止人体吸入。

② 水。衣物上的污垢不外乎油溶性污垢和水溶性污垢，还有一部分固体微粒吸附在织物上。采用干洗剂一般可将织物上的油垢和固体污垢除去，但不能将水溶性污垢除去。

如果采用增溶技术在有机溶剂中增溶少量水分，就可洗去水溶性污垢，又不会带来水洗的缺点。增溶技术就是在有机溶剂中加入适量表面活性剂，表面活性剂在干洗剂中也形成胶束，能将水增溶在胶束中，提高对水溶性污垢的去除能力。对于不同的干洗剂和不同的洗涤剂浓度应控制不同的水分含量。

③ 表面活性剂。干洗剂中加入表面活性剂的作用在于：使织物在有机溶剂中被润湿和

浸透；促使固体污垢脱落和分散；将水增溶在有机溶剂中。

干洗剂中使用的表面活性剂的 HLB 值宜在 3～6 之间，常用的阴离子表面活性剂有二烷基磺基琥珀酸盐、烷基芳基磺酸盐、脂肪醇聚氧乙烯醚硫酸盐、脂肪醇聚氧乙烯醚磷酸酯盐等；非离子表面活性剂有脂肪醇聚氧乙烯醚、烷基酚聚氧乙烯醚等。在干洗的溶剂中需含有 0.2%～1% 的表面活性剂。

④ 其他助剂。干洗剂中的卤代烃与水分作用可能产生对干洗设备有腐蚀作用的卤化氢，为防止这种作用，可加入 1,4-二氧杂环己烷、苯并三唑等含氧或含氮化合物作为卤代烃的稳定剂。

为使被溶剂洗下的污垢不再沉积到织物上去，可加入柠檬酸盐、C_4～C_6 醇类、甜菜碱两性表面活性剂等作为抗再沉积剂。

为改善洗后织物的手感和防止静电可加入柔软剂和抗静电剂。常用的有季铵盐类、咪唑啉类、聚氧乙烯磷酸酯二乙醇胺盐等。

如果需保持白色织物的白度和有色织物的亮度，可加入少量过乙酸等过氧酸类漂白剂，活性氧的含量为干洗剂量的 0.002%～0.04%，或者将过氧化物与活化剂混合后加到干洗液中，过氧化物可选用过硼酸钠、过碳酸钠等，活化剂可选用乙酸、苯甲酸酯等。

（2）常用干洗剂配方

表 3-65 列出了两例干洗剂配方，供参考。

表 3-65　干洗剂配方实例

配方一	质量份	配方二	质量份
AEO	25	羟乙基二甲基硬脂基对甲苯磺酸铵	14
脂肪醇聚氧乙烯醚磷酸酯钠盐	36	油酸	5
四氯乙烯	余量	6501	1
		异丙醇	10
		水	5
		四氯乙烯	余量

上述配方均需用有机溶剂按体积百分比稀释到 0.5% 再使用，配方一适用于重垢织物干洗，配方二含增溶的水。

3.6.1.4　厨房用洗涤剂

最早用于厨房的洗涤剂是餐具洗涤剂。随着生产的发展和人们生活水平的提高，厨房用洗涤剂的数量和品种都有很大的发展。现在厨房用洗涤剂的用量仅次于洗衣用洗涤剂，在各类洗涤用品中占第二位。

（1）手洗餐具用洗涤剂

手洗餐具用洗涤剂除用于洗涤餐具外，还可兼用于洗涤蔬菜、水果和锅、勺等炊具，目前国内生产的餐具洗涤剂多数是手洗餐具用洗涤剂。

① 组成和常用原料。

a. 表面活性剂。这类洗涤剂常采用阴离子和非离子表面活性剂配伍，表面活性剂的含量在 15%～20%，常用的表面活性剂有 LAS、AS、AES、AEO 等。6501 或氧化胺加入餐具洗涤剂中，既起到洗涤剂的作用，又起到增稠和稳泡作用。

b. 增稠剂。为使液体餐具洗涤剂具有适宜的黏度，可加入适当的增稠剂，羧甲基纤维素、硫酸钠、氯化钠是常用的增稠剂。氯化钠等电解质对 AES 溶液有较好的增稠效果，但当电解质用量过多时黏度反而会下降，用量以小于 1.2% 为宜。

c. 增溶剂。为了防止液体餐具洗涤剂在低温时结冻或变浑浊，在配方中应加入适量的增溶剂。当配方中 LAS 含量较多时，增溶剂更是不可缺少的，餐具洗涤剂中常用的增溶剂有二甲苯磺酸钠、尿素、聚乙二醇、异丙醇、乙醇等。应当注意的是增溶剂的加入可能引起产品黏度的下降。

餐具洗涤剂一般以无色透明为宜。如需着色也以淡色为宜，并且需用食用色素。

② 配方实例。表 3-66 列出了两例手洗餐具用洗涤剂配方，供参考。

表 3-66　手洗餐具用洗涤剂配方实例

配方一	质量份	配方二	质量份
LAS	10	油酸钾	2.0
AES(70%活性物)	5	肉豆蔻酸钾	8.0
6501	4	BS-12	8.0
乙醇	0.2	乙醇	9
EDTA	0.1	丙二醇	8.0
食盐、柠檬酸	适量	香精、色素	适量
香精、色素、防腐剂	适量	色素	适量
去离子水	余量	水	余量

配方一是国产"洗洁精"常用的配方，其中食盐的加入量根据产品需要的黏度而定。原料中 6501 呈碱性，可加入柠檬酸（或其他酸类）调节产品的 pH 值为中性。

配方二的洗涤剂对油污有良好的去除作用而且发泡性好，适合于洗涤餐具或蔬菜。所选用的表面活性剂对皮肤的刺激性很小，适合于家庭手洗餐具用，其中的丙二醇对皮肤具有润湿和润滑作用。

（2）机洗餐具用洗涤剂

餐具清洗机的类型有单槽式和多槽式。单槽式洗盘机是在同一槽中完成净洗和冲洗两步操作，而多槽式洗盘机的净洗和冲洗是在两个槽中完成的。机用餐具洗涤剂分为洗涤剂和冲洗剂两类，它们的配方是不同的。

① 餐具洗涤剂。餐具洗涤剂运转过程中有水流的喷射作用，因此采用的洗涤剂应该是基本无泡的，即使低泡型的家用洗涤剂也不宜使用。在洗涤剂配方中常用聚醚作为抑泡组分。

为了防止泡沫产生，机用餐具洗涤剂中表面活性剂用量很少，而采用增加碱剂的方法来提高去污效果。常用的碱剂为磷酸盐、碳酸盐等，当无机盐含量较多时，产品可制成固体粉末状，表 3-67 列举了两例这类产品的配方，供参考。

表 3-67　机洗餐具用洗涤剂

配方一	质量份	配方二	质量份
三聚磷酸钠	30～40	AEO-9	1
无水硅酸钠	25～30	三聚磷酸钠	20
碳酸钠	15～20	硅酸钠	8
磷酸三钠水合物	10～15	二氯异氰脲酸钠	1.8
聚醚(pluronic L62)	1～3	碳酸钠	余量

配方一中起去污作用的主要是碱性无机盐类。硅酸钠在碱性介质中还可对金属器皿起到缓蚀作用。pluronic L62 是环氧丙烷和环氧乙烷共聚物，用以防止泡沫的产生。

配方二中二氯异氰脲酸钠能对餐具起消毒作用。

② 餐具冲洗剂。冲洗剂加在冲洗的水中，使冲洗液易于从餐具表面流尽。这样可免去人工用布擦干餐具，符合卫生的要求。对冲洗剂还要求在冲洗液体蒸发后，餐具表面特别是玻璃器皿表面不留水纹。冲洗剂通常采用温和的表面活性剂配制而成，表 3-68 为一例冲洗剂配方。

表 3-68   机洗餐具冲洗剂配方实例

组成	质量份	组成	质量份
蔗糖酯	10	丙二醇	20
羧甲基纤维素	0.2	乙醇	1
甘油	7	水	余量

3.6.1.5   蔬菜和瓜果等农副食品用洗涤剂

这类洗涤剂主要用于洗涤蔬菜、瓜果、禽类、鱼类等农副食品。要求洗涤剂不仅能除去这类物品表面的污垢，而且对蔬菜、瓜果表面附着的农药和虫卵等也能有效地去除，并不影响它们的外观色泽和风味。由于洗涤的对象都是食品，因此配方中要求采用微毒或无毒的表面活性剂，脂肪酸蔗糖酯是这类洗涤剂中常用的表面活性剂。表 3-69 列举了两例这类洗涤剂的配方，供参考。

表 3-69   蔬菜和水果洗涤剂配方实例

配方一	质量份	配方二	质量份
脂肪酸蔗糖酯	15	脂肪酸蔗糖酯	4
柠檬酸钠	10	山梨醇脂肪酸酯	3
葡萄糖酸	5	丙二醇	5
丙二醇	1	磷酸氢二钠	5
乙醇	9	磷酸二氢钠	1
羧甲基纤维素	0.15	水	余量
水	余量		

配方一用于洗涤蔬菜、瓜果类食品。配方二用于洗涤家禽、鱼类等，蔗糖酯与碱性无机盐类复配可以洗去表皮的脂肪和血污，还能将禽、鱼类表面所带的细菌除去。

3.6.1.6   炊具及厨房设备清洗剂

炉灶、锅勺等炊具及灶台、排风扇等厨房设备的清洗对象主要是油污，排风扇上往往具有陈旧性油污。这些污垢都比较难以清除，因此这类清洗剂中有些含较多的表面活性剂，有些含有机溶剂，有些含较强的碱剂，必要时需配入磨料进行擦洗。表 3-70 和表 3-71 列举了四例这类清洗剂配方，供参考。

表 3-70   炊具和厨房用具清洗剂配方实例（Ⅰ）

配方一	质量份	配方二	质量份
OP-10	6	油酸单乙醇酰胺乙氧基化物	2
LAS	2	烷基苯磺酸钠	5
乙醇胺	5	二氧化硅	50
乙醇	20	水	余量
α-蒎烯	5		
水	余量		

以上两例配方均用于清洗铁质炊具上的油垢。配方一中含较多的溶剂，适宜于清洗炊具上的陈旧性油垢。配方二中含 50% 的二氧化硅，产品呈膏状，在炊具表面有较好的摩擦作用，有利于油膜的清除。

表 3-71 炊具和厨房用具清洗剂配方实例（Ⅱ）

配方三	质量份	配方四	质量份
AEO	4	丙二醇	8
壬基酚聚氧乙烯醚硫酸钠	2	AEO	0.5
单乙醇胺	5	EDTA	0.2
乙二醇单丁醚	5	乳酸	1.6
乙醇	3	三乙醇胺	2.3
香料	0.1	乙醇	15
水	余量	丙烷	2
		水	余量

厨房中油脂污垢长期受热和空气的氧化作用后，形成黏性褐色树脂状物质，这类油垢极难除去。厨房排风扇上往往存在这种黏性油垢。配方三的产品适宜清洗这类油垢，其中的乙二醇单丁醚对树脂状油膜有较好的溶胀作用。配方四可灌装成喷雾型产品，适宜用于清洗冰箱等塑料制品的表面，其中的乳酸具消毒作用，可对冰箱进行消毒，丙烷是抛射剂。

3.6.1.7 居室用清洗剂

（1）门窗玻璃清洗剂

门窗玻璃是居室中首先需要经常清洁的部位，玻璃是硅酸盐的无定形固溶体，易受酸碱的侵蚀。在潮湿的空气中玻璃表面很容易吸附各种污垢。吸附的方式除物理吸附外，也可能由于硅酸盐骨架中的剩余键力而发生化学吸附，有些污垢较牢固地附着在玻璃表面。玻璃暴露在城市空气中，表面易吸附油污，如果不用清洗剂，这类污垢也难以去除。

对于玻璃清洗剂要求不损伤玻璃，将清洗剂喷洒于玻璃表面，用干布（或其他软质材料）擦拭即能去除污垢，使玻璃表面光洁明亮。表 3-72 列举了两例玻璃清洗剂参考配方。

表 3-72 玻璃清洗剂配方实例

配方一	质量份	配方二	质量份
脂肪醇聚氧乙烯醚	0.3	硅氧烷乳液	2.5
椰子油酸聚氧乙烯醚	3	乙二醇单丁醚	6
乙二醇单丁醚	3	二丙醇甲基醚	1.5
乙醇	3	异丙醇	3
氨水	2.5	30%月桂酰肌氨酸钠	0.3
防腐剂、色素、香精	适量	氨水	适量
水	余量	防腐剂、香精	适量
		水	余量

配方二中氨水的加入量以达到 pH 值等于 9 为宜。配方二含有硅氧烷乳液，用它擦拭后玻璃更光亮并有抗水效果。

（2）地面清洗剂

地面污垢主要是含有油垢的尘土，也可能有果汁等饮料的残留斑迹。地面清洗剂以表面活性剂的水溶液为主体。表 3-73 列举了两例地面清洗剂配方，供参考。

表 3-73 地面清洗剂配方实例

配方一	质量份	配方二	质量份
烷基苯磺酸钠	3	烷基苯磺酸钠	2.5
异丙醇	12	壬基酚聚氧乙烯醚	1
松油	2	高分子共聚物	0.5
水	余量	EDTA	0.1
		水	余量

配方一对地面上含油垢的尘土有较强的清洗能力。但产品属强碱性，仅适合对水泥、陶瓷等地面的清洗。配方二作用比较温和，可用于木质地板的清洗，地板清洗后还具有增亮效果，其中高分子共聚物是丙烯酸/丙烯酸乙酯/甲基丙烯酸甲酯/苯乙烯四元共聚物，单体的组成和聚合物的分子量对清洗效果均有影响。

（3）地毯清洗剂

地毯不同于其他织物，地毯洗涤时很难漂清。为克服这一困难，专门创造了独特的清洗方式。这种方法是先使洗涤剂产生泡沫，然后用海绵将泡沫搓在地毯上。地毯上的污垢在洗涤剂和机械力的作用下，被吸取出来并包入泡沫中。泡沫具有很薄的壁和巨大的表面积，其中的水分能很快地挥发掉，污垢则干涸成松脆的灰尘粒子，随后被吸尘器吸走或刷子刷去。

有些表面活性剂，例如脂肪醇硫酸酯钠盐或镁盐在脱水干燥后变得很松脆，这样就很容易从地毯上除去，因此它们是配制地毯清洗剂的合适原料。尽管如此，一部分表面活性物仍可能被吸入纤维，干燥后遗留在地毯上，这些遗留下来的沉积物易吸附污垢，使清洗后的地毯很快又变脏了。为克服这一缺陷，可改用更易结晶的表面活性剂如磺化琥珀酸单酯钠盐，使吸附在地毯纤维上的表面活性剂更松脆而容易被吸走。还可在清洗剂中加入胶体二氧化硅、纤维素粉、树脂的泡沫粒子等多孔性固体粉末作为载体，将地毯上的洗出物吸附在载体上，然后被吸除。

如有必要，在地毯清洁剂中还可加入抗静电剂（如烷基磷酸酯盐）和杀菌剂。表 3-74 列举了两例地毯清洗剂配方，供参考。

表 3-74　地毯清洗剂配方实例

配方一	质量份	配方二	质量份
氢氧化钠	5	脲醛树脂微粒	30
十二烷基苯磺酸钠	2	十二烷基硫酸钠	4
月桂醇聚氧乙烯醚	2	沉淀硅酸	15
1,3-二甲基-2-咪唑啉酮	10	水	余量
水	余量		

配方一呈碱性，该洗涤剂能除去聚酯地毯上的咖啡、饮料、番茄酱色渍和墨渍等。配方二中含吸附污垢的载体，喷洒于化纤或羊毛地毯上，然后真空吸去污垢，去污率高。

（4）家具油漆表面清洗剂

这类清洗剂用于清除家具表面的污垢，不能损伤漆面，并具有增亮的作用。表 3-75 列举了两例这类清洗剂的配方，供参考。

表 3-75　家具油漆表面清洗剂配方实例

配方一	质量份	配方二	质量份
脂肪醇硫酸钠	10	亚麻油	47
6501	5	70%异丙醇	47
$C_{10} \sim C_{18}$ 脂肪醇聚氧乙烯醚	4	乙酸	6
六偏磷酸钠	3		
二甲苯磺酸钠	4		
色素、香精	适量		
水	余量		

配方一中加入六偏磷酸钠可使 pH 值调节到 7～7.5。配方二中亚麻油为干性油，在家具表面能形成薄膜，使表面光亮并有持久效果。

（5）浴室用清洗剂

浴室用清洗剂主要用于清洗浴室的瓷砖和浴缸，污垢主要是皂渣，要求清洗剂能清除皂垢，为了保护瓷釉，不宜采用强碱性的原料。表 3-76 列举了两例浴室用清洗剂的配方，供参考。

表 3-76 浴室用清洗剂配方实例

配方一	质量份	配方二	质量份
十二醇聚氧乙烯醚	7	新洁尔灭	10
$C_4 \sim C_6$ 多元羟基羧酸	5	TX-10	20
聚丙二醇	5	EDTA	1
水	余量	单乙醇胺	0.7
		水	余量

配方一中不含溶剂，因此无溶剂的气味，呈弱酸性，不刺激皮肤，不损伤釉面，适宜于清洗浴室中的瓷砖和浴缸的光滑表面。配方二中含阳离子表面活性剂，具有杀菌功能，用它清洗浴缸时可以起到消毒作用。该清洗剂也可用于清洗其他需要消毒的器皿。

（6）厕所清洁剂

厕所清洁剂是清除厕所卫生器具表面的污物及厕所间的臭味，达到去垢、除臭、杀菌的目的。厕所间及便池内的污物主要为尿碱、水锈和便溺物及水中污物附着在卫生器具表面形成的污垢，以及细菌分解尿素而产生氨气和硫化氢等有刺激性气味的气体。另外，还存在有害的细菌。针对上述这些污垢，厕所清洁剂中除洗涤剂外，还应有除垢剂、杀菌剂、除臭剂等组分。目前市场上供应的厕所清洁剂在使用方法上可分为人工清洗和自动清洗两大类。前者可用于清洗多种卫生器具，后者只能投放在抽水马桶的水箱中，使之起到自动清洗作用。

人工清洗用的厕所清洁剂。这类清洁剂可以是液体产品，也可以配制成固体粉末状。为了清除尿碱及锈斑，一般都含有强酸性物质。表 3-77 列举了这类清洁剂的配方两则，供参考。

表 3-77 人工清洗用的厕所清洁剂

配方	质量份	配方	质量份
硅铝酸镁	0.9	浓盐酸(37%)	20
汉生胶	0.45	新洁尔灭	2
EDTA 四钠盐	1	水	余量
1-羟乙基-2-油酸咪唑啉	1		

配方去污斑效果好，并有消毒作用。其中盐酸及配合剂 EDTA 协同作用起到去除尿碱及锈斑的作用。1-羟乙基-2-油酸咪唑啉起缓蚀作用，季铵盐表面活性剂为消毒剂。汉生胶是一种耐酸性高分子物，起增稠剂的作用，延长清洗剂在器壁上停留的时间。该配方产品具有较强的腐蚀性，使用时必须戴上乳胶手套，避免与皮肤接触。配方中虽然有缓蚀剂，但也要防止与金属器件接触，以免遭受腐蚀。如果以草酸、柠檬酸等有机酸取代配方中的盐酸，则腐蚀性大大降低，作用比较缓和，仍有较好的去污迹效果，但原料成本较高。

3.6.1.8 汽车用清洗剂

（1）汽车外壳清洗剂

汽车外壳的污染主要是尘埃、泥土和排出废气的沉积物，这类污染适宜用喷射型的清洗系统进行冲洗，在这种清洗系统中应采用低泡型清洗剂。另外，汽车面漆对清洗介质比较敏感，不宜使用溶剂型为主的清洗剂。参考配方如表 3-78 所示。

表 3-78　汽车外壳清洗剂实例

组成	质量份	组成	质量份
K_{12}	2	聚醚	7
TX-10	3	聚磷酸盐	86
AEO-9	2		

上述配方为粉剂，应用时配成溶液。

（2）具有上光效果的汽车用清洗剂

这类清洗剂常含有蜡类物质。用这类清洗剂擦洗汽车外壳，同时有清洗和上光功能，参考配方如表 3-79 所示。

表 3-79　具有上光效果的汽车用清洗剂

组成	质量份	组成	质量份
氧化微晶蜡	4.2	辛基酚聚氧乙烯醚	5
油酸	0.7	脂肪酸聚氧乙烯醚	1.2
液体石蜡	2.5	甲醛	0.2
CMC	0.4	水	余量
聚二甲基硅氧烷	2.4		

（3）汽车发动机清洗剂

发动机清洗剂是随汽车用的燃油同时注入油箱中，添加量为燃油量的 0.1％～5％。随着燃油的运行，不断地除去燃料系统的零部件上附着的污垢（如油状、胶状物质和炭沉积等），发挥清洁作用。它对污垢去除速率快，不论是低温还是高温区域，都能彻底清除燃烧系统的污垢。配方如表 3-80 所示。

表 3-80　汽车发动机清洗剂配方实例

组成	质量份	组成	质量份
油酸	10	丁醇	10
异丙醇胺	4	煤油	35.5
28％氨水	5	机油	20
水	5	TX-10	0.5
丁基溶纤剂	10		

（4）汽车窗玻璃抗雾剂

在冬季，汽车的窗玻璃易产生雾，如果风挡玻璃上有雾，则影响视线。抗雾剂施于玻璃上，可防止雾膜产生，有效期可维持数天。抗雾剂也可用于浴室镜面和眼镜玻璃的抗雾，表 3-81 列举了抗雾剂配方。

表 3-81　汽车窗玻璃抗雾剂配方实例

组成	质量份	组成	质量份
十二烷基硫酸钠	5	异丙醇	10
烷基磺基琥珀酸酯钠	2	丙二醇	20
月桂醇	1	蒸馏水	62

3.6.1.9　金属清洗剂

在机械加工、机器维修和安装过程中需去除金属表面的各种污垢。清洗金属的传统方法是碱液清洗和溶剂清洗。碱液清洗是用氢氧化钠、碳酸钠、磷酸钠等碱剂的水溶液清洗，这种方法清洗成本低，但碱对某些金属有腐蚀性，而且对矿物油脂的清洗效果差；溶剂清洗是用汽油、煤油等有机溶剂清洗，虽然清洗效果好，但溶剂易着火很不安全，且浪费了油料。因此相继开发了以表面活性剂为主要原料的各种水基金属清洗剂，代替了传统的清洗剂。这类金属清洗剂既有很好的清洗效果，又无溶剂清洗剂的弊端，在现代机械工业中已获得广泛应用。

对水基金属清洗剂的基本要求是：能迅速清除附于金属表面的各种污垢；对金属无腐蚀，清洗后金属表面洁净光亮，并对金属有一定的缓蚀防锈作用；不污染环境，对人体无害，使用过程安全可靠，原料价格便宜。表 3-82 列举了这类清洗剂配方两则，供参考。

表 3-82　金属清洗剂配方实例

配方一	质量份	配方二	质量份
脂肪醇聚氧乙烯醚	24	85％磷酸	3
月桂酰二乙醇胺	18	无水柠檬酸	4
油酸三乙醇胺	25	甲基乙基酮	3
油酸钠	5	辛基酚聚氧乙烯醚	2
水	余量	水	88

配方一产品是常用的一种金属清洗剂，对金属具有一定的缓蚀防锈效果。配方二的产品用于清洗不锈钢表面的污垢。

3.6.2　液体洗涤剂的生产

液体洗涤剂的生产设备一般只需复配混合或均质乳化，相对来讲，比较简单。对一般的产品，仅需一个搅拌设备即可生产，但对原料组分多、生产工艺要求苛刻、产品用途有较高要求的中高档产品，生产液体洗涤剂应采用化工单元设备、管道化密闭生产，以保证工艺要求和产品质量。

液体洗涤剂生产工艺所涉及的化工单元操作和设备主要是：带搅拌的混合罐、高效乳化或均质设备、物料输送泵和真空泵、计量泵、物料贮罐、加热和冷却设备、过滤设备、包装和灌装设备。把这些设备用管道串联在一起，配以恰当的能源动力即组成液体洗涤剂的生产工艺流程。

生产过程的产品质量控制非常重要，主要控制手段是物料质量检验、加料配比和计量、搅拌、加热、降温、过滤、包装等。

液体洗涤剂的生产流程如图 3-48 所示，主要包括以下过程。

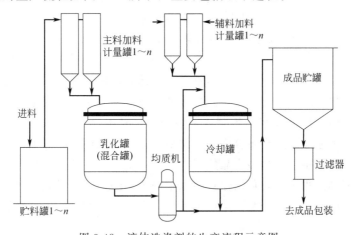

图 3-48　液体洗涤剂的生产流程示意图

3.6.2.1　原料准备

液体洗涤剂的原料种类多、形态不一，使用时，有的原料需预先熔化，有的需溶解，有的需预混，然后才加到混合罐中混合。用量较多的易流动液体原料多采用高位计量槽，或用计量泵输送计量。有些原料需滤去机械杂质，水需进行去离子处理。液体洗涤剂生产设备的材质多选用不锈钢、搪瓷玻璃衬里等材料，其中若含有重金属、铁等杂质都可能给产品带来有害的影响。

3.6.2.2　混合或乳化

为了制得均相透明的溶液型或乳液型液体洗涤剂产品，物料的混配或乳化是关键工序。对一般透明或乳状液体洗涤剂，可采用带搅拌的反应釜进行混合，一般选用带夹套的反应釜。可调节转速，可加热或冷却。对较高档的产品，如香波、浴液等，则可采用乳化机配制。乳化机又分真空乳化机和普通乳化机。真空乳化机制得的产品气泡少，膏体细腻，稳定性好。大部分液体洗涤剂是制成均相透明混合溶液，也可制成乳状液，但是不论是混合，还是乳化，都离不开搅拌，只有通过搅拌操作才能使多种物料互相混溶成为一体，把所有成分溶解或分散在溶液中。可见搅拌器的选择是十分重要的。一般液体洗涤剂的生产设备仅需要带有加热和冷却用的夹套并配有适当的搅拌配料锅即可。液体洗涤剂的主要原料是极易产生泡沫的表面活性剂，因此加料的液面必须没过搅拌桨叶，以避免过多的空气混入。

（1）混合

液体洗涤剂的配制过程以混合为主，但各种类型的液体洗涤剂有不同的特点，一般有两种配制方法：一是冷混法，二是热混法。

① 冷混法。首先将去离子水加入混合锅中，然后将表面活性剂溶解于水中，再加入其他助洗剂，待形成均匀溶液后，就可加入其他成分，如香料、色素、防腐剂、配合剂等。最后用柠檬酸或其他酸类调节至所需的 pH 值，黏度用无机盐（氧化钠或氯化铵）来调整。若遇到加香料后不能完全溶解，可先将它同少量助洗剂混合后，再投入溶液。或者使用香料增溶剂来解决。冷混法适用于不含蜡状固体或难溶物质的配方。

② 热混法。当配方中含有蜡状固体或难溶物质时，如珠光或乳浊制品等，一般采用热混法。

首先将表面活性剂溶解于热水或冷水中，在不断搅拌下加热到 70℃，然后加入要溶解的固体原料，继续搅拌，直到溶液透明为止。当温度下降至 25℃ 左右时，加色素、香料和防腐剂等。pH 值的调节和黏度的调节一般都应在较低的温度下进行。采用热混法，温度不宜过高（一般不超过 70℃），以免配方中的某些成分遭到破坏。

（2）乳化

在液体洗涤剂生产中，乳化技术相当重要。一部分民用液体洗涤剂中希望加入一些不溶于水的添加剂以增加产品的功能；一些高档次的液体洗涤剂希望制成彩色乳浊液以满足顾客要求；一部分工业用液体洗涤剂必须制成乳浊液才能使其功能性成分均匀分散在水中。因此，只有通过乳化工艺才能生产出合格的乳化型产品。在液体洗涤剂生产中，无论是配方还是复配工艺以及生产设备，乳化型产品的要求最高，工艺也最复杂。

液体洗涤剂配制过程中的乳化操作长期以来是依靠经验，经过逐步充实理论，正在走向依靠理论指导，因此它是一门经验科学或称实验科学。在实际工作中，仍然有赖于操作者的经验。

① 乳化方法。乳化工艺除乳化剂选择外，还包括适宜的乳化方法，如乳化剂的添加法、

油相和水相添加方法以及乳化温度等。

　　a. 转相乳化法。这是一种非常方便而且应用广泛的乳化方法。假如要制备 O/W 型乳状液，则可将加有乳化剂的油类加热，制成液体状，然后一边搅拌，一边徐徐加入热水。加入的热水开始分散成细小的颗粒，首先形成 W/O 型乳化液，然后按上述方法继续加水，随着水量的增加，乳状液渐渐变稠，最后黏度又急剧下降，当水量加完 60% 之后，即发生转相，形成 O/W 型乳液，余下的水可快速加入。在这个过程中应充分进行搅拌，在转相时，油相则很快分散成又细又均匀的粒子。一旦转相结束，再强有力的搅拌也不会使分散相粒子再变小，所以转相乳化法要充分理解转相原理并认真操作。

　　b. 自然乳化法。将乳化剂加入油相中，混匀后一起投入水中，油就会自然乳化分散，再加上良好的搅拌，则乳化得更好。像矿物油之类容易流动的液体时常采用这种做法。自然乳化是由于水的微滴进入油中并形成通道，然后将油分散开来。如果要使高黏度的油能够自然乳化，则应在较高温度（40~60℃）下进行。使用多元醇酯类乳化剂不容易实现自然乳化。

　　c. 机械强制乳化法。均化器和胶体磨都是用于强制乳化的机械，这类机器用相当大的剪切力将被乳化物撕成很细、很匀的粒，形成稳定的乳化体，所以用上述转相法和自然乳化法不能制备的乳化体，采用机械强制乳化法就能很好地制出合格的产品。反之，用自然乳化法可完成的乳化过程，没有必要也不适宜采用机械乳化法。随着现代科学技术的进步，已发明了许多种用于强制乳化的机械。

　　② 乳化工艺流程。国内外大部分乳化工艺仍然采用间歇式操作方法，以便控制产品的质量，方便更换产品，适应性强；但间歇操作方法的辅助时间较长，操作比较烦琐，设备利用率低。只有每年上万吨规模的生产装置推荐采用连续化生产方式。

　　图 3-49 是乳化工艺流程框图，是典型间歇式通用乳化流程。它是将油相和水相分别加热到一定温度，然后按一定顺序分别投入搅拌釜中，保温搅拌一定时间，再逐步冷却至 60℃ 以下，加入香精等热敏性物料，继续搅拌至 60℃ 左右，放料包装即可。

　　连续式乳化工艺是将预先加热的各种物料分别由计量泵打入带搅拌的乳化器中，原料在乳化器中滞留一定时间后溢流到换热器中，快速冷却至 60℃ 以下，然后流入加香罐中，同时将香精由计量泵加入，最终产品由加香罐中放出，整个工艺为连续化操作。

　　半连续化工艺是乳化工段为间歇式，而加香操作为连续进行。对于难乳化的物料，一般可以采用两次加压

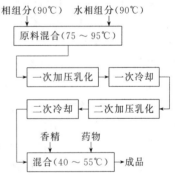

图 3-49　乳化工艺流程框图

机械乳化。而自然乳化和转相乳化只在一个带搅拌的乳化釜中就能完成。具体工艺条件视不同物料和质量要求而定。

3.6.2.3　调整

　　在各种液体洗涤剂制备工艺中，除上述已经介绍的一般工艺设备外，还有一些典型的工艺问题，如加香、加色、调黏度、调透明度、调 pH 值等，有必要分别叙述，便于实际操作者参考。

　　（1）加香

　　许多液体洗涤剂都要在配制工艺后期进行加香，以提高产品的档次。洗发香波类、沐浴液类、厕所清洗剂等一般都要加香。个别织物清洗剂、餐具清洗剂和其他液体洗涤剂有时也

要加香。

（2）产品黏度的调整

液体洗涤剂都应有适当的黏度，为满足这一要求，除选择合适的表面活性剂等主要组分外，一般都要使用专门调整黏度的组分——增稠剂。

增稠剂选择：大部分液体洗涤剂配方中都加有烷基醇酰胺，它不但可以控制产品的稠度，还兼有发泡和稳泡作用。它是液体洗涤剂中不可缺少的活性组分。

对于一些乳化产品，可以加入亲水性高分子物质，天然的或合成的都可以使用。不但可以作为增稠剂，还是良好的乳化剂。但是同时应考虑与其他组分的相容性。

对于一般的液体洗涤剂，加入氯化钠（或氯化铵）等电解质，可以显著地增加液体洗涤剂的稠度。乳化型香波还可以加入聚乙二醇酯类。聚乙二醇（分子量为 $400\sim1000$）脂肪酸酯是很好的黏结剂、增稠剂和乳化剂。

以脂肪酸钠（钾）为主要活性物的液体洗涤剂一般都有较高的黏度，如果加入长链脂肪酸，可以进一步提高产品黏度。

当然也有希望低黏度的产品，可以加入稀释剂，如酒精、二甲苯磺酸等；反过来说，要求较高黏度的产品，配方中尽可能不加或少加酒精和二甲苯磺酸等。为了提高产品的黏度，尽量选择非离子表面活性剂作为活性物成分。

（3）pH 值的调节

在配制液体洗涤剂时，大部分活性物呈碱性。一些重垢型液体洗涤剂是高碱性的，而轻垢型碱性较低，个别产品如高档洗发香波、沐浴液及其他一些产品要求具有酸性。因此，液体洗涤剂配制工艺中，调整 pH 值带有共性。

pH 调节剂一般称为缓冲剂。主要是一些酸和酸性盐，如硼酸钠、柠檬酸、酒石酸、磷酸和磷酸氢二钠，还有某些磺酸类都可以作为缓冲剂。选择原则主要是成本和产品性能。

pH 调节过程中各种缓冲剂大多在液体洗涤剂配制后期加入。将各主要成分按工艺条件混配后，作为液体洗涤剂的基料，测定其 pH 值，估算缓冲剂加入量，然后投入，搅拌均匀，再测 pH 值。未达到要求时再补加，就这样逐步逼近，直到满意为止。对于一定容量的设备或加料量，测定 pH 值后可以凭经验估算缓冲剂用量，指导生产。

重垢液体洗涤剂及脂肪酸钠为主的产品 $pH=9\sim10$ 最有效，其他液体洗涤剂以各种表面活性剂复配的产品 pH 值在 $6\sim9$ 为宜。洗发和沐浴产品的 pH 值最好为中性或偏酸性，pH 值为 $5.5\sim8$ 为好。有特殊要求的产品应单独设计。

另外，产品配制后立即测定 pH 值并不完全真实，长期贮存后产品 pH 值将发生明显变化，这些在控制生产时都应考虑到。

3.6.2.4　后处理过程

（1）过滤

从配制设备中制得的洗涤剂在包装前需滤去机械杂质。

（2）均质老化

经过乳化的液体，其稳定性往往较差，如果再经过均质工艺，使乳液中分散相中的颗粒更细小、更均匀，则产品更稳定。均质或搅拌混合的制品放在贮罐中静置老化几小时，待其性能稳定后再进行包装。

（3）脱气

由于搅拌作用和产品中表面活性剂的作用，有大量气泡混于成品中，造成产品不均匀，性能及贮存稳定性变差，包装计量不准确。可采用真空脱气工艺快速将产品中的气泡排出。

3.6.2.5　灌装

对于绝大部分液体洗涤剂，都使用塑料瓶小包装。因此，在生产过程的最后一道工序，包装质量是非常重要的，否则将前功尽弃。正规生产应使用灌装机包装流水线，小批量生产可用高位槽手工灌装。严格控制灌装量，做好封盖、贴标签、装箱和记载批号、合格证等工作。袋装产品通常应使用灌装机灌装封口。包装质量与产品内在质量同等重要。

3.6.2.6　产品质量控制

液体洗涤剂产品质量控制要强调生产现场管理，确定几个质量控制点，找出关键工序，层层把关。

① 首先把好原料关。对于不符合要求的原料，应不进入生产过程，或者调整配方，保证产品质量。检验时至少要分批抽样。

② 关键工序是配料工段。应严格按配比和顺序投料。计量要准确，温度、搅拌条件和时间等工艺操作要严格，中间取样分析要及时、准确。

③ 成品包装前取样检测是最后一道关口，不符合标准的产品绝不灌装出厂。

国内洗涤剂相关标准见表 3-83。

表 3-83　国内洗涤剂相关标准

标准号	标准名称	标准号	标准名称
GB 9985—2000	手洗餐具用洗涤剂	HB 5226—1982	金属材料和零件用水基清洗剂技术条件
GB 14930.1—94	食品工具、设备用洗涤剂卫生标准	HB 5334—1985	飞机表面水基清洗剂
GB 19877.1—2005	特种洗手液	JB/T 4323—1986	水基金属清洗剂
GB 19877.2—2005	特种沐浴剂	MH/T 6007—1998	飞机清洗剂
GB/T 13171.1~13171.2—2009	洗衣粉	QB 1994—2004	沐浴剂
GB/T 15818—2006	表面活性剂生物降解度试验方法	QB 2654—2004	洗手液
GB/T 29679—2013	洗发液、洗发膏	QB/T 1224—2007	衣料用液体洗涤剂
GB/T 29680—2013	洗面奶、洗面膏	QB/T 2116—2006	洗衣膏
GJB 2841—1997	燃气涡轮发动机燃气通道清洗剂规范	QB/T 2850—2007	抗菌抑菌型洗涤剂
GJB 4080—2000	军用直升机机体表面清洗剂通用规范	HJBZ 8—1999	环境标志技术要求　洗涤剂

3.7　乳剂类化妆品生产项目

乳剂类化妆品的最基本作用是，能在皮肤表面形成一层护肤薄膜，可以保护或者缓解因气候的变化、环境的影响等因素所造成的直接刺激，并直接提供或者适当弥补皮肤正常生理过程中的营养性组分；其特点是不仅能保持水分的平衡，使皮肤润泽，而且还能补充重要的油性成分、亲水性保湿成分和水分，并能作为活性成分的载体，使之为人体所吸收，达到调理和营养的目的。同时预防某些疾病的发生，促进美观和健康。

乳剂类化妆品按其产品的形态可分为：产品呈半固体状态、不能流动的固体膏霜，如雪花膏、香脂；产品呈液体状态、能流动的液体膏霜，如各种乳液。

乳剂类化妆品按乳化类型可以分为：O/W（水包油型）乳化体和 W/O（油包水型）乳化体。

3.7.1　典型的乳剂类化妆品

乳剂类化妆品的作用是清洁皮肤表面，补充皮脂的不足，滋润皮肤，促进皮肤的新陈代谢。表皮上的皮脂膜是皮脂和汗混合在一起，以一种乳化体的形式保护皮肤，而不妨碍汗和皮脂的分泌，不妨碍皮肤的呼吸。因此，其成分最好能配制得和皮脂十分接近，既能起到对外界物理、化学刺激的保护作用和抵御细菌的感染，又不影响皮肤的正常生理功能。

雪花膏，有的还称作润肤膏或香霜。其字的由来是由于它的膏体洁白，涂在皮肤上能像"雪花"一样立即消失。它是水和硬脂酸在碱的作用下进行乳化的产物。雪花膏的膏体应洁白细密，无粗颗粒，不刺激皮肤，香气宜人，主要用作润肤乳、打粉底和剃须后用化妆品。

润肤霜和蜜是用来保护皮肤，防止和改善皮肤的干燥。皮肤的水分含量决定于皮肤的干燥程度，润肤霜最大的作用在于用作水分的封闭剂，能在皮肤表面形成连续的薄膜，减少或阻止水分从皮肤挥发，促使角质再水合，使皮肤恢复弹性。此外还有润滑皮肤的作用，补充皮肤中的脂类物质，使皮肤表现为光滑、柔软。润肤霜和蜜中加入各种营养成分则构成营养润肤霜和蜜。

3.7.2　典型的乳剂类化妆品的配方

在化妆品的开发过程中，配方设计至关重要，因为配方设计是否科学合理将决定产品的品质，它是化妆品技术的核心。因此，化妆品的产品配方在化妆品行业中具有一种神秘色彩，各企业都把产品的配方视为企业的技术机密加以保护。

乳剂类化妆品的配方设计原则：

① 乳化类型的选定。首先应选定所设计膏霜的乳化体类型，是 O/W 型还是 W/O 型，制作 O/W 型。油相乳化所需要的 HLB 值和乳化剂提供的 HLB 值应在 8～18 之间，这样才能制作出稳定的膏体；若制作 W/O 型乳化体，油相乳化所需要的 HLB 值和乳化剂提供的 HLB 值则应在 3～6 之间。

② 选定油相组分。选定油相的各种组分，查出其各自的 HLB 值，并按其质量分数计算油相乳化所需要的 HLB 值。

③ 选定乳化剂。根据油相所需的 HLB 值，选定乳化剂。O/W 型的乳化体，其乳化剂应以 HLB>6 为主，HLB<6 为辅；制作 W/O 型的乳化体，其乳化剂应以 HLB<6 的乳化剂为主，以 HLB>6 的乳化剂为辅。乳化剂的添加量一般在 10%～20%，用量太多，增加成本，用量太少，则膏体不稳定。另外，乳化剂一定要和被乳化物的亲油基有很好的亲和力，两者的亲和力越强，其乳化效果就越好。

④ 选定水相组分。选定出水相的各种组分，计算出纯水的加入量。

根据以上原则，通过实验确定乳化剂的配方。

雪花膏配方举例见表 3-84～表 3-88。

表 3-84　典型雪花膏配方 1

组分	硬脂酸	混合醇	单硬脂酸甘油酯	白油	羊毛脂	甘油	氢氧化钾	去离子水	防腐剂	香精
质量分数/%	8.0	4.0	4.0	8.0	0.35	4.5	0.4	余量	适量	适量

表 3-85　典型雪花膏配方 2

组分	硬脂酸	异硬脂酸单甘油酯	十六醇	三乙醇胺	聚乙二醇二壬酸酯	甘油	尼泊金甲酯	去离子水	尼泊金丙酯	香精
质量分数/%	20.0	4.0	2.0	1.0	5.0	8.0	适量	余量	适量	适量

表 3-86　典型雪花膏配方 3

组分	白油	橄榄油	司盘 83	凡士林	羊毛脂	大豆磷脂	硬脂酸丁酯	甘油	叔丁基羟基苯甲醚	尼泊金甲酯	去离子水	香精
质量分数/%	25.0	28.0	3.0	2.0	2.0	2.2	8.0	3.0	适量	适量	余量	适量

表 3-87　典型润肤霜配方

组分	山梨醇钠	山梨醇溶液(70%)	司盘 20	十六醇	微晶蜡	十四醇异丙酯	羊毛脂	尼泊金乙酯	去离子水	香精
质量分数/%	0.1	5.0	1.0	5.0	2.0	3.0	1.0	适量	余量	适量

表 3-88　典型 W/O 型润肤乳配方

组分	Arlacel P135	Arlamol HD	液体石蜡	棕榈酸异丙酯	硬脂酸镁	维生素 E 乙酸酯	甘油	水合硫酸镁	乳酸(90%溶液)	乳酸钠(50%溶液)	防腐剂	去离子水
质量分数/%	2.0	10.0	4.0	3.0	0.3	1.0	3.0	0.7	0.02	0.3	适量	余量

3.7.3　乳剂类化妆品的生产技术

3.7.3.1　乳剂类化妆品生产工艺

因为乳液制备时涉及的因素很多，还没有哪一种理论能够定量地指导乳化操作，即使经验丰富的操作者，也很难保证每批都乳化得很好。

经过小试选定乳化剂后，还应制定相应的乳化工艺及操作方法，以实现工业化生产。制备乳状液的经验方法很多，各种方法都有其特点，选用哪种方法全凭个人的经验和企业具备的条件，但必须符合化妆品生产的基本要求。

在实际生产过程中，有时虽然采用同样的配方，但是由于操作时温度、乳化时间、加料方法和搅拌条件等不同，制得的产品的稳定度及其他物理性能也会不同，有时相差悬殊。因此根据不同的配方和不同的要求，采用合适的配制方法，才能得到较高质量的产品。乳剂类化妆品的生产工艺流程见图 3-50。

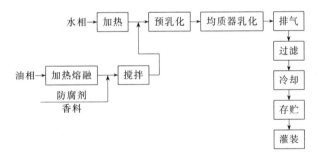

图 3-50　乳剂类化妆品的生产工艺流程

（1）生产程序

① 油相的制备。将油、脂、蜡、乳化剂和其他油溶性成分加入夹套溶解锅内，开启蒸汽加热，在不断搅拌条件下加热至 70～75℃，使其充分熔化或溶解均匀待用。要避免过度加热和长时间加热以防止原料成分氧化变质。容易氧化的油分、防腐剂和乳化剂等可在乳化之前加入油相，溶解均匀，即可进行乳化。

② 水相的制备。先将去离子水加入夹套溶解锅中，水溶性成分如甘油、丙二醇、山梨醇等保湿剂、碱类、水溶性乳化剂等加入其中，搅拌下加热至 90～100℃，维持 20min 灭

菌，然后冷却至 70～80℃待用。如配方中含有水溶性聚合物，应单独配制，将其溶解在水中，在室温下充分搅拌使其均匀溶胀，防止结团，如有必要可进行均质，在乳化前加入水相。要避免长时间加热，以免引起黏度变化。为补充加热和乳化时挥发掉的水分，可按配方多加 3%～5% 的水，精确数量可在第一批制成后分析成品水分而求得。

③ 乳化和冷却。上述油相和水相原料通过过滤器按照一定的顺序加入乳化锅内，在一定的温度（如 70～80℃）条件下，进行一定时间的搅拌和乳化。乳化过程中，油相和水相的添加方法（油相加入水相或水相加入油相）、添加的速度、搅拌条件、乳化温度和时间、乳化器的结构和种类等对乳化体粒子的形状及其分布状态都有很大影响。均质的速度和时间因不同的乳化体系而异。含有水溶性聚合物的体系，均质的速度和时间应加以严格控制，以免过度剪切而破坏聚合物的结构，造成不可逆的变化、改变体系的流变性质。如配方中含有维生素或热敏性添加剂，则在乳化后较低温下加入，以确保其活性，但应注意其溶解性能。

乳化后，乳化体系要冷却到接近室温。卸料温度取决于乳化体系的软化温度，一般应使其借助自身的重力，能从乳化锅内流出为宜。当然也可用泵抽出或用加压空气压出。冷却方式一般是将冷却水通入乳化锅的夹套内，边搅拌，边冷却。冷却速度、冷却时的剪切应力、终点温度等对乳化剂体系的粒子大小和分布都有影响，必须根据不同乳化体系，选择最优条件。特别是从实验室小试转入大规模工业化生产时尤为重要。

④ 陈化和灌装。一般是贮存陈化 1d 或几天后再用灌装机灌装。灌装前需对产品进行质量评定，质量合格后方可进行灌装。

（2）乳化剂的加入方法

① 乳化剂溶于水中的方法。这种方法是将乳化剂直接溶解于水中，然后在剧烈搅拌作用下慢慢地把油加入水中，制成 O/W 型乳化体。如果要制成 W/O 型乳化体，那么就继续加入油相，直到转相变为 W/O 型乳化体为止，此法所得的乳化体颗粒大小很不均匀，因而也很不稳定。

② 乳化剂溶于油中的方法。将乳化剂溶于油相（用非离子表面活性剂作乳化剂时，一般用这种方法），有两种方法可得到乳化体。

a. 将乳化剂和油脂的混合物直接加入水中形成 O/W 型乳化体。

b. 将乳化剂溶于油中，将水相加入油脂混合物中，开始时形成 W/O 型乳化体，当加入多量的水后，黏度突然下降，转相变型为 O/W 型乳化体。

这种制备方法所得乳化体颗粒均匀，其平均直径约为 0.5μm，因此也为常用方法。

③ 乳化剂分别溶解的方法。这种方法是将水溶性乳化剂溶于水中，油溶性乳化剂溶于油中，再把水相加入油相中，开始形成 W/O 型乳化体，当加入多量的水后，黏度突然下降，转相变型为 O/W 型乳化体。如果做成 W/O 型乳化体，先将油相加入水相生成 O/W 型乳化体，再经转相生成 W/O 型乳化体。

这种方法制得的乳化体颗粒也较细，因此也为常用方法。

④ 初生皂法。用皂类稳定的 O/W 型或 W/O 型乳化体都可以用这种方法来制备。将脂肪酸类溶于油中，碱类溶于水中，加热后混合并搅拌，2 相接触在界面上发生中和反应生成肥皂，起乳化作用。这种方法能得到稳定的乳化体。例如硬脂酸钾皂制成的雪花膏，硬脂酸铵皂制成的膏霜、奶液等。

⑤ 交替加液的方法。在空的容器里先放入乳化剂，然后边搅拌边少量交替加入油相和水相。这种方法对于乳化植物油脂是比较适宜的，在食品工业中应用较多，在化妆品生产中

此法很少应用。

以上几种方法中，第①种方法制得的乳化体较为粗糙，颗粒大小不均匀，也不稳定；第②、第③、第④种方法是化妆品生产中常采用的方法，其中第②、第③种方法制得的产品颗粒较细、较均匀、也较稳定，应用最多。

（3）转相的方法

所谓转相的方法，就是由 O/W（或 W/O）型转变成 W/O（或 O/W）型的方法。在化妆品乳化体的制备过程中，利用转相法可以制得稳定且颗粒均匀的制品。

① 增加外相的转相法。当需制备一个 O/W 型的乳化体时，可以将水相慢慢加入油相中，开始时由于水相量少，体系容易形成 W/O 型乳液。随着水相的不断加入，使得油相无法将这许多水相包住，只能发生转相，形成 O/W 型乳化体。当然这种情况必须在合适的乳化剂条件下才能进行。在转相发生时，一般乳化体表现为黏度明显下降、界面张力急剧下降，因而容易得到稳定、颗粒分布均匀且较细的乳化体。

② 降低温度的转相法。对于用非离子表面活性剂稳定的 O/W 型乳液，在某一温度点，内相和外相将互相转化，变型成为 W/O 乳液，这一温度叫做转相温度。由于非离子表面活性剂有浊点的特性，在高于浊点温度时，使非离子表面活性剂与水分子之间的氢键断裂，导致表面活性剂的 HLB 值下降，即亲水力变弱，从而形成 W/O 型乳液；当温度低于浊点时，亲水力又恢复，从而形成 O/W 型乳液。利用这一点可完成转相。一般选择浊点在 50~60℃ 的非离子表面活性剂作为乳化剂，将其加入油相中，然后和水相在 80℃ 左右混合，这时形成 W/O 型乳液。随着搅拌的进行，乳化体系降温，当温度降至浊点以下不进行强烈的搅拌，乳化粒子也很容易变小。

③ 加入阴离子表面活性剂的转相法。在非离子表面活性剂的体系中，如加入少量的阴离子表面活性剂，将极大地提高乳化体系的浊点。利用这一点可以将浊点在 50~60℃ 的非离子表面活性剂加入油相中，然后和水相在 80℃ 左右混合，这时易形成 W/O 型的乳液，如此时加入少量的阴离子表面活性剂，并加强搅拌，体系将发生转相变成 O/W 型乳液。

在制备乳液类化妆品的过程中，往往这 3 种转相方法会同时发生。如在水相加入十二烷基硫酸钠，油相中加入十八醇聚氧乙烯醚（EO10）的非离子表面活性剂，油相温度在 80~90℃，水相温度在 60℃ 左右。当将水相慢慢加入油相中时，体系中开始时水相量少，阴离子表面活性剂浓度也极低，温度又较高，便形成了 W/O 型乳液。随着水相的不断加入，水量增大，阴离子表面活性剂浓度也变大，体系温度降低，便发生转相，因此这是诸因素共同作用的结果。

应当指出的是，在制备 O/W 型化妆品时，往往水含量在 70%~80% 之间，水油相如快速混合，一开始温度高时虽然会形成 W/O 型乳液，但这时如停止搅拌观察的话，往往会发现得到一个分层的体系，上层是 W/O 的乳液，油相也大部分在上层，而下层是 O/W 型的。一方面这是因为水相量太大而油相量太小，在一般情况下无法使过少的油成为连续相而包住水相；另一方面这时的乳化剂性质又不利于生成 O/W 型乳液，因此体系便采取了折中的办法。

总之在需要转相的场合，一般油水相的混合是慢慢进行的，这样有利于转相的仔细进行。而在具有胶体磨、均化器等高效乳化设备的场合，油水相的混合要求快速进行。

④ 初生皂法。用皂类稳定的 O/W 型或 W/O 型乳化体都可以用这个方法来制备。将脂肪酸类溶于油中，碱类溶于水中，加热后混合并搅拌，两相接触在界面上发生中和反应生成肥皂，起乳化作用。这种方法能得到稳定的乳化体。例如硬脂酸钾皂制成的雪花膏，硬脂酸

胺皂制成的膏霜、奶液等。

⑤交替加液的方法在空的容器里先放入乳化剂，然后边搅拌边少量交替加入油相和水相。这种方法对于乳化植物油脂是比较适宜的，在食品工业中应用较多，在化妆品生产中此法很少应用。

以上几种方法中，第①种方法制得的乳化体较为粗糙，颗粒大小不均匀，也不稳定；第②、第③、第④种方法是化妆品生产中常采用的方法，其中第②、第③种方法制得的产品一般讲颗粒较细、较均匀，也较稳定，应用最多。

（4）低能乳化法

在通常制造化妆品乳化体的过程中，先要将油相、水相分别加热至 $75\sim95\,℃$，然后混合搅拌、冷却，而且冷却水带走的热量是不加利用的，因此在制造乳化体的过程中，能量的消耗是较大的。如果采用低能乳化，大约可节约 50% 的热能。

低能乳化法在间歇操作中一般分为 2 步进行。

第 1 步先将部分的水相（B 相）和油相分别加热到所需温度，将水相加入油相中，进行均质乳化搅拌，开始乳化体是 W/O 型，随着 B 相水的继续加入，变型成为 O/W 型乳化体，称为浓缩乳化体。

第 2 步再加入剩余的一部分未经加热而经过紫外线灭菌的去离子水（A 相）进行稀释，因为浓缩乳化体的外相是水，所以乳化体的稀释能够顺利完成，此过程中，乳化体的温度下降很快，当 A 相加完之后，乳化体的温度能下降到 $50\sim60\,℃$。

这种低能乳化法主要适用于制备 O/W 型乳体，其中 A 相和 B 相水的比率要经过实验来决定，它和各种配方要求以及制成的乳化体稠度有关。在乳化过程中，例如选用乳化剂的 HLB 值较高或者要乳状液的稠度较低时，则可将 B 相压缩到较低值。

低能乳化法的优点：

① A 相的水不用加热，节约了这部分热能；

② 在乳化过程中，基本上不用冷却强制回流冷却，节约了冷却水循环所需要的功能；

③ 由 $75\sim95\,℃$ 冷却到 $50\sim60\,℃$ 通常要占去整个操作过程时间的一半，采用低能乳化大大节省了冷却时间，加快了生产周期，大约节约整个制作过程总时间的 $1/3\sim1/2$；

④ 由于操作时间短，提高了设备利用率；

⑤ 低能乳化法和其他方法所制成的乳化体质量没多大差别。

乳化过程中应注意的问题：

① B 相的温度，不但影响浓缩乳化体的黏度，而且涉及相变型，当 B 相水的量较少时，一般温度应适当高一些；

② 均质机搅拌的速率会影响乳化体颗粒大小的分布，最好使用超声设备、均化器或胶体磨等高效乳化设备；

③ A 相水和 B 相水的比率（见表 3-89）一定要选择适当，一般，低黏度的浓缩乳化体会使下一步 A 相水的加入容易进行。

表 3-89　A 相水和 B 相水的比率

乳化剂 HLB 值	油脂比率/%	搅拌条件	选择 B 相水的比率	选择 A 相水的比率
10～12	20～25	强	0.2～0.3	0.7～0.8
6～8	25～35	弱	0.4～0.5	0.5～0.6

（5）搅拌条件

乳化时搅拌越强烈，乳化剂用量可以越低。但乳化体颗粒大小与搅拌强度和乳化剂用量均有关系，一般规律如表 3-90 所示。

表 3-90　搅拌强度与颗粒大小及乳化剂用量之关系

搅拌强度	颗粒大小	乳化剂用量
差（手工或桨式搅拌）	极大（乳化差）	少量
差	中等	中量
强（胶体磨）	中等	少至中量
强（均质器）	小	少至中量
中等（手工或旋桨式）	小	中至高量
差	极细（清晰）	极高量

过分的强烈搅拌对降低颗粒大小并不一定有效，而且易将空气混入。在采用中等搅拌强度时，运用转相办法可以得到细的颗粒，采用桨式或旋桨式搅拌时，应注意不使空气搅入乳化体中。

一般情况是，在开始乳化时采用较高速搅拌对乳化有利，在乳化结束而进入冷却阶段后，则以中等速度或慢速搅拌有利，这样可减少混入气泡。如果是膏状产品，则搅拌到固化温度为止。如果是液状产品，则一直搅拌至室温。

（6）混合速度

分散相加入的速度和机械搅拌的快慢对乳化效果十分重要，可以形成内相完全分散的良好乳化体系，也可形成乳化不好的混合乳化体系，后者主要是内相加得太快和搅拌效力差所造成。乳化操作的条件影响乳化体的稠度、黏度和乳化稳定性。研究表明，在制备 O/W 型乳化体时，最好的方法是在激烈的持续搅拌下将水相加入油相中，且高温混合较低温混合好。

在制备 W/O 型乳化体时，建议在不断搅拌下，将水相慢慢地加到油相中去，可制得内相粒子均匀、稳定性和光泽性好的乳化体。对内相浓度较高的乳化体系，内相加入的流速应该比内相浓度较低的乳化体系为慢。采用高效的乳化设备较搅拌差的设备在乳化时流速可以快一些。

但必须指出的是，由于化妆品组成的复杂性，配方与配方之间有时差异很大，对于任何一个配方，都应进行加料速度试验，以求最佳的混合速度，制得稳定的乳化体。

（7）温度控制

制备乳化体时，除了控制搅拌条件外，还要控制温度，包括乳化时与乳化后的温度。由于温度对乳化剂溶解性和固态油、脂、蜡的熔化等的影响，乳化时温度控制对乳化效果的影响很大。如果温度太低，乳化剂溶解度低，且固态油、脂、蜡未熔化，乳化效果差；温度太高，加热时间长，冷却时间也长，浪费能源，加长生产周期。一般常使油相温度控制高于其熔点 $10 \sim 15 ^{\circ}\mathrm{C}$，而水相温度则稍高于油相温度。通常膏霜类在 $75 \sim 95 ^{\circ}\mathrm{C}$ 条件下进行乳化。

最好水相加热至 $90 \sim 100 ^{\circ}\mathrm{C}$，维持 20min 灭菌，然后再冷却到 $70 \sim 80 ^{\circ}\mathrm{C}$ 进行乳化。在制备 W/O 型乳化体时，水相温度高一些，此时水相体积较大，水相分散形成乳化体后，随着温度的降低，水珠体积变小，有利于形成均匀、细小的颗粒。如果水相温度低于油相温度，两相混合后可能使油相固化（油相熔点较高时），影响乳化效果。

冷却速度的影响也很大，通常较快的冷却能够获得较细的颗粒。当温度较高时，由于布朗运动比较强烈，小的颗粒会发生相互碰撞而合并成较大的颗粒；反之，当乳化操作结束后，对膏体立刻进行快速冷却，从而使小的颗粒"冻结"住，这样小颗粒的碰撞、合并作用可减少到最低的程度。但冷却速度太快，高熔点的蜡就会产生结晶，导致乳化剂所生成的保护胶体的破坏，因此冷却的速度最好通过试验来确定。

（8）香精和防腐剂的加入

① 香精的加入。香精是易挥发物质，并且其组成十分复杂，在温度较高时，不但容易损失掉，而且会发生一些化学反应，使香味变化，也可能引起颜色变深。因此一般化妆品中香精的加入都是在后期进行。对乳液类化妆品，一般待乳化已经完成并冷却至 $50\sim60℃$ 时加入香精。如在真空乳化锅中加香，这时不应开启真空泵，而只维持原来的真空度即可，吸入香精后搅拌均匀。对敞口的乳化锅而言，由于温度高，香精易挥发损失，因此加香温度要控制低些，但温度过低使香精不易分布均匀。

② 防腐剂的加入。微生物的生存是离不开水的，因此水相中防腐剂的浓度是影响微生物生长的关键。乳液类化妆品含有水相、油相和表面活性剂，而常用的防腐剂往往是油溶性的，在水中溶解度较低。有的化妆品制造者，常把防腐剂先加入油相中然后去乳化，这样防腐剂在油相中的分配浓度就较大，而水相中的浓度就小。更主要的是非离子表面活性剂往往也加在油相，使得有更大的机会增溶防腐剂，而溶解在油相中和被表面活性剂胶束增溶的防腐剂对微生物是没有作用的，因此加入防腐剂的最好时机是待油水相混合乳化完毕后加入，这时可获得水中最大的防腐剂浓度。当然温度不能过低，不然分布不均匀，有些固体状的防腐剂最好先用溶剂溶解后再加入。例如尼泊金酯类就可先用温热的乙醇溶解，这样加到乳液中能保证分布均匀。

配方中如有盐类、固体物质或其他成分，最好在乳化体形成及冷却后加入，否则易造成产品的发粗现象。

（9）黏度的调节

影响乳化体黏度的主要因素是连续相的黏度，因此乳化体的黏度可以通过增加外相的黏度来调节。对于 O/W 型乳化体，可加入合成的或天然的树胶，和适当的乳化剂如钾皂、钠皂等。对于 W/O 型乳化体，加入多价金属皂和高熔点的蜡及树胶到油相中可增加体系黏度。

3.7.3.2　雪花膏的生产工艺

生产雪花膏的主要原料为硬脂酸、碱、水和香精。但为了使其有良好的保湿效果，常常添加甘油、山梨醇、丙二醇和聚乙二醇等。雪花膏生产工艺流程见图 3-51。

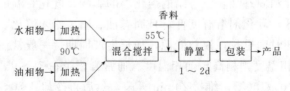

图 3-51　雪花膏生产工艺流程图

（1）原料加热

① 油脂类原料加热。甘油、硬脂酸和单硬脂酸甘油酯投入设有蒸汽夹套的不锈钢加热锅内。总油脂类投入量的体积，应占不锈钢加热锅有效容积的 $70\%\sim80\%$，例如 500L 不锈钢加热锅，油脂类原料至少占有 350L 体积，这样受热面积可充分利用，加热升温速度较

快。油脂类原料溶解后硬脂酸相对密度小，浮在上面，甘油相对密度高，沉于锅底，硬脂酸和甘油互不相溶，油脂类原料加热至 90～95℃，维持 30min 灭菌。如果加热温度超过110℃，油脂色泽将逐渐变黄。夹套加热锅蒸汽不能超过规定压力。如果采用耐酸搪瓷锅加热，则热传导性差，不仅加热速度慢，而且热源消耗较多。

② 去离子水加热。去离子水和防腐剂尼泊金酯类在另一不锈钢夹套锅内加热至 90～95℃，加热锅装有简单涡轮搅拌机，将尼泊金酯类搅拌溶解，维持 30min 灭菌，将氢氧化钾溶液加入水中搅拌均匀，立即开启锅底阀门，稀淡的碱水流入乳化搅拌锅。水溶液中尼泊金酯类与稀淡的碱水接触，在几分钟内不致被水解。

如果采用自来水，因含有 Ca^{2+}、Mg^{2+}，在氢氧化钾碱性条件下，生成钙、镁的氢氧化物，是一种絮状的凝聚悬浮物，当放入乳化搅拌锅时，往往堵住管道过滤器的网布，致使稀淡碱水不能畅流。

因去离子水加热时和搅拌过程中的蒸发，总计损失 2%～3%，为做到雪花膏制品得率100%，往往额外多加 2%～3% 水，补充水的损失。

（2）乳化搅拌和搅拌冷却

① 乳化搅拌

a. 乳化搅拌锅（图 3-52）。乳化搅拌锅有夹套蒸汽加热和温水循环回流系统，500L 乳化搅拌锅的搅拌桨转速约 50r/min 较适宜。密闭的乳化搅拌锅使用无菌压缩空气，用于制造完毕时压出雪花膏。

图 3-52　乳化设备—1000/2000L 乳化搅拌锅及其主锅结构

预先开启夹套蒸汽，使乳化搅拌锅预热保温，目的使放入乳化搅拌锅的油脂类原料保持规定的温度范围。

b. 油脂加热锅操作。测量油脂加热锅油温，并做好记录，开启油脂加热锅底部放料阀门，使升温到规定温度的油脂经过滤器流入乳化搅拌锅，油脂放完后，即关闭放油阀门。

c. 搅拌乳化和水加热锅操作。启动搅拌机，开启水加热锅底部放水阀门，使水经过与油脂同一过滤器流入乳化搅拌锅，这样下一锅时，过滤器不致被固体硬脂酸所堵塞，稀淡的碱溶液放完后，即关闭放水阀门。

应注意的是：油脂和水加热锅的放料管道，都应装设单相止逆阀。当用无菌压缩空气压空搅拌锅内雪花膏时，可能操作失误，未将锅内存有 0.1～0.2MPa 的压缩空气排放，当下锅开启油或水加热底部放料阀门时，乳化搅拌锅的压缩空气将倒流至油或水加热锅，使高温的油或水向锅外飞溅，造成人身事故。

　　d. 雪花膏乳液的轴流方向。乳化搅拌叶桨与水平线成 45°安装在转轴上，叶桨的长度尽可能靠近锅壁，使之搅拌均匀和提高热交换效率。搅拌桨转动方向，应使乳液的轴流方向往上流动，目的使下部的乳液随时向上冲散上浮的硬脂酸和硬脂酸钾皂，加强分散上浮油脂效果。不应使乳液的轴流方向往下流动，否则埋入乳液的搅拌叶桨，不能将部分上浮的硬脂酸、硬脂酸钾皂和水混在一起的半透明软性蜡状混合物往下流动分散，此半透明软性蜡状物质浮在液面，待结膏后再混入雪花膏中，必然分散不良，有粗颗粒出现。

　　e. 雪花膏乳液与上部搅拌叶桨的位置关系。在搅拌雪花膏乳液时，因乳液旋转流动产生离心力，使锅壁的液位略高于转轴中心液位，中心液面下陷。一般应使上部搅拌叶桨大部分埋入乳液中，使离转轴中心的上部搅拌叶桨有部分露出液面，允许中心露出叶桨长度不超过整个叶桨长度的 1/5，在此种情况下不会产生气泡。待结膏后，整个搅拌叶桨埋入液面，当 58～60℃加入香精时，能很好地将香精搅拌均匀。

　　如果上部搅拌叶桨位置过高，半露半埋于乳液表面，必然将空气搅入雪花膏内，产生气泡。如果上部搅拌叶桨装置过低，搅拌叶桨埋入雪花膏乳液表面超过 5cm，待雪花膏结膏后加入香精，香精很难均匀分散在雪花膏中而浮于雪花膏表面。

　　② 搅拌冷却

　　a. 乳化过程产生气泡。在乳化搅拌过程中，因加水时冲击产生的气泡浮在液面，空气泡在搅拌过程中会逐渐消失，待基本消失后，乳液 70～80℃，才能进行温水循环回流冷却。

　　b. 温水循环回流冷却。乳液冷却至 70～80℃，液面空气泡基本消失，夹套中通入 60℃温水使乳液逐渐冷却，用原输送循环回流水的温度来控制回流水在 1～1.5h 内由 60℃逐渐下降至 40℃，则相应可以控制雪花膏停止搅拌的温度在 55～57℃，整个搅拌时间为 2h±20min。尤其是雪花膏结膏后的冷却过程，应维持回流温水的温度低于雪花膏的温度 10～15℃为准，则可控制 2h 内使雪花膏达到停止搅拌需要的温度。如果是 1000kg 投料量，则回流温水和雪花膏的温差可控制在 12～25℃。

　　如果温差过大，骤然冷却，势必使雪花膏变粗；温差过小，势必延长搅拌时间。在强制温水回流每一阶段必须很好地控制温度，一般可用时间继电器和两根触点温度计自动控制自来水阀门，每根触点温度计各控制 60℃和 40℃回流温水，或用电子程序控制装置。此触点温度计水银球浸入温水桶，开始搅拌半小时后，水泵将 60℃温水强制送入搅拌桶夹套回流，30min 后，60℃触点温度计由时间继电器控制，自动断路，并跳至 40℃触点温度计，触点温度计的线路与常开继电器接通，当雪花膏的热量传导使温水的温度升高时，则触点温度计使继电器闭合，电磁阀自动打开自来水阀门，使水温下降到 40℃时，触点温度计断路，继电器常开，电磁阀门自动关闭自来水阀门，使温水维持在 40℃，回流冷却水循环使雪花膏到所需的温度为止，触点温度计的温度可根据需要加以调节，维持 60℃或 40℃的时间继电器也可以加以调整，找到最适宜的温度范围和维持此温度时间的最佳条件，然后固定操作，采用这种操作方法使雪花膏的细度和稠度比较稳定。

　　c. 内相硬脂酸颗粒分散情况。乳化过程中，内相硬脂酸分散成小颗粒，硬脂酸钾皂和单硬脂酸甘油酯存在于硬脂酸颗粒的界面膜，乳化搅拌后，许多硬脂酸小颗粒凝聚在一起，用显微镜观察，犹如一串串的葡萄，随着不断搅拌，凝聚的小颗粒逐渐解聚分散，搅拌冷却至 61～62℃结膏，61℃以下解聚分散速度较快，所以要注意雪花膏 55～62℃冷却速度应缓慢些，使凝聚的内相小颗粒很好分散，制成的雪花膏细度和光泽都较好。

　　如果雪花膏在 55～62℃冷却速度过快，凝聚的内相小颗粒尚未很好解聚分散，已冷却成为稠厚的雪花膏，就不容易将凝聚的内相小颗粒分散，制成的雪花膏细度和光泽度都较差，而且可能出现粗颗粒，发现此种情况，可将雪花膏再次加热至 80～90℃ 重新熔解加以补救，同时搅拌冷却至所需温度，能改善细度和光泽。

如果搅拌时间过长，停止搅拌温度偏低（为 50～52℃），雪花膏过度剪切，稠度降低，制得的雪花膏细度和光泽都很好，用显微镜观察硬脂酸分散颗粒也很均匀，但硬脂酸和硬脂酸钾皂的接触面积增大，容易产生硬脂酸和硬脂酸钾皂结合成酸性皂的片状结晶，因而产生珠光，当加入少量十六醇或中性油脂，能阻止产生珠光。

③ 静置冷却。乳化搅拌锅停止搅拌以后，用无菌压缩空气将锅内制成的雪花膏由锅底压出。雪花膏压完后，将锅内压力放空，雪花膏盛料桶用沸水清洗灭菌，过磅后记录收得率。取样检验耐寒、pH 值等主要质量指标。料桶表面用塑料纸盖好，避免表面水分蒸发，料桶上罩以清洁布套，防止灰尘落入，让雪花膏静置冷却。

一般静置冷却到 30～40℃ 装瓶，装瓶时温度过高，冷却后雪花膏体积略微收缩；装瓶时温度过低，已结晶的雪花膏，经搅动剪切后稠度会变薄。制品化验合格后，隔天在 30～40℃ 下包装较为理想，也有制成后的雪花膏在 35～45℃ 时即进行热灌装，雪花膏装入瓶中刮平后覆盖塑料薄片，然后将盖子旋紧。

④ 包装与贮存条件。雪花膏含水量 70% 左右，所以水分很容易挥发而发生干缩现象，因此如何长期加强密封程度是雪花膏包装方面的关键问题，也是延长保质期的主要因素之一。防止雪花膏干缩有下列几种措施：

a. 盖子内衬垫用 0.5～1mm 有弹性的塑料片，或塑料纸复合垫片；

b. 瓶口覆以聚乙烯衬盖；

c. 传统方法是在刮平的雪花膏表面浇一层石蜡；

d. 用紧盖机将盖子旋紧。

以上防止干缩措施，主要是瓶盖和瓶口要精密吻合，将盖子旋紧，在盖子内衬垫塑料片上应留有整圆形的瓶口凹纹，如果凹纹有断线，仍会漏气。

包装时应注意与雪花膏接触的容器和工具，用沸水冲洗或蒸汽灭菌，每天检查包装质量是否符合要求，做到包装质量能符合产品质量标准。

贮存条件应注意下列几点：

① 不宜放在高温或阳光直射处，以防干缩，冬季不宜放在冰雪露天，以防雪花膏冰冻后变粗；

② 不可放置在潮湿处，防止纸盒商标霉变；

③ 雪花膏玻璃瓶经撞击容易破碎，搬运时注意轻放。

3.7.3.3　润肤霜及蜜类化妆品的生产工艺

（1）润肤霜的生产

润肤霜是一种乳剂制品，其作用是使所含的润肤物质补充皮肤中天然存在的游离脂肪酸、胆固醇、油脂的不足，也就是补充皮肤中的脂类物质，使皮肤中的水分保持平衡。经常涂用润肤霜能使皮肤保持水分和健康，逐渐恢复柔软和光滑。水分是皮肤最好的柔软剂，能保持皮肤的水和健康的物质是天然调湿因子（NMF），如果要使水分从外界补充到皮肤中去是比较困难的，行之有效的方法是防止表皮角质层水分的过量损失，天然调湿因子有此功效。天然调湿因子存在于表皮角质层细胞壁及脂肪部分。表皮角质层含脂肪 11% 和天然调湿因子 30%，表皮透明层含有磷脂，它是一种良好的天然调湿因子。

润肤霜应控制 pH 值在 4~6.5，和皮肤的 pH 值相近，如果 pH 值大于 7，偏于微碱性，会使表皮的天然调湿因子及游离脂肪酸遭到破坏，虽然使用乳剂后过一些时间，皮肤 pH 值又恢复平衡，但使用日久，必然会引起皮肤干燥，得到相反的效果。

下面介绍油/水型润肤霜的生产。油/水型润肤霜的生产技术适用于：润肤霜、清洁霜、夜霜、调湿霜、按摩霜等产品。

① 原料加热。

a. 油脂类原料加热。将油脂类原料投入带不锈钢夹套的水蒸气加热锅，按配方和质量需要加热至规定温度，加热油脂的温度有两种不同要求。

乳化前油脂温度维持在 70~80℃，先将所有油脂类原料加热至 90℃，维持 20min 灭菌，但尚不能杀灭微生物孢子。加热锅装有简单涡轮搅拌机，目的是将各种油脂原料搅拌均匀，同时加速传热速率。油脂加热锅在高位，油脂靠重力经过滤器流入保温的乳化搅拌锅，使油脂维持在 70~80℃。惯用方法规定油脂温度为 72~75℃。

乳化前油脂温度维持 85~95℃，先将所有油脂类原料加热至 90~95℃，维持 20min 灭菌，加热锅装有简单涡轮搅拌机，油脂加热锅在高位，借重力作用油脂经过滤器流入保温的均质乳化搅拌锅，使油脂维持 85~95℃。乳化时提高温度，有利于降低两相间的界面张力，因此可减少内相分散所剪切和分散的能量，提高温度有利乳化剂分子适合地排列在界面膜。在乳剂冷却前决定均质搅拌时间也是很重要的，可稳定乳剂质量。

b. 去离子水加热。防腐剂加入去离子水中，水在另一带不锈钢夹套的水蒸气加热锅内加热至 90~95℃，维持 20min 灭菌，加热锅装有简单涡轮搅拌机，使防腐剂加速溶解、加速传热，使水升温。如果油脂温度维持在 72~75℃，加热至 90℃ 的水相也应冷却至 72~75℃，然后流入油相进行乳化，同时均质搅拌。如果油脂温度维持在 85~95℃，水相也应加热至接近油脂规定的温度，然后流入油相进行乳化，同时均质搅拌。

② 油/水型乳剂的加料方法。某种乳剂虽然采用同样配方，由于操作时加料方法和乳化搅拌机械设备不同，乳剂的稳定性及其他物理现象也各异，有时相差悬殊，制备乳剂时的加料制造方法归纳为以下 4 种。

a. 生成肥皂法（初生皂法）。脂肪酸溶于油脂中，碱溶于水中，分别加热水和油脂，然后搅拌乳化，脂肪酸和碱类中和成皂即是乳化剂，这种制造的方法，能得到稳定的乳剂，例如硬脂酸和三乙醇胺制成的各种润肤霜、蜜类；硬脂酸和氢氧化钾制成的雪花膏；蜂蜡和硼砂为基础制成的冷霜。

b. 水溶性乳化剂溶入水中，油溶性乳化剂溶入油中。例如阴离子乳化剂十六烷基硫酸钠溶于水中，单硬脂酸甘油酯和乳化稳定剂十六醇溶于油中制造乳剂的方法，将水相加入油脂混合物中进行乳化，开始时形成水/油乳剂，当加入多量的水，变型成油/水乳剂。这种制造方法所得内相油脂的颗粒较小，此法常被采用。

c. 水溶和油溶性乳化剂都溶入油中。该法适宜采用非离子型乳化剂，例如非离子乳化剂司盘 80 和吐温 80 都溶于油中制造乳剂的方法，这种方法大都是指非离子型乳化剂，然后将水加入含有乳化剂的油脂混合物中进行乳化，开始时形成水/油乳剂，当加入多量的水，黏度突然下降，变型成油/水乳剂。这种制造方法所得内相油脂的颗粒也很小，此法常被采用。

d. 交替加入法。在空的容器里先加入乳化剂，用交替的方法加入水和油，即边搅拌，边逐渐加入油-水-油-水的方法。这种方法以乳化植物油脂为适宜，在化妆品领域中很少采用。

③ 油/水型乳剂的制造方法。制造油/水型乳剂大致有 4 种方法：均质刮板搅拌机制造法；管型刮板搅拌机半连续制造法；锅组连续制造法；低能乳化制造法。

目前大多采用均质刮板搅拌机制造法，适用于小批和中批量生产。管型刮板搅拌机半连续制造法，适用于大批量生产，欧美等国家和地区某些大型化妆品厂采用。

均质刮板搅拌机制造法是将水溶性及油溶性乳化剂都溶入油中，这大多是指非离子型乳化剂。如果采用阴离子和非离子型合用的乳化剂，则要将阴离子乳化剂溶于水中，非离子乳化剂溶于油中，将水和油分别加热至指定温度后，油脂先放入乳化搅拌锅内，然后去离子水流入油脂中，同时启动均质搅拌机，开始是形成水/油乳剂，黏度逐步略有提高，当加入多量的水，黏度突然下降，变型成油/水型乳剂，用此法所得的内相颗粒较细。当水加完后，再维持均质机搅拌数分钟，整个均质搅拌时间为 3～15min。当水加完后，即使延长均质搅拌时间，要使内相颗粒分散的作用已很小，停止均质搅拌机后，是冷却过程，启动刮板搅拌机，此时乳剂 70～80℃，搅拌锅内蒸气压不能使真空度升高，维持真空 26.66～53.33kPa，夹套冷却水随需要温度加以调节，待 40～50℃，搅拌锅内蒸气压降低，真空度升至 66.66～93.324kPa，应略降低转速（500～2000L 搅拌锅，维持 30r/min 已足够），低速搅拌减少了对乳剂的剪切作用，不致使乳剂稠度显著降低。

（2）蜜类化妆品的生产

蜜类产品为乳化液体。分为油/水型和水/油型两种。

油/水型蜜类用于皮肤时，水分蒸发，蜜的分散相即油相颗粒聚集起来，形成油脂薄膜留于皮肤上。它的优点是乳化性能较稳定，敷于皮肤油性感少，因为配方中油脂含量较低。

水/油型蜜类的油相直接和皮肤接触，由于乳剂不能形成双电层，所以乳化的稳定性很成问题，只有坚固的界面膜和密集的分散相 2 个因素，可维持蜜类乳剂的乳化稳定度，因此这种类型的液状蜜类的乳化稳定度较难维持。水/油型乳剂富含油脂，感觉非常润滑。

为使蜜类产品的稠度稳定，可以将亲水性乳化剂加入油相中，例如胆固醇或类固醇原料，加入少量聚氧乙烯胆固醇醚，可以控制变稠厚趋势，加入亲水性非离子表面活性剂，能使脂肪酸皂型乳剂稳定和减少存储期的增稠问题。

对蜜类的主要质量要求是：保持长时间货架寿命的黏度稳定性和乳化稳定性；敷用在皮肤上很快变薄，很容易在皮肤上展开；黏度适中，流动性好，在保质期内或更长时间，黏度变化较少或基本没有变化；有良好的渗透性。

① 原料加热。油相加热温度要高于蜡的熔点，为 70～80℃。如果采用以胺皂为乳化剂的蜜类，油相和水相的温度至少要加热至 75℃，即可形成有效的界面膜。硬脂酸钾皂则需要更高的温度，即油和水要加热至 80～90℃。采用非离子乳化剂，油和水加热的温度不像阴离子乳化剂那样严格，一般制造方法是将油相和水分别加热至 90℃，维持 20min，水和防腐剂共同加热，然后冷却至所需要的温度进行乳化搅拌。

② 加料方法。专家认为所有非离子表面活性剂都加入油相的做法，能得到较好的乳化稳定度。亲水性乳化剂溶在油中，在开始加料乳化搅拌时需要均质搅拌，乳剂接近变型时，黏度增高，变型成油/水型时黏度突然下降。如果"乳化剂对"是亲油性的，当水加入油中，没有变型过程，就会得到水/油乳剂。

③ 搅拌冷却。均质搅拌 5～15min 已足够，如果延长均质搅拌时间，使内相油脂分散成更细小颗粒的作用已很小。停止均质搅拌后即是搅拌冷却过程，要使乳剂慢慢冷却，可避免

乳剂黏度过分增加，如果快速冷却，在搅拌效果差的情况下，锅壁结膏，蜜类中可能结成一团团膏状。香精在 $40\sim50℃$ 时加入，如果希望蜜类维持相当黏度，则于 $30\sim40℃$ 停止搅拌；如果希望蜜类降低黏度，则于 $25\sim30℃$ 时停止搅拌，冷却过程的过分搅拌，因剪切过度会使蜜类黏度降低。

加水的速度、开始乳化的温度、冷却水回流的冷却速度、搅拌时间和停止搅拌温度，每一阶段都必须做好原始记录，因为这些操作条件直接影响蜜类产品的稳定度和黏度，同时便于查考、积累经验，以便找到最好的操作条件。

④ 胶质。加入的胶质，应事先混合均匀，如果采用无机增稠剂，如膨润土、硅酸镁铝等，必须加入水中加热至 $85\sim90℃$ 维持约 1h，使它们充分调和，使得有足够的黏度和稳定度，加入乳剂后，有增稠现象，如果过分搅拌，剪切过度，将降低黏度而不会恢复。

⑤ 低能乳化法。制造乳剂过程中，水和油都要分别加热至 $75\sim90℃$，然后水和油经均质机搅拌乳化或一般搅拌乳化，为了冷却乳剂，必须用夹套搅拌锅循环冷却水或热交换器中的介质排除余热。如果采用低能乳化法，约可节约 40% 热能，此法由美籍华人约瑟夫·林所创造，即在间歇制造乳剂时，分两个步骤。

第一步，先将部分的水（β 相）和油分别加热至所需的温度，水加入油中，进行均质乳化搅拌，开始加入水时的乳剂是水/油型，随着 β 相继续加入乳剂中，变型成油/水型乳剂，称为浓缩乳剂。

第二步，再加入剩余一部分未经加热而经过紫外线灭菌的去离子水（α 相）进行稀释。因为浓缩乳剂外相是水，所以浓缩乳剂的稀释能顺利完成，此时乳剂的温度下降很快，当 α 相加完后，乳剂的温度即下降至 $50\sim60℃$。

蜜类产品含水量高，用低能乳化法制造比较有利。其低能乳化法的制备方法如下。

将油相与乳化剂共同加热至 80℃，待油相完全溶解后，加热至 80℃ 的水（一部分未加热的水是 α 相，另一部分加热至 80℃ 的水是 β 相，α+β＝1）慢慢加入油中，同时均质机搅拌，水加完后，均质搅拌机再搅拌 5min，然后加入经紫外线灭菌而未经加热的 α 相去离子水。α 相水的重量可在 β 相锅内半量或用计量泵计量。乳剂的冷却过程是通过刮板搅拌机搅拌和夹套冷却水回流实现的，采用离心泵-冷却塔强制循环回流方式效果好。刮板搅拌机的转速尽可能缓慢，1000L 乳化搅拌锅的刮板搅拌机转速，$20\sim30r/min$ 已足够，在均质搅拌机开始乳化搅拌时，会产生很多气泡，缓慢搅拌的目的是使上升的气泡逐步消失。此种方法适用于制造油/水乳剂，α 相和 β 相的比率要经过实验决定，它与各种配方及制成的乳剂稠度有关，在乳化过程中，选用乳化剂 HLB 值较高或乳剂稠度较低者，例如蜜类产品，则可将 β 相压缩至较低值，β 相占 $0.2\sim0.3$，α 相可提高至 $0.7\sim0.8$。

3.8　香精生产项目

3.8.1　水溶性香精

水溶性香精是将各种天然香料、合成香料调配成的主香体溶解于蒸馏水、乙醇或甘油等稀释剂中，必要时再加入酊剂、萃取物或果汁而制成的，为食品中使用最广泛的香精之一。

3.8.1.1　性状

水溶性香精一般为透明的液体，其色泽、香气、香味和澄清度符合各型号的指标。在水中透明溶解或均匀分散，具有轻快香气，耐热性较差，易挥发。水溶性香精不适合用于高温加工的食品。由于香精含有各种香料和稀释剂，除了容易挥发，有些香料还易变质。一般主要是氧化、聚合、水解等作用的结果，引起并加速这些作用的则往往是温度、空气、水分、阳光、碱类、重金属等，要注意香精的贮存。

3.8.1.2　配制

将各种香料和稀释剂按一定比例与适当顺序互相混溶，经充分搅拌，再过滤而成。香精若经一定成熟期贮存，其香气往往更为圆熟。水溶性香精一般分柑橘型香精和酯型水溶性香精，它们的制法不完全相同。

柑橘型香精的制法：将柑橘类植物精油和 $40\%\sim60\%$ 乙醇于抽出锅中，搅拌，进行浸提。浸提物密闭保存 $2\sim3d$ 后进行分离，于 $-5℃$ 左右冷却数日，趁冷将析出的不溶物过滤除去，必要时进行调配，经圆熟后即得成品。用作柑橘类精油原料的有橘子柠檬、白柠檬、柚子、柑橘等。

酯型水溶性香精（水果香精）的制法：将主香体（香基）、醇和蒸馏物混合溶解，然后冷却过滤，着色即得制品。下面介绍几种酯型水溶性香精的配方（质量分数/％）。

苹果香精：苹果香基 10、乙醇 55、苹果回收食用香味料 30、丙二醇 5。

葡萄香精：葡萄香基 5、乙醇 55、葡萄回收食用香味料 30、丙二醇 10。

香蕉香精：香蕉香基 20、水 25、乙醇 55。

菠萝香精：菠萝香基 7、乙醇 48、柑橘香精 10、水 25、柠檬香精 10。

草莓香精：麦芽酚 1、乙醇 55、草莓香基 20、水 24。

西洋酒香精：乙酸乙酯 5、酒浸剂 10、丁酸乙酯 1.5、乙醇 55、甲酸乙酯 2.5、水 25、异戊醇 1。

咖啡香精：咖啡町 90、10％呋喃硫醇 0.05、甲酸乙酯 0.5、丁二酮 0.02、西克洛汀 0.5、丙二醇 8.93。

香草香精：香荚兰町剂 90、麦芽酚 0.2、香兰素 3、丙二醇 6.3、乙基香兰素 0.5。

3.8.1.3　应用

食用水溶性香精可用于汽水、冰激凌、冷饮、酒、酱、糖、糕饼等食品的赋香。汽水、冰棒中用量为 $0.02\%\sim0.1\%$，酒中用量为 $0.1\%\sim0.2\%$，用于软糖、糕饼夹馅、果子露等，用量为 $0.35\%\sim0.75\%$。针对香味的挥发性，对工艺中需加热的食品应尽可能在加热冷却后或在加工后期加入。对要进行脱臭、脱水处理的食品，应在处理后加入。

3.8.2　油溶性香精

油溶性香精是普通的食用香精，通常是用精炼植物油脂、甘油或丙二醇等油溶性溶剂将香基加以稀释而成。

3.8.3.1　性状

食用油溶性香精为透明的油状液体，色泽、香气、香味和澄清度符合各型号的指标，不发生表面分层或浑浊现象。以精炼植物油作稀释剂的食用油溶性香精，在低温时会发生冻凝现象。香味的浓度高，在水中难以分散，耐热性高，留香性能较好，适合于高温操作的食品。

3.8.3.2　配制

油溶性香精通常是取香基 $10\%\sim20\%$ 和植物油、丙二醇等 $80\%\sim90\%$（作为溶剂），加以调和即得制品。下面介绍几种油溶性香精的配方（质量分数/％）。

葡萄香精：葡萄香基 10、麦芽酚 0.5、乙酸乙酯 10、植物油 79.5。

香蕉香精：香蕉香基 30、柠檬油 3、植物油 67。

苹果香精：苹果香基 15、植物油 85。

草莓香精：草莓香基 20、麦芽酚 0.5、乙酸乙酯 5、植物油 74.5。

菠萝香精：菠萝香基 15、植物油 83、柠檬油 2。

咖啡香精：咖啡油树脂 50、10％呋喃硫醇 0.2、甲基环戊烯酮醇 2、丁二酮 0.1、麦芽酚 1、丙二醇 46.7。

香荚兰香精：香荚兰油树脂 30、麦芽酚 1、香兰素 5、丙二醇 42、乙基香兰素 2、甘油 20。

3.8.3.3　应用

食用油溶性香精主要用于焙烤食品、糖果等赋香。用量为：糕点、饼干中 0.05％～0.15％，面包中 0.04％～0.1％，糖果中 0.05％～0.1％。

3.8.3　乳化香精

乳化香精是由食用香料食用油、密度调节剂、抗氧化剂、防腐剂等组成的油相和由乳化剂、防腐剂、酸味剂、着色剂、蒸馏水（或去离子水）等组成的水相，经高压均质、乳化制成的乳状液。通过乳化可抑制挥发；并且节约乙醇，成本较低。但若配制不当可能造成变质，并造成食品的细菌性污染。

3.8.3.1　性状

乳化香精为粒度小于 $2\mu m$，并分布均匀、稳定的乳状液体系。香气、香味符合同一型号的标准样。稀释 1 万倍，静置 72h，无浮油，无沉淀。

乳化香精的贮存期为 6～12 个月，若使用贮存期过久的乳化香精，能引起饮料分层、沉淀。乳化香精不耐热、冷，温度降至冰点时，乳化体系破坏，解冻后油水分离；温度升高，分子运动加速，体系的稳定性变低，原料易被氧化。

3.8.3.2　配制

将油相成分、香料、食用油、密度调节剂、抗氧化剂和防腐剂加以混合制成油相。将水相成分、乳化剂、防腐剂、酸味剂和着色剂溶于水制成水相。然后将两相混合，用高压均质器均质、乳化，即制成乳化香精。

3.8.3.3　应用

乳化香精适用于汽水、冷饮的赋香。用量：雪糕、冰激凌、汽水为 0.1％；也可用于固体饮料，用量为 0.2％～1.0％。

第4章

纯化类精细化学品生产技术

4.1 概述

"高纯物质"这一名词，早在 20 世纪 30 年代已出现，荧光粉是最早使用的高纯物质。第二次世界大战爆发后，由于战争的迫切需要，把高纯物质的研究提到重要日程。首先，原子能的研究需要一系列高纯物质；其次，制造半导体器件的主要材料锗、硅，也需要很高的纯度，否则，严重影响这些半导体材料的性能。美国、苏联等国家都投入了大量的人力物力从事高纯物质的制备、分析测试以及应用方面的研究工作，使高纯物质的研究有了较大的进展。

1952 年高纯物质的研究进入了重要的发展时期。首先，由于有了"区域熔融"和"气相色谱"两种崭新的提纯方法，可把许多物质提纯到前所未有的超高纯度。另外，"高效微粒空气过滤器"的使用，确保提纯过程中极少受空气尘埃等微粒的污染。这些关键技术的应用，使高纯物质的研究和生产飞速向前发展。中国的高纯物质的研究起始于 1958 年。同国际上的情况一样，也是在半导体研究工作的推动下，开始研究并推向其他科学领域和工业生产中。目前，试剂工业已经进入了发展的新时期，仪器分析及各种色谱试剂、生化试剂、电子工业用化学品、诊断试剂等已经大大超过了常规的化学试剂。总趋势是常规化学试剂的需求量将持续下降，而高纯试剂和仪器分析试剂将迅速增加。

微电子技术在飞速发展，尤其是进入 20 世纪 80 年代以来，每隔 2～3 年就有新一代集成电路问世。超净高纯试剂是集成电路制造工艺中所需的专用试剂。由于试剂在清洗、光刻工序中直接与硅片相接触，随着集成度的不断提高，对试剂中可溶性杂质和固体颗粒的控制也越来越严，同时对生产环境、提纯工艺和洗瓶、包装都提出了更高的要求。

试剂与高纯物在科学研究及实验中有着重要而广泛的应用。各种试剂的用途如下：

① 优级纯。优级纯也称一级品或保证试剂，用代号 GR 表示。纯度最高，适用于精密分析和科学研究工作。

② 分析纯。分析纯也称二级品或分析试剂，用代号 AR 表示。纯度要求比优级纯略低，适用于一般理化分析和研究工作。

③ 化学纯。化学纯也称三级品，用代号 CP 表示。纯度要求比分析纯的低，适用于工业生产和学校教学中一般分析工作及化学实验。

④ 实验试剂。实验试剂也称四级品，用代号 LR 表示。供一般化学实验和有机化工合成用。

⑤ 基准试剂。基准试剂是纯度高、杂质少、稳定性好、化学组分恒定的化合物。在基准试剂中有容量分析、pH 测定、热值测定等分类。每一分类中均有第一基准和工作基准之分。凡第一基准都必须由国家计量科学院检定，生产单位则利用第一基准作为工作基准产品的测定标准。目前，商业经营的基准试剂主要是指容量分析类中的容量分析工作基准 [含量范围为 99.95%～100.05%（质量分数）]，可用于配制标准溶液或用于标定溶液浓度。

⑥ 高纯物质。技术进步对高纯物质的需求越来越多，目前，高纯物质在电导率的测定、半导体材料制备等领域有广泛用途。

4.1.1 纯化类精细化学品的种类

试剂（reagent），又称化学试剂，是科研、教学、工业生产中进行化学实验、材料分析及精细化工合成所必需的化学品。我国化学试剂的等级有高纯、光谱纯、基准、分光纯、优级纯、分析纯和化学纯等七种。

高纯物（high pure substance）是为某些特定领域需要而生产的纯度很高的一类化学品。高纯物按主要成分含量不同，一般分为 A、B、C 三级。A 级分为 A_1、A_2 两个亚级；B 级分为 B_3、B_4、B_5、B_6 四个亚级；C 级为超纯物质，分为 C_7、C_8、C_9、C_{10} 四个亚级。

高纯物纯度表示还有其他方法，如按用途对纯度要求，可表示为光谱纯、电子纯、高纯、超高纯等。另外，纯度也可用"多少个 9"，如纯度为"5 个 9"，就表示主要成分含量为 99.999%，简称"5N"。

4.1.2 纯化类精细化学品生产的通用方法

通常采用离子交换、膜过滤、精馏、结晶、萃取和配合等手段，对较纯的物质进一步除杂质和精制，来生产纯化类精细化学品。其特点是：生产过程环境条件要求高，通常采用现代技术来除杂提纯。

4.2 电子级水生产项目

4.2.1 产品概况

4.2.1.1 电子级水的性质、产品规格及用途

无色透明液体，无嗅、无味。在 4℃ 时密度为 1.00000g/mL，理论纯水电阻率（25℃）为 18.25MΩ·cm，pH 值（25℃）为 6.999。

产品规格见表 4-1。

表 4-1　电子级水产品规格 (GB/T 11446.1—2013)

项目		技术指标			
		EW-I	EW-II	EW-III	EW-IV
电阻率(25℃)/MΩ·cm		≥18 (5%时间不低于17)	≥15 (5%时间不低于13)	≥12	≥0.5
全硅/(µg/L)		≤2	≤10	≤50	≤1000
微粒数/ (个/L)	0.05～0.1µm	500	—	—	—
	0.1～0.2µm	300	—	—	—
	0.2～0.3µm	50	—	—	—
	0.3～0.5µm	20	—	—	—
	>0.5µm	4	—	—	—
细菌数/(个/mL)		≤0.01	≤0.1	≤10	≤100
铜/(µg/L)		≤0.2	≤1	≤2	≤500
锌/(µg/L)		≤0.2	≤1	≤5	≤500
镍/(µg/L)		≤0.1	≤1	≤2	≤500
钠/(µg/L)		≤0.5	≤2	≤5	≤1000
钾/(µg/L)		≤0.5	≤2	≤5	≤500
铁/(µg/L)		≤0.1	—	—	—
铅/(µg/L)		≤0.1	—	—	—
氟/(µg/L)		≤1	—	—	—
氯/(µg/L)		≤1	≤1	≤10	≤1000
亚硝酸根/(µg/L)		≤1	—	—	—
溴/(µg/L)		≤1	—	—	—
硝酸根/(µg/L)		≤1	≤1	≤5	≤500
磷酸根/(µg/L)		≤1	≤1	≤5	≤500

在微电子工业中或在超净高纯试剂制备中，电子级水作为清洗剂，使用极广、用量极大。

4.2.1.2　主要原料及其规格

一般以城市自来水为原水。

4.2.1.3　消耗定额 (以生产 1t 电子级水计)

原水　约为 1.8t

4.2.2　工艺原理

一般以城市自来水为原水，通常总含盐量在 (200～500) ×10^{-6} 范围内，预处理可选无烟煤和石英砂作为多介质过滤器滤料和活性炭吸附，对原水中机械杂质、有机物、细菌进行去除，而对无机离子效果不大。

采用反渗透膜技术可以去除水中溶解性无机盐、有机物、胶体、微生物、热原及病毒等。反渗透膜一般为醋酸纤维素、聚酰胺复合膜，其孔径为 0.4～1.0mm，当施加压力超过自然渗透压时，原水中盐类、细菌及不溶物质被截留，而穿过半透膜为含盐量低的淡水，脱盐率可达 95% 以上。

离子交换混合床为去除无机离子的主要方法，可去除溶解的 0.2～0.8nm 大小的无机盐，溶解的气体、SO_2、NH_3 及微量 Cl，而达到净化水的目的。

微滤是制备电子级水关键技术之一，微孔过滤是目前应用最广泛的膜分离技术。通过 0.11µm 微孔膜过滤可以去除溶液中微粒、胶体、微生物和细菌。在电子级水制备工艺中，采用粗滤 (3～10µm) 过滤器和精滤 (0.2pm 或 0.45pm) 过滤器，可以去除水中微粒、树脂碎片、细菌等。精滤常用于水终端或用水再处理。

在精处理系统中采用两级在线紫外杀菌器（一级为 185nm 杀菌器，另一级为 254nm 杀菌器），来杀灭水中细菌微生物。

4.2.3　工艺流程

生产流程图如图 4-1 所示。将原水注入原水储罐中，经原水泵注入多介质过滤器、活性炭吸附罐，再进入反渗透装置，脱去原水中大部分盐类。经反渗透处理后的水，通过离子交换粗混床去除无机离子，再经 3pm 过滤器进入粗纯水槽。循环泵将粗纯水槽的水注入离子交换精混床，并通过在线紫外杀菌器，进入精滤器。通过终端 0.2pm 微孔过滤的水，即为微电子工业用水或超净高纯试剂制备用水。

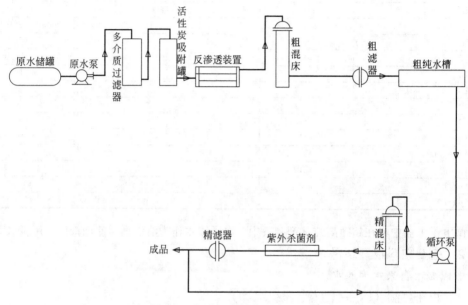

图 4-1　电子级水制备生产流程图

4.3　工业碳酸钠提纯生产项目

4.3.1　产品概况

4.3.1.1　产品性质、规格及用途

碳酸钠（Na_2CO_3），结构式：。无水碳酸钠的纯品是白色粉末或细粒。分子量 105.99。化学品的纯度多在 99.5％以上（质量分数），又叫纯碱，但分类属于盐，不属于碱。熔点：851℃，沸点：1600℃，相对密度：2.532，折射率：1.535。溶解度：22g/100g 水（20℃），易溶于水，水溶液呈弱碱性。在 35.4℃其溶解度最大，每 100g 水中可溶解 49.7g 碳酸钠（0℃时为 7.0g，100℃ 为 45.5g）；微溶于无水乙醇，不溶于丙醇。

国际贸易中又名苏打或碱灰。它是一种重要的化工原料，主要用于平板玻璃、玻璃制品和陶瓷釉的生产。广泛用于医药（医疗上用于治疗胃酸过多）、造纸、冶金、玻璃、纺织、染料等工业，用作食品工业发酵剂。还广泛用于生活洗涤、酸类中和以及食品加工等。碳酸钠是一种易溶于水的白色粉末，溶液呈碱性（能使酚酞溶液变浅红）。高温能分解，加热不分解。

产品规格如表 4-2 所示（GB 210.1—2004）。

表 4-2　工业碳酸钠产品规格

指标项目		I 类	II 类		
		优等品	优等品	一等品	合格品
总碱量(以干基的 Na_2CO_3 的质量分数计)/%	≥	99.4	99.2	98.8	98.0
总碱量(以湿基的 Na_2CO_3 的质量分数计)/%	≥	98.1	97.9	97.5	96.7
氯化钠(以干基的 NaCl 的质量分数计)/%	≤	0.30	0.70	0.90	1.20
铁(Fe)的质量分数(干基计)/%	≤	0.003	0.0035	0.006	0.010
硫酸盐(以干基的 SO_4^{2-} 的质量分数计)/%	≤	0.03	0.03		
水不溶物的质量分数/%	≤	0.02	0.03	0.10	0.15
堆积密度/(g/mL)	≥	0.85	0.90	0.90	0.90
粒度,筛余物/% 180μm	≥	75.0	70.0	65.0	60.0
粒度,筛余物/% 1.18mm	≤	2.0			

4.3.1.2　原料来源

工业级碳酸钠一般有三种来源，即天然、合成、副产品。

目前，全世界发现天然碳酸钠碱矿的有美国、中国、土耳其、肯尼亚等少数国家，我国天然碱储藏量位居亚洲第一、世界第二。天然碱是自然界含有碳酸钠和碳酸氢钠等可溶性盐类矿物，与之共生的芒硝（$Na_2SO_4 \cdot 10H_2O$）、矿物食盐（NaCl）、黑色薄胶泥层及开采、运输过程中的水不溶物。天然碱根据地区不同，含的杂质就不同，比如内蒙古天然碱含有少量的钾盐等。

4.3.1.3　生产方法

合成法有索尔维制碱法，反应原理：

$$CaCO_3 + 2NaCl + H_2O + CO_2 \rightleftharpoons CaCl_2 + 2NaHCO_3$$

该方法的优点是原料便宜，产品纯度较高，副产品可以回收循环利用，钙离子和氯离子含量比较高。在索尔维制碱法基础上，我国开发了侯氏制碱法，反应原理：

$$NaCl + CO_2 + NH_3 + H_2O \rightleftharpoons NaHCO_3 \downarrow + NH_4Cl$$

$$2NaHCO_3 \rightleftharpoons Na_2CO_3 + H_2O + CO_2 \uparrow$$

该方法最大的优点是使食盐的利用率提高到 96% 以上，综合利用了氨厂的二氧化碳和碱厂来的氯，同时生产出纯碱和氯化铵两种产品，但产品中氯含量比较高。碳酸钠作为副产品，也是工业级碳酸钠的一种来源，因其副产品原理较为复杂多样，杂质含量较以上两种都高。

采取不同的物理、化学方法以及一定顺序流程，形成对工业级碳酸钠提纯的各种方法，例如，单金环等人运用的提纯碳酸钠方法是在工业纯碱中加入氯化铁等化学试剂，吸附相关杂质，这样可能使产品引入新的杂质，铁含量变高；李德波等人所采用的化学方法是在工业纯碱中加入化学试剂硫化钠、磷酸铵、EDTA 等，还通入二氧化碳气体，也有可能使产品硫化物、磷酸酸盐含量变高，提纯步骤中需要较多的试剂；顾宏婕等人发明的试剂级无水碳酸钠的制备方法中，在工业纯碱中加入了有机胺作催化剂，通入了二氧化碳调节 pH 值，还将溶液通过了醋酸纤维素酯微孔滤膜，这些操作步骤较为烦琐。从经济角度上看，几种方法都增大了生产成本，使流程复杂，规模生产的意义并不是很大。

4.3.1.4 消耗定额（按生产 1t 分析纯碳酸钠计）

絮凝剂	8kg	工业级碳酸钠	1500kg
水（自来水）	5000kg		

4.3.2 工艺原理

通常来说，工业纯碱中的杂质分两类：一类是水不溶性杂质，另一类是水溶性杂质，常见有 Pb^{2+}、Ca^{2+}、Al^{3+}、K^+、Mg^{2+} 等。无机晶体的制备与纯化，结晶操作不可或缺，多数情况下，只有同类分子或离子才能排列成晶体，因此结晶过程具有良好的选择性，这是利用结晶来纯化物质的重要依据。一般来说，把晶体溶解在热的溶剂中达到饱和，冷却时由于溶解度降低，溶液变成过饱和而析出晶体，利用溶剂对被提纯物质及杂质的溶解度不同，可以使被提纯物质从过饱和溶液中析出，而让杂质全部或大部分仍留在溶液中，从而达到提纯目的。生产大宗工业级碳酸钠的生产工艺比较固定和成熟，但是对工业级碳酸钠的提纯方法有多种，各种方法之间既有共性，又有差异。共性表现在：一是利用重结晶原理，二是利用不同晶体溶解度差异原理，即利用不同物质在同一溶剂中的溶解度的差异，可以对含有杂质的化合物进行纯化。差异性表现在：因原料即工业级碳酸钠来源不同，其中含有杂质种类、多少也不同，因此，采取不同的物理、化学方法以及一定顺序流程，形成对工业级碳酸钠提纯的各种方法。

通过熔融，发生如下反应：

$$Na_2CO_3 \cdot 10H_2O \Longrightarrow Na_2CO_3 \cdot 2H_2O + 8H_2O(50℃)$$
$$Na_2CO_3 \cdot 2H_2O \Longrightarrow Na_2CO_3 + 2H_2O(110℃)$$

这是因为每个晶形沉淀都具有一定的晶体结构，如果杂质离子的半径与晶体离子的半径相似，所形成的晶体结构相同，则它们极易在沉淀长大过程中，被优先吸附，然后参加到晶格排列中，形成与 K_2CO_3、$MgCO_3$ 和 Na_2CO_3 等的混晶。通过脱去晶体碳酸钠中的结晶水，使包埋在晶体中的可溶性杂质离子转移到水中，可以进一步除去可溶性杂质离子。

4.3.3 工艺条件和主要设备

4.3.3.1 操作工艺参数

① 固液比 1：3。
② 静置 1～1.5h，低温通过孔径 0.1～0.22μm 的醋酸纤维素酯微孔膜进行过滤。
③ 在 2～6℃下析出晶体，再进行熔融，然后在 80～90℃下重结晶。

4.3.3.2 设备设计

电加热反应釜的设计参数及要求见表 4-3。

表 4-3 电加热反应釜的设计参数及要求

参数	容器内	夹套内
设计压力	0.15MPa	0.3MPa
设计温度	<60 ℃	<100 ℃
介质	碳酸钠溶液	水蒸气

续表

参数	容器内	夹套内
全容积	$1m^3$	
腐蚀情况	微弱	
推荐材料	SUS304 不锈钢	
搅拌器转速	>160r/min	
轴功率	7.5kW	
传热面积	>1.25m²	

4.3.4 工艺流程

300t/a 华峰副产碳酸钠提纯工艺流程如图 4-2 所示。按照原料定额，将原料投入溶解釜（R101），再通过对工业纯碱溶液过滤，能使工业纯碱大部分不溶性杂质除去；在 45℃下，保温静置 1.5h，在絮凝池（V101）对工业纯碱溶液混凝处理，再使得到的澄清纯碱溶液在 5℃下结晶，使工业纯碱大部分可溶性杂质除去，纯度有显著提高，白度增加；在熔融釜（R102）中对混凝除杂后的工业纯碱晶体在 80～90℃条件下进行熔融、结晶，能使工业纯碱大部分可溶性杂质除去，经煅烧后得到的目的产品可以达到分析纯级。

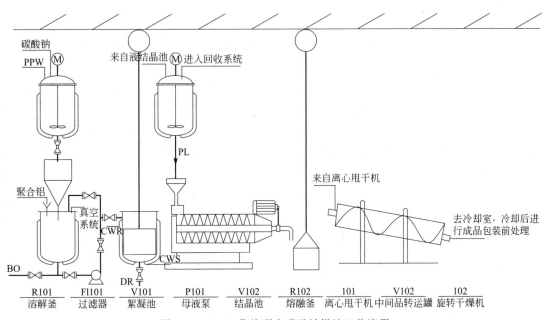

图 4-2　300t/a 华峰副产碳酸钠提纯工艺流程

4.4　高纯硫酸锌生产项目

4.4.1　产品概况

（1）产品特性

硫酸锌，通常与水结合成 $ZnSO_4 \cdot 7H_2O$，俗称皓矾。无色斜方晶体，密度 1.957g/cm³（25℃），易溶于水。加热到 280℃失去结晶水而成无水物，密度 3.54g/cm³（25℃），在 740℃分解为氧化锌。

（2）产品用途

利用重结晶、萃取及离子交换等方法，可将普通硫酸锌分离提纯为高纯硫酸锌，其纯度要求在 99.99％以上。高纯硫酸锌是制取高纯硫化锌（ZnS）的主要原料。高纯硫化锌是制备荧光粉的重要原料，其纯度要求极高，要求每克硫化锌中，Fe^{3+}，Co^{3+}，Ni^{2+}，Cu^{2+} 等杂离子的质量不超过 $10^{-8} \sim 10^{-7}$ g，否则会影响彩色荧光粉的质量。

4.4.2　工艺原理

采用离子交换法制备高纯硫酸锌。

在普通硫酸锌溶液中，添加适量的 1-亚硝基-2-萘酚-3,6-二磺酸二钠水合物（简称亚硝基 R 盐）配合剂。该配合剂可以与溶液中的 Fe^{3+}，Co^{3+}，Ni^{2+}，Cu^{2+} 等杂离子配位，形成稳定的配离子存在于溶液中；该配合剂却难与 Zn^{2+} 配合，锌仍以 Zn^{2+} 的形式存在于溶液中。

将添加配合剂的硫酸锌溶液通过阴离子交换树脂，利用阴离子交换树脂吸附配离子的特性，就可以把硫酸锌溶液中杂离子除去。阴离子交换树脂的选择也会影响提纯效果。D301 及 D302 树脂都属于大孔弱碱性苯乙烯系阴离子交换树脂，可用作上述配合阴离子的离子交换树脂。

4.4.3　工艺流程

① 离子交换树脂的预处理。用去离子水清洗 D302 树脂，直至排出水清晰、无色为止。用浓度为 4％的氢氧化钠溶液（体积约为树脂的 5 倍）浸泡树脂 2h，之后将氢氧化钠溶液放出、排尽，再用去离子水洗至 pH＝6.5～7.5。用浓度为 10％的硫酸溶液（体积约为树脂的 5 倍），浸泡树脂一夜，之后放出酸液、排尽，再用去离子水洗至 pH＝6.5 左右。

② 高纯硫酸锌制备。称取硫酸锌晶体，加去离子水溶解。取 1％的亚硝基 R 盐溶液加入硫酸锌溶液中，搅拌均匀。将上述溶液从阴离子交换柱的顶部流入，控制流速为 5mL/min，从交换柱流出的溶液即为高纯硫酸锌溶液。将高纯硫酸锌溶液倒入洁净的蒸发皿中，用酒精灯加热蒸发。控制蒸发的时间，以自由水分蒸发完毕但不失去结晶水为宜。称量，计算收率。

③ 树脂再生。先用去离子水淋洗树脂，直到交换柱内无 $ZnSO_4$ 溶液为止（可用 $BaCl_2$ 溶液检测有无 SO_4^{2-}）。将 5％ NaSCN 溶液用 NaOH 溶液调至 pH＝12，用此溶液淋洗树脂，控制流速为 3mL/min，洗至树脂无绿色，亚硝基 R 盐溶液完全流出为止。然后再用去离子水洗至中性，pH 值为 6.5 左右（可用 1％的 Fe^{3+} 检验有无 SCN^-）。

④ 树脂转型。用 8％的 Na_2SO_4 溶液淋洗树脂，控制流速为 3mL/min，洗至树脂流出液无 SCN^- 为止（可用 1％的 Fe^{3+} 检验，至无血红色为止）。然后用去离子水洗至中性，并用 $BaCl_2$ 溶液检测，至无 SO_4^{2-} 为止。树脂复原，可再用来进行交换反应。

4.5　氢氧化铵生产项目

4.5.1　产品概况

（1）产品性质、规格及用途

无色透明液体，具有氨的特殊气味呈强碱性。比水轻，常温下饱和氨水含氨量为 25％～27％，在 25℃时密度为 0.90g/mL。能与醇醚相混溶，遇酸激烈反应放热生成盐，当热至沸腾时，全部氨以气态从溶液中逸出。氨与空气的混合气体有爆炸的危险性。

在微电子工业中作为碱性腐蚀清洗剂，可与过氧化氢、氢氟酸配套使用。

（2）主要原料及其规格

工业钢瓶液氨　　　　　含量 99.5%

（3）消耗定额（以生产 1t 氢氧化铵计）

工业钢瓶液氨　　　　　　约 0.22t

（4）产品规格（主要指标）

见表 4-4。

表 4-4　氢氧化铵产品规格

参数	MOS 级企标	BV-Ⅲ级标准（相当 SEMI-C7）
颗粒	5～10μm 颗粒≤2700 个/100mL	0.5μm 以上颗粒≤25 个/mL
含量/%	>25.0	28.0～30.0
杂质最高含量/10^{-9}		
钠（Na）	1000	10
钙（Ca）	200	10
铝（Al）	100	10
铁（Fe）	100	10

4.5.2　工艺原理

以工业钢瓶液氨为原料，在常温下挥发出氨气，控制其流速，经高锰酸钾、EDTA 等气体洗涤塔后，去除工业氨中杂质。

处理后的氨气经微孔滤膜过滤，通入高纯水中进行吸收，当含量达到 25% 以上时，停止通氨。

氨的水溶液再经 0.2μm 微孔过滤，即为成品在超净工作台内进行分装。

4.5.3　工艺流程

以工业钢瓶液氨为原料，在常温下挥发出氨气，调节控制阀控制其流速，通入高锰酸钾、EDTA 等洗涤塔，去除工业氨中杂质。

处理后氨气，经微孔过滤器，再通入装有高纯水吸收罐内吸收氨，当含量达到 25% 以上时，停止通氨。吸收罐需用冷水冷却。

氨的水溶液再经 0.2μm 微孔过滤器过滤即为成品。选择化学稳定性好的聚乙烯瓶，在超净环境下进行洗瓶和分装。

氢氧化铵生产流程图如图 4-3 所示。

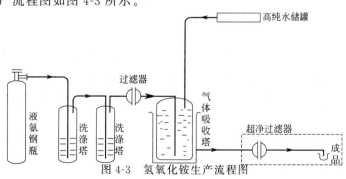

图 4-3　氢氧化铵生产流程图

4.6　乙醇生产项目

4.6.1　产品概况

（1）产品性质、规格及用途

无色透明易挥发液体，易吸潮、易燃，能与水、乙醚、三氯甲烷相混溶。其蒸气与空气混合物爆炸极限为 3.5%～18.0%，能与水形成共沸混合物（乙醇含量为 95.6%）。沸点 78.5℃，密度（20℃）0.793g/mL，折射率（n_D^{20}）1.3611。

在微电子工业中，用作脱水去污剂，可配合去油剂使用。

（2）主要原料及其规格

工业乙醇　　　　含量 95.6%

（3）消耗定额（以生产 1t 乙醇计）

工业乙醇　　　　约 1.2t

（4）产品规格（主要指标）

乙醇产品规格如表 4-5 所示。

表 4-5　乙醇产品规格

参数	MOS 级企标	BV-Ⅲ级标准（相当 SEMI C7 标准）
颗粒	5～10μm 颗粒≤2700 个/100mL	0.5μm 以上颗粒 ≤20 个/mL
含量/%	>99.9	99.5
杂质最高含量/10^{-9}		
钠（Na）	50	100
镁（Mg）	10	2
铅（Pb）	10	1
铁（Fe）	100	5

4.6.2　工艺原理

工业乙醇含量为 95.6%，其中约 4.4% 的水分不能用精馏法去除，可采用分子筛吸附、戊烷共沸和新灼烧的氧化钙等脱水法处理。

在高效精馏塔内进行精馏，如颗粒指标达不到质量标准，成品需经超净过滤器过滤。

4.6.3　工艺流程

以工业乙醇为原料，在预处理槽内进行脱水处理，将处理后的乙醇加入不锈钢塔（精馏塔）内，开始加热，并给精馏塔冷凝器通冷却水，在超净工作台内分装成品。包装瓶应在超净条件下清洗，经检查合格方可使用。如成品颗粒指标达不到质量标准，需经超净过滤器过滤。

乙醇属于易燃、易爆有机溶剂，精馏塔、超净工作台均应有防爆措施。

乙醇生产流程图如图 4-4 所示。

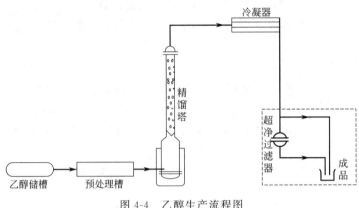

图 4-4　乙醇生产流程图

4.7　丙酮生产项目

4.7.1　产品概况

（1）产品性质、规格及用途

无色透明液体，挥发性强，有刺激性臭味，易燃，易溶于水、乙醇、乙醚等有机溶剂。其蒸气与空气的混合物爆炸极限为 2.55%～12.8%。沸点 56.5℃，密度（20℃）0.790～0.793g/mL，折射率（n_D^{20}）1.3591。

在微电子工业中作为清洗去油剂，可以与乙醇、甲苯搭配使用。

（2）主要原料及其规格

工业丙酮　　　　　含量≥99.0%

（3）消耗定额（以生产 1t 丙酮计）

工业丙酮　　　　　约 1.2t

（4）产品规格（主要指标）

丙酮产品规格如表 4-6 所示。

表 4-6　丙酮产品规格

参数	MOS 级企标	BV-Ⅲ级标准（相当 SEMI C7 标准）
颗粒	5～10μm 颗粒≤2700 个/100mL	0.5μm 以上颗粒 ≤20 个/mL
含量/%	>99.5	>99.8
水分/%	<0.2	<0.2
杂质最高含量 /10^{-9}		
钠(Na)	500	10
镁(Mg)	50	1
铅(Pb)	10	1
铁(Fe)	50	1

4.7.2　工艺原理

以工业丙酮为原料经化学预处理加高锰酸钾去除还原性有机物，然后采用无水碳酸钾或 4A 分子筛脱水。

在高效精馏塔内进行精馏，收集沸点 55～57℃的馏出物。

在超净工作台内分装成品，如颗粒指标达不到质量标准，需经超净过滤。

4.7.3　工艺流程

工艺流程参见图 4-5，以工业丙酮为原料，在预处理槽加入少量高锰酸钾进行预处理，然后再经无水碳酸钾或 4A 分子筛脱水。将处理后的丙酮加入不锈钢塔（精馏塔）内，开始加热，并给精馏塔冷凝器通冷却水，收集沸点 55～57℃的馏出物，在超净工作台内分装产品。包装瓶应在超净条件下清洗，经检查合格方可使用。

丙酮属于易燃、易爆有机溶剂，工作室和超净工作台都应有防爆措施。

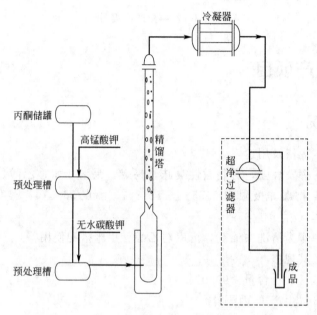

图 4-5　丙酮提纯生产流程

第**5**章

发酵类精细化学品生产技术

5.1 概述

发酵指人们借助微生物在有氧或无氧条件下的生命活动来制备微生物菌体本身，或者直接代谢产物或次级代谢产物的过程。发酵有时也写作酦酵，其定义由使用场合的不同而不同。通常所说的发酵，多是指生物体对于有机物的某种分解过程。发酵是人类较早接触的一种生物化学反应，如今在食品工业、生物和化学工业中均有广泛应用。

发酵技术是指人们利用微生物的发酵作用，运用一些技术手段控制发酵过程，大规模生产发酵产品的技术，称为发酵技术。发酵工程是建立在细胞纯培养技术基础上，通过操纵遗传物质、调控细胞代谢关键酶和利用现代生物化工大分子分离纯化技术及其相应的现代装备，实现细胞的大规模培养以便获得各种生理活性物质的一门前沿生物高技术学科，其产业关联度涉及医药、农业、化工、轻工、食品及环保等领域。

5.1.1 发酵类精细化学品的种类

"发酵"作为专业词汇其含义不但覆盖发面制作大饼、油条、馒头、包子，更重要的是指用发酵的手段工业化生产酒及酒精饮料、食品及食品添加剂、饲料及饲料添加剂、药品、化工材料，等等。

5.1.2 发酵类精细化学品生产的通用方法

5.1.2.1 发酵过程由 6 个部分组成

① 菌种以及确定的种子培养基和发酵培养基等；

② 培养基、发酵罐和辅助设备的灭菌；

③ 大规模的有活性、纯种的种子培养物的生产；

④ 发酵罐中微生物最优的生长条件下产物的大规模生产；

⑤ 产物的提取、纯化；

⑥ 发酵废液的处理。

5.1.2.2　发酵和其他化学工业的最大区别

发酵和其他化学工业的最大区别在于它是生物体所进行的化学反应。其主要特点如下：

① 发酵过程一般来说都是在常温、常压下进行的生物化学反应，反应安全，要求条件也比较简单。

② 发酵所用的原料通常以淀粉、糖蜜或其他农副产品为主，只要加入少量的有机和无机氮源就可进行反应。微生物因不同的类别可以有选择地去利用它所需要的营养。基于这一特性，可以利用废水和废物等作为发酵的原料进行生物资源的改造和更新。

③ 发酵过程是通过生物体的自动调节方式来完成的，反应的专一性强，因而可以得到较为单一的代谢产物。

④ 由于生物体本身所具有的反应机制，能够专一性地和高度选择性地对某些较为复杂的化合物进行特定部位的氧化、还原等化学转化反应，也可以产生比较复杂的高分子化合物。

⑤ 一般情况下，发酵过程中需要特别控制杂菌的产生。通常控制杂菌的方法是对设备进行严格消毒处理，对空气加热灭菌操作以及尽可能地采用自动化的方式进行发酵。通常，如果发酵过程中污染了杂菌或者噬菌体，会影响发酵过程的进行，导致发酵产品的产量减少，严重的甚至会导致整个发酵过程失败，发酵产品被要求全部倒掉。

⑥ 微生物菌种是进行发酵的根本因素，通过变异和菌种筛选，可以获得高产的优良菌株并使生产设备得到充分利用，甚至可以获得按常规方法难以生产的产品。

⑦ 工业发酵与普通发酵相比，对于发酵过程的控制更为严格，对发酵技术要求更为成熟，并且能够实现大规模量产。

⑧ 现代发酵工程除了上述的发酵特征之外更有其优越性。除了使用微生物外，还可以用动植物细胞和酶，也可以用人工构建的"工程菌"来进行反应；反应设备也不只是常规的发酵罐，而是以各种各样的生物反应器而代之，自动化、连续化程度高，使发酵水平在原有基础上有所提高和创新。

5.1.2.3　发酵的类型

根据发酵的特点和微生物对氧的不同需要，可以将发酵分成若干类型：

① 按发酵原料来区分：糖类物质发酵、石油发酵及废水发酵等类型。

② 按发酵产物来区分：如氨基酸发酵、有机酸发酵、抗生素发酵、酒精发酵、维生素发酵等。

③ 按发酵形式来区分：则有固态发酵和液体深层发酵。

④ 按发酵工艺流程区分：则有分批发酵、连续发酵和流加发酵。

⑤ 按发酵过程中对氧的不同需求区分：一般可分为厌氧发酵和通风发酵两大类型。

5.2　味精生产项目

5.2.1　产品概况

味精又称味素，是采用微生物发酵的方法由粮食制成的一种现代调味品，主要成分为谷氨酸钠。

谷氨酸钠（$C_5H_8NO_4Na$），又叫麸氨酸钠。谷氨酸是氨基酸的一种，也是蛋白质的最后分解产物。谷氨酸钠是一种氨基酸的钠盐。是一种白色柱状结晶体或结晶性粉末

（图 5-1），在 232℃时解体熔化。谷氨酸钠的水溶性很好，20℃时的溶解度为 74g（即 20℃时，在 100mL 水中最多可以溶解 74g 谷氨酸钠）。

要注意的是如果在 100℃以上的高温中使用味精，经科学家证明，味精在 100℃时加热半小时，只有 0.3% 的谷氨酸钠生成焦谷氨酸钠，对人体影响甚微。文献报道，焦谷氨酸钠对人体无害。如果在碱性环境中，味精会起化学反应产生一种叫谷氨酸二钠的物质，所以使用和存放要适当。

我们每天吃的食盐用水冲淡 400 倍，已感觉不出咸味，普通蔗糖用水冲淡 200 倍，也感觉不出甜味

图 5-1　味精晶体

了，但谷氨酸钠盐用水稀释 3000 倍，仍能感觉到鲜味，因而得名"味精"。

5.2.1.1　物理性质

（1）旋光性

L-谷氨酸钠为右旋，在 20℃、2mol/L 盐酸介质中的比旋光度为 +25.16。

（2）溶解度

可溶于水和酒精溶液，在水中随温度升高而增大；在酒精中随酒精浓度升高而降低。

5.2.1.2　化学性质

① 与酸作用生成谷氨酸；

② 与碱反应生成谷氨酸二钠；

③ 加热脱水反应，生成焦谷氨酸钠。

5.2.1.3　味精的规格

目前我国生产的味精从结晶形状分有粉状结晶或柱状结晶；根据谷氨酸钠含量不同分为 60%、80%、90%、95%、99% 等不同规格，其中以 80% 及 99% 两种规格最多。部分味精产品规格见表 5-1。

表 5-1　味精的产品规格

参数	99%味精		95%味精	90%味精	80%味精
	晶状	粉状			
谷氨酸钠/%	≥99	≥99	≥95	≥90	≥80
水分/%	≤0.2	≤0.3	≤0.5	≤0.7	≤1.0
氯化钠/%	≤0.15	≤0.5	≤5.0	≤10	≤20
透光率/%	≥95	≥90	≥85	≥80	≥70
外观	白色有光泽晶体	白色粉状晶体	白色粉状或混盐晶体	白色粉状或混盐晶体	白色粉状或混盐晶体
砷/10^{-6}	≤0.5	≤0.5	≤0.5	≤0.5	≤0.5
铅/10^{-6}	≤1.0	≤1.0	≤1.0	≤1.0	≤1.0
铁/10^{-6}	≤5	≤5	≤10	≤10	≤10
锌/10^{-6}	≤5	≤5	≤5	≤5	≤5

5.2.1.4　味精的诞生及发展

第一阶段：1866 年德国人 H. Ritthasen（里德豪森）博士从面筋中分离到氨基酸，根据原料定名为麸酸或谷氨酸（因为面筋是从小麦里提取出来的）。1908 年，日本东京大学池田菊苗实验，从海带中分离到 L-谷氨酸结晶体，这个结晶体和蛋白质水解得到的 L-谷氨酸是

同样的物质，而且都是有鲜味的。

第二阶段：以面筋和大豆粕为原料通过酸水解的方法生产味精，在 1965 年以前采用此方法生产。但这种方法消耗大，成本高，劳动强度大，对设备要求高，需耐酸设备。

第三阶段：随着科学的进步及生物技术的发展，使味精的生产产生了革命性的变化。自 1965 年以后我国味精厂都采用以粮食为原料（玉米淀粉、大米、小麦淀粉、甘薯淀粉），通过生物发酵、提取、精制而得到符合国家标准的谷氨酸钠，为市场上增加了一种安全又富有营养的调味品。

5.2.2　工艺原理

① 大米经过浸泡研磨生成米浆，米浆经过液化、糖化和酶制剂的催化生成糖浆，糖浆经过压滤生成葡萄糖液。

② 葡萄糖在谷氨酸棒状菌中经过一系列的生物转化，在丙酮戊二酸与铵根离子及还原酶的作用下转化成谷氨酸，生成的谷氨酸透过细胞膜，然后中和、提取制得味精。

③ 主要过程为：淀粉质原料→糖液→谷氨酸发酵→中和→味精。

5.2.3　工艺流程

大米为原料生产味精全过程可划分为四个工艺阶段，即原料的预处理及淀粉水解糖的制备、菌种的活化及种子液的制备、发酵和谷氨酸制取味精及成品加工。

5.2.3.1　原料的预处理及淀粉水解糖的制备

（1）原料的预处理

此步工艺操作的目的在于初步破坏原料结构，以便提高原料的利用率，同时去除固体杂质，防止机械磨损。

（2）淀粉水解糖的制备

双酶法制糖工艺，首先淀粉先要经过液化阶段，然后再与 β-淀粉酶作用进入糖化阶段。首先利用 α-淀粉酶将淀粉浆液化，降低淀粉黏度并将其水解成糊精和低聚糖，因为淀粉中蛋白质的含量低于原来的玉米，所以经过液化的混合液可直接加入糖化酶进入糖化阶段。一定温度下液化后的糊精及低聚糖在糖化管内进一步水解为葡萄糖。淀粉浆液化后，通过冷却器降温至 60℃进入糖化罐，加入糖化酶进行糖化。糖化温度控制在 60℃左右，pH 值 4.5，糖化时间 18～32h。糖化结束后，将糖化罐加热至 80～85℃，灭酶 30min。过滤的葡萄糖液，经过压滤机后进行油水分离（一冷分离，二冷分离），再经过滤连续消毒后进入发酵罐。

5.2.3.2　菌种的活化及种子液的制备

从试管斜面出发，经活化培养、摇瓶培养，扩大至一级乃至二级种子罐培养，最终向发酵罐提供足够数量的、健壮的生产种子。

（1）菌种的选择

玉米为原料发酵生产味精常用菌株有：谷氨酸棒杆菌、黄色短杆菌、乳酸发酵短杆菌、嗜氨小杆菌、硫殖短杆菌、北京棒杆菌 AS1.299、北京棒杆菌 7338、北京棒杆菌 D110、棒杆菌 S-944、钝齿棒杆菌 AS-1.542、钝齿棒杆菌 HU7251。本工艺选用谷氨酸棒杆菌。

（2）菌种的活化

把保藏在斜面上的菌体接移到活化斜面（培养基中添加 0.1% 葡萄糖）上，在 30～32℃下恒温培养 18～24h，取出后放于 4℃冰箱内，随时取用。

（3）一级种子培养

为了获得大量健壮的细胞，一级种子培养基应该营养丰富，有利于菌体的生长繁殖。为了避免培养过程中因产生有机酸引起培养基 pH 下降而造成菌体老化，所以培养基的含糖量要低，一般在 2.5% 左右。

（4）二级种子培养

通过一级种子扩大培养后，种量仍不能满足发酵的需要，因此需要进一步扩大培养，二级培养基方面应与发酵培养基原料组成一致，只是配比上可有差异，这样就保证了二级种子接到发酵罐后能很快适应环境。经过二级种子培养之后，一般来说，种量能够满足需求，但是在要求高种量时还可以采用三级种子培养。

5.2.3.3　谷氨酸发酵

从试管斜面出发，经活化培养、摇瓶培养扩大至二级种子罐培养，最终提供了足够数量的健壮的生产种子。谷氨酸发酵开始前，首先必须配制发酵培养基，并对其做高温短时灭菌处理。大多采用机械搅拌通风通用式发酵罐，罐体大小在 $50 \sim 200 m^3$ 之间。对于发酵过程采用人工控制，检测仪表不能及时反映罐内参数变化，因而发酵过程表现出波动性，产酸率不稳定。由于谷氨酸发酵属通风发酵过程，需供给无菌空气，所以发酵车间还有一套空气过滤除菌及供给系统。首先用高空采气塔采集高空洁净空气，经空气压缩机压缩后送入冷凝器、油水分离器两级处理，再送入储气罐，进而经焦炭、瓷环填充的主过滤器和纤维分过滤器除菌后，送至发酵罐使用。

（1）发酵培养基

发酵培养基不仅提供菌体生长繁殖所需的营养和能量，而且是形成谷氨酸的物质来源，因此，要求培养基含有足够的碳源和氮源，其量比种子培养基中含量要高出很多。发酵培养基的组成和配比，因菌种、设备、工艺条件和原料来源不同而异。通常可采用以下配比（质量分数/%）进行发酵：菌种采用谷氨酸棒状杆菌，水解糖：$12 \sim 14$；氯化钾：（KCl）0.05；尿素：$0.5 \sim 0.8$；$MgSO_4$：0.06；Na_2HPO_4：0.17；玉米：0.6mL。pH：7.0。

（2）谷氨酸发酵参数与控制

过滤的滤液冷却到 32℃，进入发酵罐发酵，用冷却水调温，每隔 12h 升温 $1 \sim 2$℃，当发酵时间接近 34h，温度升至 37℃。加水使糖化液浓度为 14%，发酵时间为 34h。发酵菌种的产酸量与葡萄糖量之比为 1：2。工艺控制具体来说有温度、pH、溶解氧量、菌种种龄、菌种种量、泡沫等的控制。

a. 温度的控制。国内常用菌株的最适生长温度为 $30 \sim 34$℃，产生谷氨酸的最适温度为 $34 \sim 36$℃。$0 \sim 12h$ 的发酵前期，主要是长菌阶段；发酵 2h 后，菌体进入平衡期，增殖速度变得缓慢；然后温度提高到 $34 \sim 36$℃。

b. pH 的控制。一般发酵前期 pH 控制在 $7.5 \sim 8.5$，发酵中、后期 pH 控制在 $7.0 \sim 7.2$，调低 pH 的目的在于提高与谷氨酸合成有关的酶的活力。尿素被谷氨酸生产菌细胞的脲酶所分解放出氨，因而发酵液的 pH 会上升。发酵过程中，由于菌体不断利用氨，以及有机酸和谷氨酸等代谢产物进入发酵液，使氮源不足和发酵液 pH 下降需要再次加入尿素。

c. 溶解氧的控制。谷氨酸产生菌是兼性好氧菌，故控制适当的溶解氧量十分重要。在实际的生产中，搅拌转速固定不变，通常用调节通风量来改变供氧水平。通风比：每分钟向 $1 m^3$ 的发酵液中通入 $0.1 m^3$ 的无菌空气，用 1：0.1 表示。

d. 菌种种龄和种量的控制。微生物生长大致可分为适应期、对数期、稳定期、衰老期。

种龄：一级种子菌龄控制在 11～12h，二级种子菌龄控制在 7～8h。种量：指接入发酵罐内种子的量占发酵罐内发酵培养基量的百分比。接种量的多少对适应期的延续时间也有很大的影响。接种量一般以 1% 为好。种量过多，使菌体生长速度过快，菌体娇嫩，不强壮，提前衰老自溶，后期产酸不高；如果接种量过少，则菌体增长缓慢，会导致发酵时间延长，容易染菌。

e. 泡沫的控制。生产上为了控制泡沫，除了在发酵罐内安装机械消泡器外，还在发酵时加入消泡剂。目前谷氨酸发酵常用的消泡剂有：花生油、豆油、菜油、玉米油、棉籽油、泡敌（聚环氧丙烷甘油醚）和硅酮等。天然油脂类的消泡剂的用量较大，一般为发酵液的 0.1%～0.2%（体积分数），泡敌的用量为 0.02%～0.03%（体积分数）。

5.2.3.4　谷氨酸的提取与分离——等电点法

谷氨酸的等电点法提取具体来说包括三个步骤，酸中和、碱中和、等电点分离。其中酸中和、碱中和过程就是向中和罐盘管内注入冷冻盐水，将发酵液温度调到 22℃，然后加硫酸中和，使 pH 值从 7.0 降至 3.2，温度从 22℃ 降至 8℃。该过程先要以较快的速率加酸，将 pH 先调至 5.0，停止加酸与搅拌 2h，保证晶体增长，然后继续缓慢加酸调整，至 pH 降为 3.2，温度冷却至 8℃，达到等电点，停止中和及搅拌。过滤的谷氨酸结晶，加入温水溶解，用碳酸钠将谷氨酸溶液的 pH 值调到 5.6，$T=70℃$。等达到等电点后，发酵液进入等电点中和罐，进入罐前使温度降为 22℃，由于谷氨酸等电点只有 3.2 左右，需要加硫酸调节 pH 值，该过程要先以较快的速率加酸，将 pH 先调整到 5.0，停止加酸与搅拌 2h 保证晶体增长，然后继续缓慢加酸调整，直至 pH 降为 3.2 左右，温度冷却至 8℃，达到等电点停止搅拌，谷氨酸沉淀分离之后可获得粗糙晶体。

5.2.3.5　谷氨酸的中和

谷氨酸的中和是指谷氨酸与碱或碱性盐反应生成谷氨酸钠的过程。中和所使用的碱是氢氧化钠，使用的碱性盐为碳酸氢钠或碳酸钠。在谷氨酸的生产过程中，控制中和液的 pH 在 6.4～6.7 的范围，就可使谷氨酸大部分生成谷氨酸钠。pH 过低，则中和不完全；pH 过高，则生成较多谷氨酸二钠，都会使谷氨酸钠生成率降低。温度一般控制在 60℃ 左右。经过除铁、脱色、浓缩结晶、干燥后得到可食用味精。

味精生产工艺流程见图 5-2。

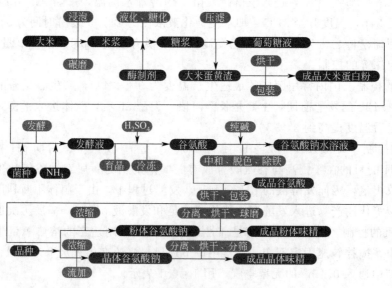

图 5-2　味精生产工艺流程

5.2.4　主要设备

5.2.4.1　盘磨机

工业中的一种打浆设备，包括铸铁、机壳和一对或三个表面刻有刀纹的金属或磨石的圆盘。浆料依靠重力或压力进入圆盘间，受到转动圆盘的摩擦、搓碾的打浆作用，并被离心力作用从磨盘周围排出。原料磨碎，便于液化为后续生产流程做好准备。

5.2.4.2　机械搅拌通风发酵罐

机械搅拌通风发酵罐（图 5-3）是目前使用最多的一种发酵罐，使用性好、适应性好、放大容易，从小型直至大型的微生物培养过程都可以应用。缺点：罐内的机械搅拌剪切力容易损伤娇嫩的细胞，造成某些细胞培养过程减产。

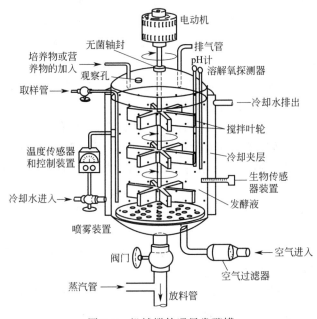

图 5-3　机械搅拌通风发酵罐

（1）罐体

要求罐体设计的使用压力达到 0.3MPa 以上。小型发酵罐罐顶和罐身用法兰连接，上设手孔用于清洗和配料。

（2）搅拌器和挡板

搅拌器可以使被搅拌的液体产生轴向流动和径向流动，其作用为混合和传质，它使通入的空气分散成气泡并与发酵液充分混合，使气泡破碎以增大气-液界面，获得所需的溶氧速率，并使细胞悬浮分散于发酵体系中，以维持适当的气-液-固（细胞）三相的混合与质量传递，同时强化传热过程。搅拌叶轮大多采用涡轮式，涡轮式搅拌器的叶片有平叶式、弯叶式、箭叶式三种。平叶式功率消耗较大，弯叶式较小，箭叶式又次之。涡轮式搅拌器轴向混合较差，搅拌强度随搅拌轴距离增大而减弱。此外还有其他新型搅拌器：Scaba 搅拌器其叶片的特殊形状消除了叶片后面的气穴，从而使通气功率下降较小，因此可将电机的设计功率几乎全部用于气-液分散及传质。Prochem 轴向流搅拌器，其通气功率下降较小。Lightnin 公司的 A315 轴向流桨，比较适合高黏度非牛顿物系。Intermig 搅拌器有较低功率准数，通气功率值较小，在黄原胶发酵中有较好的混合性能，但存在不稳定性问题。

挡板：防止液面中央形成旋涡流动，增强其湍流和溶氧传质。挡板的高度自罐底起至设计的液面高度止。

全挡板条件：在搅拌发酵罐中增加挡板或其他附件时，搅拌功率不再增加，而旋涡基本消失。

5.2.4.3 消泡器

① 罐内机械消泡，耙式消泡桨。

② 旋转圆板式消泡装置：设在发酵罐内的气相中，与发酵液的液面保持平行。圆板旋转的同时将槽内发酵液注入圆板的中央，通过离心力将破碎成微小泡沫散向槽壁，达到消泡的目的。

③ 液体吹入式机械消泡：把空气及空气与发酵液吹入发酵罐中形成的泡沫层来进行消泡。

④ 气体吹入管内吸引消泡：将发酵内形成气泡群吸引到气体吸入管，利用气体流速进行消泡。该装置中在靠近吸入口附近的气体吸入管内形成增速用的喷头，而吸入管用来连接液面上部与增速喷头的负压部位。

⑤ 冲击反射板机械消泡：把气体吹入液面上部，通过在液面上部设置的冲击反射吹回到液面，而将液面上产生的泡沫击碎的方法。

⑥ 超声波消泡：将空气在 $1.5\sim3.0MPa$ 下，以 $1\sim2m/s$ 的速度由喷嘴喷入共振室而起消泡的作用。该法目前仅适用于小型发酵过程的消泡，而不适合于大规模工业发酵的消泡。

⑦ 碟片式消泡器的机械消泡：使用时将消泡器安装于发酵罐的罐顶，使碟片位于罐顶的空间内，用固定法与排气口相连接，当高速旋转时进入碟片间的空气中的气泡被打碎同时甩出液滴，返回发酵罐中，而被分离后的气体由空心轴径排气口排出。

⑧ 罐外机械消泡。

⑨ 喷雾消泡：利用冲击力、压缩力及剪断力来进行消泡的方法，它将水及发酵液等通过适当的喷雾器喷出来达到消泡的目的。

⑩ 离心力消泡：将泡沫注入用网眼及筛目较大的筛子做成的筐中，通过旋转产生的离心力将泡沫分散，从而达到消泡的目的。

⑪ 旋风分离器消泡：发酵罐内产生的泡沫通过旋风分离器上部进入脱泡器下方引入的气体逆向接触使其破碎。泡沫通过旋风分离器等破碎后，再将带微小泡沫的液体导入装有充填物的脱泡器中，以增大液体表面积，然后从脱泡器下方吹入气体，使其与流下的液体逆向接触进行彻底的脱泡。

⑫ 转向板消泡：泡沫以 $30\sim90m/s$ 的速度由喷头喷向转向板使泡沫破碎，分离液用泵送回发酵罐内，而气体则排出消泡器外。

5.2.4.4 联轴器及轴承

搅拌轴较长时，常分为二～三段，用联轴器连接。

5.2.4.5 变速装置

试验罐采用无级变速装置。发酵罐常用的变速装置有三角皮带传动，圆柱或螺旋圆锥齿轮减速装置。

5.2.4.6 空气分布装置

有单管、环形管及采用气、液射流混合搅拌装置。单管式喷孔的总截面积等于空气分布管截面积。气、液射流混合搅拌装置由环形布气管和多个切向布置的气、液射流器组成。该装置使气、液两相混合物产生与机械搅拌器旋转方向一致的径向全循环的喷射旋流运动，其气泡直径随着通气量的增大或喷嘴推动力的增加而减小，乳化程度加剧，气、液两相接触面积增加，容量传质系数提高。

5.2.4.7 轴封

作用：防止泄漏和染菌。端面轴封的作用是靠弹性元件（弹簧、波纹管）的压力使垂直于轴线的动环和静环光滑表面紧密地相互贴合，并作相对转动而达到密封。

端面轴封的优点：清洁，密封可靠，使用时间长；无死角；摩擦功率耗损小；轴或套不受磨损；对轴的震动敏感性小。

测量系统：传感器系统，用以测量 pH、溶氧量等，传感器要求能承受灭菌温度及保持长时间稳定。

附属系统：包括视镜、挡板等以观察发酵液的情况或强化发酵液体的混合。

离心式甩干机：离心甩干机是一种高效耐用的甩干仪器，主要用于普通塑料清洗，可以快速烘干，将粗谷氨酸中液体初步甩干。

离子交换柱：用来进行离子交换反应的柱状压力容器。离子交换柱也称混床 。所谓的离子交换柱，就是把一定比例的阳、阴离子交换树脂混合装填于同一交换装置中，对流体中的离子进行交换、脱除。对谷氨酸母液选择吸附，与杂质分离、再经洗脱、浓缩，制取谷氨酸。

5.2.5 "三废"治理和安全卫生

在味精发酵过程中会产生大量的废水，味精废水可分为发酵之前打浆和糖化工艺产生的废水以及等电离子交换工序产生的高浓度废水。总体来看，味精废水具有以下特点：

① 味精废水除糖类、蛋白质、氨基酸和脂肪酸等有机物含量高外，还含有很多悬浮物菌丝体等生物代谢产物，故 BOD、COD 和 TSS 指标都很高，BOD、COD 可达每升几万毫克，属高浓度有机废水，且废水量大，污染十分严重。

② 发酵母液和离子交换母液中除了有机物的浓度很高以外，还含有高浓度的 NH_3，对厌氧和好氧生物有直接和间接生物毒性。

③ 味精废水 BOD/COD 值较高，可生化性较好。

④ 味精废水 pH 值低，仅 2.5～3，对设备和管道有很强的腐蚀性。

污水处理的基本方法，就是采用各种技术与手段，将污水中所含的污染物质去除、回收和利用，或将其转化为无害物质，使水得到净化。对于某种污水，采用哪几种处理组成系统，要根据污水的水质、水量，回收其中有用物质的可能性、经济性、受纳水体的具体条件，要结合调查研究与经济技术比较后决定。

味精废水中主要含有大量的可溶有机物（糖类、蛋白质和多种脂类物质等），可生化性好，不含有毒有害物质也不含大颗粒的悬浮物，COD 在 6000mg/L 左右，属高浓度有机废水。因此，采用厌氧-好氧的处理路线，废水首先通过厌氧处理装置，大大去除进水有机负荷，使出水达到好氧处理可接受的浓度，再进行好氧处理后达标排放。

发酵罐使用注意事项：

① 在操作过程中严格遵循发酵罐使用说明书进行操作，不得私自更改操作规范。

② 罐体灭菌前务必检查其中液面高度，要求所有的电极都没于液面以下。

③ 打开发酵罐电源前务必检查冷却水、压缩空气是否已打开，温度探头是否已插入槽中，否则会烧坏加热电路。

④ 发酵过程中一定要保持工作台的清洁，用过的培养瓶及其他物品及时清理，因故溅出的酸碱液或水应立即擦干。

⑤ 对罐体安装、拆卸和灭菌时要特别小心 pH 电极和罐体的易损及昂贵部件；谨防锐利零部件造成人身损伤；谨防高温烫伤。

⑥ 必须确保所有单件设备能正常运行时使用本系统。

⑦ 在空消及实消时，尽量排空管道内冷凝水，防止其进入夹层对罐体造成损伤。

⑧ 在实消过程中，夹套通蒸汽预热时，必须控制进汽压力在设备的工作压力范围内（不应超过 0.15MPa），否则会引起发酵罐的损坏。

⑨ 在空消及实消时，一定要排尽发酵罐夹套内的余水。否则可能会导致发酵罐内筒体压扁，造成设备损坏；在实消时，还会造成冷凝水过多导致培养液被稀释，从而无法达到工艺要求。

⑩ 在空消、实消结束后的冷却过程中，严禁发酵罐内产生负压，以免造成污染，甚至损坏设备。

⑪ 在发酵过程中，罐压应维持在 0.2～0.3bar（1bar＝10^5Pa）之间，以免引起污染。

⑫ 在各操作过程中，必须保持空气管道中的压力大于发酵罐的罐压，否则会引起发酵罐中的液体倒流进入过滤器中，堵塞过滤器滤芯或使过滤器失效。

⑬ 在空消过程中，及时打开底阀向罐内通入蒸汽，防止空消过程中因内壁干燥损伤罐体。

⑭ 发酵罐在日常清洁过程中应双人进行，发酵罐盖再升起或下降过程中严禁将身体任何部位置于发酵罐盖下方，防止因设备失灵造成人身损伤。

⑮ 如果遇到自己解决不了的问题请直接与设备公司售后服务部门联系。请勿强行拆卸或维修。

5.3　纤维素酶生产项目

5.3.1　产品概况

5.3.1.1　纤维素酶的性质、产品规格及用途

纯品为白色，溶于水，高温下失去活性。其组成主要由内切葡聚糖酶、纤维二糖水解酶及 β-葡萄糖苷酶三个部分组成，在各组分中又可分离出各种分子量不同、性质各异的亚组分。产品规格：纤维素酶活达到 500U/g。

用于饲料添加剂，可破解植物细胞壁提高饲料利用率。在纺织工业中代替传统的石磨工艺用于牛仔服的生物水洗；用于棉布的酶减量处理，使织物手感厚实柔软；用于棉麻织物可除去织物表面的毛羽，使外观光洁，减少刺痒感；可增大纤维素的无定形区，提供良好的染色条件。用于提高中草药有效成分的提取。可以提高酶制酒或其他酿制产品的产率。还可用于蔬菜汁和果汁的生产。还可用于其他与纤维素有关的工业领域。

5.3.1.2　主要原料及消耗定额（以生产 1t 产品设计）

（1）固体培养法

含纤维素物质(稻草粉、废纸浆、麦秆、玉米秸粉、麸皮等)　　　　　　　　18～20t

硫酸铵		酒精	
丙酮		水	

（2）液体深层培养法

斜面培养基为马铃薯木霉培养基：

纤维素原料	1%～6%	酵母膏	0～0.05%
硫酸铵	0.14%～1.5%	吐温 80	0.02%
磷酸二氢钾	0.2%～0.36%	尿素	0.03%～0.06%
氯化钙	0.03%～0.07%	微量元素（Fe、Mn、Zn、Co、Cu 等）	
硫酸镁	0.015%～0.03%	pH4～5.5	
蛋白胨	0.1%～0.29%		

5.3.2　工艺原理

纤维素酶的生产和其他微生物酶制剂的生产一样，可采用固体培养法和液体深层培养法两种方式，固体培养有曲盘培养、帘子培养、厚层机械通风培养等方法。生产上常用厚层机械通风培养法。

5.3.3　工艺流程

5.3.3.1　固体培养法（参见图 5-4）

培养基主要以含纤维素的物质如稻草粉、废纸浆、麦秆、玉米秸粉、麸皮等再添加适当的无机盐类。生产采用孢子液接种。木霉、曲霉的培养温度为 30℃，发酵时间为 4～7d。发酵结束后用水抽取酶，经过滤、浓缩后用酒精或硫酸铵沉淀酶，然后经过滤、干燥、混入填充剂即可制得纤维素酶。

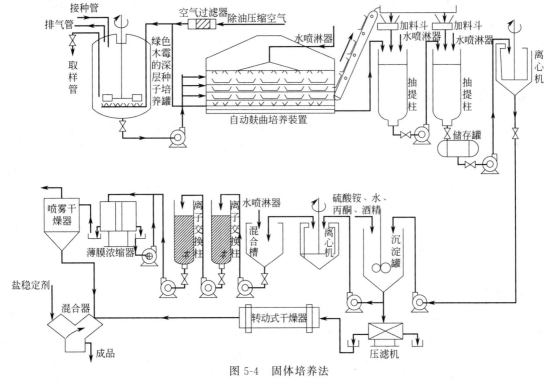

图 5-4　固体培养法

5.3.3.2 液体深层培养法

斜面培养基为马铃薯培养基。木霉培养基：将纤维素原料、硫酸铵、磷酸二氢钾、氯化钙、硫酸镁、蛋白胨、酵母膏、吐温80、尿素、微量元素等按一定比例配制，进入绿色木霉的斜面培养。李氏木霉液体深层培养的菌株，酶活第二天开始出现，3～6d浓度上升速度最快，菌体浓度在第五天达到最大值，pH值变化曲线为初期迅速下降，到达最低点时菌体生长速度加快。多数纤维素酶在pH值3.0左右产生。

培养出来的孢子放入种子罐，再送主发酵罐发酵。发酵结束将发酵液打入离心机进行离心分离，用泵打入沉淀罐并加入硫酸铵、丙酮、酒精和水，使其沉淀后再送去离心分离，除去杂质后送入混合槽加水混合，再送入离子交换柱提取精制液，送薄膜浓缩器浓缩，再经喷雾干燥，加盐稳定剂后即得成品纤维素酶制剂。

5.4 甘油生产项目

5.4.1 产品概况

甘油又名丙三醇（$CH_2OHCHOHCH_2OH$），为无色、无臭而有甜味的黏滞透明液体。相对密度（20℃/4℃）1.2613，沸点290℃（分解），熔点17.9℃。闪点177℃（闭式），燃点520℃，折射率（n）1.4746，蒸气压0.195mmHg(100℃，1mmHg＝133.322Pa)，蒸发热21.1kcal/mol（55℃），比热容（液体）0.600cal/(g·℃)(50℃)，燃烧热396.8kcal/mol，表面张力63.4dyn/cm²(20℃，1dyn/cm²＝0.1Pa)。甘油与水以任何比例混溶，不溶于苯、氯仿、四氯化碳、二硫化碳等中。1份甘油能溶解在500份的乙醚或11份的醋酸乙酯中。甘油有极大的吸湿性，失水时生成聚甘油等，氧化时生成甘油醛。甘油与硫酸等共热，生成丙烯醛，并能起硝化和乙酰化等作用。甘油可广泛用作化妆品原料，各种甘油酯如山梨醇酯、聚乙二醇酯、聚甘油酯、蔗糖甘油酯等几十种，在日化工业中也应用相当广泛。在其他行业的应用范围也在扩大。

5.4.2 工艺流程

碱性甘油发酵法的产品有三种，即甘油、乙醇和乙酸。用加入5%碳酸钠的酵母菌培养物接种，加到适宜糖浓度的培养基中，在32～34℃发酵5～7d。用空气向发酵液鼓泡，以除去挥发性乙醇、乙醛和二氧化碳，使酵母菌生长并保持活性。将发酵中出现的挥发性的代谢产物通过抽气减压，或者通过通入各种气体例如氮气除去。甘油仍留在醪液之内，这样较之有其他代谢产物存在基质中更易提取。

发酵所用菌种是从自然界选择分离得到的一种只产甘油的木兰园拟酵母12B，该菌采用60L发酵罐经间歇流加试验，发酵持续10d，甘油是唯一的积累产物，此时发酵液中甘油的浓度达17%。

用葡萄汁酵母进行试验，在含蔗糖10%的溶液中添加30%左右该酵母不能代谢利用的山梨醇，以提高培养液的渗透压，结果可使甘油的产量提高约2.2倍。应用固定化耐高渗压毕赤酵母成功地实现了半连续间歇流加发酵生产甘油的工艺。

以发酵方法生产甘油过程中，最后的步骤是从发酵液中提取甘油。由于甘油与水完全互溶和甘油的沸点很高，也使得提取十分困难。在发酵培养中，甘油是胞外产物，因此只要将菌体分离后即可提取。但由于发酵液成分异常复杂，发酵液中甘油和残糖的差距越大，这部分糖一般都为非发酵的多糖，系由于酶解或酸解不当或原料杂质太多之故。要提高提取效率，首先要处理好原料制好糖，并尽量减少残糖量，即提高糖转化率。

（1）发酵液的处理

甘油发酵醪液除含主产物甘油 10％～11％外，尚含残余糖分 0.5％～1.3％，酵母（干计）1.3％，其他固形物 2.0％～4.0％；pH 值为 3.4，色泽浅灰。因此用发酵液与肥皂废液提取甘油相比，具有成分多元化和复杂化的特点。发酵液的处理，目的是分离出菌丝体、固态发酵培养基及发酵残糖、糊精等。

发酵液的处理一般是先经离心、压滤，得发酵清液，再对清液进行净化处理。发酵液的处理最主要的是要除去未转化的单糖和低聚糖。

发酵液的澄清有硫酸锌法和石灰乳法。硫酸锌法是在发酵液中加入 0.1％～0.15％的硫酸锌，然后调 pH 值到 7.2～7.8，加热到 90～100℃，再迅速冷却，让其自然沉淀或压滤均可。

石灰乳法是将发酵液充分搅拌，缓缓加入适量的熟石灰 $[Ca(OH)_2]$ 后，加热煮沸 10～15min，停止加热，静置、分层，使未转化的单糖和低聚糖得到沉淀。加碱量必须控制 pH 值至 8～9，若过量会使发酵液在浓缩时大量翻泡，且易使甘油发生聚合作用，增加沉淀物，影响甘油的收率。静置沉滤后，先过滤上层清液，再将下层沉淀减压过滤。合并清液和滤液，适当升温至 80～85℃，在充分搅拌下缓缓加入饱和 Na_2CO_3 溶液至 pH 值为 9.0～9.2，使石灰生成碳酸钙而沉淀，过滤，再将滤液在充分搅拌下，用盐酸调 pH 值为 6.7～7.0，以中和过量的碳酸钠。

（2）蒸发浓缩

当料液处理后，便可进行蒸发浓缩。一般采用减压浓缩，真空度为 73.3～79.98kPa，蒸发温度 65～70℃，一般浓缩至 45°Be′以上。

各个国家的浓缩装置各有特色，美国采用喷射薄膜式浓缩器及蒸汽压缩器，蒸汽耗量降低较多。日本采用多级闪蒸罐，闪蒸的蒸汽再用于加热相应压力的蒸发器浓缩设备。苏联则用刮板式薄膜蒸发器，设备真空度高，比一般间歇式蒸馏面积增加 4 倍左右，停留时间只有几十秒，大大节约了蒸汽。

（3）蒸馏法提取

将浓缩的甘油原液再经减压蒸馏处理便可得成品甘油。在蒸馏过程中，首先根据沸点的不同，分别对乙醛、乙醇进行分馏处理并回收。收率分别为被蒸馏液的 1％。由于甘油与水的亲和性能阻止了乙醇和水进行共沸。因此，可以从混合物中蒸馏出无水乙醇。蒸馏压力一般是 81.7kPa，温度为 130～158℃，最高不得高于 170℃。蒸馏过程中，特别注意温度的控制。温度过高不但影响成品的质量，更为重要的是造成分解和聚合甘油的产生，从而降低了产率。经此工序，可得含量大于 96％的甘油。

（4）纯化

脱色可使甘油的灰分和色泽达到标准。将蒸馏甘油加热至 80～90℃，加入粉状活性炭（食用级），用量约为甘油重的 0.5％，搅拌 1～2h，使高品级活性炭尽可能吸附甘油中的杂质和色素，也可同时加入少量的硅藻土作为助滤剂过滤，除去高品级活性炭，即得精制甘油，收率为甘油发酵液的 7％～10％。用过的高品级活性炭用清水洗涤，含甘油 2％以下，进行蒸发回收，洗涤后的高品级活性炭经 700～800℃活化后再用。

甘油的纯化可采用真空蒸馏法或离子交换法。离子交换法比真空蒸馏法精制甘油可节省大量能源，降低成本，较蒸馏法减少甘油损失 40%，较蒸馏法制得的甘油质量高。因为免除了高温对甘油易发生分解或聚合反应生成新的产物的影响。离子交换法所使用的树脂为苯乙烯与二乙烯苯共聚物再引入磺酸基团的强酸型/阳离子交换树脂和强碱型 201×7 型阴离子交换树脂。使用方法与离子交换水处理方法相同。经离子交换树脂处理后的甘油可除 Cd、Mg、Fe、SO_2、Cl 等和部分有机杂质。

发酵法生产甘油的提取，采用的蒸馏设备与载体蒸馏技术，在甘油残糖比为 1.1 的情况下，甘油提取率达 80% 以上。

发酵法生产甘油，按生产 500t 计，设备投资 150 万元，人员约 60 人，电力 170kW·h，蒸汽 2t/h，总成本 0.8 万～1.3 万元/t；售价 2.0 万元/t。

5.5　柠檬酸生产项目

5.5.1　产品概况

（1）柠檬酸的性质、产品规格及用途

柠檬酸又称枸橼酸（citric acid），为一般生物代谢产物，在自然界中分布极广。它不仅存在于柠檬、柑橘等植物果实的汁液中，也广泛存在于动物及人的器官中。柠檬酸的制取可由柠檬汁、柑橘汁等分离制取。1984 年 Scheele 首次从柠檬汁中提取并制成了结晶柠檬酸。柠檬酸也可由微生物发酵或化学合成法制得。1891 年德国 Wehme 首次发现青霉能够生成柠檬酸，但因污染及发酵工艺等问题未能工业化生产。1916 年美国 Thom 发现黑曲霉可产生柠檬酸，同年 Currie 利用黑曲霉进行浅盘发酵法工业化生产柠檬酸，并在比利时建立了首家工厂。直接提取法由于成本很高不能满足工业消费的需要，现仅有很少的厂家用此法生产柠檬酸，产量仅占世界总产量的 1%；化学合成法则由于种种问题至今尚未实现工业化生产，这样利用微生物发酵法生产的柠檬酸就成为当今产量最大的有机酸发酵产品。

柠檬酸是一种含羟基的三元羧酸，其化学式为：$HOOCCH_2COH(COOH)CH_2COOH$，学名为 3-羟基-3-羧基戊二酸，为无色半透明晶体，或白色颗粒，或白色结晶粉末，它的结晶形态因结晶条件不同而不同；虽有强烈酸味但令人愉快，稍有一点后涩味。商品柠檬酸主要有无水柠檬酸（$C_6H_8O_7$）和一水柠檬酸（$C_6H_8O_7 \cdot H_2O$）。柠檬酸易溶于水，能溶于乙醇，而不溶于醚、苯、甲苯、氯仿等有机溶剂。

柠檬酸主要应用于食品工业，约占总产量的 60%。作为食品添加剂中的调味剂、酸化剂和防腐剂，用于饮料、果酱、水果酒、水果糖、冰激凌等品种中；在烘烤面包时加入柠檬酸可使面团变酸和松软；在人造黄油、香肠和酱油中加入柠檬酸可加强色香味和保护维生素；此外它还能够用于乳制品或作为保藏食品的缓冲剂，制备未纯化的屠宰血、血液保藏以及使牛奶酸化变浓用于饲料中，可减少小牛、仔猪发生腹泻，改善对钙、铁的吸收，防止青贮饲料中杂菌发酵。应用于医药工业上的柠檬酸约占总产量的 12%，主要作为许多药品的合成原料，如用柠檬酸制造的柠素酸，就是制造抗结核病的重要药剂异烟酸酰肼的重要原料，还有抗丝虫病药柠檬酸乙胺嗪、驱蛔虫药柠檬酸哌嗪、抗凝血药柠檬酸钠、低血钾治疗药柠檬酸钾、抗贫血药柠檬酸铁铵、镇咳药柠檬酸维静宁、胃药柠檬酸铋钾等；用作糖浆片剂的调味剂、防腐剂，油膏的缓冲剂以及与其他药剂联合使用，例如用于柠檬芬（citrophen）、头痛粉等。应用于化学工业上的柠檬酸约占总产量的 20%，作为许多化学产品的合成原料，如柠檬酸的酯类，包括柠檬酸三丁酯、乙酰柠檬酸三丁酯、柠檬酸三乙酯、柠檬酸三辛酯等等。作为无毒增塑剂可用于 PVC 等塑料，用来制造食品包装物、玩具等。柠檬酸盐类，如柠檬酸钠用作洗涤的助剂，以代替造成公害的三聚磷酸钠；用于冶铜废气脱硫以免除公害；用于清洗锅炉和各种热交换器清除水垢；以及工业上废水处理和设备清洗剂；柠檬酸铵盐除了用作防腐剂外还应用于染料工业。其他方面如在混凝土中加入适量柠檬酸可作缓凝剂；在电镀工业中可代替山奈钾（氰化钾）实现无毒电镀；在皮革工业上用于脱灰；以及用于印染、油墨、晒图和化妆品生产等各个方面，约占总产量的 8%。

我国的发酵技术及生产水平，特别是菌种及发酵工艺均为世界领先水平。薯干粉、淀粉、木薯粉、葡萄糖母液等直接深层发酵技术为我国所独有，国外发酵罐容积通常在 $200m^3$、最大达 $400\sim500m^3$，并较早实现自动控制；我国的最大柠檬酸发酵罐为 $150m^3$。近几年，通过引进国外先进提取技术和设备，已接近世界先进水平。

（2）柠檬酸发酵所用微生物及原料

可形成柠檬酸的微生物种类很多，如真菌类有：梨形毛霉（*Mucor piriformis*）、淡黄青霉（*Penicillium luteum*）、橘青霉（*P. citrinum*）、二歧拟青（*Paecilomyces divaricatum*）、黑曲霉（*A. niger*）、棒曲霉（*A. clavatus*）、温氏曲霉（*A. wentil*）、泡盛曲霉（*A. awamori*）、芬曲霉（*A. fenicis*）、丁烯二酸曲霉（*A. fumbricus*）、斋藤曲霉（*A. saitoi*）及宇佐美曲霉（*A. usami*），还有绿色木霉（*Trichlderma viride*）及普通黑粉菌（*Ustilago vulgaris*）等品种。然而真正具有工业生产价值，即产酸率较高并且能够利用多种糖类作为霉菌生长时所需碳源的品种仅有黑曲霉、泡盛曲霉和斋藤曲霉。我国目前柠檬酸生产厂家所用的菌株均为黑曲霉，都经过诱变育种处理，已不是野生菌株，不但产酸能力强，而且适应于粗放发酵原料及生产条件，有利于降低成本。如目前柠檬酸厂普遍使用的 Co827、Co860、γ-144、γ-131 等均为经过诱变育种得到的突变菌株。我国柠檬酸生产中使用的部分菌株，其选育时间、选育单位及适用原料详见表 5-2。

表 5-2　我国柠檬酸部分生产菌株选育进程一览表

菌种名称	选育时间	选育单位	选育方法	适用原料
沪轻研 2 号	1960 年	上海市工业微生物研究所	Co γ 射线诱变	薯粉
N558	1965 年	上海市工业微生物研究所	氮芥诱变	薯干
D353	1974 年	上海市工业微生物研究所	酸性平板分离及 Co γ 射线诱变	薯干
5061	1977 年	上海市工业微生物研究所	筛选	薯干
3008	1979 年	上海市工业微生物研究所	筛选	薯干
Co827	1982 年	上海市工业微生物研究所	筛选	淀粉及薯干
Co860	1990 年	上海市工业微生物研究所	筛选	精淀粉
γ-144	1978 年	天津工业微生物研究所	γ 射线诱变	薯干
γ-131	1989 年	天津工业微生物研究所	γ 射线诱变	精淀粉

许多微生物能由长链正构烷烃形成柠檬酸，例如石蜡节杆菌（*Arthobacter paraffineus*），棒状杆菌（*Corynebacteriun*）的种，局限青霉（*Penicillium restricfum*）以及念珠霉目的种。特别是酵母类的解脂假丝酵母（*Canclida lipolytica*）、解脂复膜孢酵母（*Saccharomy-*

copsis lipolytica）和季也蒙假丝母（*Candida guilliermondil*）都已用于工业上发酵生产柠檬酸。

柠檬酸发酵生产可使用的原料品种很多，但其可划分为两类，即糖质原料和石油原料。糖质原料包括薯干、薯渣、淀粉渣及玉米粉，各种粗制糖（粗蔗糖，饴糖等）、甘蔗糖蜜、甜菜糖蜜、葡萄糖母液等。石油原料主要包括 $C_{10} \sim C_{20}$ 的正构烷烃。以石油为原料柠檬酸发酵的研究以日本、美国的研究报道占多数。虽然用于柠檬酸生产的菌种可采用多种碳源，但以蔗糖和葡萄糖为佳，许多原料需进行纯化，因为有些微量元素会影响柠檬酸的产生。生产原料的具体处理方法见表 5-3。

表 5-3 柠檬酸生产原料的具体处理方法

原料	纯化工艺	原料	纯化工艺
纯蔗糖	阳离子交换剂	粗糖	铁氯化钾澄清
纯淀粉	阳离子交换剂	糖蜜	铁氯化钾澄清
纯葡萄糖	阳离子交换剂	粗淀粉	化学处理

5.5.2 柠檬酸生产发酵机理

柠檬酸的发酵机理可概括为：大量的胞内 NH_4^+ 和呼吸活性提高，使通过糖酵解途径的代谢得到加强，葡萄糖经 EMP 途径分解成为丙酮酸，进入三羧酸循环，在丙酮酸脱氢酶复合物作用下氧化成为乙酰 CoA 及 CO_2，然后在柠檬酸合成酶作用下与草酰乙酸缩合而形成柠檬酸，而异柠檬酸脱氢酶、乌头酸酶因受到抑制，而使柠檬酸得以积累。具体步骤如图 5-5 所示。

$$葡萄糖 \xrightarrow{EMP途径} 丙酮酸 \xrightarrow{丙酮酸脱氢酶复合物} CO_2 + 乙酰\ CoA \xrightarrow[柠檬酸合成酶]{草酰乙酸} 柠檬酸$$

图 5-5 柠檬酸生产发酵机理

5.5.3 柠檬酸发酵生产方法

柠檬酸发酵生产方法有三种，即：传统的固态发酵法、浅盘液体发酵法和深层液体通风发酵法，现代工业化大生产主要采用深层通风发酵法。日本约 1/5 的柠檬酸产品是利用固态发酵法生产的，浅盘液体发酵法在苏联、印度、捷克、波兰、保加利亚、阿根廷等国家主要使用，而我国、美国及西欧等国家则主要采用深层液体通风发酵法进行生产。

（1）固态发酵法生产工艺

采用固态发酵法由薯渣（甘薯制淀粉的下脚料）制造柠檬酸，设备简单，投资小，又可节约大量粮食。曲渣可作为猪的饲料，有利于薯类的综合利用。固体发酵法生产工艺流程见图 5-6。

（2）浅盘液体发酵法生产工艺

在 20 世纪 50 年代，此种工艺开始用于柠檬酸生产，采用甘蔗与甜菜糖蜜，将含量的 80%～85%（质量分数）糖转化为柠檬酸，但需大量不锈钢或纯铝制的浅盘，占地面积太大，故不适宜工厂大规模生产。浅盘液体法发酵生产工艺流程如图 5-7 所示。

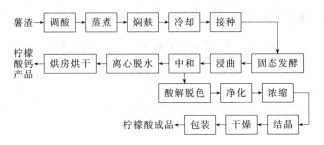

图 5-6 固体发酵法生产柠檬酸工艺流程图

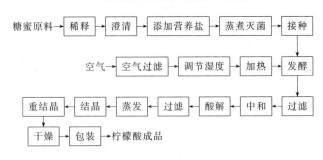

图 5-7 浅盘液体发酵法生产柠檬酸工艺流程图

（3）深层液体通风发酵法生产工艺

20 世纪 60 年代各国开始采用深层液体通风发酵工艺生产柠檬酸，是采用机械搅拌通风发酵罐，罐材质为不锈钢或搪瓷或涂树脂的碳钢。深层液体通风发酵的特点是：微生物菌体均匀分散在液相中，均匀利用溶解氧，发酵时不产生分生孢子，全部菌体细胞都参与合成柠檬酸的代谢，发酵速度高，设备占地面积小，生产规模大，完全实现机械自动化操作和控制，劳动强度低，生产效率高，菌体生成量少，原料消耗低，产酸率几乎接近理论产率；但要求技术水平高，整个生产过程衔接紧凑，如果某一生产环节出了差错，往往会给整个生产带来重大损失。

直接使用薯干深层液体通风发酵生产柠檬酸的生产工艺流程如图 5-8 所示。

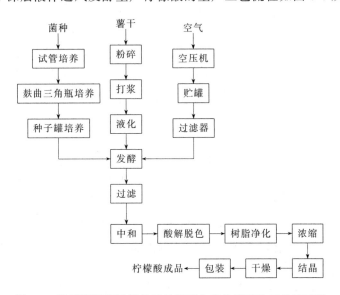

图 5-8 薯干原料深层液体通风发酵生产柠檬酸的工艺流程图

　　深层液体通风发酵生产柠檬酸的具体条件见表 5-4。

表 5-4　深层液体通风发酵生产柠檬酸的条件

条件	标准
接种量	通常 10%
薯干粉浓度	10%～16%
pH 值	1.5～2.8
＞2.8	形成草酸,有染菌危险,柠檬酸产量降低
＜1.5	菌丝体生长速度低
溶氧(DO)	分阶段逐渐提高,0.08～0.1μmol/L
搅拌器转速	90～110r/min
发酵温度	31～34℃
发酵周期	96h
微量元素	特别重要的有:铁、锰、锌;重要的有:铜、重金属和碱金属

第**6**章

提取类精细化学品生产技术

6.1 概述

一些精细化学品以植物为原料通过提取制得。按照成分不同，植物提取物可以分为苷、酸、多酚、多糖、萜类、黄酮、生物碱等类别；按照产品性状不同，可分为植物油、浸膏、粉、晶状体等类别。植物提取物丰富多样，目前进入工业提取的已达 300 多种，它是一类十分重要的中间体产品，应用领域广泛，既可用于药品原料，又可用于保健品、营养补充剂、食品添加剂、化妆品等。

20 世纪 80 年代初，基本完成工业化的欧美等发达国家和地区掀起了回归大自然的潮流，人们对具有副作用的化工合成产品关注度和排斥度逐渐上升，对天然、安全的植物提取物好感回归、大为推崇，行业应势兴起。1994 年，美国颁布了《膳食补充剂健康与教育法》，正式认可接受植物提取物作为一种食品补充剂使用，植物提取物行业迅猛发展起来。我国中医历史悠久，医药人员自古重视对植物的性状、药性的分析。至 20 世纪 70 年代，国内部分制药厂开始采用机械设备提取植物成分，但这只作为药品制造的一个生产环节，并未发展成一个独立行业。90 年代中期以后，随着对外开放程度加深，对外贸易开始兴旺，受政策制约较少的植物提取物行业开始发展起来。2000 年以来，植物提取物行业进入了黄金时期，这源于生活水平的改善和健康意识的增强带动了人们对植物提取物产品的强烈需求。

植物提取的对象是植物资源，行业上游主要是种植业；行业下游主要是医药、保健品、食品添加剂、化妆品等行业。行业上游方面：我国国土广袤，气候多样，海拔高低不同，孕育了丰富多样的植物资源，可用于工业提取的植物品种已超过 300 种。由于经济类作物的收益通常高于粮食作物，有利于增加农户收入和农业产业升级，近年来政府从税收、财政、土地等多方面给予了大力支持，在此背景下，我国种植业发展势头良好。行业下游方面：随着生活水平的提高、健康知识的普及，消费者对天然、健康的植物提取物产品需求正持续扩大。例如，我国保健品市场规模已从 2010 年的 581.75 亿元迅猛增长至 2014 年的 2083.25

亿元，将近翻了两番。

6.1.1 提取类精细化学品的种类

通过提取生产的精细化学品有天然色素、天然香辛料提取物和精油、天然营养物及药用提取物，具体品种包括：辣椒红色素、罗汉果甜苷、叶黄素、甜菊糖苷、红景天提取物、积雪草提取物、淫羊藿提取物、番茄红素、越橘提取物、葡萄籽提取物、甘草提取物、欧洲越橘提取物、天然维生素 A、天然维生素 C 和天然维生素 E、甾醇、黑大豆提取物、海藻提取物、二十八烷醇、5-羟基色胺酸等。

6.1.2 提取类精细化学品生产的通用方法

植物提取物是按照提取产品用途的需要，经过物理、化学提取及分离工序，定向获取和浓集植物中的某一种或多种有效成分且不改变其有效成分结构，最终所形成的产品。近年来，受益于更先进的植物提取技术，如酶法提取、超声提取、超临界萃取、微波萃取、膜分离技术等新技术的应用，极大地提高了生产效率。

6.2 青蒿素生产项目

6.2.1 产品概况

（1）青蒿素的性质、产品规格及用途

青蒿素，分子式为 $C_{15}H_{22}O_5$，分子量 282.33，又名黄花蒿素，是从植物黄花蒿茎叶中提取的有过氧基团的倍半萜内酯类药物。无色针状晶体，味苦。在丙酮、醋酸乙酯、氯仿、苯及冰醋酸中易溶，在乙醇和甲醇、乙醚及石油醚中可溶解，在水中几乎不溶。熔点为156～157℃。因其具有特殊的过氧基团，它对热不稳定，易受湿、热和还原性物质的影响而分解。青蒿素的化学结构见图 6-1。

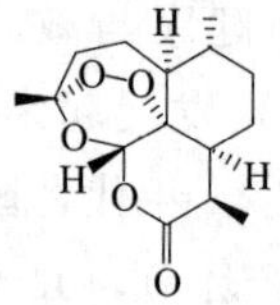

图 6-1 青蒿素的化学结构

以青蒿素类药物为主的联合疗法已经成为世界卫生组织推荐的抗疟疾标准疗法。世卫组织认为，青蒿素联合疗法是当下治疗疟疾最有效的手段，也是抵抗疟疾耐药性效果最好的药物，而中国作为抗疟药物青蒿素的发现方及最大生产方，在全球抗击疟疾进程中发挥了重要作用。此外青蒿素在其他疾病的治疗中也显示出诱人的前景。如抗血吸虫、调节或抑制体液的免疫功能、提高淋巴细胞的转化率，利胆，祛痰，镇咳，平喘等。已研制出了第二代换代产品和用青蒿素治疗肿瘤、黑热病、红斑狼疮等疾病的衍生新药，同时开始探索青蒿素治疗艾滋病、恶性肿瘤、利氏曼、血吸虫、绦虫、弓形虫等疾病以及戒毒的新用途。

（2）原料来源

青蒿素主要是从黄花蒿中直接提取得到；或提取黄花蒿中含量较高的青蒿酸，然后半合成得到。除黄花蒿外，尚未发现含有青蒿素的其他天然植物资源。黄花蒿（图 6-2）虽然系世界广布品种，但青蒿素含量随产地不同差异极大。据迄今的研究结果，除中国重庆东部、福建、广西、海南部分地区外，世界绝大多数地区种植的黄花蒿中的青蒿素含量都很低，无利用价值。

国家有关部门调查，在全球范围内，只有中国重庆酉阳地区武睦山脉生长的黄花蒿才具有工业提炼价值。酉阳是世界上最主要的黄花蒿生产基地，其生产种植技术已通过了国家 GAP 认证，全球有 80% 的青蒿素原料黄花蒿产自酉阳。

图 6-2　黄花蒿

6.2.2　工艺原理

6.2.2.1　提取原理

溶剂提取法是植物天然化学成分提取中采用得最普遍的方法。青蒿素是从黄花蒿中提取到的一种无色针状结晶，易溶于丙酮、醋酸乙酯、氯仿、苯及冰醋酸，可溶于甲醇、乙醇、乙醚、石油醚，在水中几乎不溶，因此传统提取青蒿素的方法一般采用有机溶剂法，并采用重结晶和柱层析进行分离，其基本工艺为：干燥→破碎→浸泡、萃取（反复进行）→浓缩提取液→粗品→精制。

6.2.2.2　提取特点

（1）萃取

该工艺中用到的是液-固萃取，液-固萃取是利用溶剂对固体混合物中所需成分的溶解度大，对杂质的溶解度小来达到提取分离的目的。

（2）结晶

晶体在溶液中形成的过程称为结晶。选择溶剂时应注意以下几点。

① 选择的溶剂对欲纯化的化学试剂在热时应具有较大的溶解能力，而在较低温度时对欲纯化的化学试剂的溶解能力大大减小。

② 选择的溶剂对欲纯化的化学试剂中可能存在的杂质或是溶解度甚大，以便能使杂质在欲纯化的化学试剂结晶和重结晶时留在母液中，在结晶和重结晶时不随晶体一同析出；或是溶解度甚小，以便能使杂质在欲纯化的化学试剂加热溶解时，在热溶剂溶解很少，在热过滤时被除去。

③ 选择的溶剂沸点不宜过高，以免该溶剂在结晶和重结晶时附着在晶体表面不容易除尽。

（3）提取

在青蒿素提取过程中，温度不宜过高。青蒿素对热不稳定，在温度超过 60℃ 以后其中的过氧桥结构很快被破坏，完全失去药效。

6.2.3　工艺条件

溶剂选用石油醚（沸程 60～90℃）。选择溶剂时有乙醚、氯仿、正己烷、石油醚可选，氯仿和乙醚在波长 200～240nm 之间有很强的杂质峰，其中氯仿提取产物中杂质峰最强，乙醚次之，正己烷虽然杂质峰较弱，但提取率较石油醚低。考虑到乙醚和氯仿的挥发性、刺激性气味和正己烷回收温度较高，超过了 60℃，而青蒿素在温度超过 60℃ 以后则过氧桥结构会被破坏，所以 4 种溶剂中石油醚为较适宜的溶剂。

吸附剂选用硅胶。

① 硅胶是应用最广泛的一种吸附剂，化学惰性强，具有较大的吸附量，易制备出不同

类型、孔径、比表面积的多孔硅胶。

② 硅胶易再生，用 600℃的火烧就可以再生，从而节约能源，降低成本。

原料粉碎度为 30 目。粉碎是天然产物制备过程中的必要环节，可增加原料的比表面积，促进有效成分的溶解与传递，加速有效成分的浸出；但过细，原料比表面积太大，吸附作用增强，反而影响扩散速度，同时影响过滤，最终影响提取率。

6.2.4　工艺流程

（1）提取

称取一定质量的黄花蒿叶粉（过 30 目筛），加入 8 倍石油醚（800mL，沸程 60～90℃），水浴 55℃搅拌回流提取 5h；第二次提取加入 6 倍石油醚（600mL，沸程 60～90℃），水浴 55℃搅拌回流提取 3h；第三次提取加入 4 倍石油醚（400mL，沸程 60～90℃），水浴 55℃搅拌回流提取 2h，得滤液一、滤液二、滤液三，分装。

（2）柱层析

① 装柱。2 倍原料硅胶（200g 100～200 目），干法装柱：打开层析柱的下端阀门，将硅胶成一细流慢慢均匀地加入柱中，中间不能间断，装好后，柱上端放一层脱脂棉，压紧，填实，用石油醚"走通"即可上药。

② 上药。将提取滤液按先后次序加入柱中（先加滤液一），完后用石油醚洗涤。

③ 洗脱。洗脱液为石油醚-异丙醇（体积比 95∶5）混合液。分段收集，薄层色谱检测［展开剂为石油醚-乙醚（6∶4）］，收集合格段。

（3）浓缩

先常压浓缩（温度低于 70℃）青蒿素段层析液，然后减压再浓缩至有晶体析出为止，静置 12h，过滤得粗晶和母液。母液再减压浓缩再结晶，合并两次粗晶，剩下母液可与下批一起再上柱。

（4）重结晶

将结晶用 90％乙醇加热（温度小于 70℃）溶解，趁热真空抽滤，滤液静置 12h 结晶，过滤，母液再减压浓缩再结晶过滤，合并晶体，60℃真空烘干得产品。

青蒿素提取工艺流程见图 6-3。

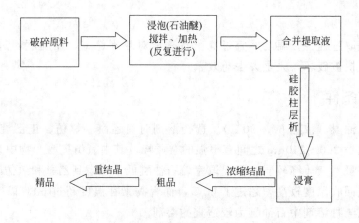

图 6-3　青蒿素提取工艺流程

6.2.5 "三废"治理和安全卫生防护

(1) "三废"治理

在提取过程中，会产生废气、废渣。对这些废弃物，我们应妥善处理，以减少对环境的危害。例如，在使用易挥发的石油醚时尽量密闭操作，减少对大气的污染。对提取青蒿素的黄花蒿废渣，不得随意丢弃，应填埋处理或以其他无害化方式处理，减少废渣对环境的污染。在整个过程中应尽量减少对环境的危害。

(2) 安全卫生防护

该工艺中所使用的石油醚易挥发，极易燃易爆，具强刺激性。蒸气或雾对眼睛、黏膜和呼吸道有刺激性。中毒表现可有烧灼感、咳嗽、喘息、喉炎、气短、头痛、恶心和呕吐。该品可引起周围神经炎。对皮肤有强烈刺激性。

在石油醚的操作过程中应注意密闭，全面通风。建议操作人员佩戴过滤式防毒面具（半面罩），戴化学安全防护眼镜，穿防静电工作服，戴橡胶耐油手套。远离火种、热源，工作场所严禁吸烟。使用防爆型的通风系统和设备。防止蒸气泄漏到工作场所空气中。避免与氧化剂接触。搬运时要轻装轻卸，防止包装及容器损坏。储存于阴凉、通风的库房。库温不宜超过 25℃。保持容器密封。应与氧化剂分开存放，切忌混储。采用防爆型照明、通风设施。禁止使用易产生火花的机械设备和工具。储区应备有泄漏应急处理设备和合适的收容材料。

提取工艺中所使用的其他有机溶剂或化学原料，都应按相应的规定使用，确保生产过程的安全。

6.3 超氧化物歧化酶生产项目

6.3.1 产品概况

(1) 超氧化物歧化酶的性质、产品规格及用途

超氧化物歧化酶，英文名称为 superoxide dismutase，简称 SOD，平均分子量为 3000～80000。

超氧化物歧化酶可分为三种类型：第一种类型为 Cu·Zn-SOD，呈蓝绿色，平均分子量约为 32000，主要存在于真核细胞的细胞质内，由两个亚基组成，每个亚基含 1 个铜离子和 1 个锌离子。第二种类型为 Mn-SOD，呈粉红色，其分子量随来源不同而异，来自原核细胞的平均分子量为 4000 左右，由两个亚基组成，每个亚基各含 1 个锰离子；来自真核细胞线粒体的 Mn-SOD，平均分子量为 80000 左右，由 4 个亚基组成。第三种类型为 Fe-SOD，呈黄色，分子量在 3800 左右，只存在于真核细胞中，由两个亚基组成，每个亚基各含 1 个铁离子。此外，在牛肝中还存在一种类型为 Co·Zn-SOD。

超氧化物歧化酶产品外观为淡红色粉末状结晶体，无毒、无臭，易溶于水，是一类氧自由基的主要清除剂。超氧化物歧化酶俗称"血中黄金"，它是一种在医学、生物学及医药、保健品、食品、化工等方面具有重要理论和实用价值的药用酶，具有广阔的市场前景。

主要用途：

① 超氧化物歧化酶可用于增强机体免疫力、防辐射、防止肿瘤发生等。

② SOD 用于治疗风湿性关节炎、慢性多发性关节炎等，无抗原性，毒副作用小，是一种很有临床价值的治疗酶。

③ SOD 具有延缓人体衰老、防止色素沉积、消除局部炎症等功效，已被广泛应用于日用化工产品，含有 SOD 的化妆护肤品，对去除面部雀斑以及抗衰老等有显著效果。

利用猪血生产 SOD 具有很好的生产效益，据估算，处理 1kg 猪血，纯利润一般可达 10 元以上。随着超氧化物歧化酶在活性氧疾病诊断和抗辐射等方面的研究进展，SOD 将成为日用化工和制药的重要原料，其销路与日俱增，发展前景看好。

（2）质量指标

项目	指标	项目	指标
外观	淡红色粉末状结晶体	无菌	符合规定
溶解性	易溶于水		

（3）原料配方

超氧化物歧化酶原料配方见表 6-1。

表 6-1 超氧化物歧化酶的原料配方

名　称	规　格	用量(质量份)
猪血或牛血	新鲜、无污染血液	100
抗凝剂	柠檬酸三钠	0.35～0.4
氯化钠	0.9%氯化钠水溶液	100
水	去离子水	50
乙醇	分析纯	25
三氯甲烷	分析纯	15
丙酮	分析纯	(20～40)×2
磷酸氢二钾(K_2HPO_4)	分析纯	适量
磷酸二氢钾(KH_2PO_4)	分析纯	适量
柱填料	Deae-SephadexA-50 或 DE-32、CM-32	再生使用

6.3.2 主要设备

超氧化物歧化酶的生产设备见表 6-2。

表 6-2 超氧化物歧化酶的生产设备

名　称	规　格	数量/台(套)
离心机	L-420A 自动平衡离心机	1
搪瓷桶	20L	4
塑料桶	10L	4
层析柱	直径 3cm、长度 100cm，玻璃柱	1
透析袋	成纤维材质	若干

6.3.3 工艺流程

超氧化物歧化酶生产流程见图 6-4。

图 6-4 超氧化物歧化酶生产流程

（1）流程简述

① 分离。取新鲜猪血，按配方量加入柠檬酸三钠溶液，搅拌混匀，以 3000r/min 的速度离心 10～15min，分出黄色血浆，收集红细胞。

②　洗涤。用 2 倍 0.9％氯化钠水溶液离心洗涤红细胞 3 遍，然后向洗净的红细胞中加入等体积去离子水，剧烈搅拌 30～40min，于 0～4℃静置过夜。

③　除杂。把已经预冷的乙醇缓慢加入溶血液中，然后再缓慢加入预冷的三氯甲烷，搅拌 15～20min，静置 30～60min，然后用离心法除去沉淀，收集微带蓝色的清澈透明粗酶液体。

④　沉淀。在所收集微带蓝色的清澈透明粗酶液体中，加入等体积的冷丙酮，搅拌，混合均匀，即有大量白色沉淀产生，静置 30～60min，然后用离心法收集沉淀物。

⑤　热变。把沉淀物加入浓度为 2.5μmol/L 的 K_2HPO_4-KH_2PO_4（pH 值为 7.6）缓冲溶液中，搅拌，溶解，混合均匀，然后加热到 55～65℃，恒温 20min，然后迅速冷却至室温，离心收集上清液，弃去沉淀物。

⑥　在上清液中加入等体积的冷丙酮，静置 30～40min，离心分出沉淀物（若把沉淀物脱水干燥，即得 SOD 粗品，可用于化妆品或食品）。

⑦　溶解。用 pH 值为 7.6、浓度为 2.5μmol/L 的 K_2HPO_4-KH_2PO_4 缓冲液，把沉淀物溶解，用离心法除去杂质，得上清液。

⑧　层析。把上清液加到 Deae-SephadexA-50（二乙基氨基乙基葡聚糖凝胶离子交换剂）柱上，用 2.5～50μmol/L 的 K_2HPO_4-KH_2PO_4 缓冲液进行梯度洗脱，收集含有 SOD 的组分峰物质。

⑨　透析。将含有 SOD 的洗脱液装入透析袋中，在蒸馏水中透析，得透析液。

⑩　干燥。超滤浓缩透析液，然后冷冻干燥，即得精品。

（2）相关事宜

①　Deae-SephadexA-50 阴离子交换树脂，使用前将它加入水中，边加边搅拌，在室温放置，完全水化后用去离子水反复洗涤 3～4 次，沥去漂浮在水面上的细粉，用抽气漏斗抽干；在 0.1mol/L 的盐酸溶液中再浸泡 20min，过滤，用去离子水洗至中性，再酸洗 1 次并用水洗至中性，然后用磷酸缓冲溶液浸泡平衡后即可使用。

②　猪血 SOD 对热比较敏感，牛血 SOD 对热较为稳定，在分离过程中温度应控制在 0～5℃左右，时间不能超过 4d。分离出来的红细胞经生理盐水洗涤后，可冷冻保存。在提取过程中应注意控制 pH 值，猪血 SOD 在 pH 值为 7.6～9 范围内比较稳定，牛血 SOD 则在 5.3～9.5 范围内比较稳定；为了得到高纯度的 SOD，常采用梯度洗脱。

③　用有机溶剂沉淀分离蛋白质时，注意严格控制适当的温度、有机溶剂用量，以达到最佳分离效果。在光的作用下，三氯甲烷能被空气中的氧气氧化成氯化氢和剧毒的光气，应注意安全；乙醇、丙醇等为易燃易爆物质，生产车间应有安全防范措施，严防贮罐和生产设备发生"跑、冒、滴、漏"现象，确保安全生产和实现清洁生产。

6.4　番茄红素生产项目

6.4.1　产品概况

番茄红素，英文名称为 lycopene，系从番茄等植物中提取得到的一种天然色素。因首次从番茄中制得，故取名番茄红素。现在已发现，在自然界中还有西瓜、柿子、草莓、南瓜、红萝卜、葡萄柚、番石榴、灯笼大红辣椒等植物及金鱼等动物中也含有番茄红素，其中以番茄果含量最高。

（1）番茄红素的性质、产品规格及用途

番茄红素属类胡萝卜素中的一种（已分离的可食用的类胡萝卜素有 50 多种）。对类胡萝卜素的命名，按国际纯粹和应用化学联合会（IUPAC）命名规则，称番茄红素为 φ-胡萝卜素，"φ" 为希腊字母，是番茄红素分子末端基团的代号。番茄红素分子式为 $C_{40}H_{56}$，分子量为 536.85。

番茄红素分子中有 11 个共轭双键和两个非共轭双键，属无环、平面不饱和脂肪烃分子。番茄红素基本上成全反式异构体，大部分以红色针状存在于番茄体内，小部分与蛋白质结合成复合体存在于番茄细胞中。

番茄红素有固体和液体两种形态，固体产品为暗红色粉末状，液体产品为黄橙色油状体。番茄红素属脂溶性色素，几乎不溶于水，难溶于强极性的甲醇和乙醇等有机溶剂；可溶于脂肪烃和非极性或弱极性溶剂，如苯、己烷、丙酮、氯仿、乙醚、石油醚、二硫化碳等溶剂，其溶解度一般随温度升高而增大，但产品纯度越高，溶解越困难。

天然番茄红素在外界因素影响下，全反式异构体可转变成顺式异构体，如将全反式番茄红素加热 1h，其中有 20%～30% 变成了顺式异构物。转变成顺式异构体后，可发生熔点降低、分子极性增强和难于结晶等物理性质变化。

番茄红素是一种很强的抗氧化剂，但它是一种不饱和的脂肪烃，在一定条件下仍可被氧化分解，如番茄红素耐日光性差，其溶液日照 12h，颜色可完全遭到破坏，若在 Fe^{2+} 和 Cu^{2+} 的催化下，颜色消失更快。番茄红素在 50℃ 以下稳定性较好，50℃ 以上 3h，吸光度和色度下降，并生成新的双反式异构体，且随温度升高稳定性变差。番茄红素的耐酸性优于耐碱性，pH 值 5 左右稳定性最佳。

医学研究者认为，癌症发生时，细胞结合力下降，番茄红素能促进蛋白质的合成，从而增加细胞之间的结合力，起到抗癌抑癌的功效。据美国 1998 年对 48000 人临床试验结果表明，番茄红素对前列腺癌、肺癌和胃癌，有显著缩小或减慢扩散速度的效果。对控制子宫癌和乳腺癌细胞增殖效果比 α-胡萝卜素和 β-胡萝卜素高 10 倍。

番茄红素可溶于油脂，食后易分散于血液中，与 LDL 结合后，会起着更强的抗氧功效，对防治心脑血管疾病、肝硬化、高血压、高血脂、高胆固醇以及活化免疫细胞和延缓衰老等方面有重要作用。番茄红素属天然活性物质，无毒安全，欧盟已许可作为食品添加剂使用；以色列以 Iyco-Mato 和 Tomat-Oo-Red 商标，在世界上首先销售番茄红素产品；美国 Henkel 和 Makhteshin 公司的药用番茄红素产品，对高血压、高血脂、高胆固醇和癌病的疗效显著。日本生产含番茄红素 50.25% 的液体产品，已作为食品添加剂使用。世界上目前仅几个国家开始应用番茄红素，其特殊的医疗保健功效，已令人瞩目，开发前景会非常看好。

（2）产品质量

产品质量参考指标（日本 1996 年企业标准）：

项目	指标	项目	指标
显色反应	1% 的二氯甲烷试液呈橙色	重金属（以 Pb 计）	$\leqslant 20\mu g/g$
		砷（以 As 计）	$\leqslant 4.0\mu g/g$
最大吸收峰	环己烷试样溶液，446nm，472nm 和 505nm	残存丙酮	$\leqslant 30\mu g/g$
		残存己烷	$\leqslant 25\mu g/g$
色价	二氯乙烷液，1cm，472nm	残存乙酸乙酯	$\leqslant 30\mu g/g$

番茄红素是从番茄果蔬菜中提出来的天然生物成分，采用有机溶剂浸取、超临界 CO_2 流体萃取和酶反应提取的生产工艺，属绿色工艺过程制造的天然绿色产品，建议申请中国环

境标志认证，为番茄红素产品进入国际市场创造条件。

（3）原料来源

迄今为止还没有发现比番茄含番茄红素更高的植物，在工业生产中番茄是当前唯一用来提取番茄红素的原料。成熟的番茄果一般含番茄红素 20mg/100g 以下，我国新疆番茄果含量可高达 40mg/100g，据称以色列用基因工程培育的杂交番茄果中的番茄红素含量更高。

一般认为每人每天需要番茄红素 5mg，英国提出需摄入 11mg/d，美国提出需 31mg/d，据此要求，仅仅依赖从番茄中提出供给番茄红素，是远远满足不了人们的需求，各种开发番茄红素的方法，如有机溶剂提取法、超临界 CO_2 流体萃取法、酶反应提取法、高速逆流色谱法、发酵法和化学合成等方法也就应运而生。在众多制取番茄红素的方法中，工业生产大多数采用有机溶剂提取法、超临界 CO_2 流体萃取法、酶反应提取法等。

（4）生产特点

① 番茄果鲜红漂亮、营养丰富、加工和保存方便，是人们普遍喜食的瓜果蔬菜，故栽种普遍，而且产量高，为番茄红素的持续生产提供了丰富的可再生资源。

② 采用有机溶剂或超临界 CO_2 流体或酶反应方法制取番茄红素，无有害物生成，其中有机溶剂和 CO_2 可回收循环使用，提取番茄红素后的番茄果渣可完全综合利用，无环境污染，都可实现清洁生产。

③ 采用超临界 CO_2 流体萃取番茄红素，具有操作简便、萃取率高、萃取温度低，能避免番茄红素因加工温度高而遭受破坏。萃取剂 CO_2 无毒，不损害环境；萃取物易于分离，分离出来的番茄红素无有害溶剂残留，分离的 CO_2 能循环使用，是一种先进的无公害的绿色分离技术。

④ 酶反应法提取番茄红素，是利用番茄自身的（或外加的）果胶酶和纤维素酶分解成果胶和纤维素的反应，使番茄红素分散于水中，再过滤除去非色素不溶物即获得。反应物和生成物都是无毒的天然生物成分，不危害生态环境。

⑤ 番茄红素是从人们经常食用的番茄中提取来的绿色产品，它既是一种天然食用色素，也是一种很好的天然抗氧化剂，具有很高的猝灭单线态氧和清除有害自由基的能力，可防治癌症等许多疾病，还能提高免疫力和延缓衰老，是一种有益人体健康的环境友好产品。

6.4.2　有机溶剂提取法

（1）基本原理

番茄红素可溶于多种有机溶剂，用一种或由几种混合溶剂浸提番茄果浆，番茄红素便被溶于溶剂中，分离不溶物之后，可得到番茄红素提取液。提取液经蒸发脱溶，即得番茄红素产品。

文献资料中，推荐氯仿、乙醚、乙酸乙酯、乙醚-丙酮等为番茄红素的浸取剂，从安全生产、保护环境和有利人体健康考虑，采用乙酸乙酯为浸取剂较为稳妥。

（2）工艺流程

有机溶剂提取番茄红素生产工艺流程见图 6-5。

图 6-5　有机溶剂提取番茄红素生产工艺流程

（3）主要设备

制糊器、高速离心器、浸提器、浓缩装置、过滤器。

（4）原料规格及用量

番茄红素原料规格及用量见表 6-3。

表 6-3   番茄红素原料规格及用量

名称	规格	用量（质量份）
番茄果	干净、成熟番茄果或成熟番茄果干粉	100
乙酸乙酯	医药工业用	500，回收循环使用

（5）生产控制参数及具体操作

① 备料。成熟的红色番茄果原料，去掉杂物和变质烂果，再用水洗去泥沙和污物，并进行消毒杀菌。

② 成糊。将干净的番茄果移入制糊器中，开动搅拌机，把番茄果打碎成糊状，再加热至 90℃ 左右，以利于分离。

③ 离心。将加热后的番茄果糊状物送入高速离心机中，于 80～90℃ 离心分离。离心分离的上层果汁供综合利用，下层果浆用作浸提番茄红素的原料。

④ 提取。把番茄果浆送入浸提器中，加入 2.5 倍左右果浆量的乙酸乙酯，于 50～70℃ 下搅拌浸提 1h，然后离心分离。按同样操作，把离心分离沉渣再浸提 1 次。

两次离心分离液合并得番茄红素浸提液；第二次离心分离的沉渣供综合利用。

⑤ 脱溶。将番茄红素浸提液输进浓缩装置内，在负压下于 60℃ 左右蒸发脱溶；蒸发出来的乙酸乙酯溶剂，回收供循环使用。

浸提液脱溶后，可得到含 5% 以上番茄红素的油状体产品。

6.4.3　超临界 CO_2 流体提取法

（1）基本原理

CO_2 的温度和压力高于临界点时，它既具有一般气体性质也具有通常液体性质。超临界 CO_2 流体密度与一般液体接近，黏度却低，而扩散系数竟比一般液体高 10～100 倍，故具有很强的溶解和渗透能力，且随温度和压力的提高而增加。利用超临界 CO_2 流体提取番茄果干粉（或副产番茄皮干粉），番茄果干粉中的番茄红素被有效地提取于流体中。当压力减小时，超临界 CO_2 流体密度变小，溶解度下降，番茄红素就析

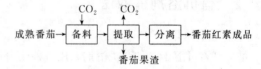

图 6-6　超临界 CO_2 流体提取法
番茄红素生产工艺流程

出，收集得番茄红素产品。析出番茄红素之后的 CO_2，经冷凝液化，又用作提取剂循环使用。

（2）工艺流程

超临界 CO_2 流体提取法番茄红素生产工艺流程见图 6-6。

（3）主要设备

气体钢瓶、冷凝器、液化槽、高压计量泵、预热器、提取器、分离器 1、分离器 2 等。

（4）原料规格及用量

原料规格及用量见表 6-4。

表 6-4 原料规格及用量

名称	规格	用量(质量份)
番茄果干粉	干燥、成熟番茄果或番茄皮粉,30~60 目	100
二氧化碳	食品工业用,$CO_2 \geqslant 99\%$	循环使用

（5）生产控制参数及具体操作

① 备料。番茄果粉细度以 30~60 目为佳,应是成熟的番茄果干燥粉,未成熟番茄果粉中番茄红素含量低,不宜做原料使用;含水分过高的番茄粉,用超临界 CO_2 流体提取时,水分及水溶物也被提取,将影响提取率和产品质量。

② 投料。将合格的番茄果粉投入提取器中,投料量取决于提取器容积的大小,为获得较大生产能力,提取器投料有效容积一般取 75% 左右。

③ 提取。投完料后,用高压计量泵将液态 CO_2 升压,送经预热器预热,使成为超临界 CO_2 流体,从提取器底部压入,与提取器内番茄果粉接触,进行提取。控制提取压力在 15~20MPa、温度为 50℃,提取 2h 后,将提取物从提取器上部,由器顶节流阀控制,均匀地排入分离器中,提取率在 90% 以上。

④ 分离。超临界 CO_2 流体提取物料,经节流阀排入分离器时,压力和温度突然下降,密度变小,溶解度降低,番茄红素因此而析出,从分离器中便可得番茄红素产品。

析出番茄红素后的 CO_2,仍含有少量的水分及其他萃取物,将其引入另一分离器中,再降压降温让它析出,析出杂质后的 CO_2,经冷却液化,供循环使用。

6.4.4 酶反应提取法

（1）基本原理

番茄果中所含的果胶酶和纤维酶,在弱碱性下,可反应分解成果胶和纤维素,并使番茄红素结合蛋白溶解分离。反应后,进行过滤分离除去不溶性的非色素滤渣,获得的过滤液即为酶反应提取液。

调整提取液至弱酸性,番茄红素等类胡萝卜素凝聚析出,经固液分离,收集凝聚析出物,再干燥得水分散性番茄红素产品

（2）工艺流程

生产工艺流程见图 6-7。

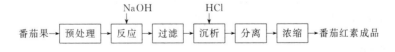

图 6-7 酶反应提取法番茄红素生产工艺流程

（3）主要设备

搅拌打浆器、过滤器、酶反应器、沉析器和浓缩装置等。

（4）原料规格及用量

原料规格及用量见表 6-5。

表 6-5　原料规格及用量

名称	规格	用量（质量份）
番茄果	干净、成熟、新鲜	100
盐酸	食品工业用	少量
氢氧化钠	食品工业用	少量

（5）生产控制参数及具体操作

① 备料。选择新鲜、成熟的番茄果，经洗净、去蒂和消毒杀菌后，投入打浆器中，开动搅拌机把番茄果搅碎成果浆。

② 反应。将番茄果浆移入酶反应器中，在搅拌下，缓慢加入 NaOH 溶液，调节 pH 至 7.5～9.0。加热升温至 45～50℃进行反应，使番茄果自身固有的果胶酶和纤维素酶分解成果胶和纤维素；使番茄红素蛋白分解成水分散性番茄红素和蛋白质。

③ 过滤。反应 5h 后过滤分离。滤渣为纤维素、番茄果皮和种子等非色素物，供综合利用；滤液是含水分散性番茄红素的提取液，供备用。

④ 沉析。把番茄红素提取液送入沉析器中，在搅拌下加 HCl 调节 pH 为 4.0～4.5，控制在 45℃左右，使番茄红素及其他类胡萝卜素凝聚析出。

⑤ 分离。沉析完全后，停止搅拌，静置分层。分离出上层浑浊水溶液供综合利用；用 NaOH 将下层沉淀中和至 pH 为 7 左右，经真空浓缩成番茄红素产品，并在产品中加入适量的食盐以利保存。

（6）相关事宜

另有一种外加酶反应提取番茄红素的方法：先用沸水浸烫番茄果几分钟后，去掉果皮，然后打碎成果浆。在果浆中加入 0.2%～0.5% 的果胶酶和纤维素酶，于 50℃下反应 3h 后过滤。除去滤渣，调节滤液 pH 值为 3.0～4.5，使番茄红素凝聚析出，再经离心分离，收集沉淀。用 96% 的乙醇洗涤沉淀，然后用乙醇和植物油萃取沉淀，分离油相得番茄红素产品。

6.4.5　安全生产

① 乙酸乙酯是一种易挥发、易燃烧的有机溶剂，与空气混合可成为爆炸物，其爆炸极限为 2.2%～11.5%，应于密闭设备中进行浸取操作，保持生产车间空气流通，杜绝"跑、冒、滴、漏"，防止发生安全事故。

② 盐酸和氢氧化钠属强酸、强碱，腐蚀性能大，操作者应配备防护用品，防止发生烧伤事故。

③ 用超临界 CO_2 萃取番茄红素，操作压力高达 20MPa，一定要使用合格的耐压设备及相关设施，防止设备事故造成人身伤害。空气中 CO_2 含量超过 5% 时，对人体也会造成轻微毒害，应防止 CO_2 泄漏，保持生产车间通风良好。

6.4.6　环境保护

① 乙酸乙酯有一定的毒害性，环境允许最大浓度为 $300mg/m^3$。采用乙酸乙酯浸取番茄红素后，一定要及时回收利用，防止挥发污染空气，更不能超标排放造成环境污染。

② 用乙酸乙酯、超临界 CO_2 流体和酶反应提取番茄红素，都有番茄果皮、果籽和纤维素等混合残渣排出。这种残渣都属有用成分，应加以综合利用，既可获得经济效益，又可消除环境污染。

6.5　儿茶素生产项目

6.5.1　产品概况

（1）儿茶素的性质、产品规格及用途

儿茶素，英文名为 catechin，又名儿茶酸、儿茶精（catechinicacd），系从茶叶等天然植物中提取出来的一类酚类活性物质。儿茶素分子式为 $C_{15}H_{14}O_6$，分子量为 290.28；为白色针状结晶（水-醋酸），熔点 212～216℃，溶于热水、乙醇、冰醋酸、丙酮，微溶于冷水和乙醚，几乎不溶于苯、氯仿及石油醚。

茶为山茶科常绿灌木，有时呈乔木状，高 1～5m，多分枝，嫩枝有细毛、老则脱落；单顺互生，叶子长椭圆形，椭圆状披针形，上面深绿色、下面淡绿色；花腋生，白色，稍有香气，花期 10～11 月，蒴果、木质化，扁圆三角形，暗褐色，种子有硬壳，果实越年成熟，茶嫩叶加工后就是茶叶；入药的是茶的芽叶。茶性凉、味苦甘、无毒，有清头目、除烦渴、消食、利尿、解毒之功效；主治头痛、目昏、多睡善寐、心烦口渴等症。

早在数千年前《神农本草经》就记载了茶叶，认为饮茶可使人益思少郁、轻身、利尿，有力悦志；中医认为茶叶有生津止渴、提神醒脑、消食减肥、镇咳平喘、清热解毒功效，有助于保护皮肤光洁白嫩、减少皱纹，是天然保健饮料。

茶多酚是从天然植物茶叶中提取分离出来的一类多羟基酚类物质，其存量占茶叶干重 15%～30%。

儿茶素是茶叶多酚类物质的主要成分，占多酚类的 60%～80%，属黄烷醇类，还含有黄酮醇、花青素、酚酸等，茶叶儿茶素基本结构是 α-苯基苯并吡喃，其中又分为酯型和非酯型，其结构的主要区别在羟基取代的数量和位置不同，主要有以下几种：

① 没食子酸没食子酰表儿茶素（EGCG）；

② 没食子酰表儿茶素（EGC）；

③ 没食子酸表儿茶素（ECG）；

④ 表儿茶素（EC）；

⑤ 没食子酰儿茶素（GC）。

其中没食子酸没食子酰表儿茶素（EGCG）为最重要成分，含量占黄烷醇的 50%。

儿茶素是一种含有连三或邻二酚基的化合物，这种特殊的化学结构易氧化，提供质子，是极强的天然抗氧化剂，常将其作为食品抗氧化剂，儿茶素的抗氧化能力 EGCG＞ECG＞EC，还具有清除自由基的作用，经过动物药理实验和临床观察确认儿茶素有以下生理功效。

① 具有解毒、抗菌、消炎、抗病毒、止泻等作用。

② 有抗艾滋病、抗过敏反应、抗辐射作用，还可防癫痫、增强记忆力，提高机体活力等。

③ 可以降低血清总胆固醇和低密度脂蛋白的含量，故有降血压、降血脂、降血糖、抗动脉硬化作用。

④ 儿茶素有清除自由基作用，阻断亚硝胺合成，影响多种代谢酶的活性，故能增强免疫能力，调节基因表达和诱导凋亡，并能抑制表皮癌细胞、白血病细胞生长等功效，故认为

儿茶素有抗肿瘤、抗突变作用。

总之，儿茶素是一种良好的天然无毒药物和天然抗氧化剂，在医药、食品、保健品、化妆品领域都有广泛的应用，是很具开发价值的绿色财富。

（2）产品标准

产品质量参考指标

项目	指标	项目	指标
含量	≥70%（儿茶素总含量）	汞（以 Hg 计）	≤0.3mg/kg
干燥失重	≤5%	铅（以 Pb 计）	≤0.5mg/kg
灰分	≤1%	铜（以 Cu 计）	≤3.0mg/kg
溶剂残留	≤0.1%	农药残留	不得检出
砷（以 As 计）	≤0.1mg/kg		

（3）环境标志

儿茶素生产过程对环境无污染，产品无毒，具有降血压、降血脂、降血糖、解毒、抗菌、消炎、抗病毒、抗过敏、抗辐射、抗艾滋病、抗动脉硬化等多种作用，在药品、食品、保健品、化妆品等方面均有广泛用途，可考虑申请中国环境标志产品认证，为儿茶素产品进入国际市场创造条件。

（4）生产方法

① 茶树为可再生的绿色资源，茶叶是我国各地盛产的经济作物，也是生产儿茶素的原料；我国茶树种植面积超过 150 万公顷，每年都有大量的下脚茶料可供利用，故提取儿茶素的生产具有可持续性。

② 儿茶素生产工艺有溶剂萃取法、沉淀法和超临界二氧化碳流体反向萃取法，均可实现清洁生产。

③ 采用超临界二氧化碳流体提取法从茶叶中制取儿茶素，是种新型绿色提取技术，超临界二氧化碳流体具有低黏度、易扩散等气态物质所特有的性质，还具有密度大、溶解力强等液态物质所持有的特性，因而有较好的提取效果；超临界二氧化碳的萃取温度不高，特别适合于提取植物中这类热敏性物质。而且提取率高，产品中无溶剂残留，萃取分离可连续一次完成，为无公害的绿色工艺。

6.5.2　工艺原理

根据儿茶素的化学特性，常用萃取法、沉淀法提取工艺，新近发展了超临界二氧化碳提取法，可获得较高质量的成品。

6.5.3　主要设备和原料规格及用量

（1）主要设备

主要设备见表 6-6。

表 6-6　儿茶素生产的主要设备

名称	规格	数量/台（套）
粉碎机	不锈钢材质	1
浸提罐	医药工业用,多功能提取罐	1~2
过滤器	板框压滤机	1~2

续表

名称	规格	数量/台(套)
贮罐	不锈钢或搪瓷材质	2～4
浓缩设备	真空浓缩装置	1
干燥器	冷冻干燥或喷雾干燥装置	1
超临界提取设备	CN-00121565.5 超临界 CO_2 反向提取设备	1
多层固体料筒	专利号 ZL99201463.8 设备	1
包装装置	与本成品相应的成套包装装置	1

（2）原料规格及用量

原料规格及用量见表 6-7。

表 6-7　儿茶素生产的原料规格及用量

名称	规格	用量(质量份)
茶叶	干燥、干净茶叶,20～30 目	10
水	蒸馏水、去离子水	200
氯仿	医药工业用氯仿	适量,回收循环使用
乙酸乙酯	医药工业用乙酸乙酯	适量,回收循环使用
氢氧化钙	医药工业用氢氧化钙	适量
二氧化碳	医药工业用二氧化碳	循环使用
乙醇	医药工业用,95% 乙醇	适量,回收循环使用
盐酸	医药工业用盐酸	少量

6.5.4　工艺流程

（1）萃取法

采用热水浸提,有机溶剂萃取。

① 备料。取干燥、干净绿茶经粉碎机粉碎至 20～30 目,备用。

② 浸提。取 1 份（质量）原料,加入 10 份（质量）去离子水,加热至 90℃ 左右,充分搅拌浸提 20min 左右,过滤,滤渣再按上述方法浸提 2 次,过滤收集滤渣,供综合利用;合并 3 次滤液,备用。

③ 萃取。取合并后的滤液,加入等体积的氯仿,脱除咖啡碱;水层加入等体积乙酸乙酯,萃取 1～3 次,真空低温蒸发（回收乙酸乙酯）,至近干。

④ 干燥。上述浓缩物送入冷冻干燥机中干燥,得白色或浅黄色粗品,其中儿茶素总含量可达 80% 以上。

⑤ 结晶。将上述粗品用去离子水处理使之重结晶,而得精品,经检验合格后包装、贮运。

萃取法生产工艺流程见图 6-8。

图 6-8　萃取法生产儿茶素工艺流程

（2）萃取沉淀法

采用热水浸提、金属盐沉淀、酸溶、有机溶剂萃取。

① 备料。取干燥、干净绿茶经粉碎机粉碎至 20～30 目，备用。

② 浸提。取原料 1 份（质量），加入 10 份（质量）水，加热至 90～95℃，浸提 20min 左右。

③ 过滤。将上述浸提物料过滤，回收滤渣，供综合利用；滤液静置，备用。

④ 沉析。在上述滤液中加入适量饱和氢氧化钙溶液，使其析出沉淀茶多酚，以脱去咖啡碱，再用适量稀盐酸溶解茶多酚沉淀。

⑤ 萃取。向上述料液中加入等体积的乙酸乙酯进行 3 次萃取，合并萃取液。

⑥ 浓缩。把上述萃取液送入蒸发器中，减压蒸发（回收乙酸乙酯再利用），得浓缩物。

⑦ 干燥。将浓缩物经冷冻干燥，得儿茶素粗品（儿茶素总含量大于 60%），再经重结晶得精品。

萃取沉淀法生产工艺流程见图 6-9。

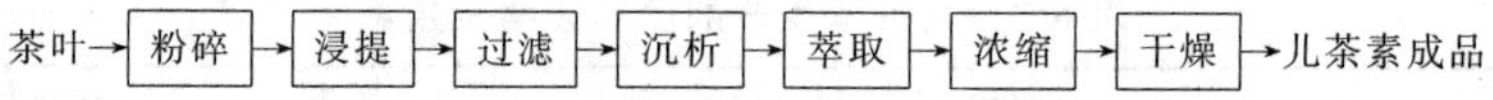

茶叶→粉碎→浸提→过滤→沉析→萃取→浓缩→干燥→儿茶素成品

图 6-9　萃取沉淀法生产儿茶素工艺流程

实验表明，不同品种绿茶所制得的儿茶素收率和含量都有些不同，如：大叶品种绿茶，儿茶素收率达 10%，总含量达 80% 以上；小叶品种绿茶，儿茶素收率为 7% 左右，总含量大于 65%。

（3）超临界二氧化碳流体提取法

① 备料。将绿茶粉碎，过 20～30 目筛备用。

② 浸提。取原料 1 份（质量），加水 10 份（质量），加热至微沸，浸提 0.5～1h，压滤；再加水，重复浸提 1 次；收集滤渣，供综合利用，合并 2 次滤液，浓缩、干燥、粉碎过 30 目筛得粗提取物。

③ 提取。把茶叶粗提物装入特制的多层固体料筒，放入提取釜进行超临界 CO_2 反向（在提取釜中由上而下）提取，打开控制反向流向阀进行反向提取，通入 CO_2，压力控制在 28MPa、温度控制在 65℃ 左右的条件下进行提取，提取时间 6h 左右；然后进入分离釜，控制压力在 6MPa 左右、温度为 50℃ 的条件下进行解吸，从分离釜放出咖啡因。

将提取釜压力升至 35MPa 左右，温度不变，CO_2 加入 90%～95% 的乙醇（或乙酸乙酯）夹带剂，通过预热器与 CO_2 混合，温度控制在 65℃，压力 28MPa，提取 7～8h，经分离釜放出含有夹带剂的儿茶素料液，经浓缩（回收夹带剂）得儿茶素。

再经超临界 CO_2 于 25MPa 左右，温度为 50℃ 条件下脱去残余的乙醇，得纯度较高的儿茶素成品。

提取釜和分离釜的压力温度都不变，将 95% 乙醇和 30% 水混合后的含水乙醇改性剂，通过预热器打入提取釜提取 6h，经分离釜放出含黄酮、花青素的乙醇料液，经浓缩回收乙醇，得副产品黄酮和茶青素。

该工艺儿茶素收率达 10%，儿茶素产品中儿茶素总含量 95% 以上；副产品咖啡因收率大于 3%，含量可达 70%；黄酮、花青素收率为 5%，含量达 60%。

超临界二氯化碳流体提取法生产工艺流程见图 6-10。

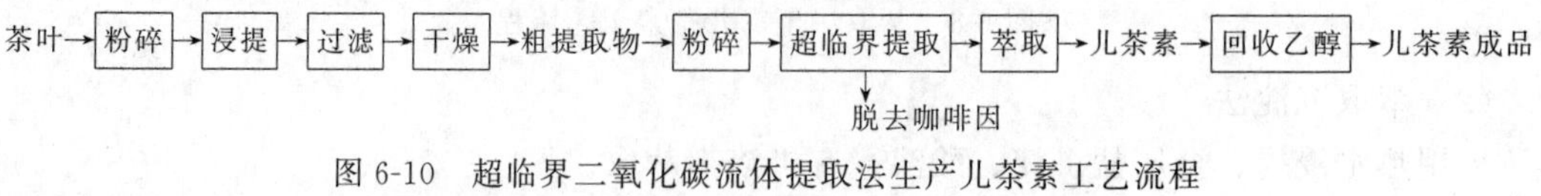

茶叶→粉碎→浸提→过滤→干燥→粗提取物→粉碎→超临界提取→萃取→儿茶素→回收乙醇→儿茶素成品

脱去咖啡因

图 6-10　超临界二氧化碳流体提取法生产儿茶素工艺流程

以上三种提取法以超临界 CO_2 反向萃取法的收率和含量较高，如克服其能耗大、成本高、溶剂残留量大等缺点，有推广价值。

6.5.5　安全生产

① 盐酸为强腐蚀性化学品，严防腐蚀衣服和皮肤。

② 工艺流程中，用乙醇、乙酸乙酯等有机溶剂，应加强生产车间防火、防爆措施，确保安全生产。

③ 氯仿能被光催化，在空气中被氧化生成氯化氢和光气，有剧毒；因此，在使用氯仿时要保持设备密封状态良好，室内注意通风，防止意外事故发生。

④ 在进行超临界 CO_2 提取时，注意设备安全，定期检验，操作时需密切关注工艺参数的变动，防止过压、高温等不安全因素发生，以免酿成灾难。

6.5.6　环境保护

① 废水经处理达标后再排放，以免污染环境。

② 各工艺中所用有机溶剂应回收再利用，既节约成本，又避免环境污染。

③ 提取儿茶素之后的茶叶残渣，可作饲料添加剂、鱼饲料等。

④ 残渣与其他凋谢植物一样，自然降解后变为植物生长繁殖的营养物质——有机肥料，并产生沼气清洁能源，又成了环境友好物质。

6.6　龙眼核多糖生产项目

6.6.1　产品概况

（1）龙眼核多糖的性质、产品规格及用途

龙眼核多糖，Longan Seeds Polysaccharide（简称 LSP），或 Polysaccharide of Longan Seeds（简称 PLS）。

龙眼核多糖系指以龙眼核为原料，以水为提取剂，从中提取得到的水溶性多糖。有关研究报道，从龙眼中所提取的水溶性龙眼多糖系由鼠李糖、葡萄糖、半乳糖等单糖组成的杂多糖，其组成比例为 31∶46∶23；有的研究认为，龙眼核多糖是具乙酰氨基结构的 β 型吡喃酸性杂多糖；另有研究报道，龙眼核多糖是一种 β-葡聚糖。

龙眼核多糖产品外观为浅黄色至黄棕色固体粉末，易吸湿，可溶于水，易溶于热水，难溶于乙醇、丁醇、丙酮、乙醚、氯仿等有机溶剂。据有关研究表明，龙眼核多糖可调节机体生理机能，具有增强免疫、抑瘤抗癌、降低血糖等多种功效。

① 增强免疫。多糖具有多方面的复杂生物活性与功能，它是一种非特异性免疫调节剂，龙眼核多糖类化合物能通过多种机制激活免疫系统，提高机体特异性或非特异性免疫功能。

② 抑瘤抗癌。多糖是生物反应调节剂的重要组成部分，能激活免疫细胞，诱导多种细胞因子和细胞因子受体基因的表达，增强机体抗肿瘤免疫功能，从而间接抑制或杀死肿瘤细胞。

③ 降低血糖。龙眼核的水提取物和 50% 甲醇提取物，对 α-葡萄糖苷酶具有较强的抑制活性，这为龙眼核中降血糖成分的提取分离提供了初步的理论基础。有关试验显示，龙眼核

提取液能有效地缓解经四氧嘧啶诱发的糖尿病小鼠体内的高血糖症状，降血糖率达 77.4%，具有良好的降血糖效果。

　　龙眼核的重量为龙眼果实重量的 15%～20%，是一种可利用的生物资源。分析资料表明，龙眼核中含有丰富的淀粉、还原糖、蛋白质、维生素 A（约 $0.56\mu g/100g$）和维生素 E（$0.55mg/kg$）等营养成分，且含有多种矿物元素，它们主要是钾、钙、镁和磷等元素。由此可见，龙眼核是开发龙眼核多糖等有效活性物质的良好资源。

　　龙眼营养丰富，是珍贵的滋养强化剂。龙眼甜美爽口，且营养价值高，富含高碳水化合物、蛋白质、多种氨基酸和维生素，其中尤以维生素 P 含量多，这些特点使其难以长期贮藏运输。因此，很多新鲜龙眼就需要在产地及时进行深加工，生产龙眼食品的同时产生大量的龙眼果核和果壳，如果得不到及时处理，就会给环境造成污染。现代研究表明，龙眼核中富含多糖活性成分。以废弃的果核为原料，提取得到具有抑瘤抗癌、健身强体的龙眼核多糖，既可减少环境污染，又可创造出良好的社会效益、环境效益和经济效益。

　　（2）产品标准

　　龙眼核多糖产品质量参考指标：

项目	指标	项目	指标
产品外观	浅黄色至黄棕色固体粉末	铅含量（以 Pb 计）	≤5mg/kg
产品粒度	过 100 目（≥98%）	细菌数	≤1000 个/g
多糖含量	≥20%，≥30%	霉菌数	≤30 个/g
水溶性	溶于水，无沉淀	大肠杆菌	不得检出
干燥失重	≤8.0%	活螨	不得检出
灼烧残渣	≤2.0%	其他致病菌	不得检出
砷含量（以 As 计）	≤1.0mg/kg	残留农药	不得检出
汞含量（以 Hg 计）	≤0.5mg/kg		

　　（3）绿色技术

　　① 原料。龙眼（*Dimocarpus longan* Lour.），又名桂圆、益智，隶属于无患子科、龙眼属，喜温忌冻，年均 20～22℃较适宜。亚热带果树，与荔枝、香蕉、菠萝同为华南四大珍果。常绿乔木，树体高大，也有采摘果实十分方便的低矮新品种。多为偶数羽状复叶，小叶对生或互生；圆锥花序顶生或腋生；开白花，果球形，种子皮黑色，有光泽。花期 3～4 月，果期 7～8 月，成实于初秋。我国龙眼主要分布于广西、广东、福建和台湾等地，此外，海南、四川、云南和贵州也有小规模栽培。

　　我国是世界龙眼最大的主产国，据报道 2004 年我国年产量已超过 100 万吨。龙眼核的重量为龙眼果实重量的 15%～20%，数量巨大。利用龙眼核生产多糖，原料充足，变废为宝，保护环境，产品健身强体，具有良好的经济效益和社会效益。

　　② 产品。龙眼核多糖是一种有益于人类健康的环境友好产品。它可调节机体生理机能，具有增强免疫、抑瘤抗癌、降低血糖等多种功能。

　　③ 工艺。以水为浸提剂从龙眼核中提取龙眼核多糖，以 Sevag 法除蛋白、以双氧水脱色、高浓度乙醇沉析分离，以层析法进行纯化、低温或冷冻干燥得成品。采用酶解水提醇沉工艺，低温干燥，有利于保护有效成分龙眼核多糖的活性，最大限度地提高了龙眼核多糖的提取率。工艺条件温和，杂质比较少，具有安全、高效、节能降耗等特点，属于资源节约型、环境友好型的绿色工艺。

（4）环境标志

龙眼是一种人工种植的可再生绿色资源，以废弃的龙眼核为原料，采用酶解水提法在水相中提取龙眼核多糖，工艺条件温和，低能耗、无污染，是一种资源节约型、环境友好型的绿色工艺技术。提取得到的龙眼核多糖可调节机体生理机能，具有增强免疫、抑瘤抗癌、降低血糖等多种功能，是一种有益于人体健康的环境友好产品，为申请中国环境标志认证打下基础条件。

6.6.2　制造方法

6.6.2.1　基本原理

利用多糖溶于水而难溶于高浓度醇、醚、氯仿等有机溶剂的特点，采用酶解水提法从龙眼果核中提取出多糖。然后经除蛋白、脱色、沉析分离，再经纯化、干燥、粉碎，得多糖成品。

6.6.2.2　工艺流程

（1）提取粗多糖

龙眼果核→备料→打浆→酶解→浓缩→脱色→醇析→干燥→龙眼核粗多糖

（2）粗多糖纯化

龙眼核粗多糖→溶解→除杂→透析→层析→醇析→干燥→龙眼核多糖

6.6.2.3　主要设备

主要设备见表 6-8。

表 6-8　龙眼核多糖生产的主要设备

名称	规格	数量/台（套）
浸提器	带搅拌、回流和换热装置，多功能浸提器	1
粉碎机	药材粉碎机	1
打浆设备	高速打浆机	1
筛分设备	40 目筛网，100 目筛网	1
离心机	高速离心机（≥3000r/min）	1
浓缩设备	真空浓缩器	1
沉析釜	带搅拌器、回流和换热装置，不锈钢材质	1
回收装置	有机溶剂回收装置	1
透析设备	配有透析袋	1
层析柱	DEAE-52，Sephadex G-100	1
收集设备	洗脱液自动分段收集器	1
干燥设备	真空干燥机、柜式冷冻干燥机	1

6.6.2.4　原料规格及用量

原料规格及用量见表 6-9。

表 6-9　龙眼核多糖生产的原料规格及用量

名称	规格	用量（质量份）
原料	无霉变、干净的龙眼果核	100
浸提溶剂	蒸馏水或去离子水	4000
酶解试剂	纤维素酶、木瓜蛋白酶或果胶酶	0.2

名称	规格	用量(质量份)
乙醇	医用级,95%乙醇	适量
乙醚	医用级,≥99%乙醚	少量
丙酮	医用级,≥99%丙酮	少量
除蛋白剂	Sevag 试剂(氯仿-正丁醇＝4∶1,体积比)	适量
脱色试剂	20%～30%双氧水	少量
洗脱剂	0.05～0.5mol/L NaCl 水溶液	足量

6.6.2.5　生产控制参数及具体操作

（1）提取粗多糖

① 备料。以无霉变的龙眼果核为原料，去除异物、洗净、晾干，粉碎过 40 目，待用。

② 打浆。把粉碎过的龙眼核粉料投入 40 倍量的蒸馏水中，浸泡 4h 后于高速打浆机中，打成浆料，待用。

③ 酶解。将龙眼核浆料转入浸提器中，加入龙眼核量 0.2%的纤维素酶（木瓜蛋白酶或果胶酶），于 40～45℃和 pH 值为 4.5 的条件下，酶水解 3～4h；然后迅速升温至 98℃灭酶，并保温浸提 1h。离心分离，得浸提清液，待用；收集残渣加以综合利用。

④ 浓缩。把浸提滤液投入真空浓缩器中，减压、低温浓缩至料液原体积 1/6 左右，得浓缩液，待用。

⑤ 脱色。将浓缩液移入脱色釜中，在搅拌的条件下加入少量浓度为 20%～30%的双氧水，混合均匀，静置，脱色，待用。

⑥ 醇析。把脱色液投入醇析釜中，在搅拌的条件下，慢慢加入适量的 95%乙醇，直至料液中乙醇浓度达到 70%～80%（体积分数）为止，静置，于－12～－15℃过夜，让醇析完全。离心分离，得沉析物为龙眼核粗多糖，再用 95%乙醇洗涤 2 次，待用；收集液相和洗液，回收乙醇。

⑦ 干燥。把洗涤后的龙眼核多糖沉析物置于真空干燥器中，于减压和低温条件下干燥；或者移至冷冻干燥机中，于－55℃和减压的条件下冷冻干燥，然后粉碎，得到龙眼核粗多糖。

（2）粗多糖纯化

① 溶解。把龙眼核粗多糖用适量蒸馏水或去离子水溶解，置于高速离心机中，离心分离 0.5h 左右，以去除少量不溶物，得清液待用。

② 除杂。在所得的龙眼核粗多糖清液中，加入约 1 倍量的 Sevag 试剂（氯仿-正丁醇＝4∶1，体积比），振荡 0.5h 左右，静置，让游离蛋白等杂质充分析出，再离心分离，去除蛋白等杂质。按此处理 2～3 次，合格后静置、分层，将水相与有机相分开。有机相供回收氯仿和正丁醇循环使用；水相为龙眼核粗多糖澄清液，待用。

③ 透析。把龙眼核粗多糖澄清液装入透析设备的透析袋中，用自来水透析 2d，再用蒸馏水或去离子水透析 1d，以去除无机盐低分子量杂质。透析处理完毕后，取出透析内液，待用。

④ 层析。把龙眼核粗多糖透析液上 DEAE-52 纤维素柱，以蒸馏水进行洗脱，检测多糖洗脱峰，收集含糖洗脱液；再上 Sephadex G-100 柱层析，0.05～0.5mol/L 的氯化钠水溶液进行梯度洗脱，检测多糖洗脱峰，用自动分段收集器收集含多糖的洗脱液，得龙眼核多糖纯品洗脱液，待用；收集其他洗脱液加以综合利用。

⑤ 醇析。把含龙眼核多糖的层析液经真空低温适当浓缩之后，投入沉析釜中，在常温条件下，搅拌，慢慢加入适量的 95％乙醇使料液中含乙醇 70％～80％（体积分数），静置，于－12～－15℃过夜，让龙眼核多糖沉淀析出，然后进行离心分离。液相送减压蒸发回收乙醇；沉析物为龙眼核多糖，待用。

⑥ 干燥。把龙眼核多糖沉析物用无水乙醇洗涤 3 次，再用丙酮、乙醚各洗涤 1 次。收集洗液送减压蒸发回收有机溶剂；把洗涤后的龙眼核多糖沉析物置于真空干燥器中，于减压和低温条件下干燥；或者移至冷冻干燥机中，于－55℃和减压的条件下冷冻干燥，然后粉碎，过 100 目筛，得到龙眼核多糖纯品。

6.6.2.6 相关事宜

① 醇析多糖时，宜慢慢加入乙醇，以防止胶体物的生成。若料液中乙醇已超过 70％，而仍呈乳白浑浊状，可适当加热、加盐（NaCl）或加酸（pH 为 3～4），促使多糖析出。

② 用于纯化粗多糖的 Sephadex G-100 等柱填料，在装柱前应先浸泡在 0.1mol/L 的氯化钠水溶液中，装柱后用相同浓度的氯化钠水溶液平衡之后（约需 12h）才能使用。

③ 在制取多糖产品时，可根据需要加入适量的添加剂。例如：环糊精、琼脂、纤维素或其他能配伍的合适添加剂，充分搅拌，混合均匀，密封包装，贮存于低温干燥处。

④ 从龙眼核中提取多糖的产量和质量，与提取设备、原料、工艺条件（如：前处理、浸提剂、温度、时间、pH 值、酶、纯化等）诸多因素有关，应视具体情况作些调整。

6.6.3 安全生产

① 生产过程中所使用的乙醇、乙醚、丙酮、正丁醇，属于易燃、易爆物质，必须加强安全生产管理，严格执行安全生产操作规程，确保安全生产。

② 乙醚对人体有麻醉作用，注意遵守乙醚的安全使用规则；乙醚蒸气与空气的混合物爆炸极限为 1.85％～36.5％（体积分数），须严格控制，以保安全。

③ 使用或保存氯仿时，必须穿戴好防护用品，以免氯仿与皮肤接触；避免阳光照射，防止氯仿蒸气挥发进入空气，以免发生急、慢性中毒事故。

④ 若空气中氯仿浓度超过 50μL/L，则有失去知觉以至死亡的危险；商品氯仿中虽然添加了稳定剂，但仍易被强氧化剂氧化成有毒的氯气和光气。

6.6.4 环境保护

① 生产中所用的乙醇、乙醚、丙酮、氯仿、正丁醇等应及时回收利用，以降低成本，并避免环境污染。

② 工艺过程产生的废水，必须处理达标之后才能排放；生产设备和操作过程应防止发生"跑、冒、滴、漏"现象。

③ 原料龙眼核提取多糖之后的残渣、副产的洗脱液，可作饲料添加剂，或者用作制造其他产品的原料。

参 考 文 献

[1] 唐培堃. 精细有机合成化学及工艺学. 北京：化学工业出版社，2002.

[2] 薛叙明. 精细有机合成技术. 北京：化学工业出版社，2009.

[3] 郝素娥，强亮生. 精细有机合成单元反应与合成设计. 哈尔滨：哈尔滨工业大学出版社，2001.

[4] 张铸勇. 精细有机合成单元反应. 第2版. 上海：华东理工大学出版社，2003.

[5] 刘德峥，黄艳芹，等. 精细化工生产技术. 北京：化学工业出版社，2011.

[6] 吴雨龙，洪亮. 精细化工概论. 北京：科学出版社，2009.

[7] 丁志平. 精细化工概论. 北京：化学工业出版社，2005.

[8] 张天胜. 表面活性剂应用技术. 北京：化学工业出版社，2001.

[9] 荆忠胜. 表面活性剂概论. 北京：中国轻工业出版社，1999.

[10] 陆明. 表面活性剂及其应用技术. 北京：兵器工业出版社，2007.

[11] 曾毓华. 氟碳表面活性剂. 北京：化学工业出版社，2001.

[12] 蒋文贤. 特种表面活性剂. 北京：中国轻工业出版社，1995.

[13] 段世铎，王万兴. 非离子表面活性剂. 北京：中国铁道出版社，1990.

[14] 汪祖模，徐玉佩. 两性表面活性剂. 北京：轻工业出版社，1990.

[15] 李炎. 食品添加剂制备工艺. 广州：广东科技出版社，2001.

[16] 周家华，崔英德，曾颢，等. 食品添加剂. 第2版. 北京：化学工业出版社，2008.

[17] 曲径. 食品卫生与安全控制学. 北京：化学工业出版社，2007.

[18] 宋小鸽，等. 茶多酚急性、慢性毒性实验研究. 安徽中医学院学报，1999（02）.

[19] 郝素娥，徐雅琴，郝璐瑜，等. 食品添加剂与功能性食品：配方·制备·应用. 北京：化学工业出版社，2010.

[20] 温辉梁，黄绍华，刘崇波. 食品添加剂生产技术与应用配方. 南昌：江西科学技术出版社，2002.

[21] 林春绵，徐明仙，陶雪文. 食品添加剂. 北京：化学工业出版社，2004.

[22] 郝素娥，等. 食品添加剂制备与应用技术. 北京：化学工业出版社，2003.

[23] 中国农药百科全书编辑部. 中国农药百科全书农药卷. 北京：中国农药出版社，1993.

[24] 时春喜. 农药使用技术手册. 北京：金盾出版社，2009.

[25] 凌世海. 固体制剂. 北京：化学工业出版社，2003.

[26] 郭武棣. 液体制剂. 北京：化学工业出版社，2003.

[27] 陈茹玉，刘纶祖. 有机磷农药化学. 上海：上海科学技术出版社，1995.

[28] 陈茹玉，杨华铮，徐本立. 农药化学. 北京：清华大学出版社；广州：暨南大学出版社，2002.

[29] 唐除痴. 农药化学. 天津：南开大学出版社，2003.

[30] 宋宝安，金林江. 新杂环农药·杀虫剂. 北京：化学工业出版社，2010.

[31] 柏亚罗，张晓进. 专利农药新产品手册. 北京：化学工业出版社，2011.

[32] 宋宝安，吴剑. 新杂环农药·除草剂. 北京：化学工业出版社，2011.

[33] 孙家隆. 现代农药合成技术. 北京：化学工业出版社，2011.

[34] 宋小平. 农药制造技术（精细化工品实用生产技术手册）. 上海：科学技术文献出版社，2000.

[35] 黄肖容，徐卡秋. 精细化工概论. 北京：化学工业出版社，2010.

[36] 张传恺. 涂料工业手册. 北京：化学工业出版社，2012.

[37] 尹卫平，吕本莲. 精细化工产品及工艺. 上海：华东理工大学出版社，2009.

[38] 童忠良. 化工产品手册//涂料. 北京：化学工业出版社，2008.

[39] 庄爱玉. 中国粉末涂料信息与应用手册. 北京：化学工业出版社，2011.

[40] 冷士良. 精细化工实验技术. 北京：化学工艺出版社，2008.

[41] 陈长明. 精细化学品制备手册. 北京：企业管理出版社，2004.

[42] 宋启煌. 精细化工绿色生产工艺. 广州：广东科技出版社，2004.

[43] 耿耀宗. 涂料树脂化学及应用. 北京：中国轻工业出版社，1993.

[44] 刘国杰，耿耀宗. 涂料应用科学与工艺学. 北京：中国轻工业出版社，1994.

[45] 董银卯. 化妆品. 北京：中国石化出版社，2000.

［46］　董银卯．化妆品配方设计与生产工艺．北京：中国纺织出版社，2007．

［47］　李和平．精细化工工艺学．北京：科学出版社，2014．

［48］　龚盛昭，李忠军．化妆品与洗涤用品生产技术．广东：华南理工大学出版社，2003．

［49］　阎世翔．化妆品的研发程序与配方设计．日用化学品科学，2001，24（2）．

［50］　李冬梅，胡芳．化妆品生产工艺．北京：化学工业出版社，2010．

［51］　裘炳毅．化妆品化学与工艺技术大全．北京：中国轻工业出版社，2006．

［52］　Liu Shijuan. Promoting effect of ethanol on the synthesis of N(2-methylpheny)-hydroxyl-amine from o-nitrolouene in Zn/H$_2$O/CO$_2$ system. chiu chem. Left. 2011，22（2）；221—224．

［53］　廖文胜．液体洗涤剂：新原料、新配方．北京：化学工业出版社，2000．

［54］　徐宝财．洗涤剂概论．北京：化学工业出版社，2007．

［55］　郑富源．合成洗涤剂生产技术．北京：中国轻工业出版社，1996．

［56］　揭芳芳，曹子英．精细化工生产技术．北京：化学工业出版社，2015．

［57］　刘振河．化工生产技术．北京：高等教育出版社，2007．

［58］　王大全．精细化工生产流程图解．北京：化学工业出版社，1997．

［59］　陈金芳．精细化学品配方设计原理．北京：化学工业出版社，2008．

［60］　王旭，等．柠檬酸发展概述（论文）．华中师大生命科学院，高等函授学报，1997（04）．

［61］　陈明明．吡唑醚菌酯合成工艺研究［D］．石家庄：河北科技大学，2013．

［62］　丁宝维．桃醛工艺优化及动力学研究［D］．天津：天津大学，2009．

［63］　汪多仁．绿色日用化学品．北京：科学技术文献出版社，2007．

［64］　詹益兴．精细化工新产品．北京：科学技术文献出版社，2007．

［65］　詹益兴．绿色精细化工新产品．北京：科学技术文献出版社，2006．

［66］　曹子英．混凝、熔融结晶法提纯工业碳酸钠．西南师范大学学报，2016（01）．

［67］　曹子英．一种循环式气体分布设备．CN201320247400.3.2013-04-26．

［68］　曹子英．偶氮二异丁腈生产新工艺．化学工程师，2007（02）．